普.通.高.等.学.校

计算机教育"十二五"规划教材

PHP 编程基础
与实例教程

（第 2 版）

PHP FUNDAMENTALS & PRACTICES
(2nd edition)

孔祥盛 ◆ 主编

U0292684

人民邮电出版社

北 京

图书在版编目（CIP）数据

PHP编程基础与实例教程 / 孔祥盛主编. -- 2版. --
北京：人民邮电出版社，2016.6（2022.5重印）
普通高等学校计算机教育"十二五"规划教材
ISBN 978-7-115-42055-8

Ⅰ. ①P… Ⅱ. ①孔… Ⅲ. ①PHP语言－程序设计－高
等学校－教材 Ⅳ. ①TP312

中国版本图书馆CIP数据核字(2016)第061121号

内 容 提 要

PHP 简单易学且功能强大，是开发 Web 应用程序理想的脚本语言。本书由浅入深、循序渐进，系统地介绍了 PHP 的相关知识及其在 Web 应用程序开发中的实际应用，并通过具体案例，使读者巩固所学知识，更好地进行开发实践。本书共分为 13 章，涵盖了 PHP 开发环境的搭建、PHP 语法、FORM 表单、数据库设计、MySQL 数据库、PHP 与数据库连接、会话控制、界面设计等内容。

本书内容丰富、讲解深入，适用于初、中级 PHP 用户，可以作为各类院校相关专业的教材，同时也是一本面向广大 PHP 爱好者的 PHP 实用参考书。

◆ 主　编　孔祥盛

责任编辑　邹文波

责任印制　沈　蓉　彭志环

◆ 人民邮电出版社出版发行　北京市丰台区成寿寺路 11 号

邮编　100164　电子邮件　315@ptpress.com.cn

网址　http://www.ptpress.com.cn

山东华立印务有限公司印刷

◆ 开本：787×1092　1/16

印张：23.75　　　　　　2016 年 6 月第 2 版

字数：625 千字　　　　2022 年 5 月山东第 15 次印刷

定价：54.00 元

读者服务热线：(010)81055256　印装质量热线：(010)81055316
反盗版热线：(010)81055315

第 2 版前言

本书自 2011 年第 1 版出版以来，受到了很多读者的欢迎和关注，他们给我们反馈了大量的意见和建议。考虑到软件版本更新较快，同时也考虑到读者的反馈，在本书第 2 版编写的过程中，我们对第 1 版教材内容进行了很多修订和完善。

另外，为了便于读者使用本书，本书第 2 版提供了丰富的教学资源，包括源程序、安装程序、电子课件、教学大纲、电子教案、课后习题答案（电子版）、教学进度表、实验教学进度表、课程设计报告模板、期中考试方案以及期末考试方案。如有需要，可通过人民邮电出版社教学服务与资源网 www.ptpedu.com.cn 下载。

PHP 是全球普及、应用极其广泛的 Web 应用程序开发语言之一，其易学易用，越来越受到广大程序员的青睐和认同。目前市场上讲述 PHP 的教材比较多，但真正满足 PHP 初学者使用需求的教材比较少。为了满足众多 PHP 初学者的使用需求，编者根据多年从事软件开发的经验编写了本书，奉献给广大读者。

本书在内容的编排以及章节的组织上十分考究，争取让读者在短时间内掌握 PHP 开发动态网站的常用技术和方法，从而能够快速入门。本书以"坚持理论知识够用、专业知识实用、专业技能会用"为原则，在讲解具体案例的同时，融合了软件工程、软件测试、数据库设计、界面设计等知识，真正做到了 PHP 与项目实训合二为一。

本书具有如下特色。

1. 门槛较低：读者无需太多技术基础，就能非常轻松地掌握数据库设计、软件工程以及动态网站开发等相关技术。

2. 内容丰富、严谨：作者对 PHP 内容的选取非常严谨，一环扣一环，从一个知识点过渡到另一个知识点非常顺畅和自然。本书内容丰富，遵循知识的学习曲线，结合具体案例编排章节的内容，并尽量做到不留死角。

3. 强调实训环节与 PHP 知识的结合：以讲解 PHP 基础知识为目标，以案例的实现为载体，以不同的章节完成不同的任务为理念，采用软件工程的思想实现具体案例。

4. 涉及面广：软件工程、软件建模、数据库及数据库设计、界面设计、软件测试等知识在本书中均有触及。

5. 丰富而实用的课后习题：精选新浪、百度等知名公司面试题。

本书由孔祥盛任主编，张永华、张元好、茹蓓、李彦、李军伟任副主编。其中，孔祥盛编写第 1、7、9、13 章，设计了本书案例、组织架构，并进行全书统稿；李彦编写第 2、3、4 章；李军伟编写第 5 章和第 6 章；张元好编写第 8 章；茹蓓编写第 10 章和第 11 章；张永华编写第 12 章。此外，任卫银负责了本书案例的界面设计，孙大鹏、李敏、李辉、王珍、侯国平、赵春霞、王娜负责了本书的代码测试。

未经许可，不得以任何方式复制或抄袭本书部分或全部内容。版权所有，侵权必究。

编　者

2016 年 3 月

目　录

1

第1章
PHP 入门

本章首先介绍 PHP 概况，然后介绍 PHP 程序的工作流程，并以 WampServer 为例介绍 PHP 服务器的安装和配置。通过本章的学习，读者可以了解 PHP 程序的工作流程，并可以编写、运行简单的 PHP 程序。

1.1　PHP 概况

PHP 是 Hypertext Preprocessor 的缩写，是一种被广泛应用的、免费开源的、服务器端的、跨平台的、HTML 内嵌式的多用途脚本语言。PHP 通常嵌入到 HTML 中，尤其适合 Web 开发。PHP 与微软公司的 ASP（或 .NET）以及甲骨文 Oracle 公司的 JSP 颇有几分相似，是一种在服务器端执行的 HTML 内嵌式的脚本语言。

1.1.1　PHP 的优势

PHP 发展到今天，具备了很多优势，简单介绍如下。

1. 易学好用：学习 PHP 的过程非常简单。PHP 的主要目标是让 Web 开发人员只需很少的编程知识就可以快速地建立一个真正动态交互的 Web 系统。PHP 语言的风格类似于 C 语言，非常容易学习，只要了解一点儿 PHP 的基本语法和语言特色，就可以开始 PHP 编程之旅。

2. 免费开源：基于 PHP 的 Web 系统源代码是免费开源的。

3. 良好的可扩展性：PHP 的免费开源导致可扩展性大大增强，任何程序员为 PHP 扩展附加功能都非常容易。

4. 平台无关性（跨平台）：同一个 PHP 应用程序，无需修改任何源代码，就可以运行在 Windows、Linux、UNIX 等绝大多数操作系统环境中。

5. 功能全面：PHP 几乎涵盖了 Web 系统所需的一切功能，例如，使用 PHP 可以进行图形处理、编码与解码、压缩文件处理、XML 解析、支持 HTTP 的身份认证、Session 和 Cookie 等操作。

6. 数据库支持：PHP 最强大、最显著的优势是支持包括甲骨文公司的 Oracle 及 MySQL、微软公司的 Access 及 SQL Server 在内的大部分数据库管理系统，并且使用 PHP 编写数据库支持的动态网页非常简单。

7. 面向对象编程：PHP 较新版本提供了面向对象的编程方式，不仅提高了代码的重用率，而且为代码维护带来很大的方便。

1.1.2　PHP 的应用领域

PHP 主要应用于以下 3 个领域。

1. 服务器端脚本程序：可以使用 PHP 编写服务器端的脚本程序，完成任何其他的脚本语言（例如 ASP、JSP 或.NET）完成的工作，例如，收集表单数据，生成动态网页，或者发送/接收 Cookie 等。

2. 命令行脚本程序：可以使用 PHP 编写一段命令行脚本程序。运行命令行脚本程序时，只需借助 PHP 预处理器，无需借助任何 Web 服务器和 Web 浏览器。

3. 桌面应用程序：可以使用 PHP 编写图形界面的桌面应用程序。当然对于桌面应用程序而言，PHP 并不是最好的选择。

使用 PHP 编写服务器端脚本程序是 PHP 最常用的应用领域，这也是本书着重阐述的内容。

1.1.3　HTML 内嵌式的脚本语言

PHP 脚本程序中可包含文本、HTML 代码以及 PHP 代码。例如，程序 helloworld.php 如下。

```
这是我的第一个 PHP 程序:
<br/>
<?php
echo "hello world!";
?>
<br/>
<?php
echo date("Y年m月d日H时i分s秒");
?>
```

程序 helloworld.php 中，各部分说明如下。

1. "这是我的第一个 PHP 程序："是一段文本信息。PHP 程序中的文本信息将不被 PHP 预处理器处理，直接被 Web 服务器输出到 Web 浏览器。

2. "<br/>"是 HTML 代码。PHP 程序中的 HTML 代码同样不被 PHP 预处理器处理，直接被 Web 服务器输出到 Web 浏览器，只不过 Web 浏览器接收到 HTML 代码后，会对该 HTML 代码解释执行，例如 Web 浏览器接收到"
"后，将在 Web 浏览器产生一次换行。

3. "echo "hello world!";"和"echo date("Y 年 m 月 d 日 H 时 i 分 s 秒");"是两条 PHP 代码，所有的 PHP 代码都要经 PHP 预处理器解释执行。PHP 预处理器解释这两条 PHP 代码时，会将这两条代码解释为文本信息"hello world!"和 Web 服务器主机的当前时间（如"2015 年 8 月 11 日 13 时 41 分 31 秒"），然后再将这些文本信息输出到 Web 浏览器，最后由 Web 浏览器显示这些文本信息。

4. date()是一个日期时间函数，该函数需要一个字符串参数，例如"Y 年 m 月 d 日 H 时 i 分 s 秒"。Y 是 year 的第一个字母，m 是 month 的第一个字母，d 是 day 的第一个字母，H 是 hour 的第一个字母，i 是 minute 的第二个字母，s 是 second 的第一个字母，分别代表 Web 服务器当前的年、月、日、时、分、秒。

 PHP 代码通常以符号"<?php"开始，符号"?>"结束，这两个符号分别叫做 PHP 开始标记和结束标记。

PHP 程序文件名中的扩展名通常使用".php"，如 helloworld.php。

1.2　PHP 脚本程序工作流程

运行 PHP 脚本程序，必须借助 PHP 预处理器、Web 服务器和 Web 浏览器，必要时还需借助数据库服务器。其中 Web 服务器的功能是处理 HTTP 请求，PHP 预处理器的功能是解释 PHP 代码，Web 浏览器的功能是显示 PHP 程序的执行结果，数据库服务器的功能是存储执行结果。

1.2.1　Web 浏览器

Web 浏览器（Web Browser）也叫网页浏览器，简称浏览器。浏览器是用户最为常用的客户端程序，主要功能是显示 HTML 网页内容，并让用户与这些网页内容产生互动。常见的浏览器有微软公司的 Internet Explorer（简称 IE）浏览器、Mozilla 公司的 Firefox 浏览器等。

1.2.2　HTML 代码

HTML 是 Hypertext Markup Language（超文本标记语言）的缩写，HTML 代码是网页的静态内容，这些静态内容由 HTML 标记产生，Web 浏览器识别这些 HTML 标记并解释执行。例如 Web 浏览器识别 HTML 标记"
"，将"
"标记解析为一个换行。在 PHP 程序开发过程中，HTML 代码主要负责页面的互动、布局和美观。

1.2.3　PHP 预处理器

PHP 预处理器（PHP Preprocessor）的功能是将 PHP 程序中 PHP 代码解释为文本信息，这些文本信息中可以包含 HTML 代码。

1.2.4　Web 服务器

Web 服务器（Web Server）也称为 WWW（World Wide Web）服务器，简单地说，安装有 Web 服务器软件的计算机称为 Web 服务器。常用的 Web 服务器软件有微软公司的 Internet Information Server（IIS）服务器软件、IBM 公司的 WebSphere 服务器软件以及开源的 Apache 服务器软件等。由于 Apache 具有免费、速度快且性能稳定等特点，它已成为目前最为流行的 Web 服务器软件。本书将使用 Apache 服务器部署 PHP 程序。无论哪一种 Web 服务器，它们主要提供以下两个功能。

（1）存储大量的网络资源以供浏览器用户访问。典型的网络资源包括静态页面、动态页面以及各种多媒体网络资源（如图片、音频、视频、Flash 等资源）。

　　　　Web 服务器上的静态页面通常以".html"或者".htm"为文件扩展名；动态页面通常以".php"为文件扩展名。

（2）处理 HTTP 请求。

1.2.5　HTTP 协议

超文本传输协议（HyperText Transfer Protocol，HTTP）定义了 Web 浏览器与 Web 服务器通过网络进行无状态通信的一套规则。简单地说，无状态是指当一个 Web 浏览器向某个 Web 服务器的页面发送请求（Request）后，Web 服务器收到该请求进行处理，然后将处理结果作为响应（Response）返回给 Web 浏览器，Web 浏览器与 Web 服务器都不保留当前 HTTP 通信的相关信息。也就是说，Web 浏览器打开 Web 服务器上的一个网页，和之前打开这个服务器上的另一个网页之间没有任何联系。

HTTP 遵循请求（Request）/响应（Response）模型，所有 HTTP 通信连接都被构造成一对儿 HTTP 请求和 HTTP 响应。HTTP 请求类型多种多样，有以下几种分类方法。

1. 按照请求方法的不同，可将 HTTP 请求分为 GET 请求、POST 请求、HEAD 请求、OPTIONS 请求、PUT 请求、DELETE 请求和 TARCE 请求，其中最为常用的请求方法是 GET 请求和 POST 请求。本书将在 PHP 数据的采集章节对这两种请求方法进行详细讲解。

2. 按照请求的资源类型不同，可将 HTTP 请求分为 HTTP 动态请求及 HTTP 静态请求。当 Web 浏览器访问 Web 服务器上的静态页面时，此时的 HTTP 请求为静态请求；反之为动态请求。

大部分 Web 服务器仅仅提供一个可以执行服务器端程序和返回响应的环境，单纯的 Web 服务器只能响应静态页面（例如不包含任何 PHP 代码的 HTML 页面）的静态请求。也就是说，如果 Web 浏览器请求的是静态页面，此时只需要 Web 服务器响应该请求；如果浏览器请求的是动态页面（例如页面中包含了 PHP 代码），此时 Web 服务器会委托 PHP 预处理器将该动态页面的 PHP 代码解释为 HTML 静态页面，然后再将静态页面返回给浏览器进行显示。

1.2.6　数据库服务器

简单地说，数据库（Database，DB）是存储、管理数据的容器。数据库容器通常包含诸多数据库对象，如表、视图、索引、函数、存储过程、触发器等。这些数据库对象最终都是以文件的形式存储在外存（如硬盘）上。数据库用户如何访问数据库容器中的数据库对象呢？事实上，通过"数据库管理系统"数据库用户可以轻松地实现数据库容器中各种数据库对象的访问（增、删、改、查等操作），并可以轻松地完成数据库的维护工作（备份、恢复、修复等操作），如图 1-1 所示。

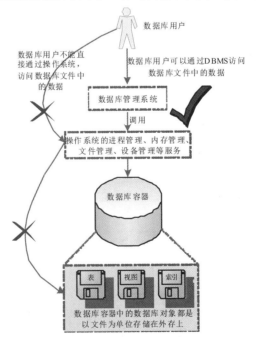

图 1-1　数据库管理系统与操作系统之间的关系

简单地说，安装有数据库管理系统软件的计算机称为数据库服务器（DataBase Server）。数据库管理系统（Database Management System，DBMS）安装于操作系统之上，是一个管理、控制数据库容器中各种数据库对象的系统软件。可以这样理解：数据库用户无法直接通过操作系统获取数据库文件中的具体内容；数据库管理系统通过调用操作系统的进程管理、内存管理、设备管理及文件管理等服务，为数据库用户提供管理、控制数据库容器中各种数据库对象、数据库文件的接口。

目前成熟的数据库管理系统主要源自欧美数据库厂商，典型的有美国甲骨文公司的 Oracle 和 MySQL、美国微软公司的 SQL Server、德国 SAP 公司的 Sybase 以及美国 IBM 公司的 DB2 和 Informix。这些数据库管理系统除了 MySQL 是开源数据库外，其他都是商业数据库，价格昂贵。考虑到 MySQL 开源、免费、易于安装、性能高效、功能齐全等特点，许多中小型 Web 系统选择 MySQL 作为首选数据库管理系统。本书也将选用 MySQL 详细讲解有关 PHP 数据库开发方面的知识。

1.2.7　PHP 程序的工作流程

PHP 程序的工作流程可以通过图 1-2 进行简单描述，具体步骤如下。

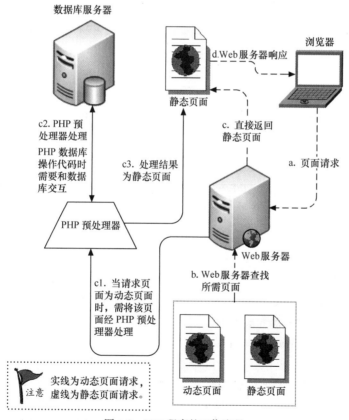

图 1-2　PHP 程序的工作流程

1. 用户在浏览器地址栏中输入要访问的页面地址（形如 http://localhost/1/helloworld.php），按回车键后就会触发该页面请求，并将请求传送给 Web 服务器（步骤 a）。

2. Web 服务器接收到该请求后，根据请求页面文件名在 Web 服务器主机中查找对应的页面文件（步骤 b），并根据请求页面文件名的扩展名（如.html 或.php）判断当前 HTTP 请求为静态页面请求还是动态页面请求。

（1）当请求页面为静态页面时（如请求页面文件扩展名为.html 或.htm），Web 服务器直接将请求页面返回（步骤 c），并将该页面作为响应发送给浏览器（步骤 d）。

（2）当请求页面为动态页面时（如请求页面文件扩展名为.php），此时 Web 服务器委托 PHP 预处理器将该动态页面中的 PHP 代码解释为文本信息（步骤 c1）；如果动态页面中存在数据库操作代码，PHP 预处理器和数据库服务器完成信息交互（步骤 c2）后，再将动态页面解释为静态页面（步骤 c3）；最后 Web 服务器将该静态页面作为响应发送给浏览器（步骤 d）。

3. 浏览器接收到 Web 服务器的 HTTP 响应后，将执行结果显示在浏览器或由浏览器进行其他处理。

1.3 PHP 服务器的构建

为了构建 PHP 服务器，在服务器软件的选择上，我们选择免费开源的 Web 服务器软件 Apache 和数据库管理系统 MySQL。对于初学者而言，Apache、MySQL 以及 PHP 预处理器的安装和配置较为复杂，这里选择 WAMP（Windows + Apache + MySQL + PHP）集成安装环境快速安装配置 PHP 服务器，省去安装配置服务器带来的麻烦，以便读者能够更快地进入 PHP 编程的殿堂。

目前常用的两款 WAMP 集成安装环境是 WampServer 和 AppServ，它们都集成了 Apache 服务器、MySQL 服务器和 PHP 预处理器。本书以 WampServer 为例介绍 PHP 服务器的安装和配置。

从安全性和性能上来讲，LAMP（Linux + Apache + MySQL + PHP）优于 WAMP（Windows + Apache + MySQL + PHP），不过由于 Windows 操作系统更易使用，因此开发 PHP 应用程序时一般选择 Windows 操作系统作为开发环境；由于 PHP 具有平台无关性（跨平台），PHP 应用程序发布、布署时，通常使用 Linux 操作系统。

1.3.1 服务器安装前的准备工作

WampServer 软件由德国人开发。该软件在 Windows 操作系统平台下集成了 Apache、MySQL 和 PHP，其中还自带 phpMyAdmin 软件，极大地方便了 PHP 服务器的安装配置和使用。目前 WampServer 的较新版本是 WampServer 2.4。

需要注意的是，Apache 服务启动时，默认会占用 80 端口号；MySQL 服务启动时，默认会占用 3306 端口号。当这两个端口号已经被占用时，则 Apache 服务或者 MySQL 服务会启动失败。在服务启动之前，建议在命令提示符窗口中输入"nestat -aon"命令，查看是否有进程占用了 80 和 3306 端口号；如果有，记住进程唯一标记符 PID，然后通过下列方法杀死该进程，以便释放 80 或者 3306 端口号，确保 Apache 服务及 MySQL 服务启动成功。

方法 1：记录对应进程的 PID，然后在 CMD 命令行窗口中执行"tskill PID"命令，杀死该进程。

方法 2：首先，通过端口号找到进程 PID，命令格式：nestat -aon | findstr "端口号"。其次，

通过 PID 号找进程名，命令格式：tasklist | findstr "PID"。最后打开任务管理器杀死该进程名的进程。

本书为了区分服务、服务进程以及服务器，进行如下定义（以 Apache 为例）。

Apache 服务：实际上是保存在 Web 服务器硬盘上的一个服务软件，是静态的代码集合。

Apache 服务进程：如果将 Apache 服务软件加载到内存，并且正在占用 CPU 动态运行，此时就生成了 Apache 服务进程，只有处于运行状态的 Apache 服务进程才可以响应 Web 浏览器的请求。同一个 Apache 服务软件，如果 Apache 配置文件的参数不同，启动 Apache 服务后生成的 Apache 服务进程也不相同。

Web 服务器：实际上是一个安装有 Apache 服务的主机系统的总称，该主机系统还应该包括操作系统、CPU、内存及硬盘等软硬件资源。特殊情况下，同一台 Apache 服务器可以安装多个 Apache 服务，甚至可以同时运行多个 Apache 服务进程，各 Apache 服务进程占用不同的端口号为不同的 Web 浏览器提供服务。简而言之，同一台 Apache 服务器同时运行多个 Apache 服务进程时，使用端口号区分这些 Apache 服务进程。

由于笔者主机既运行了 MySQL 服务，又运行了 Apache 服务，因此笔者主机既是 MySQL 服务器，又是 Apache 服务器。

1．端口号：服务器上运行的网络程序都是通过端口号来识别的。一台主机上的端口号可以有 65536 个之多。典型的端口号的例子是某台主机同时登录多个 QQ 账号、同时运行多个 QQ 进程，这些 QQ 进程之间使用不同的端口号进行辨识。读者也可以将"服务器"想象成一部双卡双待（甚至多卡多待）的"手机"，将"端口号"想象成"SIM 卡槽"，每个"SIM 卡槽"可以安装一张"SIM 卡"，将"SIM 卡"想象成"Apache 服务"。手机启动后，手机同时运行了多个"Apache 服务进程"，手机通过"SIM 卡槽"识别每个"Apache 服务进程"。

2．进程与程序的关系。读者可以简单地将程序看作是硬盘上的安装程序（如 QQ 安装程序），是静态的概念。将进程看作是 QQ 程序启动后产生的一次运行活动，是动态的概念。也就是说，程序仅需占用硬盘空间即可，而进程还需要占用内存空间及 CPU 资源。

3．如果读者正在做一些.NET 的实验，则会开启 IIS 服务，IIS 服务默认会占用 80 端口号，此时 IIS 一旦启动，将影响 Apache 服务的启动。通过如下步骤可停止 IIS 服务，为成功启动 Apache 服务铺平道路。

（1）通过"开始→设置→控制面板"方式打开控制面板。

（2）通过"管理工具→服务"方式打开服务窗口，查看系统所有服务（或者直接右键单击"我的电脑"选择"服务"选项，也可以打开服务窗口）。

（3）在服务中找到 World Wide Web Publishing Service 服务或者 IIS Admin Service 服务，单击停止服务即可停止 IIS 服务，如图 1-3 所示。

名称	描述	状态	启动类型	登录为
World Wide Web Publishing Service				
停止此服务 重启动此服务				
Desktop Window Manager Session Ma...	提供桌面窗口管理器启动和维护服务	已启动	自动	本地系统
Windows Installer	添加、修改和删除以 Windows Installer (*.msi)程序包提供...		手动	本地系统
World Wide Web Publishing Service	通过 Internet 信息服务管理器提供 Web 连接和管理	已启动	自动	本地系统
Windows Presentation Foundation Font ...	通过缓存常用的字体数据来优化 Windows Presentation Fo...		手动	本地服务

图 1-3　停止 IIS 服务

1.3.2 安装服务器

下载了 WampServer 安装程序，并进行了服务器安装前的准备工作后，就可以开始服务器的安装和配置了。

1. 双击 EXE 安装程序，进入 WampServer 程序安装欢迎界面，如图 1-4 所示。欢迎界面罗列了 Apache、MySQL、PHP 预处理器、PHPMyAdmin、SqlBuddy 以及 XDebug 等软件的版本号。图中 WampServer 2.4 安装程序使用的 Web 服务器为 Apache 2.4.4（后面的数字为软件版本号），PHP 预处理器为 PHP 5.4.16，数据库管理系统为 MySQL 5.6.12。

2. 单击"Next"按钮，出现许可条款界面，如图 1-5 所示。

图 1-4　欢迎界面　　　　　　　　　　　　图 1-5　许可条款界面

3. 选中"I accept the agreement"（我同意条款）单选按钮，单击"Next"按钮，出现选择安装路径界面，如图 1-6 所示。WAMPServer 默认的安装路径是"C:\wamp"，可以单击"Browse…"（浏览）按钮选择安装路径，这里使用默认安装路径。安装 WAMPServer 2.4 至少需要 398.4MB 的硬盘空间。

4. 单击"Next"按钮，出现创建快捷方式选项界面，如图 1-7 所示，其中第一个复选框负责在快速启动栏中创建快捷方式，第二个复选框负责在桌面上创建快捷方式。

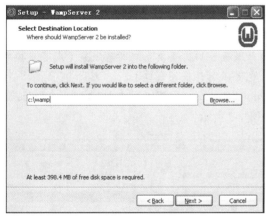
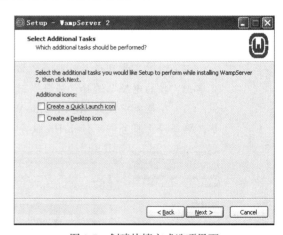

图 1-6　选择安装路径界面　　　　　　　　图 1-7　创建快捷方式选项界面

5. 单击"Next"按钮，出现信息确认界面，如图 1-8 所示。

6. 信息确认无误后，单击"Install"（安装）按钮，安装接近尾声时会提示选择默认的浏览器，如果不确定使用哪款浏览器，单击"打开"按钮就可以了，此时选择的是 Windows 操作系统默认的 IE 浏览器，如图 1-9 所示。

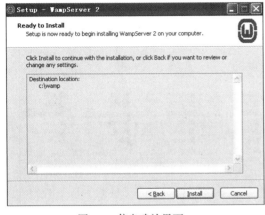
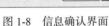

图 1-8　信息确认界面

图 1-9　选择默认的浏览器

7. 后续操作会提示输入一些 PHP 的邮件参数信息，这里保留默认的内容就可以了，如图 1-10 所示。单击"Next"按钮将进入 WAMPServer 安装完成界面，如图 1-11 所示。

8. 当选中"Launch Wamp Server2 now"复选框时，单击"Finish"按钮后完成所有安装步骤，然后自动启动 WampServer 所有服务，并且任务栏的系统托盘中增加了 WampServer 图标 。在启动 WampServer 所有服务过程中，该图标由红变橙，最终变为绿色。其中红色图标表示 MySQL 服务以及 Apache 服务都没有启动；橙色图标表示 MySQL 服务与 Apache 服务只启动了其中一个服务；绿色图标表示 MySQL 服务以及 Apache 服务都成功启动。

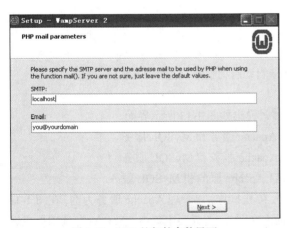

图 1-10　PHP 的邮件参数界面

图 1-11　安装完成界面

9. 打开 IE 浏览器，在地址栏中输入"http://localhost/"或"http://127.0.0.1/"后按回车键，若出现图 1-12 所示界面，说明 PHP 服务器安装并启动成功（图 1-12 所示界面对应的是"C:\wamp\www"目录下的 index.php 文件）。

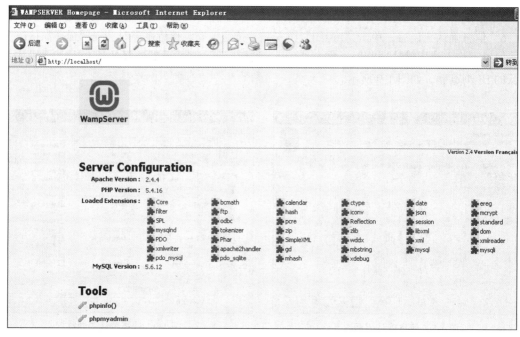

图 1-12　PHP 服务器安装且启动成功界面

localhost 是本地主机名，127.0.0.1 是本机 IP 地址，localhost 与 127.0.0.1 类似于第一人称"我"的含义。在 Windows 操作系统中，它们之间的对应关系定义在"C:\WINDOWS\system32\drivers\etc"目录下的 hosts 文件中。读者可以自定义 127.0.0.1 为其他主机名（如www.news.com），此时在浏览器地址栏中输入"http://www.news.com/"同样可以看到图 1-12 所示界面。

1.3.3　启动与停止服务

成功安装 WampServer 后，MySQL 服务、Apache 服务及 PHP 预处理器一并安装到了同一台计算机上。此时，该计算机既是数据库服务器，又是 Web 服务器。如何启动与停止 MySQL 服务及 Apache 服务？读者可以选择"手动启动服务"或"操作系统自动启动服务"这两种方法启动服务器。

方法 1　手动启动、停止服务

单击任务栏系统托盘中的 WampServer 图标，弹出如图 1-13 所示界面。

（1）单击"Start All Services"选项，则启动 Apache 服务和 MySQL 服务。

（2）单击"Stop All Services"选项，则停止 Apache 服务和 MySQL 服务。

（3）单击"Restart All Services"选项，则重启 Apache 服务和 MySQL 服务。

也可分别对 Apache 和 MySQL 服务进行启动、停止操作。以管理 Apache 服务为例，在图 1-13 中单击"Apache"选项，将弹出图 1-14 所示界面。在图 1-14 界面中单击"Service"选项可以选择 Start（启动）、Stop（停止）和 Restart（重新启动）Apache 服务。

方法 2　操作系统自动启动 PHP 服务

（1）通过"开始→设置→控制面板"方式打开控制面板。

（2）通过"管理工具→服务"方式打开服务窗口，查看系统所有服务（或者直接右键单击"我的电脑"选择"服务"选项，也可以打开服务窗口）。

图 1-13　WampServer 管理界面

图 1-14　管理 Apache 服务

（3）在服务中找到 wampmysqld 和 wampapache 服务，这两个服务分别代表 MySQL 服务和 Apache 服务。双击某种服务，将"启动类型"由"手动"改为"自动"，单击"确定"按钮即可设置该服务为自动启动，如图 1-15 所示。

Apache 服务启动后，操作系统将自动启动 httpd.exe 程序，读者可以在任务管理器中看到 httpd.exe 进程；MySQL 服务启动后，操作系统将自动启动 mysqld.exe 程序，打开任务管理器，读者可以看到 mysqld.exe 进程，如图 1-16 所示。简而言之，Apache 服务对应 httpd.exe 进程；MySQL 服务对应 mysqld.exe 进程。

图 1-15　设置服务为自动启动

图 1-16　服务启动后的任务管理器

1．选择默认方式安装 WampServer 后，mysqld.exe 程序位于 C:\wamp\bin\mysql\mysql5.6.12\bin 目录，httpd.exe 程序位于 C:\wamp\bin\apache\Apache2.4.4\bin 目录。

2．细心的读者还会发现图 1-16 中任务管理器有两个 httpd.exe 进程正在运行。为了区分这两个进程，不妨将内存占用较少的 httpd.exe 进程称为 A 进程；将内存占用较多的 httpd.exe 进程称为 B 进程。B 进程负责处理所有的 HTTP 请求；B 进程一旦停止运行，则 Web 服务器将无法提供 HTTP 服务。A 进程是一个单独的控制进程，负责监控 B 进程。当 B 进程因某些原因被停止后，A 可以启动一个新的 B 进程，以便新的 B 进程继续提供 HTTP 服务；当系统管理员有意停止 B 进程时，A 进程负责停止 B 进程；由于 A 进程是一个单独的控制进程，若直接停止 A 进程，只要不停止 B 进程，Web 服务器依然可以提供 HTTP 服务。

1.3.4　第一个 PHP 程序

成功安装 WampServer，启动 MySQL 服务及 Apache 服务后，就可以开始 PHP 编程之旅了。以 helloworld.php 程序的编写和运行为例，该程序的开发步骤如下。

1. 在"C:\wamp\www"目录下新建一个名字为"1"的目录，并在该目录下新建一个文本文档（扩展名为 txt），然后将该文件名称从"新建文本文档.txt"修改为"helloworld.php"。

2. 以记事本方式打开"helloworld.php"文件，然后输入 1.1.3 节中的 helloworld.php 代码。

3. 保存"helloworld.php"文件内容后，确保启动 Apache 服务。

4. 打开 IE 浏览器，在地址栏中输入地址"http://localhost/1/helloworld.php"后按回车键。如果看到如图 1-17 所示的页面，则第一个 PHP 程序编写、运行成功。

图 1-17　helloworld.php 程序的运行界面

为保证 PHP 程序文件的扩展名确实为 php，不能隐藏已知文件类型的扩展名，显示文件扩展名的方法可参考如下步骤。

1. 单击"工具"→"文件夹选项"（见图 1-18），弹出"文件夹选项"对话框（见图 1-19）。

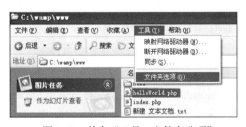

图 1-18　单击"工具→文件夹选项"

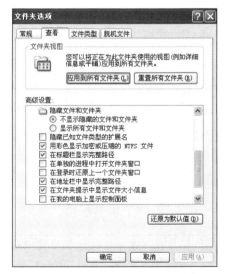

图 1-19　"文件夹选项"对话框

2. 在"文件夹选项"对话框中选择"查看"选项卡，取消"隐藏已知文件类型的扩展名"复选框的选中状态，然后单击"确定"按钮即可完成显示文件名的扩展名设置。

1.3.5　配置服务器

细心的读者不难发现，当刷新图 1-16 所示的页面时，显示的时间会实时更新，但页面显示时间与当前主机实际时间相差 8 小时，为了保证两个时间的一致性，还需要对 PHP 服务器进行相应的配置。本章简单介绍常用的 PHP 预处理器的配置及 Apache 服务的配置，有关 MySQL 服务的配置方法请读者参看 MySQL 数据库章节的内容。

php.ini 配置文件是 PHP 预处理器的初始化配置文件，对于 WampServer 2.4 而言，该配置文件所在的目录是"C:\wamp\bin\apache\Apache2.4.4\bin"。Apache 服务启动后自动读取该配置文件到 Web 服务器内存，从而实现 PHP 预处理器的初始化。

Httpd.conf 配置文件是 Apache 服务的配置文件，它存储着 Apache 中许多必不可少的配置信息。对于 WampServer 2.4 而言，该配置文件所在的目录是"C:\wamp\bin\apache\Apache2.4.4\conf"。

1. PHP 时区设置

PHP 预处理器默认使用 UTC，即世界标准时间，中国、蒙古国、新加坡、马来西亚、菲律宾、西澳大利亚州的时间与 UTC 的时差均为+8，也就是 UTC+8。这样就产生了一个问题：调用时间函数（如 date( )）产生的时间与实际时间相差 8 小时（中国的时间是 UTC+8）。通过如下步骤设置 PHP 时区，可以产生正确的时间。

（1）单击系统托盘 WampServer 图标，选择"PHP→php.ini"，打开 php.ini 配置文件。

（2）在 php.ini 文件中查找关键字"UTC"。

（3）将 PHP 时区配置为：date.timezone = PRC，如图 1-20 所示。

（4）修改 php.ini 配置文件后，必须重新启动 Apache 服务，新 php.ini 配置文件才会生效。再次访问 helloworld.php 程序时，将在页面上显示 Apache 服务器当前的主机时间。

```
php.ini - 记事本
文件(F)  编辑(E)  格式(O)  查看(V)  帮助(H)
[Date]
; Defines the default timezone used by the date functions
; http://php.net/date.timezone
date.timezone = PRC
```

图 1-20　PHP 时区设置

2. PHP 预处理器其他常用配置

下面介绍几个常用的 PHP 预处理器配置选项。

short_open_tag = On：表示允许使用"<?"和"?>"作为 PHP 的开始标记和结束标记。

output_buffering = On：表示允许使用页面缓存。

display_errors = On：表示打开错误提示，在调试程序时经常使用。

WAMPServer 同时提供了图形化界面配置 php.ini 文件。单击系统托盘 WampServer 图标，选择菜单中的"PHP→PHP settings"或"PHP→PHP extensions"，依次单击对应的配置启用或关闭 php.ini 配置文件对应的选项。修改了配置选项后，WAMPServer 会自动重启 Apache 服务。

3. 设置允许外网访问 Apache 服务

默认情况下，Apache 服务是禁止外网访问本机的 Apache 服务的，如果希望对外开放 Apache 服务，需要进行如下几个步骤的设置。

（1）单击图 1-13 中的"Put Online"选项。

（2）单击系统托盘 WampServer 图标，选择"Apache→httpd.conf"，打开 httpd.conf 配置文件。

（3）在 httpd.conf 配置文件中查找关键字"Allow from localhost"，在"Allow from localhost"下手动输入"Allow from all"，保存 httpd.conf 配置文件，如图 1-21 所示。

（4）修改 httpd.conf 配置文件后，必须重新启动 Apache 服务，新 httpd.conf 配置文件才会生效。此后其他主机便可

```
#   onlineoffline tag - don't remove
    Order Deny,Allow
    Deny from all
    Allow from 127.0.0.1
    Allow from ::1
    Allow from localhost
    Allow from all
</Directory>
```

图 1-21　设置允许外网访问 Apache 服务

使用 Apache 服务器所在的主机 IP 地址远程访问该 Apache 服务。

4. 修改 Apache 服务端口号

默认情况下，Web 浏览器访问 Web 服务器的页面时，默认使用 80 端口号，也就是说，在浏览器地址栏中输入"http://localhost/"或"http://localhost:80/"，访问的是同一个页面。如果某台主机安装了 IIS 服务（IIS 默认占用 80 端口号）的同时，也安装了 Apache 服务（Apache 默认占用 80 端口号），修改 Apache 服务的端口号，可以让 IIS 服务与 Apache 服务能够同时运行。可以通过如下步骤修改 Apache 服务的端口号。

（1）使用同样的方法在 httpd.conf 配置文件中查找关键字"Listen 80"。

（2）将 80 修改为别的端口号（如 8080），保存 httpd.conf 配置文件。

（3）重新启动 Apache 服务，使新配置文件生效。此后访问 Apache 服务时，必须在 Web 浏览器地址栏中加入 Apache 服务的端口号（如 http://localhost:8080/）。

5. 设置起始页

Web 服务器允许用户自定义起始页及其优先级，步骤如下。

（1）使用同样的方法在 httpd.conf 配置文件中查找关键字"DirectoryIndex"，如图 1-22 所示。

图 1-22　设置起始页

（2）在 DirectoryIndex 关键字的后面设置起始页的文件名及其优先级（文件名之间用空格隔开，优先级从左到右依次递减）。从图 1-22 中可以看出，WampServer 安装完毕后，默认情况下，Web 服务器的起始页为 index.php、index.php3、index.html、index.htm。因此在浏览器地址栏中输入"http://localhost/"时，Apache 服务先去查找访问"C:/wamp/www/"目录下的 index.php 文件；若该文件不存在，则依次查找访问 index.php3、index.html、index.htm 文件。

"C:/wamp/www/"目录是 Web 服务器主目录。

6. 设置 Web 服务器主目录

使用 Web 浏览器访问 Web 服务器时，默认情况下 Web 浏览器访问的是 Web 服务器主机硬盘"C:/wamp/www/"目录下的页面文件，此时"C:/wamp/www/"目录称为 Web 服务器主目录。当在浏览器地址栏中输入"http://localhost/1/helloworld.php"时，访问的是"C:/wamp/www/"目录下目录"1"中的 helloworld.php 程序文件。用户可以自定义 Web 服务器主目录，步骤如下。

（1）使用同样的方法在 httpd.conf 配置文件中查找关键字　"DocumentRoot"，如图 1-23 所示（从图 1-23 中可以看出 Web 服务器主目录默认为"C:/wamp/www/"目录）。

（2）修改 httpd.conf 配置文件，如设置目录"C:/wamp/www/1/"为 Apache 服务器主目录，如图 1-24 所示。

图 1-23　设置 Apache 服务器主目录　　　　图 1-24　设置 Apache 服务器主目录

（3）重新启动 Apache 服务器，使得新配置文件生效。此后在浏览器地址栏中直接输入"http://localhost/helloworld.php"时，Apache 服务器将访问主目录"C:/wamp/www/1/"下的helloworld.php 程序。

建议读者将"C:/wamp/www/"目录设置为 Web 服务器的主目录。

7. 设置虚拟目录

由于一个 Web 服务器只能设置一个主目录，为了实现在一台主机上能够同时存在多个"主目录"，需要不断地修改 DocumentRoot 参数、重启 Apache 服务，给 Apache 服务的维护带来了相当大的麻烦。解决该问题的办法就是设置虚拟目录，具体步骤如下。

（1）在系统托盘中单击 WampServer 图标，选择"Apache"→"Alias directoris"→"Add an alias"，弹出命令行窗口。

（2）在冒号后边输入虚拟目录名称（如 chapterone），如图 1-25 所示。

图 1-25　创建虚拟目录对话框

（3）按回车键后输入要映射的 Windows 目录（如目录"C:/wamp/www/1/"），如图 1-26所示。注意，若"C:/wamp/www/1/"目录不存在，将提示"This directory doesn't exist."信息，因此在创建虚拟目录时，需要首先创建要映射的 Windows 目录。

图 1-26　创建虚拟目录对话框

（4）按回车键后创建 Apache 虚拟目录成功，再次按回车键退出创建虚拟目录对话框。

Apache 虚拟目录创建成功后，将在目录"C:\wamp\alias"下创建对应的 CONF 文件，可以以记事本方式打开对应的 CONF 文件编辑相应的虚拟目录（不建议初学者这样做）。

（5）虚拟目录创建成功后，WampServer 会自动重启所有服务，使新配置生效。此后可以在浏览器地址栏中输入"http://localhost/chapterone/helloworld.php"访问"C:/wamp/www/1/"目录下的 helloworld.php 程序。

有经验的读者也可以直接打开 Apache 配置文件 httpd.conf 或者 PHP 预处理器配置文件 php.ini，修改配置文件中的其他选项配置 Apache 服务。但初学者不建议这样做，原因在于，httpd.conf 与 php.ini 一旦配置有误，Apache 服务将无法启动。正确的做法是，修改配置文件前，先备份配置文件，以便对配置文件进行恢复处理。

8. 为 MySQL 数据库服务器 root 账户设置密码

在 MySQL 数据库服务器中，用户名为 root 的账户具有数据库管理的最高操作权限。WampServer 成功安装后，MySQL 数据库服务器的 root 账户密码默认为空字符串，为数据库服务器的安全埋下了隐患。phpMyAdmin 是一个用 PHP 编写的、通过 Web 浏览器实现以图形界面的方式操作 MySQL 服务器的管理工具，用 phpMyAdmin 重新设置 root 账户密码的方法简单易学。

图 1-27　phpMyAdmin 登录页面

（1）单击任务栏的系统托盘 WampServer 图标，选择"phpMyAdmin"打开 phpMyAdmin 登录页面，如图 1-27 所示。

（2）在 phpMyAdmin 登录页面中输入用户名 root，密码为空字符串，单击执行按钮，进入 phpMyAdmin 主页面。在 phpMyAdmin 主页面中查找常规设置的"修改密码"超链接，如图 1-28 所示。在"用户概况表"中可以看到 root 账户，单击 root 账户的编辑权限超链接（见图 1-28），将弹出新的编辑页面。

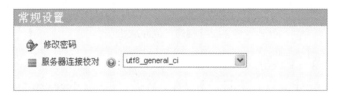

图 1-28　编辑 root 账户权限

（3）单击"修改密码"超链接，弹出修改密码对话框，如图 1-29 所示。输入新密码（如 root）及确认密码（如 root），单击"执行"按钮即可完成 root 账户密码的设置。读者也可以单击"生成"按钮自动生成随机密码。

图 1-29　设置 root 账户密码

习　题

问答题

1. 简单说明 PHP 程序运行过程中，PHP 预处理器、Web 服务器和数据库服务器各自的功能，并简单描述 PHP 程序的工作流程。

2. 列举常见的 Web 服务器和数据库服务器。

3. 列举你所熟知的动态网页程序设计语言。

4. 如果下面的 PHP 语句打印出前一天的时间（格式是 YYYY/MM/DD HH:II:SS）：

```
date_default_timezone_set('PRC');                    //设置中国时区
echo date("Y/m/d H:i:s", time()-24*3600);            //打印前一天的时间
```

编写程序 tomorrow.php 打印明天的时间（格式是 YYYY-MM-DD HH:II:SS），并说明 date() 函数的参数中 Y、y、m、M、d、D、H、h、i、s 的含义以及 time() 函数的功能。

5. 默认情况下，Apache 服务器的配置文件名、MySQL 服务器的配置文件名以及 PHP 预处理器配置文件名分别是什么？WampServer 采用默认方式安装成功后，这些配置文件放在哪个目录下？

6. 你所熟知的 Apache 服务器的配置有哪些？MySQL 服务器以及 PHP 预处理器的配置有哪些？

第 2 章
PHP 基础

本章着重讲述 PHP 基本语法、PHP 程序的组成以及 PHP 编码规范，详细讲解 PHP 数据类型以及数据输出等知识。通过本章的学习，读者可以从整体上认识 PHP 程序的各个组成部分，并可以制作功能简单的用户注册系统。

2.1　PHP 代码基本语法

PHP 是一种在服务器端执行的 HTML 内嵌式的脚本语言，PHP 代码可以嵌入到 HTML 代码中，HTML 代码也可嵌入到 PHP 代码中，例如，程序 htmlWithPHP.php 如下。

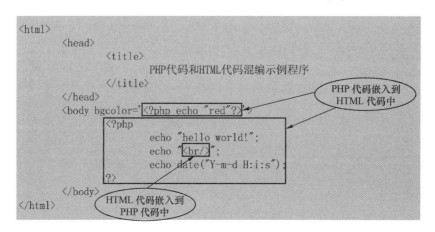

在 PHP 程序中，所有 PHP 代码必须位于 PHP 开始标记和 PHP 结束标记之间，开始标记用于表示 PHP 代码的开始，结束标记用于表示 PHP 代码的结束，这是书写 PHP 程序代码需要遵守的最基本规则。只有这样，PHP 预处理器才能正确识别一个 PHP 程序中哪些是 PHP 动态代码，哪些是静态文本，PHP 预处理器只会针对 PHP 动态代码进行分析、处理。

2.1.1　PHP 开始标记与结束标记

PHP 程序代码共有 4 种风格的开始标记和结束标记，4 种风格的标记作用是等效的。

1. 开始标记 "<?php" 和结束标记 "?>"。这是 PHP 代码中最为常用的标记风格，在任何情况下都可以使用该标记风格标识 PHP 代码，程序 htmlWithPHP.php 使用的就是这种标记。

2. 开始标记 "<script language="php">" 和结束标记 "</script>"。这种标记风格可以在任何

情况下使用，不过由于程序书写和阅读上的不便，编程过程中使用这种标记风格的几率较小。例如，程序 htmlWithPHP.php 代码也可以修改为如下代码。

```
<html>
    <head>
        <title>
                PHP 代码和 HTML 代码混编示例程序
        </title>
    </head>
    <body bgcolor='<script language="php">echo "red"</script>'>
        <script language="php">
            echo "hello world!";
            echo "<br/>";
            echo date("Y-m-d H:i:s");
        </script>
    </body>
</html>
```

3. 开始标记 "<?" 和结束标记 "?>"。这是第一种标记风格的简写方式，由于这种标记风格给程序的书写以及阅读带来很多方便，编程过程中使用这种标记风格的几率较大。不过使用这种标记风格前，必须将 php.ini 配置文件中的选项 short_open_tag 设置为 On，否则这种标记风格将不起作用。例如，将 php.ini 配置文件中的选项 short_open_tag 设置为 On，重启 Apache 服务后，程序 htmlWithPHP.php 代码也可以修改为如下代码。

```
<html>
    <head>
        <title>
                PHP 代码和 HTML 代码混编示例程序
        </title>
    </head>
    <body bgcolor='<?echo "red"?>'>
        <?
            echo "hello world!";
            echo "<br/>";
            echo date("Y-m-d H:i:s");
        ?>
    </body>
</html>
```

4. 开始标记 "<%" 和结束标记 "%>"。这是模仿 ASP、JSP 风格的一种标记，为 ASP、JSP 编程人员转向 PHP 编程带来了方便。不过使用这种标记风格前，必须将 php.ini 配置文件中的选项 asp_tags 设置为 On，否则这种标记风格将不起作用。例如，将 php.ini 配置文件中的选项 asp_tags 设置为 On，重启 Apache 服务后，程序 htmlWithPHP.php 代码可以修改为如下代码。

```
<html>
    <head>
        <title>
                PHP 代码和 HTML 代码混编示例程序
        </title>
    </head>
    <body bgcolor='<%echo "red"%>'>
        <%
```

```
                echo "hello world!";
                echo "<br/>";
                echo date("Y-m-d H:i:s");
            %>
        </body>
    </html>
```

开始与结束标记中的关键字不区分大小写，如"<?PHP"与"<?php"标记等效，"<script language="php">"与"<SCRIPT LANGUAGE="php">"标记等效。

2.1.2　PHP 注释

为了提高代码的可读性，应该养成注释的习惯，这样才能减少程序代码后期维护的时间。PHP 注释和 PHP 代码相同，必须位于 PHP 开始标记与结束标记之间；不同之处在于 PHP 注释的内容会被 PHP 预处理器忽略。也就是说，PHP 注释的内容不会被 PHP 预处理器处理。可以这样理解，PHP 代码提供给"PHP 预处理器"阅读，而 PHP 注释则是提供给"程序员"阅读。PHP 支持如下 3 种注释风格。

第 1 种：/*多行注释风格*/

第 2 种：//单行注释风格

第 3 种：#单行注释风格

例如，下面的程序 annotation.php 中使用了 3 种注释风格。

```
<?php
/*
这是 PHP 多行注释
该 php 文件依次输出 hello world!　　HTML 换行符　　系统当前时间
*/
echo "hello world!";//这是 PHP 单行注释，该语句输出：hello world!
echo "<br/>";#这是 PHP 单行注释，该语句输出：<br/>
echo date("Y 年 m 月 d 日 H 时 i 分 s 秒");//PHP 单行注释，该语句输出系统当前时间
?>
<!--
注意在 php 开始标记和结束标记之外的代码为 HTML 代码，
这里演示的是 HTML 的注释风格
-->
<br/>
PHP 注释和 HTML 中的注释
```

需要注意的是，程序 annotation.php 中，除了存在 PHP 代码的注释以外，还存在 HTML 代码的注释。HTML 代码注释的内容以"<!--"开始，以"-->"结束，且 HTML 代码注释仅在静态文本中有效。HTML 代码注释的内容虽然不会在 Web 浏览器中显示，但却被 Web 浏览器解析，并可在 HTML 页面源文件中看到。程序 annotation.php 的运行结果如图 2-1 所示，右键单击该页面，查看该页面的源文件（见图 2-2）。通过 annotation.php 源代码、运行结果以及源文件的对比可以得知，PHP 代码中的注释被 PHP 预处理器忽略，HTML 代码中的注释则原封不动地输出到 Web 浏览器，Web 浏览器接收到 HTML 注释内容后，解析处理但并不显示，然而 HTML 注释内容会显示在源文件中。

图 2-1　PHP 注释示例程序运行结果　　　　图 2-2　PHP 注释示例程序的源文件运行结果

2.1.3　PHP 语句及语句块

PHP 程序一般由若干条 PHP 语句构成，每条 PHP 语句完成某项操作。PHP 中的每条语句以英文分号 "；" 结束，但 PHP 结束标记之前的 PHP 语句可以省略结尾分号 "；"。书写 PHP 代码时，一条 PHP 语句一般占用一行，但是一行写多条 PHP 语句或者一条 PHP 语句占多行也是合法的（可能导致代码可读性差，不推荐）。

如果多条 PHP 语句之间密不可分，可以使用 "{" 和 "}" 将这些 PHP 语句包含起来形成语句块。例如，程序 sentence.php 如下。

```php
<?php
{
    echo date("Y年m月d日");
    echo "<br/>";
    echo date("H时i分s秒");
}
?>
```

说明　　单独使用语句块时没有任何意义，语句块只有和条件控制语句（if…else）、循环语句（for 和 while）、函数等一起使用时才有意义。sentence.php 程序也可以书写成如下形式。

```php
<?php
    echo date("Y年m月d日");
    echo "<br/>";
    echo date("H时i分s秒");
?>
```

当然，也可以将单独的一条 PHP 语句写在 PHP 开始标记与结束标记之内，此时 sentence.php 程序也可以书写成如下形式。

```php
<?php
    echo date("Y年m月d日");
?>
<?php
    echo "<br/>";
?>
<?php
    echo date("H时i分s秒");
?>
```

由于第二条 PHP 代码仅仅输出 HTML 换行符，sentence.php 程序也可以书写成如下形式。

```
<?php
  echo date("Y年m月d日");
?>
<br/>
<?php
  echo date("H时i分s秒");
?>
```

读者自己可以判断，上述 sentence.php 程序的书写形式中，哪一种书写方法更为简洁。可见当某个 PHP 程序中既存在 PHP 代码，又存在 HTML 代码时，其书写形式并不是千篇一律的，每一种书写形式没有正确与错误之分，只有合适与不合适之分。

2.2 PHP 程序的组成

从功能的角度，完整的 PHP 程序可以划分为 3 个组成部分：数据的采集、数据的处理和数据的输出，其中 PHP 的数据采集主要包括 3 个过程：浏览器端的数据采集、浏览器端数据的提交和 PHP 程序的数据采集，如图 2-3 所示。在图 2-3 中，浏览器用户访问注册页面（如 register.html），register.html 页面为浏览器用户提供一个图形界面（如 FORM 注册表单）采集用户的数据。浏览器用户在 FORM 表单中输入个人信息，单击 FORM 注册表单的"提交"按钮后，浏览器负责将用户信息提交到 Web 服务器某个动态页面（如 register.php 程序）。register.php 程序负责采集浏览器端的用户信息，再对采集到的用户信息进行数据处理，并将处理结果输出，告知浏览器用户处理结果。

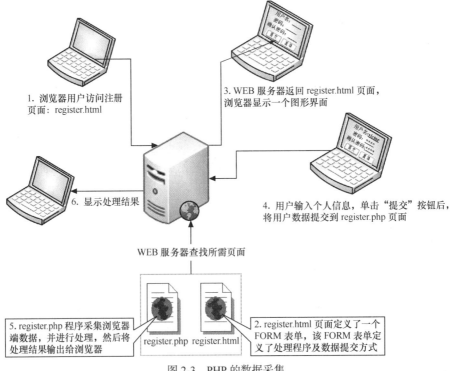

图 2-3　PHP 的数据采集

2.2.1　关于 PHP 数据

数据位于程序的核心，如何快速、安全地管理内存中的数据显得格外重要。PHP 与传统的高级语言的相同之处如下。

1. PHP 使用变量或常量实现数据在内存中的存储，并使用变量名（如$userName）或常量名（例如 PI）实现了内存数据的按名存取。

2. PHP 使用等于号 "=" （赋值运算符）给变量赋值。

3. PHP 不允许直接访问一个未经初始化的变量，否则 PHP 预处理器会提示类似下面的 Notice 信息：**Notice: Undefined variable: variable_name in C:\wamp\www\2\sample.php on line 2**。

4. PHP 提供变量作用域的概念实现内存数据的安全访问控制。

5. PHP 引入了数据类型的概念修饰和管理数据。

PHP 与传统的高级语言的不同之处如下。

1. PHP 变量名之前要加美元符号 "$" 标识，例如变量$userName。

2. PHP 是一种 "弱类型的语言"，声明变量或常量时，不需要事先声明变量或常量的数据类型，PHP 会自动由 PHP 预处理器根据变量的值将变量转换成适当的数据类型。例如，程序 looseType.php 如下。

```php
<?php
$a = 0;
$a = 0.00;
?>
```

程序 looseType.php 中创建了一个$a 变量，当将整数 0 赋值给变量$a 时，$a 是一个整型变量；当将浮点数（带有小数点的数）0.00 赋值给变量$a 时，$a 又变成一个浮点型的变量。

2.2.2　PHP 数据类型

PHP 数据类型分为 4 种：标量数据类型、复合数据类型、特殊数据类型和伪类型。其中标量数据类型共有 4 种：布尔型、整型、浮点型和字符串型。复合数据类型共有两种：数组和对象。特殊数据类型有资源数据类型和空数据类型。伪类型通常在函数的定义中使用。

1. 标量数据类型

（1）布尔型（boolean）。布尔型是最简单的数据类型，布尔型的值要么为 FALSE（逻辑 "假"），要么为 TRUE（逻辑 "真"），且 FALSE 和 TRUE 不区分大小写（如 TRUE 和 true 是等效的）。

例如，程序 boolean.php 如下。

```php
<?php
$a = TRUE;
$b = FALSE;
echo $a;
echo "<br/>";
echo $b;
?>
```

程序 boolean.php 的运行结果如图 2-4 所示。

使用 echo 输出 TRUE 时，TRUE 被自动地类型转换为整数 1；使用 echo 输出 FALSE 时，FALSE 被自动地类型转换为空字符串。

（2）整型（integer）。PHP 中整型数据类型的数据指的是不包含小数点的实数。在 32 位操作系统中，整型数据的有效范围为 −2 147 483 648 ~ 2 147 483 647。整型数据可以用十进制、八进制或十六进制表示，并且可以包含正号（+）和负号（−）。为了区分十进制数，八进制整数前必须加上 0（零），十六进制整数前必须加上 0x。例如，程序 int.php 如下。

图 2-4　布尔型示例程序运行结果

```php
<?php
$a = 1234;           //十进制数
$b = -123;           //一个负数
$c = 0123;           //八进制数（等于十进制的 83）
$d = 0x1A;           //十六进制数（等于十进制的 26）
echo $a;             //输出: 1234
echo "<br/>";
echo $b;             //输出: -123
echo "<br/>";
echo $c;             //输出: 83
echo "<br/>";
echo $d;             //输出: 26
?>
```

（3）浮点型（float 或 double）。浮点型数据就是通常所说的带小数点的实数。例如，程序 float.php 如下。

```php
<?php
$a = 1.0;
$b = 3.1415;
$c = 1.2E2;          //该浮点数表示 1.2 × 10²
echo $a;             //输出: 1
echo "<br/>";
echo $b;             //输出: 3.1415
echo "<br/>";
echo $c;             //输出: 120
?>
```

浮点数只是一个近似值，尽量避免浮点数间比较大小，因为最后的结果往往不准确。

（4）字符串型（string）。字符串数据是一个字符的序列。组成字符串的字符是任意的，可以是字母、数字或者其他符号，在 PHP 中没有对字符串的最大长度进行严格的规定。字符串最简单的指定方法是使用一对单引号（'）或者一对双引号（"）。例如，程序 string.php 如下。

```php
<?php
$string1 = 'string1';
$string2 = "string2";
$string3 = 'string3$string1';
$string4 = "string4$string1";
```

```
echo $string1;                          //输出: string1
echo "<br/>";
echo $string2;                          //输出: string2
echo "<br/>";
echo $string3;                          //输出: string3$string1
echo "<br/>";
echo $string4;                          //输出: string4string1
?>
```

注意

使用双引号指定的字符串中若出现变量名（以$开头），变量名会被替换成对应的变量值；使用单引号指定的字符串则不会。这是使用单引号和双引号指定字符串的主要区别。

2. 复合数据类型

（1）数组（array）。PHP 数组由一组有序的变量组成，每个变量称为一个元素，每个元素由键和值构成。由于 PHP 数组中元素的键不能相等（==），因此可以根据键唯一确定一个数组元素。PHP 数组与传统高级语言的数组的不同之处如下。

- 传统的高级语言中，数组元素的键必须是从零开始、顺序连续的整数。而 PHP 数组中各元素中的键既可以是整数，又可以是浮点数，还可以是字符串。
- 传统的高级语言中，数组元素的值必须是同类型数据。而 PHP 数组中各元素的值既可以是标量数据类型数据，也可以是复合数据类型数据（如数组、对象）。
- 传统的高级语言中，数组都是静态的，在定义数组前必须指定数组的长度，而在 PHP 中，数组是动态的，在定义数组时不必指定数组的长度。

例如，程序 array.php 如下。

```php
<?php
$words = array("PI"=>3.14,0,"database"=>"MySQL");
$words[1] = 1;//向数组中添加元素
echo $words["PI"];//输出: 3.14
echo "<br/>";
echo $words["database"];//输出: MySQL
?>
```

（2）对象（object）。客观世界中的一个事物就是一个对象，每个客观事物都有自己的特征和行为。从程序设计的角度来看，事物的特征就是数据，也叫成员变量；事物的行为就是方法，也叫成员方法。面向对象的程序设计方法就是利用客观事物的这种特点，将客观事物抽象为"类"，而类是对象的"模板"。例如，程序 Student.class.php 如下。

```php
<?php
class Student{
    //下面是 Student 类的成员变量
    public $name;
    public $sex;
    public $birthday;
    //下面是 Student 类的成员方法
    function getName(){
    //this 是指向当前对象
        return $this->name;
```

```
        }
        function setName($name){
            $this->name = $name;
        }
    }
    $student = new Student();
    $student->setName("张三");
    echo $student->getName();//输出：张三
    ?>
```

程序 Student.class.php 首先定义了一个 Student 类，该类由成员变量$name、$sex 和$birthday 以及成员方法 setName($name)和 getName()组成。通过对 Student 类进行实例化，可以得到一个对象$student。在程序 Student.class.php 中，通过使用 new 关键字实例化一个$student 对象，然后就可以使用如下方式访问该对象的成员变量和成员方法。

- 访问成员变量的方法：对象->成员变量（如$student ->name）
- 访问成员方法的方法：对象->成员方法（如$student->getName()）

面向对象程序设计是软件设计和实现的有效方法，随着 PHP 面向对象技术的日趋完善，为了便于程序的模块化开发以及程序的后期维护，很多功能都可以通过 PHP 面向对象技术实现。

3. 特殊数据类型

（1）资源数据类型（resourse）。资源是 PHP 提供的一种特殊数据类型，这种数据类型用于表示一个 PHP 的外部资源，如一个数据库的连接或者一个文件流等。PHP 提供了一些特定的函数建立资源和使用资源(所谓函数是指完成特定功能的代码段)。例如，PHP 提供的 mysql_connect()函数用于建立一个 PHP 程序到 MySQL 服务器之间的连接，PHP 提供的 fopen()函数用于打开一个文件等，这些函数的返回值为资源数据类型。例如，程序 resource.php 如下，该程序的运行结果如图 2-5 所示。

图 2-5　资源数据类型示例程序
运行结果

```
<?php
/*
使用 mysql_connect()函数建立一个 MySQL 数据库连接时，需要指定数据库服务器的主机名（或 IP 地址）、
用户名（如"root"）和密码（如""）
*/
$connection = mysql_connect("localhost","root","");
/*
使用 fopen()函数以 "r" 读的方式打开 "Student.class.php" 文件
*/
$ioStream = fopen("Student.class.php","r");
/*
使用 var_dump()函数输出函数中参数的数据类型
*/
var_dump($connection); //输出 resource(3, mysql link)
echo "<br/>";
var_dump($ioStream); //输出 resource(5, stream)
?>
```

说明

resource.php 程序中，var_dump()函数的功能是输出函数参数的数据类型。

任何资源在不需要使用的时候应该及时释放。如果程序员忘记了释放资源，PHP 垃圾回收机制将在 PHP 程序执行完毕后自动回收资源，避免造成网络资源以及服务器内存资源的浪费。

（2）空（Null）。NULL 是一个特殊的数据类型，该数据类型只有一个 NULL 值，用来标识一个不确定或不存在的数据。NULL 不区分大小写，即 null 和 NULL 是等效的。例如，程序 null.php 如下，该程序的运行结果如图 2-6 所示。

```php
<?php
$a = NULL;              //变量$b 被赋值为 NULL
$b = null;              //变量$b 被赋值为 NULL
var_dump($a);          //输出：NULL
echo "<br/>";
var_dump($b);          //输出：NULL
?>
```

图 2-6　NULL 型示例程序运行结果

　　本书使用的 WampServer 安装程序集成了 Xdebug 工具。Xdebug 是一个开放源代码的 PHP 程序调试器（即一个 Debug 工具），可以用来跟踪、调试和分析 PHP 程序的运行状况。Xdebug 对 PHP 的 var_dump() 函数进行重定义，使该函数的输出结果更加具有阅读性，如为字体添加颜色属性。图 2-6 显示的 null 被 Xdebug 修饰为浅蓝色。读者可以右键单击该页面，查看该页面的源文件。

　　NULL 表示值不确定或者不存在。例如，一个刚出生孩子的姓名是一个不确定的值（与空格字符以及"零长度的空字符"的意义不同）；学生选课后，只要课程没有考试，则该学生该门课程的成绩就是 NULL（与零的意义不同，与缺考、作弊、缓考的意义也不同）。

4. 伪类型

PHP 引入 4 种伪类型用于指定一个函数的参数或返回值的数据类型。

（1）mixed。mixed 说明函数可以接受（或返回）不同类型的数据（但不是所有类型的数据）。

（2）number。number 说明函数可以接受（或返回）整型或者浮点型数据。

（3）void。void 说明函数没有参数或返回值。

（4）callback。callback 说明函数可以接受用户自定义的函数作为一个参数。例如，call_user_function()或 usort()函数。

　　伪类型不能作为变量的数据类型，使用伪类型主要是为了确保函数的易读性。

2.2.3　浏览器端的数据采集

浏览器端数据的采集主要通过 HTML 提供的 FORM 表单实现。FORM 表单是包含一系列表单元素的区域，表单元素是允许用户在表单中输入信息的元素。常见的表单元素有：文本域、下拉列表、单选框、复选框等。以"用户注册系统"为例，创建一个用户注册的 FORM 表单的方法是：在"C:\wamp\www\2"目录下新建 register.html 注册程序，以记事本方式打开该文件后，输入如下代码并保存该文件。

```html
<form action="register.php">
用 户 名：<input type="text" name="userName"/><br/>
密   码 : <input type="password" name="password"/><br/>
确认密码：<input type="password" name="confirmPassword"/><br/>
<input type="submit" value=" 提 交 "/>
<input type="reset" value=" 重 填 "/>
</form>
```

打开浏览器，在地址栏中输入"http://localhost/2/register.html"后按回车键，即可访问到register.html 注册页面，该页面是静态页面，如图 2-7 所示。

register.html 程序说明如下。

1. HTML 中的字符序列" "被浏览器解析为一个空格。

2. <form></form>标记是创建 FORM 表单所需的基本标记，每一个表单必须以<form>标记起始，以</form>标记结束。

（1）必要时给<form />标记指定 action 属性，用于定义 FORM 表单处理程序。例如 action="register.php"意味着

图 2-7　简单的注册页面

单击 FORM 表单的"提交"按钮后，表单数据提交给 register.php 程序处理。

（2）必要时给<form/>标记指定 method 属性，用于定义 FORM 表单的提交方式。表单的提交方式默认为 GET 提交方式，当 FORM 表单以 GET 提交方式向 Web 服务器提交数据时，提交数据将显示在浏览器地址栏中。

3. <input />标记定义了可以输入信息的区域，<input />标记必须定义 type 属性，type 属性的值可以是 text（文本框）、button（按钮）、checkbox（复选框）、file（文件）、hidden（隐藏字段）、image（图像）、password（密码框）、radio（单选按钮）、reset（重置按钮）、或者 submit（提交按钮）等，指定属性值时用单引号（'）或者双引号（"）指定。例如，type="text"、type="password"、type="submit"或 type="reset"等。

（1）必要时给<input/>标记指定 name 属性为标记命名，建议以语义化的方式为<input/>标记命名（见名知意）。例如，name="userName"、name="password"等。

（2）必要时给<input/>标记指定 value 属性为标记设置初始值，如 value="提交"、value="重填"。

（3）当<input />标记 type 的属性值为"submit"时，该元素在浏览器中渲染为一个提交按钮。单击提交按钮后，填写好的 FORM 表单数据就会被提交到 action 属性定义的表单处理程序进行处理，例如，register.html 程序的 FORM 表单数据被提交到 register.php 程序进行处理。

（4）当<input />标记 type 的属性值为"reset"时，该元素在浏览器中渲染为一个重置按钮。单击重置按钮后，填写好的表单数据将被设置为 value 属性初始值。

2.2.4　PHP 程序的数据采集

FORM 表单创建好后，就可以编写 PHP 程序"采集"FORM 表单提交过来的数据了，步骤如下。

1. 在"C:\wamp\www\2\"目录下新建 register.php 文件，输入如下代码。

```php
<?php
$userName = $_GET["userName"];
$password = $_GET["password"];
$confirmPassword = $_GET["confirmPassword"];
//以下代码输出$userName 变量、$password 变量、$confirmPassword 变量的值，并输出换行符
echo $userName;
echo "<br/>";
echo $password;
echo "<br/>";
echo $confirmPassword;
?>
```

2. 保存 register.php 文件内容后，打开浏览器并在浏览器地址栏中输入"http://localhost/2/register.html"重新访问 register.html 页面，然后在文本框和密码框中输入如图 2-8 所示信息，单击"提交"按钮后，register.html 页面中填写的数据被提交到 register.php 程序。

由于 register.html 没有定义 method 属性值，因此表单数据将以 GET 提交方式提交给 register.php 程序。接着 register.php 程序使用$_GET 采集表单对应元素的值，并打印输出在 register.php 页面上，如图 2-9 所示。register.php 程序中，$_GET["userName"] 负责"采集"表单中<input type="text" name="userName"/>文本框中输入的信息。

图 2-8　注册表单

图 2-9　PHP 程序处理表单数据

2.2.5　PHP 数据处理

PHP 程序"采集"到表单数据后，必要时需对这些数据进行加工处理，PHP 一般使用运算符、控制语句和函数等对数据进行加工处理。对于"用户注册系统"而言，最简单的数据加工处理如下。

1. 判断 password 和 confirmPassword 的值是否一致，若一致则提示用户可以注册，否则提示用户密码和确认密码不一致。

2. 若 password 和 confirmPassword 的值一致，将 password 加密。

为了实现这些数据的加工处理，需要将 register.php 程序的代码修改为如下代码。

```php
<?php
$userName = $_GET["userName"];
$password = $_GET["password"];
$confirmPassword = $_GET["confirmPassword"];
if($password == $confirmPassword){
    echo "您可以注册了";
    echo "<br/>";
    echo "您加密后的密码为: ";
    echo md5($password);
}else{
    echo "您输入的密码和确认密码不一致，请重新注册！";
}
?>
```

修改后的 register.php 程序说明如下。

1. register.php 中使用了 "==" 比较运算符、条件控制 if…else 语句和 md5()函数对 "采集" 到的表单数据进行处理。

2. register.php 中使用了 md5()函数，该函数的语法格式为：string md5（string str）。

md5()函数的功能是将传递到 md5()函数的字符串 str 转换为 32 位的密文，实现数据加密功能。两个相等的字符串（使用 "==" 比较）经 md5()函数加密后，得到相同的密文。例如程序 md5.php 如下。

```php
<?php
echo md5("abcdefg");      //输出: 7ac66c0f148de9519b8bd264312c4d64
echo "<br/>";
echo md5("Abcdefg");      //输出: ab4f4d4ab813f90c8408bfcb5783bd47
echo "<br/>";
echo md5("10");           //输出: d3d9446802a44259755d38e6d163e820
echo "<br/>";
echo md5(10);             //输出: d3d9446802a44259755d38e6d163e820
?>
```

由于字符串"abcdefg"和"Abcdefg"不相等（使用 "==" 比较），因此它们的加密结果不相同；由于字符串"10"和整数 10 相等（使用 "==" 比较），因此它们的加密结果相同。

2.2.6　PHP 数据的输出

PHP 经常使用 echo 语句向浏览器输出字符串数据，除了 echo 语句外，还可以使用 print 语句或 printf()函数向浏览器输出字符串数据。echo 与 print 输出的是没有经过格式化的字符串，而 printf()函数输出的是经过格式化的字符串。对于复合数据类型的数据（如数组或对象），可选用 print_r()函数输出。实际编程过程中，经常使用输出语句对程序进行调试。

1. print 和 echo

print 和 echo 两者的功能几乎完全一样，都用于向页面输出字符串。例如可以将 register.php 程序修改为如下代码完成相同的功能（粗体字为代码修改部分）。

```php
<?php
$userName = $_GET["userName"];
```

```
$password = $_GET["password"];
$confirmPassword = $_GET["confirmPassword"];
if($password == $confirmPassword){
    print "您可以注册了";
    print "<br/>";
    print "您加密后的密码为: ";
    print md5($password);
}else{
    print "您输入的密码和确认密码不一致，请重新注册！";
}
?>
```

echo 和 print 之间区别是：使用 echo 可以同时输出多个字符串（多个字符串之间使用逗号隔开即可），而 print 一次只能输出一个字符串。register.php 代码也可以修改为如下代码（粗体字为代码修改部分）。

```
<?php
$userName = $_GET["userName"];
$password = $_GET["password"];
$confirmPassword = $_GET["confirmPassword"];
if($password == $confirmPassword){
    echo "您可以注册了","<br/>","您加密后的密码为: ",md5($password);
}else{
    echo "您输入的密码和确认密码不一致，请重新注册！";
}
?>
```

echo 和 print 之间的其他区别如下。

（1）在 echo 前不能使用错误抑制运算符 "@"。

（2）print() 也可以看做是一个有返回值的函数，此时 print 能作为表达式的一部分，而 echo 不能。

2. 输出运算符 "<?=　?>"

如果 HTML 代码块中只嵌入一条 PHP 语句，且该 PHP 语句是一条输出语句，此时若使用 echo 或 print 语句输出字符串不仅显得麻烦，而且降低了程序的易读性。PHP 提供另一种便捷的方法：使用输出运算符 "<?=　?>" 输出字符串数据。可以将程序 htmlWithPHP.php 修改为如下代码，增强程序的易读性（粗体字为代码修改部分，其他代码不变）。

```
<html>
    <head>
        <title>
            PHP 代码和 HTML 代码混编示例程序
        </title>
    </head>
    <body bgcolor='<?="red"?>'>
        <?
            echo "hello world!";
            echo "<br/>";
            echo date("Y-m-d H:i:s");
        ?>
    </body>
</html>
```

注意　只有将 php.ini 文件中的 short_open_tag 选项设置为 On 时，输出运算符"<?= ?>"才会生效。

3. print_r() 函数

对于复合数据类型的数据输出，经常使用 print_r() 函数。使用 print_r() 函数输出数组中的元素或对象中的成员变量时，将按照"键"=>"值"对或"成员变量名"=>"值"的方式输出元素或对象的内容。例如，程序 print_r.php 如下。

```php
<?php
class Person{
    public $name = "张三";
    public $sex = "男";
    public $age = 20;
    function say(){
        echo "这个人在说话";
    }
    function walk(){
        echo "这个人在走路";
    }
}
$person = new Person();
print_r($person);//输出: Person Object([name]=>张三[sex] => 男[age] => 20 )
echo "<br/>";
$words = array("browser","application","database");
print_r($words);//输出: Array ( [0] => browser [1] => application [2] => database )
?>
```

2.3　编 码 规 范

俗话说，没有规矩，不成方圆。养成良好的编程习惯，能够提高代码的易读性和效率；而不良的编程习惯会造成代码缺陷，使其难以阅读和维护，并且很可能在维护时又引入新的缺陷。书写 PHP 代码时需要遵循一些基本的编程原则，这些原则称为编码规范。下面介绍一些常用的编码规范，这些规范对任何一个追求高质量的代码的人来说都是必需的。

2.3.1　书写规范

1. 缩进

每个缩进的单位约定是一个 Tab（制表符）。语句块中的第一条语句需要缩进，同一个语句块中的所有 PHP 语句上下对齐。

2. 大括号{}

左大括号与关键词（如 if、else、for、while、switch 等）同行，右大括号与关键字同列。下面是符合上述两个书写规范的示例程序。

```php
<?php
if ($condition){
    switch ($var){
```

```
        case 1:
            echo 'var is 1';
            break;
        case 2:
            echo 'var is 2';
            break;
        default:
            echo 'var is neither 1 or 2';
            break;
    }
} else {
    switch ($str){
        case 'abc':
            $result = 'abc';
            break;
        default:
            $result = 'unknown';
        break;
    }
}
?>
```

3. 运算符

每个运算符与两边参与运算的值或表达式中间要有一个空格，唯一的特例是字符串连接运算符号两边不加空格。下面是符合该规范的示例程序。

```
<?php
$b = 2;
$c = 3;
$a = $b + $c;
?>
```

2.3.2　命名规范

使用良好的命名也是重要的编程习惯，描述性强的名称让代码更加容易阅读、理解和维护。命名遵循的基本原则是：以标准计算机英文为蓝本，杜绝一切拼音或拼音英文混杂的命名方式，建议使用语义化的方式命名。

1. 类

类名每一个单词首字母大写，如类名 StudentCourse。下面是符合该规范的示例程序。

```
class StudentCourse{
}
```

2. 常量

常量名所有字母大写，单词间用下画线分隔，如常量名 NULL、TRUE、FALSE、ROOT_PATH、PI 等。下面是符合该规范的示例程序。

```
<?php
define("PI", 3.1415);//定义常量时，需使用define()函数
?>
```

3. 变量

为了保证软件代码具有良好的可读性，一般要求在同一个软件系统中，变量的命名原则必须统一。例如，同一个软件系统，变量的命名可以为第一个单词首字母小写，其余单词首字母大写

（驼峰），如变量名$userID、$userName。本书有关用户注册系统中定义的变量使用该规则定义变量名。同一个软件系统，变量的命名也可以为单词所有字母小写，单词间用下画线分隔，如变量名$user_id、$student_name。本书有关新闻发布系统中定义的变量使用该规则定义变量名。

4. 数组

数组是一个可以存储多个数组元素的容器，因此在为数组命名时，尽量使用单词的复数形式，如$words、$numbers、$colors、$students、$interests 等。

5. 函数

函数的命名规范和变量名的命名规范相同。通常函数都是执行一个动作的，因此函数命名时，函数名中会包含动词，如函数名 getName、setName 分别表示取得 name 值和设置 name 值。下面是符合该规范的示例程序。

```
function getName(){
    return $this->name;
}
```

6. 数据库命名

数据库、数据库表、表字段以及各种约束的命名规范和变量名的命名规范相同，如字段名 user_id、student_name。

7. 类文件

PHP 类文件命名时通常以.class.php 为后缀，文件名和类名相同，如 Student.class.php。

2.3.3　为代码添加注释

软件开发是一种高级脑力劳动，精妙的算法之后往往伴随着难以理解的代码，对于不经常维护的代码，往往连开发者本人也忘记编写的初衷。要为代码添加注释，增强代码的可读性和可维护性。有时添加注释和编写代码一样难，但养成这样的习惯是必要的。请记住：尽最大努力把方便留给别人和将来的自己。

习　题

1. PHP 的开始标记与结束标记有哪些？使用时有何注意事项？你更喜欢哪种标记方式？
2. PHP 注释种类有哪些？这些注释在何种场合下使用？如何进行 HTML 注释？
3. PHP 的数据类型有哪些？每种数据类型适用于哪种应用场合？
4. echo 语句和 print 语句有何区别和联系？print_r 实现什么功能？
5. 你所熟知的编码规范有哪些？
6. 从功能的角度描述完整的 PHP 程序由几部分组成，并描述各部分的实现技术。
7. 如何使用下面的 Test 类，Test 类提供的 get_test()函数能实现什么功能？

```php
<?php
class Test{
    function get_test($num){
        $num=md5(md5($num));
        return $num;
    }
}
?>
```

第3章
PHP 表达式

PHP 表达式是 PHP 程序最为重要的组成部分，PHP 表达式指的是将相同数据类型或不同数据类型的数据（如变量、常量、函数等），用运算符号按一定的规则连接起来的、有意义的式子。本章围绕表达式详细讲解表达式中涉及的变量、常量以及常用运算符，最后讨论表达式中数据类型之间的相互转换。

3.1 常　量

PHP 有时使用常量实现数据在内存中的存储，使用常量名实现内存数据的按名存取。常量是指在程序运行过程中始终保持不变的量。常量一旦被定义，常量的值以及常量的数据类型将不再发生变化。PHP 常量分为自定义常量和预定义常量。

3.1.1　自定义常量

自定义常量在使用前必须定义，PHP 的 define()函数专门用于定义自定义常量，define()函数的语法格式为：define(name,value[, boolean case_insensitive])。

函数功能：定义一个名字为 name，值为 value 的常量。case_insensitive 参数的默认值为 FALSE，表示常量名 name 大小写敏感（区分大小写）；case_insensitive 参数值如果为 TRUE，表示常量名 name 大小写不敏感（不区分大小写）。

函数说明：常量名 name 为字符串类型数据，常量值 value 必须是标量数据类型数据。

　　　　函数的语法格式中某个参数使用"[ ]"括起来，表示该参数是"可选参数"（不是必需的）。函数中可选参数都会有一个默认值，在函数调用时，如果不给可选参数传递值，那么默认值将赋给可选参数。例如，define()函数中，参数 case_insensitive 是一个可选参数，且默认值是 false。

例如，程序 define.php 如下。

```php
<?php
//定义 DATABASE 常量，此时 DATABASE 常量名大小写敏感
define("DATABASE","student");
//定义 USER_NAME 常量，此时 USER_NAME 大小写敏感
define("USER_NAME","root",FALSE);
//定义 PASSWORD 常量，此时 PASSWORD 大小写不敏感
```

```
define("PASSWORD","root",TRUE);
echo DATABASE;                //输出: student
echo "<br/>";
echo USER_NAME;              //输出: root
echo "<br/>";
echo password;              //输出: root
?>
```

常量的定义及使用注意如下几点。

1. 常量必须使用 define()函数定义，常量名前面不加前缀美元"$"符号。

2. 常量名由字母或者下画线开头，后面跟上任意数量的字母、数字或者下画线。

3. 常量名可以是全部大写、全部小写或者大小写混合，但一般习惯是全部大写。

4. 常量的作用域是全局的，不存在使用范围的问题，可以在程序任意位置进行定义和使用。

5. 常量一旦被定义，其值不能在程序运行过程中修改，也不能被销毁。例如，程序 defineError.php 如下，该程序的运行结果如图 3-1 所示。

```
<?php
define("DATABASE","student");
//重新定义 DATABASE 常量，此时将出现 Notice 信息
define("DATABASE","root",FALSE);
echo DATABASE;//输出: student
?>
```

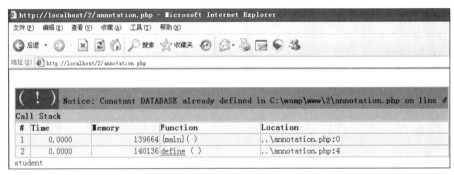

图 3-1　常量示例程序运行结果

由于程序 defineError.php 试图修改已定义常量 DATABASE 的值，程序产生 Notice 信息。从程序的运行结果可以看出，PHP 产生 Notice 信息后，并不会影响程序的继续运行。

3.1.2　常量的内存分配

内存中专门为常量的存储分配了一个空间：常量存储区。常量存储区是一块比较特殊的存储空间，位于该存储空间的常量是全局的，且在程序运行期间不能修改和销毁。程序 define.php 运行过程中的内存分配图如图 3-2 所示。

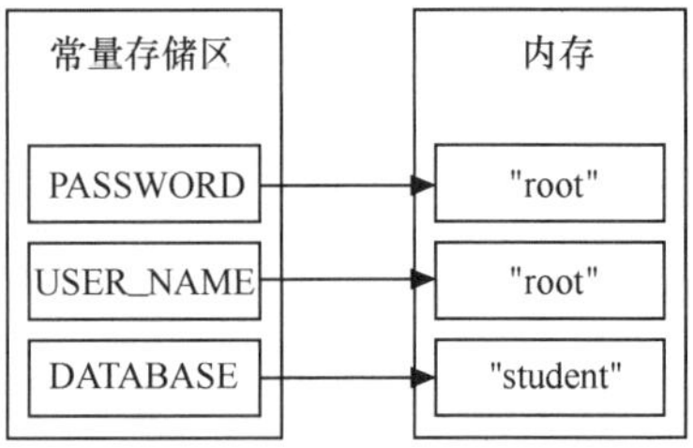

图 3-2　常量在内存的分配

3.1.3　预定义常量

PHP 预定义了许多常量，这些常量无需使用 define()函数定义，可直接在程序中使用。下面列举了一些常用的 PHP 预定义常量。

（1）__FILE__（FILE 前后分别是两个下画线）：当前正在处理的脚本文件名，若使用在一个被引用的文件中（include 或 require），那么它的值就是被引用的文件，而不是引用它的那个文件。

（2）__LINE__（LINE 前后分别是两个下画线）：正在处理的脚本文件的当前行数。

（3）PHP_VERSION：当前 PHP 预处理器的版本，如 5.4.16。

（4）PHP_OS：PHP 所在的操作系统的类型，如 Linux。

（5）TRUE：表示逻辑真。FALSE：表示逻辑假。NULL：表示没有值或值不确定。

（6）DIRECTORY_SEPARATOR：表示目录分隔符，UNIX 或 Linux 操作系统环境时的值为"/"，Windows 操作系统环境时的值为"\"。例如，程序 preDefined.php 如下。

```php
<?php
echo __FILE__;//输出: C:\wamp\www\3\preDefined.php
echo "<br/>";
echo __LINE__;//输出: 4
echo "<br/>";
echo PHP_VERSION;//输出: 5.4.16
echo "<br/>";
echo PHP_OS;//输出: WINNT
echo "<br/>";
echo DIRECTORY_SEPARATOR;//输出: \
?>
```

3.2　变　　量

PHP 更多时候使用变量实现数据在内存中的存储，变量是 PHP 表达式中最重要的组成部分。PHP 变量可分为自定义变量和预定义变量，本章所谈到的变量为自定义变量。

3.2.1　变量的基本概念

变量是用于临时存储数据的容器，这些数据可以是任意一种数据类型的数据。变量通过变量名实现内存数据的按名存取。PHP 中的变量名遵循以下规则。

（1）变量名必须以美元符号（$）开头，如$userName。

（2）变量名的第 1 个字符必须是字母或下画线（不能是数字），变量名称可以为字母、数字和下画线的组合，如$user_name_1。

（3）PHP 中的变量名是区分大小写的，这是一个非常重要的规则。这意味着$userName 和$UserName 是截然不同的两个变量。

和传统的高级语言不一样，PHP 中对于已经定义的变量可以通过重新赋值的方法修改该变量的值，甚至修改该变量的数据类型。例如，程序 variable.php 如下。

```php
<?php
//以下语句修改$userName 变量的值
$userName = "张三";
$userName = "李四";
//以下语句既修改$sex 变量的值，又修改了$sex 变量的数据类型
$sex = FALSE;
```

```
$sex = "男";
?>
```

3.2.2 变量的内存分配

内存除了存在一个常量存储区专门用于存储常量外，还有一段栈空间用于存储变量。栈是一种数据结构，它是一种只能在某一端插入和删除的特殊线性表。栈按照后进先出的原则存储数据，先进入的数据被压入栈底，最后的数据在栈顶，栈底固定，而栈顶浮动。插入一个元素的过程称为入栈（PUSH），删除一个元素的过程则称为出栈（POP）。栈的逻辑结构如图 3-3 所示。程序 variable.php 运行过程中的内存分配图如图 3-4 所示。

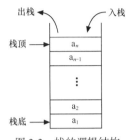

图 3-3　栈的逻辑结构

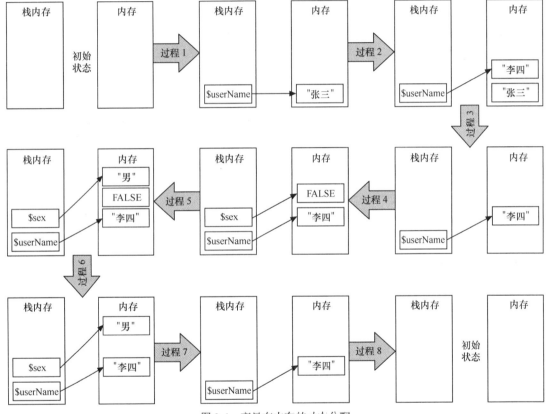

图 3-4　变量在内存的动态分配

对图 3-4 说明如下。

1．程序准备执行时，内存处于初始状态，此时栈内存和内存中没有任何数据。

2．程序执行到 "$userName = "张三";" 语句时，称为过程 1。过程 1 后，栈内存和内存中将添加变量$userName 及对应的值"张三"。

3．程序执行到 "$userName = "李四";" 语句时，称为过程 2。过程 2 后，内存中将添加变量$userName 对应的值"李四"。

4．此后由于内存中"张三"数据没有被其他变量名所引用（指向），"张三"将视为垃圾数据被

PHP 垃圾回收机制在"适当"时刻回收，以便节省 Web 服务器内存开支，该过程称为过程 3。

5．程序执行到"$sex = FALSE;"语句时，称为过程 4。过程 4 后，栈内存和内存中将添加变量$sex 对应的值 FALSE。

6．程序执行到"$sex = "男";"语句时，称为过程 5。过程 5 后，内存中将添加变量$sex 对应的值"男"。

7．此后由于 FALSE 在内存中没有被其他变量名所引用（指向），FALSE 将被视为垃圾数据被 PHP 垃圾回收机制在"适当"时刻回收，以便节省 Web 服务器内存开支。该过程称为过程 6。

8．当程序 variable.php 中的所有代码执行完毕后，PHP 垃圾回收机制首先回收位于栈顶的变量$sex，该过程为过程 7。

9．最后 PHP 垃圾回收机制回收位于栈底的变量$userName，该过程为过程 8。过程 8 后，内存又处于初始状态，为运行其他 PHP 程序做准备。

3.2.3　变量的赋值方式

变量赋值是指赋予变量具体的数据，使用赋值运算符"="来实现。PHP 提供两种赋值方式：传值赋值和传地址赋值。

1．传值赋值方式

前面所有的程序都是使用传值赋值方式为变量赋值，传值赋值方式将一个值的"拷贝"赋值给某个变量。例如，程序 byValue.php 如下，该程序运行过程中的内存分配图如图 3-5 所示。

```php
<?php
$age1 = 18;
//以下语句进行传值赋值，变量$age1 的值 18 赋值给变量$age2
$age2 = $age1;
//以下语句修改变量$age2 的值，此时变量$age2 在内存中开辟新的空间存储值 20
$age2 = 20;
echo $age1;//该语句输出$age1 变量的值为 18
echo "<br/>";
echo $age2;//该语句输出$age2 变量的值为 20
?>
```

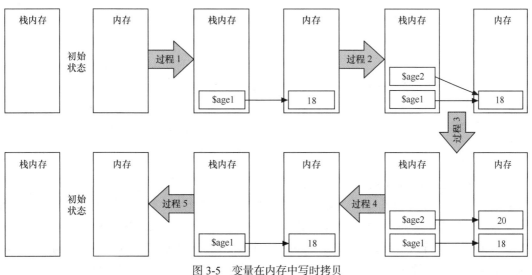

图 3-5　变量在内存中写时拷贝

对图 3-5 的部分说明如下。

（1）当程序执行到"$age2 = $age1;"语句时，称为过程 2。过程 2 后，内存中并没有新增变量$age2 的变量值 18，这是由于 PHP 为了提高内存的使用效率，采用了"写时拷贝"的原理对变量进行赋值。简言之，除非发生写（或修改）操作，否则指向同一个地址的变量值或者对象将不会被拷贝，这样既节省内存又提高了代码的执行效率。

（2）当程序执行到"$age2 = 20;"语句时，称为过程 3。过程 3 后，内存才添加了变量$age2 的变量值 20。

2．传地址赋值方式

传地址赋值是将源变量的内存地址赋值给新的变量，即新的变量引用了源变量的值，改动新变量的值将影响到源变量的值，反之亦然。传地址赋值意味着两个变量都指向同一个数据，不存在任何数据的拷贝过程。PHP 通过在源变量（$oldVariable）前追加"&"符号实现传地址赋值，语法格式为：$newVariable = &$oldVariable。例如程序 byReference.php 如下，该程序运行过程中的内存分配图如图 3-6 所示。

```php
<?php
$age1 = 18;
//进行传地址赋值，变量$age1 的地址（引用）赋值给变量$age2
$age2 = &$age1;
$age2 = 20;
echo $age1;              //该语句输出$age1 变量的值为 20
echo "<br/>";
echo $age2;              //该语句输出$age2 变量的值为 20
?>
```

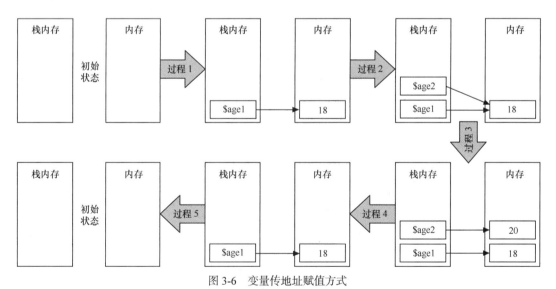

图 3-6　变量传地址赋值方式

对图 3-6 的部分说明如下。

（1）当程序执行到"$age2 = &$age1"；语句时，称为过程 2。经过过程 2 后，变量$age2 与变量$age1 指向了内存中同一个变量值 18。

（2）当程序执行到"$age2 = 20"；语句时，称为过程 3。过程 3 后，变量$age2 与变量$age1 指向了内存中同一个变量值 20。

3.2.4 可变变量

PHP 提供了一种特殊类型的变量：可变变量。可变变量允许 PHP 程序动态地改变一个变量的变量名，可变变量的工作原理是用一个变量的"值"作为另一个变量的"名"。例如，程序 variableNameChanged.php 如下。

```php
<?php
$varname = "age";
//用$$varname 取代$age。下面的代码等价于：$age = 20;
$$varname = 20;
echo $age; //输出$age 变量的值：20
?>
```

在定义可变变量时，可能会出现歧义。例如，在可变变量$$age[1]中，将$age[1]作为一个变量，还是将$$age 作为一个变量并取出该变量中"键"值为 1 的值？为了解决这样的歧义，可以使用${$age[1]}和${$age}[1]来分别表示上述两种情况。

3.3 有关变量或常量状态的函数

PHP 数据在内存中要么以变量的方式存储，要么以常量的方式存储。调试程序时，或者使用这些变量或者常量前，编程人员有必要了解常量或者变量的状态信息。

3.3.1 数据类型查看函数

PHP 为变量或常量提供了查看数据类型的函数，其中包括 gettype()和 var_dump()函数。

1. gettype()函数

语法格式：string gettype (mixed var)

函数功能：gettype()函数需要变量名（带$符号）或常量名作为参数，该函数返回变量或常量的数据类型，这些数据类型包括：integer、double、string、array、object、unknown type（未知数据类型）等。

2. var_dump()函数

语法格式：void var_dump (mixed var)

函数功能：var_dump()函数需要传递一个变量名（带$符号）或常量名作为参数，该函数可以得到变量或常量的数据类型以及对应的值，并将这些信息输出。

函数说明：void 表示 var_dump()函数没有返回值。调试程序时，经常使用 var_dump()函数查看变量或常量的值、数据类型等信息。例如，程序 dataType.php 如下，程序执行结果如图 3-7 所示。

图 3-7　程序 dataType.php 执行结果

```php
<?php
define("USERNAME","root");
$score = 67.0;
$age = 20;
$words = array(2,4,6,8,10);
echo gettype(USERNAME);          //输出: string
echo "<br/>";
echo gettype($score);            //输出: double
echo "<br/>";
echo gettype($age);              //输出: integer
echo "<br/>";
echo gettype($words);            //输出: array
echo "<br/>";
var_dump(USERNAME);              //输出: string 'root' (length=4)
echo "<br/>";
var_dump($score);                //输出: float 67
echo "<br/>";
var_dump($age);                  //输出: int 20
echo "<br/>";
var_dump($words);/*输出: array(size=5) { 0=> int(2) 1=> int(4) 2=> int(6) 3=> int(8)
4=> int(10) } */
?>
```

 在调用函数时，函数名大小写不敏感。例如，程序 dataType.php 中的 gettype()函数名也可以写成 getType()。

 本书使用的 WampServer 安装程序集成了 Xdebug 工具，由于 Xdebug 对 PHP 的 var_dump()函数进行重定义，使 var_dump()函数的输出结果更加具有阅读性，如为字体添加颜色属性。

3.3.2　检查常量或变量是否定义函数

1. defined()函数

语法格式：bool defined (string name)

函数功能：检查常量是否经过 define()函数定义。该函数参数为常量名（注意常量名必须带双引号或单引号），如果常量经过 define()函数定义，该函数返回布尔值 TRUE，否则返回 FALSE。例如，程序 defined.php 如下，该程序的运行结果如图 3-8 所示。

```php
<?php
define("USERNAME","root");
if(defined("USERNAME")){
    echo "USERNAME 常量经过了 define()函数的定义";
}
echo "<br/>";
echo STUDENT;
?>
```

从程序 defined.php 的运行结果可以看出，由于 STUDNENT 常量未经 define()函数定义，输出常量 STUDNENT 的值时，先抛出 Notice 信息，然后将常量名作为常量的值输出。编程人员必须避免使用未经 define()函数定义的常量。

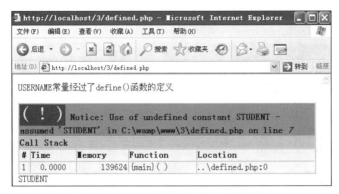

图 3-8　define 函数的示例程序运行结果

2. isset()函数

语法格式：bool isset (mixed var)

函数功能：检查变量 var 是否定义。该函数参数为变量名（带$号），如果变量已经定义，该函数返回布尔值 TRUE，否则返回 FALSE。例如，程序 isset.php 如下，该程序的运行结果如图 3-9 所示。

```php
<?php
$age = 20;
if(isset($age)){
    echo '变量$age 已经定义<br/>';
} else {
    echo '变量$age 没有定义<br/>';
}
if(isset($name)){
    echo '变量$name 已经定义<br/>';
} else {
    echo '变量$name 没有定义<br/>';
}
?>
```

注意单引号与双引号的区别：程序 isset.php 中，echo 语句输出的字符串必须使用一对单引号（'）指定。如果将程序 isset.php 的单引号全部替换成双引号，isset.php 程序的执行结果如图 3-10 所示。从执行结果可以看出：PHP 预处理器会把 "$age 已经定义" 以及 "$name 已经定义" 作为变量名进行解析（PHP 支持中文简体变量名，但不建议使用中文简体变量名）。

图 3-9　isset 函数的示例程序运行结果

isset()函数只能用于判断变量是否定义，传递其他参数都将造成程序解析错误，程序解析错误一旦发生，程序立即终止脚本的执行。defined()函数只能用于判断常量是否定义，传递其他参数 defined()函数的返回结果永远为 FALSE。

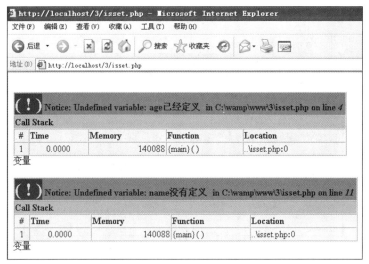

图 3-10　单引号与双引号指定字符串时的区别

3.3.3　取消变量定义 unset()函数

unset()函数语法格式：void　unset (mixed var)

函数功能：取消变量 var 的定义。该函数的参数为变量名（带$符号），函数没有返回值。例如程序 unset.php 如下，该程序的运行结果如图 3-11 所示，程序运行过程中的内存分配图如图 3-12 所示。

```php
<?php
$age1 = 18;
$age2 = &$age1;
$age2 = 20;
echo $age1;
echo "<br/>";
unset($age1);//该语句取消变量$age1 的定义
echo $age1;//由于$age1 没有定义，该语句将输出 notice 信息
echo "<br/>";
echo $age2;
?>
```

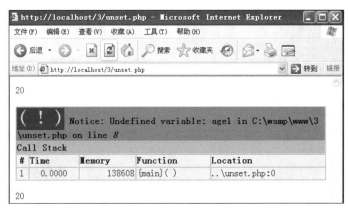

图 3-11　unset 函数的示例程序运行结果

44

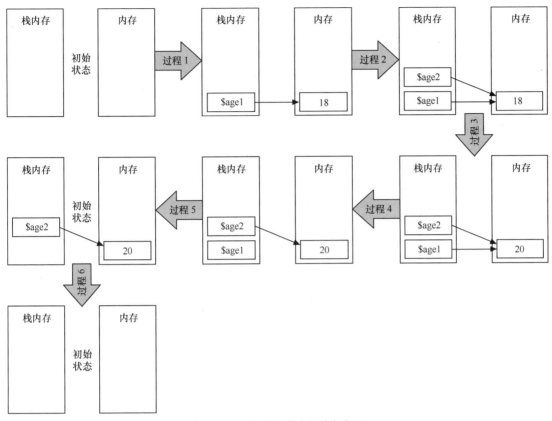

图 3-12　变量在内存中的动态分配

对图 3-12 的部分说明：当程序执行到语句 "unset($age1);" 时，称为过程 4。使用 unset()函数，只是断开了变量名和变量的值之间的联系，没有立即销毁变量$age1，变量$age1 由 PHP 垃圾回收机制在 "适当" 时刻进行回收。

　　　　　　常量一旦被定义便不能取消其定义，因此不能使用 unset()函数取消常量的定义，否则将造成程序解析错误。

3.3.4　检查变量是否为 "空"

PHP 提供了检查变量是否为 "空" 的两个函数：is_null()函数和 empty()函数。

1. is_null()函数

语法格式：boolean is_ null(mixed var)

函数功能：检查变量 var 是否为 NULL，如果值为 NULL 则返回 TRUE，否则返回 FALSE。

函数说明：is_null()函数用于判断变量是否为 NULL 时，可以看做 isset()函数的反函数。下面的 3 种情况变量的值为 NULL。

（1）变量未经定义。

（2）变量的值赋值为 NULL。

（3）变量经 unset()函数处理后。

例如，程序 is_null.php 如下，该程序的运行结果如图 3-13 所示。

```php
<?php
var_dump(is_null($a));
echo "<br/>";
$b = NULL;
var_dump(is_null($b));
echo "<br/>";
$c = FALSE;
var_dump(is_null($c));
echo "<br/>";
unset($c);
var_dump(is_null($c));
?>
```

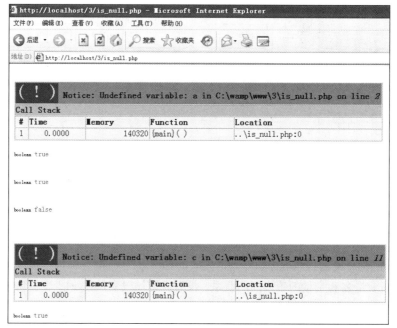

图 3-13   is_null 函数的示例程序运行结果

    程序 is_null.php 中，$a 与$b 虽然都为 NULL，但由于$a 未经定义，因此 is_null($a) 会抛出 Notice 信息。$b 的值定义为 NULL，is_null($b)不会抛出 Notice 信息。

2. empty()函数

语法格式：boolean empty (mixed var)

函数功能：用于检查变量 var 是否为"空"，该函数参数 var 为变量名（带$号）。如果变量 var 为空，则 empty()函数返回 TRUE，否则返回 FALSE。例如，程序 empty.php 如下。

    使用 empty()函数时，变量为"空"的意义为：若变量 var 的值为空字符串""、整数 0、字符串零"0"、浮点数 0.0、NULL、变量未被定义、FALSE 或空数组 array()，都将视为"空"。empty()函数只用于检测变量是否为"空"，传递其他参数都将造成程序解析错误。

```php
<?php
class Student{
```

```
}
$a = 0;
$b = "0";
$c1 = "";
$c2 = " ";
$d = NULL;
$e = FALSE;
$f = array();
$g = new Student();
$h = 0.0;
var_dump(empty($a));            //输出: boolean true
echo "<br/>";
var_dump(empty($b));            //输出: boolean true
echo "<br/>";
var_dump(empty($c1));           //输出: boolean true
echo "<br/>";
var_dump(empty($c2));           //输出: boolean false
echo "<br/>";
var_dump(empty($d));            //输出: boolean true
echo "<br/>";
var_dump(empty($e));            //输出: boolean true
echo "<br/>";
var_dump(empty($f));            //输出: boolean true
echo "<br/>";
var_dump(empty($g));            //输出: boolean false
echo "<br/>";
var_dump(empty($h));            //输出: boolean true
?>
```

（1）空字符串""为"空"，空格字符串" "不是"空"。

（2）"一个变量的值为 NULL"与"一个变量未被定义"是两个不同的概念。例如，下面的 null.php 程序，$a 被定义但值为 NULL；$b 未被定义。

```
<?php
$a = NULL;
var_dump(is_null($a)); //直接输出: true
var_dump(is_null($b)); //抛出$b 变量未定义 Notice 信息, 然后输出: true
?>
```

（3）对于一个未经定义的变量$a，isset($a)的结果是 FALSE，且不会抛出 Notice 信息。is_null($a)与 empty($a)的结果虽然都是 TRUE，但 is_null($a)将抛出 Notice 信息。例如，下面的 empty_null.php 程序。

```
<?php
var_dump(is_null($a));       //抛出$a 变量未定义 Notice 信息, 然后输出: true
echo "<br/>";
var_dump(empty($a));         //直接输出: true
echo "<br/>";
var_dump(isset($a));         //直接输出: false
?>
```

3.3.5 数据类型检查函数

PHP 为变量或常量提供了检查数据类型的函数（见表 3-1），这些函数的共同特征是：需要向这些函数传递一个变量名（带$符号）或常量名（注意常量名必须带双引号或单引号）作为参数，如果检查符合要求，函数返回 TRUE，否则返回 FALSE。例如，程序 typeChecked.php 如下。

表 3-1　　　　　　　　　　　　　　　　数据类型检查函数

函　数　名	功　　能	语　法　格　式
is_bool	检测变量或常量是否是布尔型	bool is_bool(mixed var)
is_string	检测变量或常量是否是字符串	bool is_string(mixed var)
is_int is_integer is_long	检测变量或常量是否是整数	bool is_int(mixed var)
is_double is_float is_real	检测变量或常量是否是浮点型	bool is_float(mixed var)
is_numeric	检测变量或常量是否为数字或数字字符串	bool is_numeric(mixed var)
is_scalar	检测变量或常量是否是标量数据类型	bool is_scalar(mixed var)
is_array	检测变量是否是数组	bool is_array(mixed var)
is_object	检测变量是否是一个对象	bool is_object(mixed var)
is_resource	检测变量是否为资源类型	bool is_resource(mixed var)

```php
<?php
class Student{
}
$bool = TRUE;
$string = "你好";
$int = 100;
$float = 100.00;
$numeric = "01234.56789";
$array = array(1,3,5);
$object = new Student();
$resource = mysql_connect("localhost","root","");
var_dump(is_bool($bool));            //输出: boolean true
echo "<br/>";
var_dump(is_string($string));        //输出: boolean true
echo "<br/>";
var_dump(is_int($int));              //输出: boolean true
echo "<br/>";
var_dump(is_float($float));          //输出: boolean true
echo "<br/>";
var_dump(is_numeric($numeric));      //输出: boolean true
echo "<br/>";
var_dump(is_array($array));          //输出: boolean true
echo "<br/>";
var_dump(is_object($object));        //输出: boolean true
echo "<br/>";
var_dump(is_resource($resource));    //输出: boolean true
?>
```

3.4　PHP 运算符

运算符是数据操作的符号，是表达式另外一个重要组成部分。根据运算符功能的不同，可将 PHP 的运算符分为算术、赋值、位、比较、错误控制、执行、递增/递减、逻辑、字符串连接、条件等运算符。不同的运算符所需操作数的个数也不相同，根据运算符操作数个数的不同，可将运算符分为单目运算符、双目运算符和三目运算符。

3.4.1　算术运算符

PHP 算术运算符可以实现算术运算，PHP 中的算术运算符如表 3-2 所示。例如，程序 calculator.php 如下。

表 3-2　　　　　　　　　　　　　　PHP 中的算术运算符

运算符名称	用　　法	结　　果
取反	− $a	$a 的负值
加法	$a + $b	$a 和$b 的和
减法	$a− $b	$a 和$b 的差
乘法	$a * $b	$a 和$b 的积
除法	$a / $b	$a 除以$b 的商
取余	$a % $b	$a 除以$b 的余数

```php
<?php
$num1 = -10;
$num2 = -4;
$num3 = $num1 % $num2;
$num4 = $num1 / $num2;
var_dump($num3);        //输出: int -2
echo "<br/>";
var_dump($num4);        //输出: float 2.5
?>
```

3.4.2　递增/递减运算符

PHP 中的递增/递减运算符如表 3-3 所示。例如，程序 increase.php 如下。

表 3-3　　　　　　　　　　　　　PHP 中的递增/递减运算符

运算符名称	用　　法	运　行　过　程
前加	++$a	$a 的值加 1，然后返回$a
后加	$a++	返回$a，然后将$a 的值加 1
前减	—$a	$a 的值减 1，然后返回 $a
后减	$a—	返回$a，然后将$a 的值减 1

```php
<?php
$num1 = 2;
$num2 = ++$num1;                //$num1 先自加 1，然后再将结果赋值给$num2
```

```php
$num3 = 2;
$num4 = $num3++;                     //先将$num3 赋值给$num4，然后$num3 自加 1
echo '$num1 = ',$num1;               //输出：$num1 = 3
echo "<br/>";
echo '$num2 = ',$num2;               //输出：$num2 = 3
echo "<br/>";
echo '$num3 = ',$num3;               //输出：$num3 = 3
echo "<br/>";
echo '$num4 = ',$num4;               //输出：$num4 = 2
?>
```

3.4.3 赋值运算符

赋值运算符 "=" 是将 "=" 右边表达式的值赋给左边的变量。赋值运算符产生的表达式为赋值表达式，该表达式的值为 "=" 左边的变量值。例如，程序 assign.php 如下。

```php
<?php
//$a 值为 9，$b 值为 4。整个表达式$a = ($b = 4) + 5 的值为 9
var_dump($a = ($b = 4) + 5);         //输出：int 9
echo "<br/>";
echo $a;                             //输出：9
echo "<br/>";
echo $b;                             //输出：4
?>
```

除此之外，PHP 还提供适合于所有二元算术运算符和字符串运算符的 "组和运算符"：+=、-=、*=、/=、%=、.=等。这样可以在一个表达式中使用一个值（如$y）并把表达式的结果赋给另一个值（如$x）（见表 3-4）。例如，程序 combination.php 如下。

表 3-4　　　　　　　　　　　　　　　PHP 中的组合运算符

PHP 组合运算符	等 价 格 式
$x += $y	$x = $x + $y
$x -= $y	$x = $x- $y
$x *= $y	$x = $x * $y
$x /= $y	$x = $x / $y
$x %= $y	$x = $x % $y
$x .= $y	$x = $x . $y
…	…

```php
<?php
$a = 5;
$a += 3;
echo $a;        //$a 的值为 8
echo "<br/>";
$a *=2;
echo $a;        //$a 的值为 16
echo "<br/>";
$a /=4;
echo $a;        //$a 的值为 4
?>
```

3.4.4　比较运算符

比较运算符用来对两个表达式的值进行比较，比较的结果是一个布尔值（要么是 TRUE，要么是 FALSE）。如果表达式是数值，则按照数值大小进行比较；如果表达式是字符串，则按照每个字符所对应的 ASCII 值比较。表 3-5 所示为 PHP 中的比较运算符。例如，程序 compare.php 如下。

表 3-5　　　　　　　　　　　　　　　　PHP 中的比较运算符

运算符名称	用　　法	比　较　结　果
等于	$a == $b （注意是两个等号）	如果$a 与$b 的值相等，结果为 TRUE；否则为 FALSE
全等	$a === $b （注意是三个等号）	如果$a 与$b 的值相等，且它们的类型也相同，结果为 TRUE；否则为 FALSE
不等	$a != $b	如果$a 与$b 的值不相等，结果为 TRUE；否则为 FALSE
	$a <> $b	
非全等	$a !== $b （注意是两个等号）	如果$a 与$b 的值不相等，或者它们的数据类型不同，结果为 TRUE；否则为 FALSE
小于	$a < $b	如果$a 的值小于$b 的值，结果为 TRUE；否则为 FALSE
大于	$a > $b	如果$a 的值大于$b 的值，结果为 TRUE；否则为 FALSE
小于等于	$a <= $b	如果$a 的值小于等于$b 的值，结果为 TRUE；否则为 FALSE
大于等于	$a >= $b	如果$a 的值大于等于$b 的值，结果为 TRUE；否则为 FALSE

```php
<?php
$a = 5;
$b = "5.0";
var_dump($a==$b);          //输出: boolean true
echo "<br/>";
var_dump($a===$b);         //输出: boolean false
echo "<br/>";
var_dump($a!=$b);          //输出: boolean false
echo "<br/>";
var_dump($a!==$b);         //输出: boolean true
echo "<br/>";
var_dump($a<=$b);          //输出: boolean true
echo "<br/>";
var_dump($a>=$b);          //输出: boolean true
echo "<br/>";
?>
```

注意

比较运算符会将类型不同的两个数据自动转换为相同类型的数据后再进行比较。例如程序 compare.php 中，5 和"5.0"进行比较时，将进行数据类型自动转换，将"5.0"和 5 转换为同类型数据后再进行比较。有关数据类型自动转换的相关知识，稍后介绍。

3.4.5　逻辑运算符

逻辑运算符对布尔型数据进行操作，并返回布尔型结果。表 3-6 所示为 PHP 中的逻辑运算符。

例如，程序 logic1.php 如下。

表 3-6 PHP 中的逻辑运算符

运算符名称	用　法	结　果
逻辑与	$a && $b	如果$a 与$b 的值都为 TRUE，结果为 TRUE；否则为 FALSE
	$a and $b	
逻辑或	$a || $b	如果$a 与$b 的值有一个为 TRUE，结果为 TRUE；否则为 FALSE
	$a or $b	
逻辑非	! $a	如果$a 的值为 TRUE，结果为 FALSE；否则为 TRUE
逻辑异或	$a xor $b	如果$a 与$b 的值中只有一个值为 TRUE，结果为 TRUE；否则为 FALSE

```php
<?php
$a = 3>2;
$b = 3>4;
var_dump($a&&$b);        //输出: boolean false
echo "<br/>";
var_dump($a||$b);        //输出: boolean true
echo "<br/>";
var_dump(!$a);           //输出: boolean false
echo "<br/>";
var_dump($a xor $b);     //输出: boolean true
echo "<br/>";
?>
```

当逻辑表达式中后一部分的取值不会影响整个表达式的值时，为了提高程序效率，后一部分将不会进行任何数据运算。例如，表达式$a&&$b 中，若$a 的值为 FALSE，则整个表达式的值为 FALSE，此时$b 表达式将不进行任何数据运算；表达式$a||$b 中，若$a 的值为 TRUE，则整个表达式的值为 TRUE，此时$b 表达式将不进行任何数据运算。

例如，程序 logic2.php 如下。

```php
<?php
$a = 3;
$b = 2;
$c = 2;
$a<0&&$b++>0;        //由于$a<0 不成立，因此逻辑与后的表达式将不再执行
$a>0&&$c++>0;        //由于$a>0 成立，因此逻辑与后的表达式将继续执行
echo $b;             //输出结果为: 2
echo "<br/>";
echo $c;             //输出结果为: 3
?>
```

3.4.6　字符串连接运算符

字符串连接运算符只有一个点运算符"."，使用"."运算符可以将两个字符串连接成一个字符串。例如，程序 string.php 如下。

```php
<?php
echo "hello world!"."<br/>".date("Y年m月d日h时i分s秒");
?>
```

3.4.7　错误抑制运算符

当 PHP 表达式产生错误而又不想将错误信息显示在页面上时，可以使用错误抑制运算符"@"。将"@"运算符放置在 PHP 表达式之前，该表达式产生的任何错误信息将不会输出。这样做有以下两个好处。

1. 安全：避免错误信息外露，造成系统漏洞。

2. 美观：避免浏览器页面出现错误信息，影响页面美观。

例如，程序 errorControl.php 如下，该程序的运行结果如图 3-14 所示。

```php
<?php
print $age;             //显示变量未定义的 notice 信息
echo "<br/>";
@print $age;            //@屏蔽变量未定义的 notice 信息
?>
```

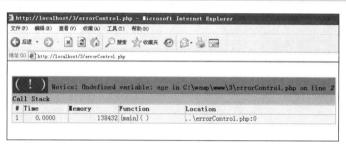

图 3-14　错误抑制运算符示例程序运行结果

在程序 errorControl.php 中，"@print $age"；语句中不能将 print 替换成 echo，否则将出现程序解析错误："**Parse error: parse error in C:\wamp\www\2\sample.php on line 7**"。

在出现数据库连接、打开文件流、除 0 等异常时，可以用@符号来抑制函数或表达式错误信息。例如，程序 errorControl2.php 如下。

```php
<?php
@mysql_connect("localhost","root","");
@fopen("unknown.gif","r");
@$a = (5/0);
?>
```

"@"运算符不能屏蔽程序的解析错误。对初学者而言，一个简单的规则是：如果能从某条语句得到值，就可以在该语句前面加上"@"运算符。例如，可以把"@"运算符放在函数（如 include()函数、mysql_connect()函数等）之前。

3.4.8　条件运算符

条件运算符的语法格式为：表达式 1?表达式 2:表达式 3

由条件运算符组成的表达式称为条件表达式，条件表达式的执行过程为：如果表达式 1 的值为 TRUE，则整个条件表达式的值为表达式 2 的值；如果表达式 1 的值为 FALSE，则整个条件表达式的值为表达式 3 的值。条件运算符中有 3 个操作数，因此条件运算符为三目运算符。例如，程序 condition.php 如下。

```php
<?php
$a = 0.0;
$b = ($a==0)?"zero":"not zero";
echo $b;//输出: zero
?>
```

3.4.9 类型运算符

PHP 5 提供了类型运算符 instanceof，该运算符用于判断一个对象是否是某个类的对象。例如，程序 instanceof.php 如下。

```php
<?php
class A{
}
class B{
}
$a = new A();

var_dump($a instanceof A);              //输出: boolean true
echo "<br/>";
var_dump($a instanceof B);              //输出: boolean false
?>
```

3.4.10 执行运算符

执行运算符使用反引号（`）（注意这不是单引号！一般是键盘上 ESC 下面的按键）。执行运算符尝试将反引号中的字符串内容作为操作系统系统命令来执行（如 Linux 的 shell 命令或 Windows 的 DOS 命令），并返回该系统命令的执行结果。例如，程序 exec.php 如下。

```php
<?php
$cmd = `netstat -aon`;
print_r($cmd);
?>
```

3.4.11 位运算符

位运算符主要用于整型数据的运算，当表达式包含位运算符时，运算时会先将各整型数据转换为相应的二进制数，然后再进行位运算。PHP 提供的位运算符如表 3-7 所示。例如，程序 bit.php 如下。

表 3-7   PHP 中的位运算符

运算符名称	用　　法	结　　果
与操作符：&	$a & $b	$a 与 $b 位值都为 1 时，结果为 1；否则为 0
或操作符：|	$a | $b	$a 与 $b 位值都为 0 时，结果为 0；否则为 1
异或操作符：^	$a ^ $b	$a 与 $b 位值中只有一个为 1 时，结果为 1；否则为 0
非操作符：~	~$a	$a 中为 0 的位，结果为 1；$a 中为 1 的位，结果为 0
右移操作符：>>	$a >> $b	$a 中的位向右移动 $b 次（每一次移动都表示 $a 除以 2）
左移操作符：<<	$a << $b	$a 中的位向左移动 $b 次（每一次移动都表示 $a 乘以 2）

```php
<?php
$a = 12;                 // 12=00001100
$b = 3;                  //  3=00000011
echo $a & $b;            // 输出: 0
echo "<br/>";
echo $a | $b;            //输出: 15
echo "<br/>";
echo $a ^ $b;            //输出: 15
echo "<br/>";
echo ~$a;                // 输出: -13
echo "<br/>";
echo $a << $b;           //输出: 96
echo "<br/>";
echo $a >> $b;           //输出: 1
?>
```

3.4.12　运算符优先级

一个复杂的表达式往往包含了多种运算符，表达式运算时，运算符优先级的不同，各运算符执行的顺序也不相同，高优先级的运算符会先被执行，低优先级的运算符会后被执行。PHP 中各运算符的优先级由高到低的顺序如表 3-8 所示。在实际编程过程中，使用括号"()"是避免优先级混乱的最有效方法。

表 3-8　　　　　　　　　　　　　PHP 中的运算符优先级

由高优先级到低优先级运算符
()
!, ~, ++, --
*, /, %
+, -, .
<<, >>
<, <=, >, >=
==, !=, ===, !==
&
^, |
&&, ||
?:
=, +=, -=, *=, /=, %=, .=
and, xor, or

3.5　数据类型的转换

PHP 中任何变量或常量都有一个"隐式的"数据类型，数据类型是由赋给变量或常量的值自动确定的。同一表达式中可以包含不同数据类型的常量及变量，这些常量或变量进行计算前，须转换为同一数据类型的数据。PHP 类型转换分为类型自动转换和类型强制转换。

3.5.1　类型自动转换

类型自动转换是指在定义变量或常量时，不需要指定变量或常量的数据类型，由 PHP 预处理器根据具体应用环境，将变量或常量转换为合适的数据类型。例如，当字符串执行算术运算时，PHP 预处理器会将字符串转换为数值类型后，再进行算术运算；当数值执行字符串连接运算时，PHP 预处理器会将数值转换为字符串类型后，再进行字符串连接运算。类型自动转换基本规则如下。

1. 布尔型数据参与算术运算时，TRUE 被转换为整数 1，FALSE 被转换为整数 0；NULL 参与算术运算时，被转换为整数 0。例如，程序 rules1.php 如下。

```php
<?php
$a = TRUE;
$b = FALSE;
$c = NULL;
$d = $a + 1;
$e = $b + 1;
$f = $c + 2;
var_dump($d);                //输出: int 2
echo "<br/>";
var_dump($e);                //输出: int 1
echo "<br/>";
var_dump($f);                //输出: int 2
?>
```

2. 浮点数与整数进行算术运算时，将整数转换为浮点数后，再进行算术运算。例如，程序 rules2.php 如下。

```php
<?php
$a = TRUE;
$b = FALSE;
$c = $a + 1.0;
$d = $b + 1.0;
var_dump($c);                //输出: float 2
echo "<br/>";
var_dump($d);                //输出: float 1
?>
```

　　程序 rules2.php 执行算术运算时，先将 TRUE 转换为整数 1，再将整数 1 转换为浮点数 1.0 进行运算。

3. 参与算术运算的字符串，只有以数字开头的字符串才会被认作数字。字符串开头部分符合整数格式时，字符串将被转换为整数，例如在执行算术运算时，字符串"3rd degree"将被转换为整数 3；字符串开头部分符合浮点数格式时（字符串开头中可以包含 "."、"e" 或 "E" 字符），字符串会被转换为浮点数，例如在执行算术运算时字符串"3.5"、"-4.01"、"4.2e6"、"-4.1 degree"分别被转换为浮点数 3.5、-4.01、4200000、-4.1。如果字符串不是以数字开头，将被转换整数 0，例如在执行算术运算时，字符串"Catch 22"将被转换为数整数 0。例如，程序 rules3.php 如下。

```php
<?php
$a = 1;
$b = "-4.01";
$c = "4.2e6";
$d = "-4.1degree";
$e = $a + "6th";
$f = $a + $b;
$g = $a + $c;
$h = $a + $d;
$i = $a + "degree";
var_dump($e);                    //输出: int 7
echo "<br/>";
var_dump($f);                    //输出: float -3.01
echo "<br/>";
var_dump($g);                    //输出: float 4200001
echo "<br/>";
var_dump($h);                    //输出: float -3.1
echo "<br/>";
var_dump($i);                    //输出: int 1
?>
```

4. 在进行字符串连接运算时，整数、浮点数将被转换为字符串类型数据。例如，12、12.3 转换为字符串后为"12"、"12.3"。布尔型 TRUE 将被转换成字符串"1"，布尔型 FALSE 和 NULL 将被转换成空字符串""，这就解释了为何语句"echo TRUE;"打印到页面上为 1，而语句"echo FALSE;"打印到页面上为空字符串。例如，程序 rules4.php 如下。

```php
<?php
$a = 1;
$b = 1.02;
$c = TRUE;
$d = FALSE;
$e = NULL;
$f = "degree";
$g = $a.$f;
$h = $b.$f;
$i = $c.$f;
$j = $d.$f;
$k = $e.$f;
var_dump($g);                    //输出: string '1degree' (length=7)
echo "<br/>";
var_dump($h);                    //输出: string '1.02degree' (length=10)
echo "<br/>";
var_dump($i);                    //输出: string '1degree' (length=7)
echo "<br/>";
var_dump($j);                    //输出: string 'degree' (length=6)
echo "<br/>";
var_dump($k);                    //输出: string 'degree' (length=6)
?>
```

5. 在进行逻辑运算时，空字符串""、字符串零"0"、整数 0、浮点数 0.0、NULL 以及空数组 array()将被转换为布尔型为 FALSE，其他数据将被转换为布尔型 TRUE（注意字符串"0.0"将被转换为布尔型 TRUE）。例如，程序 rules5.php 如下。

```php
<?php
$a = "";
```

```
$b = "0";
$c = "0.0";
$d = 0;
$e = 0.0;
$f = NULL;
$g = array();
$h = TRUE && $a;
$i = TRUE && $b;
$j = TRUE && $c;
$k = TRUE && $d;
$l = TRUE && $e;
$m = TRUE && $f;
$n = TRUE && $g;
var_dump($h);                    //输出: boolean false
echo "<br/>";
var_dump($i);                    //输出: boolean false
echo "<br/>";
var_dump($j);                    //输出: boolean true
echo "<br/>";
var_dump($k);                    //输出: boolean false
echo "<br/>";
var_dump($l);                    //输出: boolean false
echo "<br/>";
var_dump($m);                    //输出: boolean false
echo "<br/>";
var_dump($n);                    //输出: boolean false
?>
```

3.5.2　类型强制转换

类型强制转换允许编程人员手动将变量的数据类型转换成为指定的数据类型。PHP 提供了以下 3 种类型强制转换方法。

1. 在要类型转换的变量或常量之前加上用括号括起来的目标数据类型。

2. 使用类型转换函数 intval()、floatval()、strval()。

3. 使用通用类型转换函数 settype()。

注意　　　　使用类型强制转换将浮点数转换为整数时，将自动舍弃小数部分，只保留整数部分；其他转换规则遵循自动转换的规则。

方法 1　在变量前面加上一个小括号，并把目标数据类型填写在括号中。

这些目标数据类型包括：int、bool、float、string、array、object 等。例如程序 manual1.php 如下。

```
<?php
$x = 11.2;

$i = (int)$x;
$b = (bool)$x;
$f = (float)$x;
$a = (array)$x;
$s = (string)$x;
$o1 = (object)$x;
$o2 = (object)NULL;
```

```
var_dump($i);//输出: int(11)
echo "<br/>";
var_dump($b);//输出: bool(true)
echo "<br/>";
var_dump($f);//输出: float(11.2)
echo "<br/>";
var_dump($a);//输出: array (size=1){0 => float 11.2}
echo "<br/>";
var_dump($s);//输出: string '11.2' (length=4)
echo "<br/>";
var_dump($o1);//输出: object(stdClass)#1 (1) { ["scalar"]=> float(11.2) }
echo "<br/>";
var_dump($o2);//输出: object(stdClass)[2]
?>
```

1. manual1.php 程序的输出结果中，stdClass 是一个既没有成员变量，又没有成员方法的 PHP 内置类，其作用是：标量数据类型的数据被类型转换为对象时，动态地向对象添加 scalar 成员变量，scalar 成员变量的值来自标量数据类型数据的取值。

2. NULL 被类型转换为对象时，将产生一个空对象。

方法 2　使用以 val 结尾的函数名的函数。

诸如 intval()、floatval()、strval()函数，函数语法格式及功能如表 3-9 所示。例如，程序 manual2.php 如下。

表 3-9　　　　　　　　　　　　　　类型强制转换函数

函　数　名	语　法　格　式	功　　　能
intval	int intval (mixed var)	返回变量或常量 var 的整数值
floatval	float floatval (mixed var)	返回变量或常量 var 的浮点数值
strval	string strval (mixed var)	返回变量或常量 var 的字符串值

```
<?php
$a = "123.9abc";
$b = intval($a);
$c = floatval($a);
$d = strval($a);
var_dump($b);                    //输出: int 123
echo "<br/>";
var_dump($c);                    //输出: float 123.9
echo "<br/>";
var_dump($d);                    //输出: string '123.9abc' (length=8)
?>
```

方法 3　使用 settype()函数。

语法格式：bool settype (mixed var, string type)

函数功能：设置变量 var 的数据类型为 type 数据类型，type 的取值包括"bool"、"int"、"float"、"string"、"array"、"object"、"NULL"等字符串。函数如果执行成功则返回 TRUE，否则返回 FALSE。例如，程序 manual3.php 如下。

和其他数据类型转换不同的是，使用 settype()函数设置变量数据类型时，变量本身的数据类型将发生变化。

```php
<?php
$a = "123.9abc";
settype($a,"bool");
var_dump($a);                    //输出: boolean true
echo "<br/>";
$b = "123.9abc";
settype($b,"int");
var_dump($b);                    //输出: int 123
echo "<br/>";
$c = "123.9abc";
settype($c,"float");
var_dump($c);                    //输出: float 123.9
echo "<br/>";
$d = "123.9abc";
settype($d,"string");
var_dump($d);                    //输出: string '123.9abc' (length=8)
echo "<br/>";
$e = "123.9abc";
settype($e,"array");
var_dump($e);                    //输出:array(size=1){0 => string '123.9abc' (length=8)}

echo "<br/>";
$f = "123.9abc";
settype($f,"object");
var_dump($f);//输出: object(stdClass)[1]{public 'scalar'=>string'123.9abc'(length=8)}
echo "<br/>";
$g = "123.9abc";
settype($g,"NULL");
var_dump($g);                    //输出: NULL
?>
```

习　　题

一、选择题

1. mysql_connect()与@mysql_connect()的区别是（　　　）。

    A. @mysql_connect()不会忽略错误，将错误显示到客户端

    B. 没有区别

    C. mysql_connect()不会忽略错误，将错误显示到客户端

    D. 功能不同的两个函数

2. 执行以下 PHP 语句后，$y 的值为（　　　）。

```php
<?php
$x=1;
++$x;
$y = $x++;
echo $y;
?>
```

    A. 1　　　　　　　　B. 2　　　　　　　　C. 3　　　　　　　　D. 0

3. 以下代码的执行结果为（　　　）。

```php
<?php
$num="24linux"+6;
echo $num;
?>
```

  A.　30　　　　　　　B.　24linux6　　　C.　6　　　　　　　　D.　30linux

4. 以下代码哪个不符合 PHP 语法？（　　　）

  A.　$_10　　　　　　B.　${"MyVar"}　　C.　&　$something

  D.　$10_somethings　E.　$aVaR

5. 以下 PHP 代码的运行结果是（　　　）。

```php
<?php
ob_start();
for ($i = 0; $i < 10; $i++) {
    echo $i;
}
$output = ob_get_contents();
ob_end_clean();
echo $ouput;
?>
```

  A.　12345678910　　B.　1234567890　　C.　0123456789　　D.　Notice 提示信息

6. 以下 PHP 代码的运行结果是（　　　）。

```php
<?php
$a = 10;
$b = 20;
$c = 4;
$d = 8;
$e = 1.0;
$f = $c + $d * 2;
$g = $f % 20;
$h = $b - $a + $c + 2;
$i = $h << $c;
$j = $i * $e;
print $j;
?>
```

  A.　128　　　　　　B.　42　　　　　　C.　242.0

  D.　256　　　　　　E.　342

7. 全等运算符"==="如何比较两个值？（　　　）

  A.　把它们转换成相同的数据类型再比较转换后的值

  B.　只在两者的数据类型和值都相同时才返回 TRUE

  C.　如果两个值是字符串，则进行词汇比较

  D.　基于 strcmp 函数进行比较

  E.　把两个值都转换成字符串再比较

8. 以下哪个选项是把整型变量$a 的值乘以 4？（多选）（　　　）

  A.　$a *= pow (2, 2);　　　　　　　　B.　$a >>= 2;

  C.　$a <<= 2;　　　　　　　　　　　　D.　$a += $a + $a;　　　　　E.　一个都不对

9. 下面代码的运行结果是什么？（　　　）

```php
<?php
echo 'Testing ' . 1 + 2 . '45';
?>
```

    A.　Testing 1245　　　B.　Testing 345　　　C.　Testing 1+245

    D.　245　　　　　　　E.　什么都没有

10. 如果用"+"操作符把一个字符串和一个整型数字相加，结果将怎样？（　　　）

    A.　解释器输出一个类型错误

    B.　字符串将被转换成数字，再与整型数字相加

    C.　字符串将被丢弃，只保留整型数字

    D.　字符串和整型数字将连接成一个新字符串

    E.　整形数字将被丢弃，而保留字符串

二、填空题

1. _____操作符在两个操作数中有一个（不是全部）为 TRUE 时返回 TRUE。

2. 执行程序段<?php echo 8%(-2) ?>将输出_____。

3. 执行程序段<?php echo 8%(-3) ?> 将输出_____。

三、程序阅读题

1. 写出下面程序的输出结果。

```php
<?php
$str1 = null;
$str2 = false;
echo $str1==$str2 ? '相等' : '不相等';
$str3 = '';
$str4 = 0;
echo $str3==$str4 ? '相等' : '不相等';
$str5 = 0;
$str6 = '0';
echo $str5===$str6 ? '相等' : '不相等';
?>
```

2. 写出下面程序的输出结果。

```php
<?php
$a1 = null;
$a2 = false;
$a3 = 0;
$a4 = '';
$a5 = '0';
$a6 = 'null';
$a7 = array();
$a8 = array(array());
echo empty($a1) ? 'true' : 'false';
echo empty($a2) ? 'true' : 'false';
echo empty($a3) ? 'true' : 'false';
echo empty($a4) ? 'true' : 'false';
echo empty($a5) ? 'true' : 'false';
echo empty($a6) ? 'true' : 'false';
echo empty($a7) ? 'true' : 'false';
```

```
echo empty($a8) ? 'true' : 'false';
?>
```

3. 写出下面程序的输出结果。

```php
<?php
$test = 'aaaaaa';
$abc = & $test;
unset($test);
echo $abc;
?>
```

4. 写出下面程序的输出结果。

```php
<?php
$a=0;
$b=0;
if(($a=3)>0||($b=3)>0){
    $a++;
    $b++;
    echo $a;
    echo $b;
}
?>
```

5. 写出下面程序的输出结果。

```php
<?php
$str="cd";
$$str="hotdog";
$$str.="ok";
echo $cd;
?>
```

6. 写出下面程序的输出结果。

```php
<?php
$s = 'abc';
if ($s==0)
echo 'is zero<br/>';
else
echo 'is not zero<br/>';
?>
```

7. 写出下面程序的输出结果。

```php
<?php
$b=201;
$c=40;
$a=$b>$c?4:5;
echo $a;
?>
```

四、问答题

1. 检测一个变量是否设置需要使用哪个函数？检测一个变量是否为"空"需要使用哪两个函数？这两个函数之间有何区别？

2. PHP 的垃圾收集机制是怎样的？

3. 请说明 PHP 中传值与传引用的区别。什么时候传值？什么时候传引用？

4. "＝＝＝"是什么运算符？请举一个例子，说明在什么情况下使用"＝＝"会得到 TRUE，而使用"＝＝＝"却是 FALSE。

5. 给出如下 3 个数，写程序求出 3 个数中的最大值。

```
$var1=1;
$var2=7;
$var3=8;
```

第4章
PHP 流程控制语句

PHP 程序中如果没有流程控制语句，PHP 程序将从第一条 PHP 语句开始执行，一直运行到最后一条 PHP 语句。流程控制语句用于改变程序的执行次序，从而控制程序的执行流程。PHP 流程控制共有 3 种类型：条件控制结构、循环结构以及程序跳转和终止语句，这 3 种类型的流程控制构成了面向过程编程的核心。

4.1　条件控制结构

条件控制结构用于实现分支结构程序设计，条件控制结构可以使用 if…else 语句或 switch 语句实现。

4.1.1　if 语句

if 语句的语法格式：

```
if(条件表达式){
    语句块
}
```

当语句块为单条语句时，可省略"{ }"。

功能：当条件表达式的值为真（TRUE）时，PHP 将执行语句块程序；否则 PHP 将忽略语句块执行 if 后面的语句，if 语句程序流程图如图 4-1 所示。单个 if 语句的使用方法较为简单，这里不再给出具体示例程序。

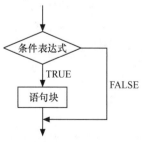

图 4-1　if 语句程序流程图

4.1.2 if…else 语句

if…else 语句的语法格式：

```
if(条件表达式){
    语句块 1
}else{
    语句块 2
}
```

说明

当语句块 1 或语句块 2 为单条语句时，可省略 "{ }"。

功能：if…else 条件控制语句与 if 语句功能类似。if…else 语句的条件表达式值为真（TRUE）时，会执行 if 的本体语句（语句块 1），而条件表达式值为假（FALSE）时，则执行 else 的本体语句（语句块 2），if…else 语句程序流程图如图 4-2 所示。

例如，程序 if_else1.php 如下。

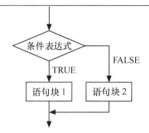

图 4-2 if…else 语句程序流程图

```php
<?php
if(isset($_GET['userName'])){
    $userName = $_GET['userName'];
}else{
    $userName = "";
    echo "请输入用户名<br/>";
}
if(isset($_GET['password'])){
    $password = $_GET['password'];
}else{
    $password = "";
    echo "请输入密码<br/>";
}
if($userName=="admin"&&$password=="admin"){
    echo "您输入的用户名和密码匹配！";
}else{
    echo "您输入的用户名和密码不匹配！";
}
?>
```

打开浏览器后，如果在浏览器地址栏中输入 "http://localhost/4/if_else1.php?userName=admin&password=admin"，按回车键后将看到如图 4-3 所示的执行结果。如果在浏览器地址栏中输入 "http://localhost/4/if_else1.php"，按回车键后将看到如图 4-4 所示的执行结果。

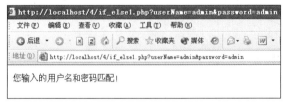

图 4-3 if…else 语句示例程序运行结果

图 4-4 if…else 语句示例程序运行结果

在 if…else 语句中，如果某个 if 或 else 的本体语句只有一行代码，"{}"可以省略，但在实际编程过程中，为了提高代码的可读性和可维护性，不建议这样做。例如，下面的程序 if_else2.php 演示了多个 if…else 条件嵌套使用的用法。

```php
<?php
if(isset($_GET['userName'])){
    $userName = $_GET['userName'];
}else{
    $userName = "";
    echo "请输入用户名<br/>";
}
if(isset($_GET['password'])){
    $password = $_GET['password'];
}else{
    $password = "";
    echo "请输入密码<br/>";
}
if($userName=="admin"&&$password=="admin"){
    echo "您输入的用户名和密码匹配! <br/>";
}else{
    if($userName!="admin"){
        echo "用户名填写错误! <br/>";
    }
    if($password!="admin"){
        echo "密码填写错误! ";
    }
}
?>
```

PHP 还提供了关键字 elseif。在条件语句中 if 条件表达式为假时，用它来测试剩余的其他条件，例如，如下程序 elseif.php，如果在浏览器地址栏中输入"http://localhost/4/elseif.php"，按回车键后将看到如图 4-5 所示的执行结果。如果在浏览器地址栏中输入"http://localhost/4/elseif.php?score=78"，按回车键后将看到如图 4-6 所示的执行结果。

```php
<?php
if(isset($_GET['score'])){
    $score = $_GET['score'];
}else{
    $score = -1;
    echo "请输入成绩!<br/>";
}
if($score>=90&&$score<=100){
    echo "成绩优秀! ";
}elseif($score>=80&&$score<90){
    echo "成绩良好! ";
}elseif($score>=60&&$score<80){
    echo "成绩及格! ";
}elseif($score>=0){
    echo "成绩不及格! ";
}
?>
```

图 4-5　elseif 示例程序运行结果　　　　　图 4-6　elseif 示例程序运行结果

4.1.3　switch 语句

switch 语句的语法格式：

```
switch (表达式) {
    case 值1:
        语句块 1
        break;
    case 值2:
        语句块 2
        break;
    ...
    default:
        语句块 n;
}
```

功能：当程序执行碰到 switch 语句时，它会计算表达式的值（该表达式的值不能为数组或对象），然后与 switch 语句中 case 子句所列出的值逐一进行 "= =" 比较（两个等号的比较），如有匹配，那么与 case 子句相连的语句块将被执行，直到遇到 break 语句时才跳离当前的 switch 语句；如果没有匹配，default 语句将被执行（default 语句在 switch 语句中不是必需的）。switch 语句程序流程图如图 4-7 所示。例如，程序 switch1.php 如下。

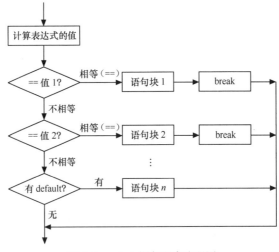

图 4-7　switch 语句程序流程图

```php
<?php
switch (date("D")) {
    case "Mon":
        echo "今天星期一<br/>";
        break;
```

```
        case "Tue":
            echo "今天星期二<br/>";
            break;
        case "Wed":
            echo "今天星期三<br/>";
            break;
        case "Thu":
            echo "今天星期四<br/>";
            break;
        case "Fri":
            echo "今天星期五<br/>";
            break;
        default:
            echo "今天放假<br/>";
    }
?>
```

　　程序 switch1.php 的功能为打印今天是星期几，程序中使用了 date("D")函数计算今天是星期几。如果当前时间为星期一，switch1.php 程序的运行结果如图 4-8 所示。从程序 switch1.php 的运行结果可以看出，break 语句的作用是跳离当前的 switch 语句，防止进入下一个 case 语句或 default 语句。

　　如果某个 case 语句中省略了 break 语句，程序有可能会导致功能混乱，例如，程序 switch2.php 如下。

```
<?php
switch (date("D")) {
    case "Mon":
        echo "今天星期一<br/>";
    case "Tue":
        echo "今天星期二<br/>";
    case "Wed":
        echo "今天星期三<br/>";
    case "Thu":
        echo "今天星期四<br/>";
    case "Fri":
        echo "今天星期五<br/>";
    default:
        echo "今天放假<br/>";
}
?>
```

　　由于编程当天的日期是星期一，程序 switch2.php 的运行结果如图 4-9 所示。由于 date("D")函数产生的值为"Mon"，switch 语句将从语句"echo "今天星期一
";"处开始执行，直到遇到 break 语句，才会跳出 switch 语句，这样 switch 就运行了 switch2.php 程序后面的所有 case 语句和 default 语句。

图 4-8　switch 语句示例程序运行结果

图 4-9　break 的错误用法运行结果

条件控制语句中，if 和 switch 语句实现相同的功能，这两个语句之间可以相互替换。但考虑到程序的可读性，一般而言，当程序中条件分支较少时，用 if 语句程序看起来较为直观；当程序中条件分支较多时，可以选择 switch 语句。

4.2 循 环 结 构

循环结构是指在给定条件成立的情况下，重复执行一个语句块，当给定的条件不成立时，退出循环结构，执行循环结构后面的程序。实现循环结构的语句称为循环语句，在 PHP 中，循环语句有 while 循环语句、do…while 循环语句和 for 循环语句。

4.2.1　while 循环语句

while 循环语句是最简单的循环语句，它的语法格式与 if 语句相似：

```
while（条件表达式）{
    语句块
}
```

功能：当 while 循环语句中条件表达式结果为 TRUE 时，程序将反复执行 while 中的语句块，直到表达式的结果为 FALSE 时才跳出 while 循环。while 循环语句程序流程图如图 4-10 所示。例如，如下程序 while.php 的功能是计算 1+2+3+…+100 的结果。

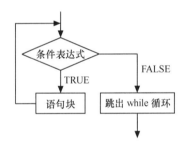

图 4-10　while 循环语句程序流程图

```php
<?php
$i = 1;
$sum = 0;
while($i<=100){
    $sum = $sum + $i;
    $i++;
}
echo $sum;//输出: 5050
?>
```

4.2.2　do…while 循环语句

do…while 循环语句的语法格式：

```
do{
    语句块
}while(条件表达式);
```

功能：程序会先执行 do 语句中的语句块，然后再检测条件表达式的值，如果为 TRUE，继续执行 do 语句中的语句块，直到条件表达式的值为 FALSE 才跳出 do…while 循环语句。do…while 循环语句程序流程图如图 4-11 所示。例如，如下程序 doWhile.php 的功能同样是计算 1+2+3+…+100 的结果。

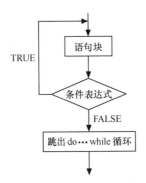

图 4-11　do…while 循环语句程序流程图

```php
<?php
$i = 1;
$sum = 0;
do{
    $sum = $sum + $i;
    $i++;
}while($i<=100);
echo $sum; //输出: 5050
?>
```

do…while 循环语句后面必须加上分号作为该语句的结束。

do…while 循环和 while 循环执行流程相似，但由于 do…while 循环对条件表达式的检测是在语句块执行结束后进行，因此 do…while 循环的语句块至少会被执行一次。

4.2.3　for 循环语句

for 循环语句虽然语法格式较为复杂，但它比 while 循环和 do…while 循环紧凑。for 循环语句的语法格式：

```
for(表达式1;条件表达式2;表达式3){
    语句块
}
```

for 循环语句中，各表达式的功能如下。

表达式 1 的功能是初始化循环控制变量，表达式 1 只执行一次，并且不是必需的。

条件表达式 2 为循环控制条件，若条件表达式 2 值为 TRUE，则执行语句块；若条件表达式 2 值为 FALSE，则跳出 for 循环。条件表达式 2 也不是必需的。

表达式 3 的功能是修改循环控制变量的值。表达式 3 也不是必需的。

for 循环语句程序流程图如图 4-12 所示。例如，如下程序 for.php 的功能是计算 1+2+3+…+100 的结果。右边的程序与左边的程序是等价的。

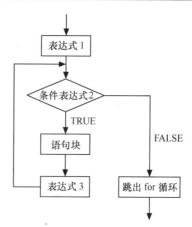

图 4-12　for 循环语句程序流程图

```php
<?php
$sum = 0;
for($i=1;$i<=100;$i++){
    $sum = $sum + $i;
}
echo $sum;//输出：5050
?>
```

```php
<?php
$sum = 0;
$i=1;
for(;$i<=100;){
    $sum = $sum + $i;
    $i++;
}
echo $sum; //输出：5050
?>
```

while 循环、do…while 循环以及 for 循环语句实现了相同的功能，这 3 个语句之间可以相互替换。当不知道循环次数时，经常使用 while 循环；如果要求一个固定次数的循环，可以考虑使用 for 循环。不管是 while 循环、do…while 循环还是 for 循环，都必须有循环结束条件，否则可能导致死循环。例如，下面的 for 循环语句可能导致死循环。

```php
for ($i=0; $i<=100; $i--)
for ( ; ; )
for ($i=0 ; $i<=100; $j++)
```

4.2.4　循环结构应用

程序 nine.php 使用 PHP 循环结构制作九九乘法表，该程序的运行结果如图 4-13 所示。

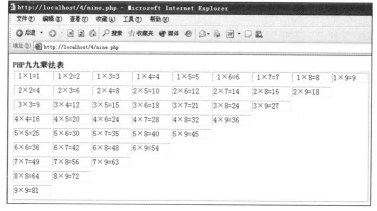

图 4-13　使用 PHP 循环结构制作九九乘法表

```
<strong>PHP 九九乘法表</strong>
<br/>
<table border="1">
<?php
for ($c=1;$c<=9;$c++){
    echo "<tr>";
    for ($d=$c;$d<=9;$d++){
        echo "<td align='right'>";
        echo $c."×".$d."=".$c*$d."   ";
        echo "</td>";
    }
    echo "</tr>";
    echo "<tr/><tr/>";
}
?>
</table>
```

程序 nine.php 说明如下。

（1）<strong />标签是 HTML 中的常用标签，该标签实现以粗体方式显示文本的功能。

（2）<table />标签是 HTML 中的常用标签，该标签制作一个表格，<table />标签的 border 属性用于定义表格边框的宽度。

（3）<tr />标签用于制作表格的一行，<tr />标签需嵌入到<table />标签中使用。

（4）<td />标签用于制作表格的一个单元格，该标签的 align 属性用于定义单元格中的文本对齐方式，<td />标签需嵌入到<tr />标签中使用。

4.3　程序跳转和终止语句

除了条件控制和循环结构外，PHP 还提供了程序跳转语句以及程序终止语句，控制程序的执行流程。其中常用的程序跳转语句主要包括 continue 语句以及 break 语句。常用的程序终止语句包括 exit 语句以及 die 语句（die 语句可以看作 exit 语句的别名）。另外 return 语句也可以实现流程控制功能，return 语句首先结束当前 PHP 程序的运行，然后将当前 PHP 程序的运行结果返回给调用程序，程序的执行流程跳转到调用程序。有关 return 语句的使用方法，将在自定义函数章节进行详细讲解。

4.3.1　continue 语句

continue 语句一般在 for、while 或 do…while 循环结构中使用。在循环结构中，当程序执行至 continue 时，程序将跳过本次循环中剩余的代码并开始执行下一次循环。例如，如下程序 continue.php 的功能是计算 1+3+5+…+99 的结果。

```
<?php
$sum = 0;
for($i=1;$i<=100;$i++){
    if($i%2==0){
        continue;
    }
    $sum = $sum + $i;
```

```
}
echo $sum; //输出：2500
?>
```

 continue 可以接受一个可选的数字参数来决定跳过几重循环，这种功能一般在多重循环中使用。

4.3.2 break 语句

当 break 在 switch 语句中使用时，它会使程序跳出当前的 switch 语句。break 语句还可以使用在 for、while 或 do…while 循环语句中，使得程序跳出当前循环结构。例如，如下程序 break.php 的功能也是计算 1+2+3+…+100 的结果。

```php
<?php
$sum = 0;
for($i=1;;$i++){
    $sum = $sum+$i;
    if($i==100){
        break;
    }
}
echo $sum;
?>
```

 break 可以接受一个可选的数字参数来决定跳出几重循环，这种功能一般在多重循环中使用。

4.3.3 终止 PHP 程序运行

我们很难保证程序运行过程中不发生任何错误，当发生诸如被零除、打开一个不存在的文件或者数据库连接失败等情况时，程序将发生错误。程序发生错误后，应该控制程序立即终止执行剩余的 PHP 代码，PHP 提供的 exit 语言结构（或 die 语言结构）可以实现这个功能。exit 语言结构终止整个 PHP 程序的执行，这就意味着 exit 语句后的所有 PHP 代码都不会执行。

exit 语言结构的语法格式：

```
void exit ( [string message] )
```

功能：输出字符串信息 message，然后终止 PHP 程序的运行。例如，如下程序 exit.php 的运行结果如图 4-14 所示。

图 4-14   exit 示例程序运行结果

```php
<?php
@($a = 2/0) or exit("发生被零除错误！");
```

```
echo "exit 后面的语句将不会运行! ";
?>
```

　　　　字符串信息 message 必须写在小括号内，例如，程序 exit.php 中的语句 "exit("发生被零除错误! ")" 不可以写成 "exit "发生被零除错误! ""。

从程序 exit.php 的运行结果可以看出以下两点。

1. 使用逻辑或（or）表达式$a or $b，可以强制只有表达式$a 的结果为 FALSE 时，表达式$b才会执行。

2. 当某个表达式运行失败时，该表达式的结果为 FALSE。

读者可以从数据类型自动转换的角度分析下面程序的运行结果。

```
<?php
@($a = 2*0) or exit("由于 or 运算符前面的表达式值为 0，导致 exit 语句的运行! ");
echo "exit 后面的语句将不会运行! ";
?>
```

之所以 exit 不是函数而是一个语言结构，是因为 exit.php 程序还可以修改为如下代码，此时的 exit 并不是一个函数。

```
<?php
@($a = 2/0) or exit;
echo "exit 后面的语句将不会运行! ";
?>
```

PHP 还提供了 die 语言结构终止程序的运行，die 可以看做是 exit 的别名。例如，程序 die.php如下。

```
<?php
@(2/0) or die("发生被零除错误! ");
echo "die 后面的语句将不会运行! ";
?>
```

习　　题

一、选择题

1. 如何给变量$a、$b 和$c 赋值才能使以下代码显示字符串 "Hello, World!"？（　　　）

```
<?php
$string = "Hello, World!";
$a = ?;
$b = ?;
$c = ?;
if($a) {
    if($b && !$c) {
        echo "Goodbye Cruel World!";
    } else if(!$b && !$c) {
        echo "Nothing here";
    }
} else {
```

```
    if(!$b) {
        if(! $a && (!$b && $c)) {
            echo "Hello, World!";
        } else {
            echo "Goodbye World!";
        }
    } else {
    echo "Not quite.";
    }
}
?>
```

    A. False, True, False   B. True, True, False

    C. False, True, True   D. False, False, True   E. True, True, True

2. 关于 exit 与 die 语句结构的说法正确的是（   ）。

    A. exit 语句结构执行会停止执行下面的脚本，而 die 无法做到

    B. die 语句结构执行会停止执行下面的脚本，而 exit 无法做到

    C. die 语句结构等价于 exit 语句结构

    D. die 语句结构与 exit 语句结构没有直接关系

3. 语句"for($k=0;$k=1;$k++);"和语句"for($k=0;$k= =1;$k++);"执行的次数分别是（   ）。

    A. 无限和 0   B. 0 和无限   C. 都是无限   D. 都是 0

4. 哪种流程控制语句结构用来表现以下代码片段的流程控制最合适？（   ）

```php
<?php
if( $a == 'a') {
    somefunction();
} else if ($a == 'b') {
    anotherfunction();
} else if ($a == 'c') {
    dosomething();
} else {
    donothing();
}
?>
```

    A. 没有 default 的 switch 语句   B. 一个递归函数   C. while 语句

    D. 无法用别的形式表现该逻辑   E. 有 default 的 switch 语句

二、编程题

使用 switch 语句结构实现选择题的第 4 题。

第 5 章
PHP 数组

数组（Array）是一组批量的数据存储空间，这一组存储空间在内存中是相邻接的，每一个存储空间存储了一个数组元素，元素之间使用"键"（key）来识别，通过数组名和"键"的组合实现数组中每一个元素的访问。本章详细讲解数组的基本概念以及数组常用的处理函数，并对数组遍历的几种方法进行比较。

5.1 数组的基本概念

数组由多个元素组成，元素之间相互独立，并使用"键"（key）来识别，每个元素相当于一个变量，用来保存数据。因此可以将数组视为一串内存空间连续的变量组合。

5.1.1 为什么引入数组

使用标量数据类型定义的变量只能存储单个"数据"，仅依靠标量数据类型远不能解决现实生活中的一些常见问题，例如一个设置个人信息的页面，如图 5-1 所示。

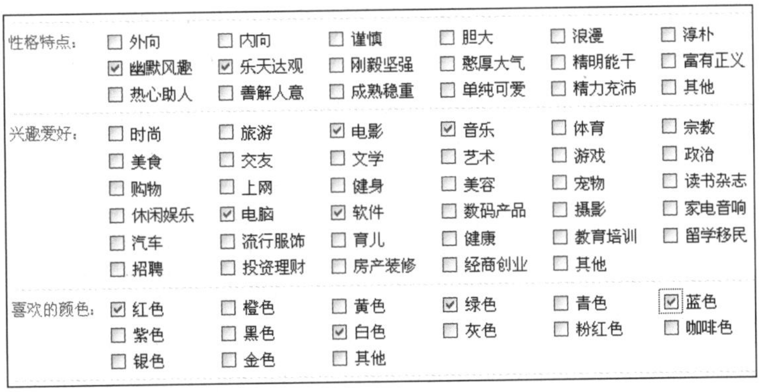

图 5-1　设置个人信息的页面

从图 5-1 可以得出以下两点。

1. 用户可选的"兴趣爱好"选项的个数有 35 项之多，编程过程中不可能为 35 个"兴趣爱好"选项设置 35 个变量与之对应。

2. "兴趣爱好"选项的个数有可能会继续增加，无法确定选项个数。

为此，需引入数组数据类型更好地解决上述问题。

5.1.2 数组的分类

数组是一个可以存储多个元素的容器，每个元素是一个"键值对"（key=>value）。数组元素的"键"（key）通常为整数或字符串，数组元素的"值"可以是整数、浮点数、字符串甚至另一个数组或对象。如果数组元素的值为另外一个数组，那么这个数组为二维数组。根据数组存放元素的复杂程度，可将数组分为一维数组、二维数组甚至多维数组。

5.2 一维数组的创建

当一个变量承载多个选项（如"兴趣爱好"选项有 35 项之多或表中的一条记录有多个列）时，经常使用一维数组保存这些选项。PHP 有两种创建一维数组的方法：直接将变量声明为数组元素和使用 array() 语言结构创建数组。

5.2.1 直接将变量声明为数组元素

将一个变量声明为一个数组元素有以下 3 种方法。

方法 1 不指定数组元素的"键"

示例程序：$characters[ ] = "humour";

上面的 PHP 语句定义了一个名字为$characters 的数组，并向该数组中添加了一个数组元素。方括号"[ ]"定义的是该数组元素的"键"，该键对应的"值"为字符串"humour"。当数组新元素的"键"没有指定时，新元素的"键"在已有元素最大整数"键"的基础上递增（数组没有整数"键"时，则从零开始递增）。例如，程序 createArray1.php 如下。

```php
<?php
$characters[] = "humour";
$characters[] = "optimism";
print_r($characters);          //输出: Array ( [0] => humour [1] => optimism )
?>
```

程序 createArray1.php 中的 print_r() 函数按照"[键]=>值"的格式显示数组的内容，该程序运行过程中的内存分配图如图 5-2 所示。

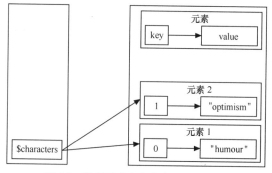

图 5-2　数组元素在内存中的动态分配

方法 2 将数组元素的"键"指定为某个整数

示例程序：$interests[2] = "music";

上面的 PHP 语句定义了一个名字为$interests 的数组，并向该数组中添加了一个数组元素。"[2]"定义的是该数组元素的"键"为整数 2，该"键"所对应的元素"值"为字符串"music"。例如，如下程序 createArray2.php 运行过程中的内存分配图如图 5-3 所示。

```php
<?php
$interests[2] = "music";
$interests[5] = "movie";
$interests[1] = "computer";
$interests[] = "software";
print_r($interests);/*输出: Array ( [2] => music [5] => movie [1] => computer [6] => software )*/
?>
```

程序 createArray2.php 说明如下。

1. PHP 数组是一个"有序"的容器，数组按照向数组添加元素的顺序进行输出，而不是按照"键"的大小进行输出，可以将数组的这个特性称为数组元素的有序性。

2. PHP 数组中的每个元素是一个"键值对"（key=>value）。

3. PHP 数组中的整数"键"不要求必须连续。

方法 3　将数组元素的"键"指定为某个字符串

示例程序: $colors["red"] = "red";

上面的 PHP 语句定义了一个名字为$colors 的数组，并向该数组中添加了一个数组元素。"["red"]"定义的是该数组元素的"键"为字符串"red"，该"键"所对应的值为字符串"red"。例如，如下程序 createArray3.php 运行过程中的内存分配图如图 5-4 所示。

```php
<?php
$colors["red"] = "red";
$colors["green"] = "green";
$colors[3] = "white";
$colors[] = "blue";
print_r($colors);//输出: Array ( [red] => red [green] => green [3] => white [4] => blue )
?>
```

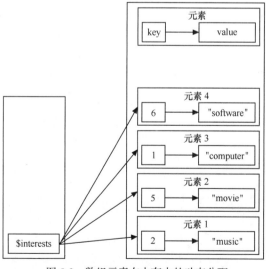

图 5-3　数组元素在内存中的动态分配

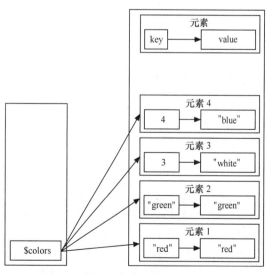

图 5-4　数组元素在内存中的动态分配

5.2.2 使用 array() 语言结构创建数组

使用前面的方法创建数组时，每一条赋值语句仅为数组添加一个元素，显然有点儿笨拙，PHP 提供了 array() 语言结构创建数组， array() 语言结构接受一定数量用逗号分隔的 key => value 参数对，这样可以一次性地为数组添加多个元素（若 key 省略，则 key 值为整数）。例如，程序 createArray4.php 如下，请读者自行分析其内存分配图。

```php
<?php
$colors = array("red"=>"red","green",3=>"white",5);
print_r($colors);//输出: Array ( [red] => red [0] => green [3] => white [4] => 5 )
?>
```

程序 createArray4.php 和下面的程序功能等价。

```php
<?php
$colors["red"] = "red";
$colors[] = "green";
$colors[3] = "white";
$colors[] = 5;
print_r($colors); //输出: Array ( [red] => red [0] => green [3] => white [4] => 5 )
?>
```

5.2.3 创建数组的注意事项

创建数组时需要注意以下几个事项。

1. 如果数组元素中的"键"是一个浮点数，则"键"将被强制转换为整数（例如浮点数 8.0 将被强制转换为整数 8）；如果"键"是 TRUE 或 FALSE，则"键"将被强制转换为整数 1 或 0。

2. 如果数组元素中的"键"是一个字符串，且该字符串完全符合整数格式时，数组元素的"键"将被强制转换为整数（例如字符串 "9" 将被强制转换为整数 9）。

3. 由于数组元素中的"键"唯一标识一个元素，因此数组中元素的"键"不能相等（使用==比较）。如果两个数组元素的"键"相等，"键"对应的"值"将被覆盖。例如，如下程序 createArray5.php 运行过程中的内存分配图如图 5-5 所示。

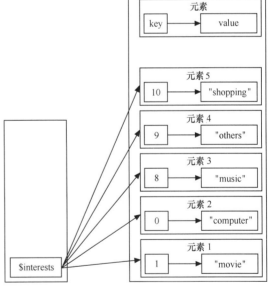

图 5-5 数组元素在内存中的动态分配

```php
<?php
$interests[TRUE] = "movie";
$interests[FALSE] = "computer";
$interests[8.0] = "music";
$interests["9"] = "software";
$interests[] = "shopping";
$interests[9] = "others";
print_r($interests);/*输出: Array ( [1] => movie [0] => computer [8] => music [9] => others [10] => shopping ) */
?>
```

4. 不要在 array() 语言结构中使用诸如 "red=>"red"" 键值对的方式创建数组元素，也不要使用诸如 "$colors[red] = "red"" 的赋值语句的方式创建数组元素，否则程序的可读性及运行效率将大打折扣，读者可以对比程序 createArray6.php 和 createArray7.php 的运行结果。

程序 createArray6.php

```php
<?php
define("red","a");
$colors = array(red=>"red","green",3=>"white",5);
print_r($colors);
?>
```

程序 createArray7.php

```php
<?php
$colors = array(red=>"red","green",3=>"white",5);
print_r($colors);
?>
```

程序 createArray6.php 和程序 createArray7.php 的运行结果如图 5-6 和图 5-7 所示。

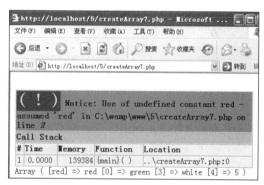

图 5-6　数组的键为常量　　　　　　　　　图 5-7　没有定义的常量作为数组的键

PHP 预处理器会将程序 createArray7.php 中诸如 "red=>"red"" 键值对中的"键"red（不带引号的 red）作为常量进行处理，由于程序中没有定义 red 常量，PHP 预处理器会将 red 常量解释为 "red"字符串。使用这样的方式定义数组元素，不仅降低了程序的可读性，同时也降低了程序的运行效率。

5.2.4　数组元素"值"的访问

访问数组元素值的方法和访问变量值的方法相同：通过指定数组名并在方括号内指定"键名"的方式"访问"数组元素的"值"。使用这样的方法访问数组，不仅可以读取某个数组元素的"值"，还可以为数组添加数组元素以及修改数组元素的"值"，并可以像访问"变量"一样访问数组元素的值。例如，如下程序 visitArray.php 的运行结果如图 5-8 所示。

```php
<?php
$colors = array("red"=>"red","green"=>"green","white"=>"white","blue"=>"blue");
$colors["black"] = "black";      //为数组添加数组元素："black"=>"black"
$colors["red"] = "#FF0000";      //修改键为"red"的元素值："red"=>"#FF0000"
print_r($colors);
echo "<br/>";
if(isset($colors["green"])){     //使用 isset() 函数判断键为"green"的数组元素是否定义
```

```
        echo "我喜欢绿色。";
    }
    echo "<br/>";
    unset($colors["green"]);          //使用 unset()函数取消键为"green"的数组元素的定义
    if(!isset($colors["green"])){
        echo "我又不喜欢绿色了。";
    }
    echo "<br/>";
    echo gettype($colors["blue"]);  //使用 gettype()函数查看键为"blue"的数组元素的数据类型
    echo "<br/>";
    var_dump($colors["blue"]);         //使用 var_dump()函数得到键为"blue"的数组元素的数据类型及值
?>
```

图 5-8　数组元素"值"的访问

PHP 提供两种变量赋值方式：传值赋值和传地址赋值，对于数组同样适用。读者可以比较下面的两个程序 byValue.php 和 byReference.php。

程序 byValue.php

```
<?php
$colors1 = array("red"=>"red","green"=>"green","white"=>"white");
$colors2 = $colors1;
$colors2["blue"] = "blue";        //为数组$colors2 添加元素："blue"=>"blue"
$colors2["red"] = "#FF0000";     //修改数组$colors2 "键"为"red"的元素值："red"=>"#FF0000"
print_r($colors1);
echo "<br/>";
print_r($colors2);
?>
```

程序 byReference.php

```
<?php
$colors1 = array("red"=>"red","green"=>"green","white"=>"white");
$colors2 = &$colors1;
$colors2["blue"] = "blue";        //为数组$colors1 和$colors2 添加数组元素："blue"=>"blue"
$colors2["red"] = "#FF0000";     //修改数组$colors1 和$colors2 的元素值："red"=>"#FF0000"
print_r($colors1);
echo "<br/>";
print_r($colors2);
?>
```

程序 byValue.php 和程序 byReference.php 的运行结果如图 5-9 和图 5-10 所示。

图 5-9　数组的传值赋值　　　　　　　　图 5-10　数组的传地址赋值

程序 byValue.php 和 byReference.php 运行过程中的内存分配图分别如图 5-11 和图 5-12 所示。

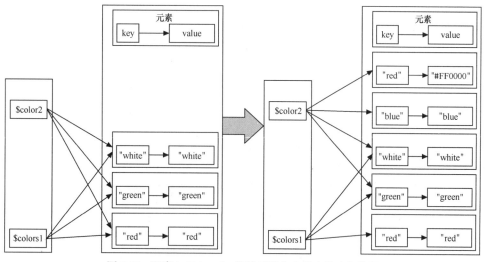

图 5-11　程序 byValue.php 数组元素在内存中的动态分配

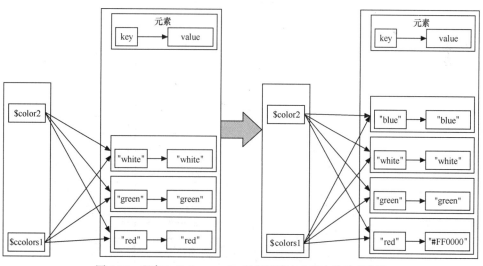

图 5-12　程序 byReference.php 数组元素在内存中的动态分配

5.3　二 维 数 组

如果数组元素中的"值"是另一个数组，此时数组是一个二维数组，甚至是多维数组。由于实际编程中二维数组经常使用，很少涉及多维数组，因此这里主要介绍二维数组的使用。

5.3.1　二维数组的创建

二维数组的创建方法和一维数组的创建方法相同。

方法 1　直接将变量声明为二维数组

将数组元素的值设置为另一个数组时，该数组为二维数组，例如，如下程序 twoDimension.php 创建了一个二维数组$students，该程序的运行结果如图 5-13 所示，该程序运行过程中的内存分配图如图 5-14 所示。

```php
<?php
$students["2010001"] =
array("studentNo"=>"2010001","studentName"=>"张三","studentSex"=>"男");
$students["2010002"] =
array("studentNo"=>"2010002","studentName"=>"李四","studentSex"=>"女");
$students["2010003"] =
array("studentNo"=>"2010003","studentName"=>"王五","studentSex"=>"男");
$students["2010004"] =
array("studentNo"=>"2010004","studentName"=>"马六","studentSex"=>"女");
print_r($students);
?>
```

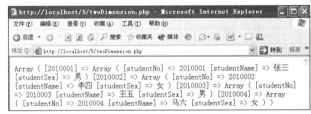

图 5-13　二维数组示例程序运行结果

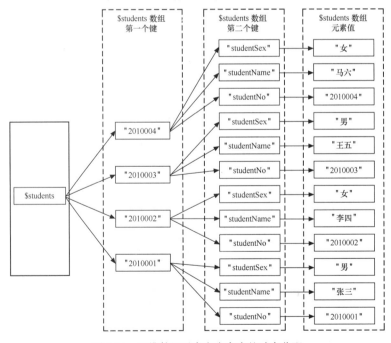

图 5-14　二维数组元素在内存中的动态分配

二维数组看上去很像二维表，数组中的第一个"键"用于确定二维表中的某一"行"，数组中的第二个"键"用于确定二维表中的某一"列"（见表 5-1）。

表 5-1　　　　　　　　　　　　　　二维数组 VS 二维表

第二个键 第一个键	studentNo	studentName	studentSex
2010001	2010001	张三	男
2010002	2010002	李四	女
2010003	2010003	王五	男
2010004	2010004	马六	女

方法 2　使用 array()语言结构创建二维数组

二维数组$students 也可以使用 array()语言结构进行定义。例如，程序 twoDimension.php 也可以修改为如下代码。

```php
<?php
$students = array(
    "2010001"=>
array("studentNo"=>"2010001","studentName"=>"张三","studentSex"=>"男"),
    "2010002"=>
array("studentNo"=>"2010002","studentName"=>"李四","studentSex"=>"女"),
    "2010003"=>
array("studentNo"=>"2010003","studentName"=>"王五","studentSex"=>"男"),
    "2010004"=>
array("studentNo"=>"2010004","studentName"=>"马六","studentSex"=>"女")
);
print_r($students);
?>
```

5.3.2　二维数组元素"值"的访问

二维数组中存在两个"键"，因此访问数组元素的"值"时需要指定这两个"键"。例如，$students["2010001"]["studentName"]对应的值是"张三"，其中第一个键"2010001"用于指定二维数组$students 中的某一"行"，第二个键"studentName"用于指定二维数组$students 的该"行"的某一"列"。只使用第一个"键"访问数组时，访问的是二维数组中的某一"行"，该行是一个一维数组（如$students["2010001"]对应的值是数组），例如，程序 visitArray2.php 如下。

```php
<?php
$students = array(
    "2010001"=>
array("studentNo"=>"2010001","studentName"=>"张三","studentSex"=>"男"),
    "2010002"=>
array("studentNo"=>"2010002","studentName"=>"李四","studentSex"=>"女"),
    "2010003"=>
array("studentNo"=>"2010003","studentName"=>"王五","studentSex"=>"男"),
    "2010004"=>
array("studentNo"=>"2010004","studentName"=>"马六","studentSex"=>"女")
);
var_dump($students["2010001"]["studentName"]);//输出: string '张三' (length=4)
```

```
echo "<br/>";
var_dump($students["2010001"]);/*输出: array (size=3) { 'studentNo' => string '2010001'
(length=7) 'studentName'=> string '张三' (length=4) 'studentSex'=> string '男' (length=2)} */
?>
```

5.4 数组处理函数及应用

与其他编程语言相比，PHP 数组元素的"键"取值非常灵活，同一个数组，字符串及整数值都可以作为数组元素的键，而且，如果数组元素的键是整数，整数值可以不连续。除此之外，PHP 数组元素的"值"取值也非常灵活，同一个数组，元素值的数据类型可以不同。这些特征造就了 PHP 数组十分强大的功能。

PHP 数组功能强大的另一个原因与 PHP 提供丰富且功能强大的数组处理函数密不可分。PHP 提供了近百个数组处理函数，为了便于读者学习 PHP 数组处理函数，按照数组函数的不同功能，本书将 PHP 数组处理函数分为 10 类，如表 5-2 所示。

表 5-2 数组处理函数的分类

数组处理函数分类	函 数 名
快速创建数组的函数	range、explode、array_combine、array_fill、array_pad
数组统计函数	count（别名：sizeof）、max、min、array_sum、array_product、array_count_values
数组指针函数	key、current（别名 pos）、end、each、next、prev、reset
数组和变量间的转换函数	list、extract、compact
数组遍历语言结构	foreach
数组检索函数	array_key_exists、array_keys、array_search、array_values、in_array、array_unique
数组排序函数	sort、rsort、natsort、natcasesort、ksort、krsort、asort、arsort、array_reverse、shuffle
数组与数据结构	array_shift、array_unshift、array_push、array_pop
数组集合运算函数	array_merge、array_intersect、array_intersect_key、array_diff、array_intersect_assoc、array_diff_assoc、array_diff_key

数组处理函数的参数为数组类型参数时，若是传值赋值，则 PHP 数组处理函数不会影响到数组的内部结构，如 foreach 语言结构、数组统计函数等；若是传地址赋值，PHP 数组处理可能会影响到数组的内部结构（如数组元素发生变化或数组的"当前指针"发生变化），如数组指针函数（current 和 key 除外）、排序函数等。

5.4.1 快速创建数组的函数

PHP 提供的快速创建数组的函数包括：range()、explode()、array_combine()、array_fill()和array_pad()。

1. range()函数

语法格式：array range(mixed start, mixed end)

函数功能：快速创建一个从 start 到 end 范围的数字数组或字符数组。

如果 start > end，序列将从 start 降序到 end。

例如，程序 range.php 如下。

```php
<?php
$numbers = range(1,5);      //等价于$numbers = array(1,2,3,4,5)
print_r($numbers);          //输出: Array ( [0] => 1 [1] => 2 [2] => 3 [3] => 4 [4] => 5 )
echo "<br/>";
$chars1 = range('a','d');   //等价于$ chars1 = array('a','b','c','d')
print_r($chars1);           //输出: Array ( [0] => a [1] => b [2] => c [3] => d )
echo "<br/>";
$chars2 = range('d','a');   //等价于$ chars2 = array('d','c','b','a')
print_r($chars2);           //输出: Array ( [0] => d [1] => c [2] => b [3] => a )
?>
```

2. explode()函数

语法格式：array explode(string separator, string str);

函数功能：使用指定的字符串分隔符 separator 分割字符串 str，将分割后的字符串放到数组中，并返回该数组。例如，程序 explode.php 如下。

```php
<?php
$ip = "127.0.0.1";
$exploded = explode(".",$ip);
print_r($exploded);//输出: Array ( [0] => 127 [1] => 0 [2] => 0 [3] => 1 )
?>
```

3. array_combine()函数

语法格式：array array_combine (array keys, array values)

函数功能：创建一个新数组，用数组 keys 的值作为新数组的"键"，数组 values 的值作为新数组的"值"。例如，程序 array_combine.php 如下。

```php
<?php
$colors = array('orange', 'red', 'yellow');
$fruits = array('orange', 'apple', 'banana');
$temp = array_combine($colors, $fruits);
print_r($temp);//输出: Array ( [orange] => orange [red] => apple [yellow] => banana )
?>
```

4. array_fill()函数

语法格式：array array_fill (int start_key, int length, mixed value)

函数功能：创建一个数组，并为该数组添加 length 个数组元素，数组元素的"键"从 start_key 处开始递增，每个数组元素的值为 value。

length 必须是一个大于零的数值，否则 PHP 会提示 Warning 警告信息。

例如，程序 array_fill.php 如下。

```php
<?php
$bananas = array_fill(5,3,'banana');
print_r($bananas);
```

```
$oranges = array_fill(2,-1,'orange');
print_r($oranges);
?>
```

程序 array_fill.php 的运行结果如图 5-15 所示。

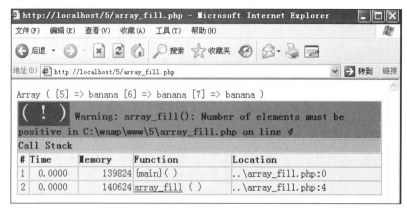

图 5-15　array_fill 函数的示例程序运行结果

5. array_pad()函数

语法格式：array array_pad (array arr, int pad_size, mixed pad_value)

函数功能：array_pad()函数返回数组 arr 的一个拷贝，并用 pad_value 将其填补到 pad_size 指定的长度。如果 pad_size 为正，则数组被填补到右侧；如果为负则从左侧开始填补。如果 pad_size 的绝对值小于或等于 arr 数组的长度，则没有任何填补。例如，程序 array_pad.php 如下。

```
<?php
$info = array('coffee', 'brown', 'caffeine');
$tea1 = array_pad($info, 5, 'tea');
$tea2 = array_pad($info, -7, 'tea');
$tea3 = array_pad($info, 2, 'tea');
print_r($tea1);/*输出: Array ( [0] => coffee [1] => brown [2] => caffeine [3] => tea
[4] => tea ) */
echo "<br/>";
print_r($tea2); /*输出: Array ( [0] => tea [1] => tea [2] => tea [3] => tea [4] => coffee
[5] => brown [6] => caffeine )*/
echo "<br/>";
print_r($tea3); /*输出: Array ( [0] => coffee [1] => brown [2] => caffeine ) */
?>
```

5.4.2　数组统计函数

数组统计函数是指统计数组各元素的值，并对这些值进行简单分析。

1. count()函数

语法格式：int count (array arr[, int mode])

函数功能：统计并计算数组 arr 中元素的个数。如果数组 arr 是多维数组，可将 mode 参数的值设为常量 COUNT_RECURSIVE（或整数 1），则会递归计算多维数组 arr 中所有元素的个数；mode 的默认值是 0。

该函数的别名函数为 sizeof()。

例如，程序 count.php 如下。

```php
<?php
$colors = array("red"=>"red","green",3=>"white",5);
$students = array(
    "2010001"=>
array("studentNo"=>"2010001","studentName"=>"张三","studentSex"=>"男"),
    "2010002"=>
array("studentNo"=>"2010002","studentName"=>"李四","studentSex"=>"女"),
    "2010003"=>
array("studentNo"=>"2010003","studentName"=>"王五","studentSex"=>"男"),
    "2010004"=>
array("studentNo"=>"2010004","studentName"=>"马六","studentSex"=>"女")
);
$countColors = count($colors);
$countstudents = count($students,1);
var_dump($countColors);          //输出: int 4
echo "<br/>";
var_dump($countstudents);        //输出: int 16
?>
```

2. max()函数

语法格式：mixed max (array arr [, array…])

函数功能：统计并计算数组 arr 中元素的最大值。

说明　　　PHP 会将非数值的字符串当成 0 处理，但如果这正是最大的数值，则仍然会返回该字符串。如果多个数组元素的值为 0 且是最大值，函数会返回其中数值的 0，如果数组元素中没有数值的 0，则返回按字母表顺序最大的字符串。

例如，程序 max.php 如下。

```php
<?php
$scores = array(70,80,90,60);
$grades = array('A','B','C','D');
$maxScores = max($scores);
$maxGrades = max($grades);
var_dump($maxScores);//输出: int 90
echo "<br/>";
var_dump($maxGrades);//输出: string 'D' (length=1)
?>
```

3. min()函数

语法格式：mixed min (array arr [, array…])

函数功能：统计并计算数组 arr 中元素的最小值。

说明　　　PHP 会将非数值的字符串当成 0 处理，但如果这正是最小的数值，则仍然会返回该字符串。如果多个数组元素的值为 0 且是最小值，函数会返回按字母表顺序最小的字符串，如果其中没有字符串，则返回数值 0。

例如，程序 min.php 如下。

```php
<?php
$scores = array(70,80,90,60);
$grades = array('A','B','C','D');
```

```
$minScores = min($scores);
$minGrades = min($grades);
var_dump($minScores);          //输出: int 60
echo "<br/>";
var_dump($minGrades);          //输出: string 'A' (length=1)
?>
```

4. array_sum()函数

语法格式：number array_sum (array arr)

函数功能：统计并计算数组 arr 中的所有元素值的和，array_sum()返回整数或浮点数。

 PHP 会自动将数组 arr 中的非数值类型的元素值类型转换为整数或浮点数。

例如，程序 array_sum.php 如下。

```
<?php
$scores = array(70,80,90,60);
$grades = array('1A','2B','3C','4D');
$sumScores = array_sum($scores);
$sumGrades = array_sum($grades);
var_dump($sumScores);          //输出: int 300
echo "<br/>";
var_dump($sumGrades);          //输出: int 10
?>
```

5. array_product()函数

语法格式：number array_product (array arr)

函数功能：统计并计算数组 arr 中所有元素值的乘积，该函数返回整数或浮点数。

 PHP 会自动将数组 arr 中的非数值类型的数据类型转换为整数或浮点数。

例如，程序 array_product.php 如下。

```
<?php
$scores = array(70,80,90,60);
$grades = array('1A','2B','3C','4D');
$sumScores = array_product($scores);
$sumGrades = array_product($grades);
var_dump($sumScores); //输出: int 30240000
echo "<br/>";
var_dump($sumGrades); //输出: int 24
?>
```

6. array_count_values()函数

语法格式：array array_count_values (array arr)

函数功能：统计并计算数组 arr 中所有元素的值出现的次数。

例如，程序 array_count_values.php 如下。

```
<?php
$array = array(1, "hello", 1, "world", "hello");
print_r(array_count_values ($array));//输出: Array ( [1] => 2 [hello] => 2 [world] => 1 )
?>
```

实训 1　数组的遍历

访问数组的所有元素的过程称为数组的遍历，使用数组统计 count()函数和 for 循环语句可以遍历连续整数"键"的数组。例如，程序 ergodic1.php 如下，该程序的运行结果如图 5-16 所示。

```php
<?php
$chars = range('a','d');
$counts = count($chars);
for($key=0;$key<$counts;$key++){
    echo $chars[$key]."<br/>";
}
?>
```

图 5-16　连续整数"键"数组的遍历

5.4.3　数组指针函数

事实上，每一个 PHP 数组在创建之后都会自动建立一个"内部指针系统"。"内部指针系统"会为每一个新建的 PHP 数组自动建立一个"当前指针"（current）指向数组的第一个元素；每个元素有一个"内部指针"（next）指向下一个元素；每个元素有一个"内部指针"（previous）指向上一个元素。图 5-17 所示为程序 createArray2.php 产生的数组指针结构图。

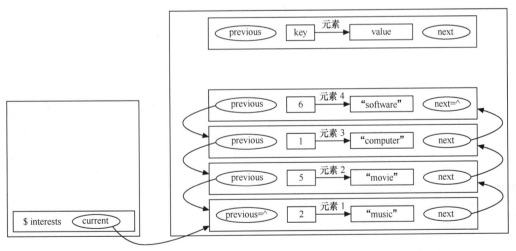

图 5-17　数组的指针结构图

图 5-17 中，$interests 数组共有一个"当前指针"（current）、4 个"内部指针"（next）和 4 个"内部指针"（previous）。"当前指针"（current）指向数组的第一个元素；每个元素中存在一个"内部指针"（next）且该"内部指针"指向下一个元素，由于最后一个元素后面没有元素，最后一个元素的"内部指针"（next）值为"空指针"，用"^"符号表示；"内部指针"（previous）以此类

推。可以看出 PHP 数组是通过数组指针保证了数组的有序性。

PHP 内置了管理数组"当前指针"（current）的函数，使用这些函数可以移动数组"当前指针"（current）并可以读取数组元素，继而实现数组的遍历。

 数组指针函数中的数组类型参数为数组的引用 &arr，因此经数组指针函数操作后的数组，其结构有可能发生变化（如"当前指针"发生移动等）。

1. key() 函数

语法格式：mixed key (array &arr)

函数功能：返回数组 arr 中"当前指针"所指元素的"键"名。

 该函数并不移动"当前指针"，也不会修改数组 arr 的内部结构。

2. current() 函数

语法格式：mixed current (array &arr)

函数功能：返回数组 arr 中"当前指针"所指元素的"值"。

 current() 函数的别名是 pos。该函数并不移动"当前指针"，也不会修改数组 arr 的内部结构。

例如，程序 keyAndValue.php 如下。

```php
<?php
$interests[2] = "music";
$interests[5] = "movie";
$interests[1] = "computer";
$interests[] = "software";
var_dump(key($interests));          //输出: int 2
echo "<br/>";
var_dump(current($interests));      //输出: string 'music' (length=5)
?>
```

3. next() 函数

语法格式：mixed next (array &arr)

函数功能：移动数组 arr "当前指针"（current），使"当前指针"（current）指向数组 arr 的下一个元素，然后返回"当前指针"（current）所指的元素"值"。

 当"当前指针"（current）指向数组的最后一个元素时，使用 next() 函数移动"当前指针"（current）后，"当前指针"（current）为"空指针"，并且"当前指针"（current）指向的元素"值"为 FALSE。

例如，程序 next.php 如下。

```php
<?php
$interests[2] = "music";
$interests[5] = "movie";
$interests[1] = "computer";
$interests[] = "software";
$second = next($interests);
```

```
$third = next($interests);
var_dump(key($interests));              //输出: int 1
echo "<br/>";
var_dump(current($interests));          //输出: string 'computer' (length=8)
echo "<br/>";
var_dump($second);                      //输出: string 'movie' (length=5)
echo "<br/>";
var_dump($third);                       //输出: string 'computer' (length=8)
?>
```

程序 next.php 执行到语句"$third = next($interests);"后，对应的数组指针结构图如图 5-18 所示。

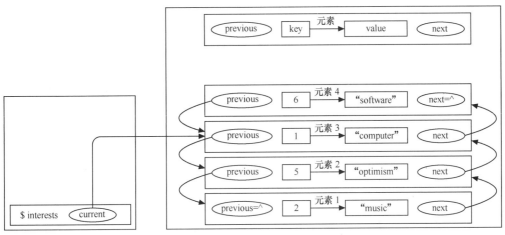

图 5-18　数组的指针结构图

4. end()函数

语法格式：mixed end (array &arr)

函数功能：移动数组 arr "当前指针"（current），使"当前指针"（current）指向数组 arr 最后一个元素，然后返回"当前指针"（current）所指的元素"值"。例如，程序 end.php 如下。

```
<?php
$interests[2] = "music";
$interests[5] = "movie";
$interests[1] = "computer";
$interests[] = "software";
$end = end($interests);
var_dump(key($interests));              //输出: int 6
echo "<br/>";
var_dump(current($interests));          //输出: string 'software' (length=8)
echo "<br/>";
var_dump($end);                         //输出: string 'software' (length=8)
?>
```

5. prev()函数

语法格式：mixed prev (array &arr)

函数功能：移动数组 arr "当前指针"（current），使"当前指针"（current）指向数组 arr 上一个元素，然后返回"当前指针"（current）所指的元素"值"。

当"当前指针"（current）为"空"时，使用 prev()函数移动"当前指针"（current）后，"当前指针"（current）还为"空指针"，并且"当前指针"（current）指向的元素"值"为 FALSE。

例如，程序 prev.php 如下。

```php
<?php
$interests[2] = "music";
$interests[5] = "movie";
$interests[1] = "computer";
$interests[] = "software";
$end = end($interests);
$prev = prev($interests);
var_dump(key($interests));          //输出: int 1
echo "<br/>";
var_dump(current($interests));      //输出: string 'computer' (length=8)
echo "<br/>";
var_dump($end);                     //输出: string 'software' (length=8)
echo "<br/>";
var_dump($prev);                    //输出: string 'computer' (length=8)
?>
```

6. reset()函数

语法格式：mixed reset (array &arr)

函数功能：移动数组 arr "当前指针"（current），使"当前指针"（current）指向数组 arr 的第一个元素，然后返回"当前指针"（current）所指的元素"值"。例如，程序 reset.php 如下。

```php
<?php
$interests[2] = "music";
$interests[5] = "movie";
$interests[1] = "computer";
$interests[] = "software";
$end = end($interests);
$first = reset($interests);
var_dump(key($interests));          //输出: int 2
echo "<br/>";
var_dump(current($interests));      //输出: string 'music' (length=5)
echo "<br/>";
var_dump($end);                     //输出: string 'software' (length=8)
echo "<br/>";
var_dump($first);                   //输出: string 'music' (length=5)
?>
```

7. each()函数

语法格式：array each (array &arr)

函数功能：以数组形式返回"当前指针"（current）所指的元素（包括"键"和"值"），然后移动数组 arr "当前指针"（current），使"当前指针"（current）指向数组 arr 下一个元素。

该函数返回的数组中共有 4 个元素（"键值对"），4 个元素的"键"名分别为：0、1、"key"和"value"，"键"名为 0 和"key"的元素值为 arr "当前指针"（current）所指的元素键名，"键"名为 1 和"value"的元素值为 arr "当前指针"（current）所指的元素值（见表 5-3）。

表 5-3　　　　　　　　　　　　　　　　each()函数的返回值

键	值
0	current-key
1	current-value
"key"	current-key
"value"	current-value

例如，程序 each.php 如下。

```php
<?php
$interests[2] = "music";
$interests[5] = "movie";
$interests[1] = "computer";
$interests[] = "software";
$each = each($interests);/*以数组形式返回 current 指针所指的元素，然后将 current 指针指向下一个元素*/
print_r($each);//输出：Array ( [1] => music [value] => music [0] => 2 [key] => 2 )
echo "<br/>";
echo current($interests);//输出：movie。这是由于当前 current 指针指向第 2 个元素
?>
```

each()函数和 next()函数的功能有些相似，但执行过程却大相径庭：each 函数先以数组形式返回当前指针所指元素，然后向下移动当前指针；而 next 函数则是先移动当前指针，然后返回当前指针所指的元素值。

实训 2　数组的遍历

使用 next()函数和循环语句可以遍历非连续"键"的数组。例如，程序 ergodic2.php 如下，该程序的运行结果如图 5-19 所示。

```php
<?php
$colors = array('orange', 'red', 'yellow');
$fruits = array('orange', 'apple', 'banana');
$temp = array_combine($colors, $fruits);
reset($temp);
do{
    $key = key($temp);
    $value = current($temp);
    echo $key." ==> ".$value."<br/>";
}while(next($temp));
?>
```

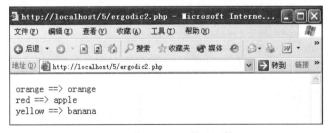

图 5-19　使用 next 函数遍历数组

由于使用 next()函数返回数组下一个元素"值"，如果这个"值"为空，循环将不能继续执行下去，遍历有可能以失败告终。因此若数组中的某个元素"值"为"空"，不能使用 next()函数遍

历数组。例如，程序 ergodicError.php 如下，该程序的运行结果如图 5-20 所示。

```php
<?php
$temp = range('a','z');
$temp[4] = 0;
print_r($temp);
echo "<br/>";
reset($temp);
do{
    $key = key($temp);
    $value = current($temp);
    echo $key." ==> ".$value."<br/>";
}while(next($temp));
?>
```

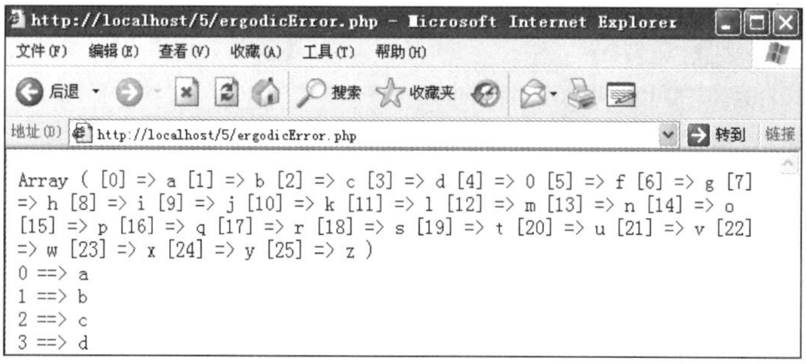

图 5-20　使用 next 函数遍历数组

5.4.4　数组和变量间的转换函数

PHP 提供了数组和变量间的转换函数，方便数组元素和变量之间的相互转换。

1. list()语言结构

语法格式：void list (mixed varname1[, mixed varname2[,mixed…]]) = array arr;

函数功能：用一步操作给一组变量进行赋值。list()语言结构中定义变量名 varname1、varname2 等，变量值在数组 arr 中。

> **说明**　list()语言结构仅用于数字"键"的数组，并要求数字"键"从 0 开始连续递增。

例如，程序 list.php 如下，该程序的运行结果如图 5-21 所示。

```php
<?php
$info = array('coffee', 'brown', 'caffeine');
list($drink, $color, $power) = $info;
echo "$drink is $color and $power makes it special.<br/>";
list($drink, , $power) = $info;
echo "$drink has $power.<br/>";
list( , , $power) = $info;
echo "I need $power!";
?>
```

2. extract()函数

语法格式：int extract (array arr)

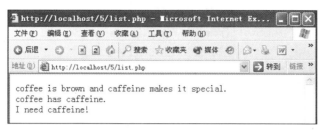

图 5-21　list 语言结构的示例程序运行结果

函数功能：extract()函数使用数组 arr 定义一组变量，其中变量名为数组 arr 元素的键名，变量值为数组 arr 元素"键"对应的值。例如，程序 extract.php 如下。

```php
<?php
$info = array("studentNo"=>"20080101001","studentName"=>"张三","studentSex"=>"男");
extract($info);
echo $studentNo;            //输出: 20080101001
echo "<br/>";
echo $studentName;          //输出: 张三
echo "<br/>";
echo $studentSex;           //输出: 男
?>
```

3. compact()函数

语法格式：array compact (mixed varname1[, mixed varname2[,mixed…]])

函数功能：compact()函数返回一个数组，数组每个元素的"键"名为变量名 varname1（varname2……），每个数组元素的"值"为变量 varname1（varname2……）的值。例如，程序 compact.php 如下。

```php
<?php
$tel = "135****9114";
$email = "kongxs@xxxy.com";
$postCode = "453700";
$result = compact("tel","email","postCode");
print_r($result); /*输出: Array ( [tel] => 135****9114 [email] => kongxs@xxxy.com
[postCode] => 453700 ) */
?>
```

实训 3　数组的遍历

使用 list()语言结构、each()函数和循环语句可以实现数组的遍历。例如，程序 ergodic3.php 如下，该程序的运行结果如图 5-22 所示。

```php
<?php
$colors = array('orange', 'red', 'yellow');
$fruits = array('orange', 'apple', 'banana');
$temp = array_combine($colors, $fruits);
reset($temp);
while(list($key,$value) = each($temp)){
    echo $key."==>".$value."<br/>";
}
?>
```

图 5-22　使用 list 和 each 遍历数组

 　　在使用 next()或 each()函数遍历数组前，使用 reset()函数将数组的"当前指针"复位是一个好习惯。

5.4.5　数组遍历语言结构

使用前面的方法固然可以实现数组的遍历，但这些方法却不是遍历数组的最好选择，因为 PHP 引入了遍历数组更为简单、快捷的方法：foreach 语言结构。

foreach 语言结构有以下两种用法。

1. foreach(array as $value)

使用该方法循环遍历给定的数组 array，每次循环中，"当前指针"所指元素的"值"赋给变量$value，然后移动数组 array "当前指针"，使"当前指针"指向下一个元素，周而复始，直至数组 array 最后一个元素，此时"当前指针"为空。

2. foreach(array as $key=>$value)

使用该方法循环遍历给定的数组 array，每次循环中，"当前指针"所指元素的"键"名赋给变量$key，"当前指针"所指元素的值赋给变量$value，然后移动数组 array "当前指针"，使"当前指针"指向下一个元素，周而复始，直至数组 array 最后一个元素，此时"当前指针"为空。

例如，程序 foreach.php 如下，该程序的运行结果如图 5-23 所示。

图 5-23　使用 foreach 遍历数组

```php
<?php
$interests[2] = "music";
$interests[5] = "movie";
$interests[1] = "computer";
$interests[] = "software";
foreach($interests as $value){
    echo $value."<br/>";
}
foreach($interests as $key=>$value){
    echo $key."=>".$value."<br/>";
}
?>
```

使用 foreach 语言结构除了可以实现对数组的遍历，还可以实现数组元素的键或值的修改。比较下面 3 个程序 foreach1.php、foreach2.php 和 foreach3.php。注意：这 3 个程序中只有 foreach1.php 和 foreach2.php 实现了数组元素值的修改。

程序 foreach1.php 如下。

```php
<?php
$interests[2] = "music";
$interests[5] = "movie";
$interests[1] = "computer";
$interests[] = "software";
foreach($interests as $key=>&$value){
    $value = "I like ".$value;
}
print_r($interests);/* 输出: Array ( [2] => I like music [5] => I like movie [1] => I
like computer [6] => I like software ) */
?>
```

图 5-24 所示为 foreach 第一遍遍历后的内存分配图，可以看出此时数组的第一个元素值已经变为" I like music"了。

程序 foreach2.php 如下。

```php
<?php
$interests[2] = "music";
$interests[5] = "movie";
$interests[1] = "computer";
$interests[] = "software";
foreach($interests as $key=>$value){
    $interests[$key] = "I like ".$value;
}
print_r($interests);/* 输出: Array ( [2] => I like music [5] => I like movie [1] => I
like computer [6] => I like software ) */
?>
```

程序 foreach2.php 的运行结果和程序 foreach1.php 的运行结果相同。图 5-25 所示为程序 foreach2.php 使用 foreach 语言结构第一遍遍历后的内存分配图，可以看出此时数组的第一个元素值已经变为" I like music"了，只不过$value 的值还是"music"。

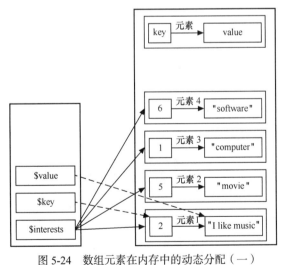

图 5-24　数组元素在内存中的动态分配（一）

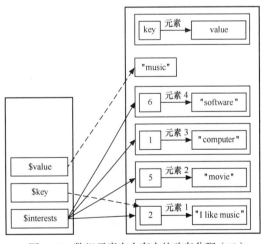

图 5-25　数组元素在内存中的动态分配（二）

程序 foreach3.php 如下。

```php
<?php
$interests[2] = "music";
$interests[5] = "movie";
```

```
$interests[1] = "computer";
$interests[] = "software";
foreach($interests as $key=>$value){
    $value = "I like ".$value;
}
print_r($interests);// 输出: Array ( [2] => music [5] => movie [1] => computer [6] => software )
?>
```

图 5-26 所示为程序 foreach3.php 使用 foreach 语言结构第一遍遍历后的内存分配图，可以看出此时数组中第一个元素值并未发生变化，只有$value 的值变为"I like music"了。

上面的 3 个程序中，只有程序 foreach1.php 和程序 foreach2.php 实现了对数组元素值的修改，程序 foreach3.php "貌似"实现了对数组元素值的修改，分析 3 个程序运行过程中的内存分配图可以轻松地找出其中的原因。

每次执行 foreach 语言结构时，数组 array "当前指针"（current）会自动指向第一个元素，即在使用 foreach 遍历数组时，不需要调用 reset()函数。

foreach 语言结构操作的是数组的一个拷贝，而不是该数组本身。在 foreach 遍历数组的过程中，尽量不要使用数组指针函数操作"当前指针"（current），否则会事与愿违。

例如，程序 foreachError.php 如下。

```
<?php
$interests[2] = "music";
$interests[5] = "movie";
$interests[1] = "computer";
$interests[] = "software";
foreach($interests as $key=>$value){
    echo "I like ".current($interests)." !<br/>";
    echo $value."<br/>";
}
?>
```

程序 foreachError.php 的运行结果如图 5-27 所示，从图 5-27 中可以看出，在 foreach 遍历数组 $interests 的过程中，current()函数一直在访问该数组的第二个元素值。

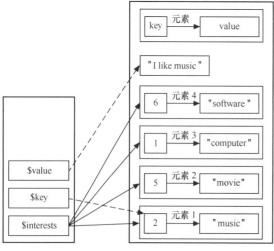

图 5-26　数组元素在内存中的动态分配（三）

图 5-27　foreach 中使用数组指针函数的结果

5.4.6　数组检索函数

数组的检索主要指对数组元素的"键"或者"值"进行查询，PHP 提供了数组检索函数实现对数组元素的查询。对数组元素查询时，按照是否存在查询条件，将数组的检索函数分为两类：不带条件的数组检索函数和带条件的数组检索函数。不带条件的数组检索函数包括 array_values() 函数；带条件的数组检索函数包括 in_array() 函数、array_key_exists() 函数和 array_search() 函数；array_keys() 函数既可带条件，也可不带条件。

1. array_keys() 函数

语法格式：array　array_keys (array arr [, mixed searchValue])

函数功能：array_keys() 函数以数组的形式返回 arr 数组中的"键名"。如果指定了可选参数 searchValue，则只返回 searchValue 值的键名；否则 arr 数组中的所有键名都会被返回。

如果 searchValue 是字符串，比较时区分大小写。

例如，程序 array_keys.php 如下。

```php
<?php
$interests[2] = "music";
$interests[5] = "movie";
$interests[1] = "computer";
$interests[] = "software";
$interests[] = "computer";
$keys = array_keys($interests);
print_r($keys);//输出: Array ( [0] => 2 [1] => 5 [2] => 1 [3] => 6 [4] => 7 )
echo "<br/>";
$searchKeys1 = array_keys($interests,"computer");
print_r($searchKeys1);           //输出: Array ( [0] => 1 [1] => 7 )
echo "<br/>";
$searchKeys2 = array_keys($interests,"Computer");
print_r($searchKeys2);           //输出: Array ( )
?>
```

2. array_values() 函数

语法格式：array　array_values (array arr)

函数功能：array_values() 函数以数组的形式返回 arr 数组中所有的元素值（过滤掉重复的元素值），并为该数组建立连续的整数"键"。例如，程序 array_values.php 如下。

```php
<?php
$interests[2] = "music";
$interests[5] = "movie";
$interests[1] = "computer";
$interests[] = "software";
$interests[] = "computer";
$values = array_values($interests);
print_r($values);/*输出: Array ( [0] => music [1] => movie [2] => computer [3] => software
[4] => computer ) */
?>
```

3. in_array() 函数

语法格式：bool in_array (mixed searchValue, array arr [, bool strict])

函数功能：检查数组 arr 中是否存在值 searchValue，如果存在则返回 TRUE，否则返回 FALSE。如果第 3 个参数 strict 的值为 TRUE，则 in_array() 函数还会检查数据类型是否相同。strict 的默认值为 FALSE。

说明

如果 searchValue 是字符串，比较时区分大小写。

例如，程序 in_array.php 如下。

```php
<?php
$words = array("JAVA","PHP",".NET");
$javaExisted = in_array("java",$words);
$phpExisted = in_array("PHP",$words);
var_dump($javaExisted);          //输出: boolean false
echo "<br/>";
var_dump($phpExisted);           //输出: boolean true
echo "<br/>";
$numbers = array("1.10", 12.4, 1.13);
$numExisted1 = in_array(1.10,$numbers);
$numExisted2 = in_array(1.10,$numbers,TRUE);
var_dump($numExisted1);          //输出: boolean true
echo "<br/>";
var_dump($numExisted2);          //输出: boolean false
?>
```

4. array_key_exists()函数

语法格式：bool array_key_exists (mixed keyName, array arr)

函数功能：检查数组 arr 中是否存在键名 keyName，如果存在则返回 TRUE，否则返回 FALSE。

例如，程序 array_key_exists.php 如下。

```php
<?php
$words = array("SUN"=>"JAVA","Microsoft"=>".NET");
$keyExisted1 = array_key_exists("SUN",$words);
$keyExisted2 = array_key_exists("sun",$words);
var_dump($keyExisted1);          //输出: boolean true
echo "<br/>";
var_dump($keyExisted2);          //输出: boolean false
?>
```

5. array_search()函数

语法格式：mixed array_search (mixed searchValue, array arr [, bool strict])

函数功能：在数组 arr 中搜索给定的值 searchValue，如果找到则返回对应的键名，否则返回 FALSE。如果第 3 个参数 strict 的值为 TRUE，则 array_search ()函数还会检查数据类型是否相同。strict 的默认值为 FALSE。

说明

如果 searchValue 是字符串，则比较时区分大小写；如果 searchValue 在 arr 中出现不止一次，则返回第一个匹配的键；要返回所有匹配值的键，应该用 array_keys()函数。

例如，程序 array_search.php 如下。

```php
<?php
$words = array(".NET"=>"Microsoft","JAVA"=>"SUN","JSP"=>"SUN");
```

```php
$searchKey1 = array_search("SUN",$words);
var_dump($searchKey1);          //输出: string 'JAVA' (length=4)
echo "<br/>";
$searchKey2 = array_search("microsoft",$words);
var_dump($searchKey2);          //输出: bool(false)
echo "<br/>";
$numbers = array("PI"=>"3.14","直角"=>"90");
$searchKey3 = array_search(90,$numbers);
$searchKey4 = array_search(90,$numbers,TRUE);
var_dump($searchKey3);          //输出: string(4) "直角"
echo "<br/>";
var_dump($searchKey4);          //输出: bool(false)
?>
```

6. array_unique()函数

语法格式：array array_unique (array arr)

函数功能：array_unique()函数返回一个移除数组 arr 中重复的元素"值"的新数组。

说明   array_unique()函数保持了原有的"键值对"对应关系，对每个值只保留第一个遇到的键名。

例如，程序 array_unique.php 如下。

```php
<?php
$colors = array("a" => "green", "red", "b" => "green", "blue", "red");
$colorUnique = array_unique($colors);
print_r($colorUnique);          //输出: Array ( [a] => green [0] => red [1] => blue )
echo "<br/>";
$input = array(4, "4", "3", 4, 3, "3");
$inputUnique = array_unique($input);
print_r($inputUnique);          //输出: Array ( [0] => 4 [2] => 3 )
?>
```

5.4.7 数组排序函数

PHP 提供了多种数组排序函数，包括 sort()、asort()、rsort()、arsort()、ksort()、krsort()、natsort()、natcasesort()、natsort()、shuffle()和 array_reverse()函数，其中最简单的排序函数是 sort()函数。

1. sort()函数

语法格式：bool sort (array &arr)

函数功能：sort()函数按元素"值"的升序对数组 arr 进行排序。如果排序成功则返回 TRUE，否则返回 FALSE。

说明   sort()函数为排序后的数组 arr 赋予新的"整数"键名。

例如，程序 sort.php 如下。

```php
<?php
$array = array("img12.gif","img10.gif","img2.gif","img1.gif");
sort($array);
print_r($array);/*输出: Array([0] => img1.gif [1] => img10.gif [2] => img12.gif [3] =>
```

```
img2.gif )*/
    ?>
```

2. asort()函数

语法格式：bool asort (array &arr)

函数功能：asort()函数按元素"值"的升序对数组 arr 进行排序。如果排序成功则返回 TRUE，否则返回 FALSE。

数组 arr 经 asort()函数排序后，保持数组元素原有的"键值对"对应关系。

例如，程序 asort.php 如下。

```
<?php
$array = array("img12.gif", "img10.gif", "img2.gif", "img1.gif");
asort($array);
print_r($array);/*输出: Array ( [3] => img1.gif [1] => img10.gif [0] => img12.gif [2]
=> img2.gif )*/
    ?>
```

3. rsort()函数和 arsort()函数

rsort()函数和与 sort()函数语法格式相同，arsort()函数与 asort()函数语法格式相同，不同的是 rsort()函数和 arsort()函数是按降序对数组进行排序。例如，程序 rsort.php 如下。

```
<?php
$array1 = $array2 = array("img12.gif","img10.gif","img2.gif","img1.gif");
rsort($array1);
print_r($array1);/*输出: Array ( [0] => img2.gif [1] => img12.gif [2] => img10.gif [3]
=> img1.gif ) */
echo "<br/>";
arsort($array2);
print_r($array2); /*输出: Array ( [2] => img2.gif [0] => img12.gif [1] => img10.gif [3]
=> img1.gif ) */
    ?>
```

4. ksort()函数

语法格式：bool ksort (array & arr)

函数功能：ksort()函数对数组 arr 按照键名升序排序，并保持数组元素原有的"键值对"对应关系。如果成功则返回 TRUE，否则返回 FALSE。

5. krsort()函数

语法格式：bool krsort (array & arr)

函数功能：krsort()函数对数组 arr 按照键名降序排序，并保持数组元素原有的"键值对"对应关系。如果成功则返回 TRUE，否则返回 FALSE。

例如，程序 ksort.php 如下。

```
<?php
$array1 = $array2 = array("c"=>"China","f"=>"French","e"=>"English");
ksort($array1);
print_r($array1);//输出: Array ( [c] => China [e] => English [f] => French )
echo "<br/>";
krsort($array2);
print_r($array2);//输出: Array ([f] => French [e] => English [c] => China )
    ?>
```

6. natsort()函数

语法格式：bool natsort (array &arr)

函数功能：用"自然排序"算法对数组 arr 元素"值"进行升序排序，并保持数组元素原有的"键值对"对应关系不变。例如，程序 natsort.php 如下。

```php
<?php
$array = array("Img12.gif","img10.gif","img2.gif","Img1.gif");
natsort($array);
print_r($array);/*输出: Array ( [3] => Img1.gif [0] => Img12.gif [2] => img2.gif [1]
=> img10.gif ) */
?>
```

7. natcasesort()函数

语法格式：bool natcasesort (array &arr)

函数功能：用"自然排序"算法对数组 arr 元素"值"进行不区分大小写字母的升序排序，并保持数组元素原有的"键值对"对应关系不变。例如，程序 natcasesort.php 如下。

```php
<?php
$array = array("Img12.gif","img10.gif","img2.gif","Img1.gif");
natcasesort($array);
print_r($array);/*输出: Array ( [3] => Img1.gif [2] => img2.gif [1] => img10.gif [0]
=> Img12.gif ) */
?>
```

8. shuffle()函数

语法格式：bool shuffle (array &arr)

函数功能：shuffle()函数为数组 arr 随机排序。

说明　　　shuffle ()函数将为随机排序后的数组 arr 赋予新的键名。

例如，程序 shuffle.php 如下。

```php
<?php
$array = array("img12.gif","img10.gif","img2.gif","img1.gif");
shuffle($array);
print_r($array);/*可能输出: Array ( [0] => img12.gif [1] => img10.gif [2] => img1.gif
[3] => img2.gif ) */
echo "<br/>";
shuffle($array);
print_r($array); /*可能输出: Array ( [0] => img12.gif [1] => img2.gif [2] => img10.gif
[3] => img1.gif ) */
?>
```

程序 shuffle.php 的运行结果说明，经 shuffle()函数随机排序的数组每次产生的结果可能不一样。

9. array_reverse()函数

语法格式：array array_reverse (array arr [, bool preserve_keys])

函数功能：array_reverse()函数返回一个和数组 arr 元素顺序相反的新数组，如果 preserve_keys 为 TRUE 则保持数组元素原有的"键值对"对应关系不变。例如，程序 array_reverse.php 如下。

```php
<?php
$array = array("img12.gif","img10.gif","img2.gif","img1.gif");
$newArray1 = array_reverse($array);
```

```
print_r($newArray1);/*输出: Array ( [0] => img1.gif [1] => img2.gif [2] => img10.gif
[3] => img12.gif ) */
echo "<br/>";
$newArray2 = array_reverse($array,TRUE);
print_r($newArray2); /*输出: Array ( [3] => img1.gif [2] => img2.gif [1] => img10.gif
[0] => img12.gif ) */
?>
```

当数组排序函数中的数组参数为数组的引用&arr 时（array_reverse()函数除外），经数组排序函数操作后的数组，其结构有可能发生变化（如数组元素的顺序、键值对对应关系等可能发生变化）。

排序函数记忆技巧如下。

（1）排序函数中"a"表示 association，含义是排序的过程中保持"键值对"的对应关系不变。

（2）排序函数中"k"表示 key，含义是按照数组元素"键"而不是数组元素"值"排序。

（3）排序函数中"r"表示 reverse，含义是按数组元素"值"的降序（descend）进行排序。

（4）排序函数中"nat"的表示 natural，含义是用"自然排序"算法对数组元素"值"进行排序。

5.4.8　数组与数据结构

PHP 提供了模拟栈等数据结构操作的函数，包括 array_push()、array_pop()、array_unshift()和 array_shift()函数等。

1. array_push()函数

语法格式：int array_push (array &arr, mixed var1 [, mixed var2 [, mixed···]])

函数功能：array_push()函数将 arr 当成一个栈，并将参数 var1、var2···依次压入 arr 的末尾，该函数返回新数组元素的个数。

例如，程序 array_push.php 如下。

```
<?php
$stack = array("orange", "banana");
$counts = array_push($stack, "apple", "pear");
print_r($stack);//输出: Array ( [0] => orange [1] => banana [2] => apple [3] => pear )
echo "<br/>";
echo $counts;//输出: 4
?>
```

2. array_pop()函数

语法格式：mixed array_pop (array &arr)

函数功能：array_pop()函数弹出数组 arr 最后一个元素，并返回该元素值。如果 array 为空（或者不是数组），将返回 NULL。

使用 array_pop()函数后会把数组 arr 的"当前指针"复位（自动调用 reset()函数）。

例如，程序 array_pop.php 如下。

```
<?php
$stack = array("orange", "banana", "apple", "pear");
$fruit = array_pop($stack);
print_r($stack);          //输出: Array ( [0] => orange [1] => banana [2] => apple )
```

```
echo "<br/>";
echo $fruit;          //输出: pear
?>
```

3. array_unshift()函数

语法格式：int array_unshift (array &arr, mixed var1 [, mixed var2 [, mixed…]])

函数功能：array_unshift()函数将 arr 当成一个特殊的队列（见图 5-28），并将参数 var2、var1……依次插入 arr 的队首。该函数返回入队元素的个数。

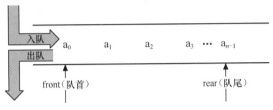

图 5-28　特殊的队列

 这个特殊的队列限定在队首插入元素，在队首删除元素。使用 array_unshift()函数后会把数组 arr 的"当前指针"复位（自动调用 reset()函数）。

例如，程序 array_unshift.php 如下。

```
<?php
$queue = array("orange", "banana");
$counts = array_unshift($queue,"pear");
$counts = array_unshift($queue, "apple");
print_r($queue);//输出: Array ( [0] => apple [1] => pear [2] => orange [3] => banana )
echo "<br/>";
echo $counts;          //输出: 4
?>
```

4. array_shift()函数

语法格式：mixed array_shift (array &arr)

函数功能：array_shift()函数删除数组 arr 第一个元素，并返回该元素值。如果 array 为空（或者不是数组），将返回 NULL。

 使用 array_shift()函数后会把数组 arr 的"当前指针"复位（自动调用 reset()函数）。

例如，程序 array_shift.php 如下。

```
<?php
$queue = array("orange", "banana", "apple", "pear");
$fruit = array_shift($queue);
print_r($queue);//输出: Array ( [0] => banana [1] => apple [2] => pear )
echo "<br/>";
echo $fruit;//输出: orange
?>
```

5.4.9　数组集合运算函数

可以将数组作为数学中"集合"的概念进行处理，利用 PHP 提供的数组集合运算函数进行数组间的并集、差集或交集运算等。

1. array_merge()函数

语法格式：array array_merge (array arr1 [, array arr2 [, array…]])

函数功能：将数组 arr1、arr2 等合并为一个新数组，该函数返回该新数组（集合的并集运算）。多个数组中，如果元素的键名相同，则后面的数组的元素"值"覆盖前面数组的元素"值"。如果数组元素的键名是数字，后面的值将不会覆盖原来的值，而是附加到后面。例如，程序 array_merge.php 如下。

```php
<?php
$array1 = array("color" => "red", 2, 4);
$array2 = array("a", "b", "color" => "green", "shape" => "trapezoid", 4);
$result = array_merge($array1, $array2);
print_r($result);/*输出: Array ( [color] => green [0] => 2 [1] => 4 [2] => a [3] => b
[shape] => trapezoid [4] => 4 ) */
?>
```

2. array_diff()函数

语法格式：array array_diff (array arr1 [, array arr2 [, array…]])

函数功能：array_diff() 函数返回一个新数组，新数组中的元素"值"是所有在 arr1 中，但不在任何其他参数数组中的元素"值"（集合的差集运算）。例如，程序 array_diff.php 如下。

```php
<?php
$array1 = array("a" => "green", "red", "blue", "red");
$array2 = array("b" => "green", "red", "yellow");
$result = array_diff($array1, $array2);
print_r($result);//输出: Array ( [1] => blue )
?>
```

3. array_intersect()函数

语法格式：array array_intersect (array arr1 [, array arr2 [, array…]])

函数功能：array_intersect()函数返回一个新数组，新数组中的元素"值"是既在 arr1 数组中，又在 arr2 等数组中出现的元素"值"（集合的交集运算）。

例如，程序 array_intersect.php 如下。

```php
<?php
$array1 = array("a" => "green", "red", "blue");
$array2 = array("b" => "green", "red", "yellow");
$result = array_intersect ($array1, $array2);
print_r($result);//输出: Array ( [a] => green [0] => red )
?>
```

4. array_diff_assoc ()函数

语法格式：array array_diff_assoc (array arr1 [, array arr2 [, array…]])

函数功能：array_diff_assoc () 函数返回一个新数组，新数组中的元素是所有在 arr1 中，但不在任何其他参数数组中的元素（集合的差集运算）。

说明　　注意数组元素的键名也用于比较。

例如，程序 array_diff_assoc.php 如下。

```php
<?php
$array1 = array("a" => "green", "red", "blue", "red");
$array2 = array("b" => "green", "red", "yellow");
$result = array_diff_assoc($array1, $array2);
print_r($result);//输出: Array ( [a] => green [1] => blue [2] => red )
?>
```

5. array_intersect_assoc()函数

语法格式：array array_intersect_assoc (array arr1 [, array arr2 [, array…]])

函数功能：array_intersect_assoc ()函数返回一个新数组，新数组中的元素是既在 arr1 数组中，又在 arr2 等数组中出现的元素（集合的交集运算）。

 注意数组元素的键名也用于比较。

例如，程序 array_intersect_assoc.php 如下。

```php
<?php
$array1 = array("a" => "green", "red", "blue");
$array2 = array("b" => "green", "red", "yellow");
$result = array_intersect_assoc ($array1, $array2);
print_r($result);//输出: Array ( [0] => red )
?>
```

6. array_diff_key()函数

语法格式：array array_diff_key (array arr1 [, array arr2 [, array…]])

函数功能：array_diff_key () 函数返回一个新数组，新数组中的元素"键"是所有在 arr1 中，但不在任何其他参数数组中的元素"键"（集合的差集运算）。

例如，程序 array_diff_key.php 如下。

```php
<?php
$array1 = array('blue' => 1, 'red' => 2, 'green' => 3, 'white' => 4);
$array2 = array('green' => 5, 'blue' => 6, 'yellow' => 7, 'black' => 8);
$result = array_diff_key($array1, $array2);
print_r($result);//输出: Array ( [red] => 2 [white] => 4 )
?>
```

7. array_intersect_key()函数

语法格式：array array_intersect_key (array arr1 [, array arr2 [, array…]])

函数功能：array_intersect_key () 函数返回一个新数组，新数组中的元素"键"是既在 arr1 数组中，又在 arr2 等数组中出现的元素"键"（集合的交集运算）。

例如，程序 array_intersect_key.php 如下。

```php
<?php
$array1 = array('blue' => 1, 'red'  => 2, 'green' => 3, 'white' => 4);
$array2 = array('green' => 5, 'blue' => 6, 'yellow' => 7, 'black'  => 8);
$result = array_intersect_key($array1, $array2);
print_r($result);//输出: Array ( [blue] => 1 [green] => 3 )
?>
```

习　　题

一、选择题

1. 以下关于 key()和 current()函数的叙述，请找出两个正确的答案。（　　　）

　　A. key()函数用来读取当前指针所指向元素的键值

　　B. key()函数是取得当前指针所指向元素的值

C. current()函数用来读取当前指针所指向元素的键值

D. current()函数是取得当前指针所指向元素的值

2. 下面的 PHP 代码输出什么？（　　　）

```php
<?php
$s = '12345';
$s[$s[1]] = '2';
echo $s;
?>
```

A. 12345　　　　B. 12245　　　　C. 22345

D. 11345　　　　E. array

3. 下列说法正确的是（　　　）

A. 数组的键必须为数字，且从"0"开始

B. 数组的键可以是字符串

C. 数组中的元素类型必须一致

D. 数组的键必须是连续的

4. 以下 PHP 代码的运行结果是什么？（　　　）

```php
<?php
define(myvalue, "10");
$myarray[10] = "Dog";
$myarray[] = "Human";
$myarray['myvalue'] = "Cat";
$myarray["Dog"] = "Cat";
print "The value is: ";
print $myarray[myvalue];
?>
```

A. The Value is: Dog　　　　　　B. The Value is: Cat

C. The Value is: Human　　　　　D. The Value is: 10

E. Dog

5. 要修改数组$myarray 中每个元素的值，如何遍历$myarray 数组最合适？（　　　）

```php
$myarray = array ("My String","Another String","Hi, Mom!");
```

A. 用 for 循环　　　　　　B. 用 foreach 循环

C. 用 while 循环　　　　　D. 用 do…while 循环

6. 考虑下面的代码片段。

```php
<?php
define("STOP_AT", 1024);
$result = array();
/* 在此处填入代码 */
{
        $result[] = $idx;
}
print_r($result);
?>
```

标记处填入什么代码才能产生如下数组输出？（　　　）

```
Array ( [0] => 1 [1] => 2 [2] => 4 [3] => 8 [4] => 16 [5] => 32 [6] => 64 [7] => 128
[8] => 256 [9] => 512 )
```

  A.　foreach($result as　$key => $val)

  B.　while($idx *= 2)

  C.　for($idx = 1;$idx < STOP_AT; $idx *= 2)

  D.　for($idx *= 2; STOP_AT >= $idx;$idx = 0)

  E.　while($idx < STOP_AT) do　　$idx *= 2

7.　考虑如下数组$multi_array，怎样才能从数组$multi_array 中找出值 cat？（　　　）

```
$multi_array = array("red",
"green",
42 => "blue",
"yellow" => array("apple",9 => "pear","banana",
"orange" => array("dog","cat","iguana")));
```

  A.　$multi_array['yellow']['apple'][0] B.　$multi_array['blue'][0]['orange'][1]

  C.　$multi_array[3][3][2] D.　$multi_array['yellow']['orange']['cat']

  E.　$multi_array['yellow']['orange'][1]

8.　运行下面的 PHP 程序后，数组$array 的内容是什么？（　　　）

```
<?php
$array = array ('1', '1');
foreach ($array as $k => $v) {
    $v = 2;
}
?>
```

  A.　array ('2', '2') B.　array ('1', '1')

  C.　array (2, 2) D.　array (Null, Null) E.　array (1, 1)

9.　对数组进行升序排序并保留索引关系，应该用哪个函数？（　　　）

  A.　ksort() B.　asort() C.　krsort() D.　sort() E.　usort()

10.　以下 PHP 程序将按什么顺序输出数组$array 内的元素？（　　　）

```
<?php
$array = array ('a1', 'a3', 'a5', 'a10', 'a20');
natsort ($array);
var_dump ($array);
?>
```

  A.　a1, a3, a5, a10, a20 B.　a1, a20, a3, a5, a10

  C.　a10, a1, a20, a3, a5 D.　a1, a10, a5, a20, a3

  E.　a1, a10, a20, a3, a5

11.　哪个函数能把下面的数组内容倒序排列（即排列为 array('d', 'c', 'b', 'a')）？（多选）（　　　）

```
$array = array ('a', 'b', 'c', 'd');
```

  A.　array_flip() B.　array_reverse()   C.　sort()

  D.　rsort() E.　以上都不对

12.　以下 PHP 程序的运行结果是什么？（　　　）

```
<?php
$array = array ('3' => 'a', 1.1 => 'b', 'c', 'd');
```

```
echo $array[1];
?>
```

  A. 1   B. b   C. c

  D. 一个警告 E. a

13. 哪种方法用来计算数组所有元素的总和最简便？（　　　）

  A. 用 for 循环遍历数组   B. 用 foreach 循环遍历数组

  C. 用 array_intersect 函数   D. 用 array_sum 函数

  E. 用 array_count_values()

14. 下面的 PHP 程序运行结果是什么？（　　　）

```
<?php
$array = array (0.1 => 'a', 0.2 => 'b');
echo count ($array);
?>
```

  A. 1   B. 2   C. 0

  D. 什么都没有 E. 0.3

15. 下面的 PHP 程序运行结果是什么？（　　　）

```
<?php
$array = array (true => 'a', 1 => 'b');
print_r($array);
?>
```

  A. Array ([1] => b)   B. Array ([true] => a [1] => b)

  C. Array (0 => a [1] => b) D. 什么都没有

  E. 输出 NULL

16. 下面的 PHP 程序运行结果是什么？（　　　）

```
<?php
$array = array (1, 2, 3, 5, 8, 13, 21, 34, 55);
$sum = 0;
for ( $i = 0; $i < 5; $i++) {
$sum += $array[$array[$i]];
}
echo $sum;
?>
```

  A. 78   B. 19   C. NULL   D. 5   E. 0

二、问答题

1. sort()、asort()及 ksort()三个函数之间有什么区别？在什么情况下会使用它们？

2. 将数组$arr = array('james', 'tom', 'symfony')中的元素值用“,”号分隔并合并成字符串输出。

三、编程题

1. 结合本章所学知识，编写程序实现下述功能。

给定一个字符串（如"210.184.168.111"），判断该字符串是否是合法的 IP 地址。

2. 结合本章所学知识，编写程序实现下述功能。

有一个一维数组，里面存储整型数据，书写程序，将一维数组按从小到大的顺序排列。

3. 结合本章所学知识，编写程序实现下述功能。

将字符串"open_door"转换成"OpenDoor"，"make_by_id"转换成"MakeById"。

第6章
PHP 的数据采集

本章首先讲解浏览器端数据的提交方式，然后讲解如何创建 FORM 表单实现浏览器端的数据采集，最后讲解 PHP 程序各种数据采集的方法。通过本章的学习，读者可以结合 PHP 数组知识实现功能复杂的"用户注册系统"。

6.1 浏览器端数据的提交方式

HTTP 是 Web 应用程序所使用的最为重要的协议，它是基于"请求/响应"模式的。对于 PHP 程序而言，浏览器向 Web 服务器某 PHP 程序发送一个"HTTP 请求"，该 PHP 程序接收到该"请求"后，接收"请求"数据，然后再对这些"请求"数据进行处理，最后由 Web 服务器将处理结果作为"响应"返回给浏览器。

前面章节曾经提到：HTTP 请求方法多种多样，其中最为常用的请求方法是 GET 请求和 POST 请求。也就是说：浏览器向 Web 服务器提交数据的方式主要有两种：GET 提交方式和 POST 提交方式。当浏览器向 Web 服务器发送一个"GET 请求"时，浏览器以 GET 方式向 Web 服务器"提交"数据；当浏览器向 Web 服务器发送一个"POST 请求"时，浏览器以 POST 方式向 Web 服务器"提交"数据。

6.1.1 GET 提交方式

GET 提交方式是将"请求"数据以查询字符串（Query String）的方式附在 URL 之后"提交"数据。例如访问"PHP 基础"章节中的 register.php 程序时，打开浏览器后，可以直接在浏览器地址栏中输入如下 URL 访问 register.php 程序，运行结果如图 6-1 所示。

http://localhost/2/register.php?userName= victor&password=1234&confirmPassword=1234

图 6-1　GET 提交方式及查询字符串

在这个 URL 中，问号"?"表示查询字符串的开始，问号"?"后面的字符串参数

"userName=victor& password=1234&confirmPassword=1234" 为查询字符串。可以看出，查询字符串可以包含多个参数，每个参数以"参数名=参数值"的格式定义，参数之间使用"&"相连，最后再将查询字符串使用"？"附在 URL 之后。

　　　　查询字符串中不允许有空格字符存在。通过查询字符串传递的数据量不能太大。由于通过查询字符串传递的信息会显示在浏览器地址栏中，因此这种方式不能保证数据的安全性。

FORM 表单也可以提供 GET 提交方式，"PHP 基础"章节中 register.html 程序中的 FORM 表单就是一个 GET 提交方式的表单。除此之外，使用超链接<a></a>标签也可以实现浏览器端 GET 提交方式。下面的步骤演示了使用超链接<a></a>标签实现 GET 提交方式。

1. 在"C:\wamp\www\6\"目录下创建 a.html 页面，以记事本方式打开该页面后输入如下代码。

```
<a href="register.php?userName=victor&password=1234&confirmPassword=1234">
GET 提交方式
</a>
```

2. 在"C:\wamp\www\6\"目录下创建 register.php 程序，以记事本方式打开该程序后输入如下代码。

```php
<?php
$userName = $_GET["userName"];
$password = $_GET["password"];
$confirmPassword = $_GET["confirmPassword"];
if($password == $confirmPassword){
    echo "您可以注册了";
    echo "<br/>";
    echo "您加密后的密码为: ";
    echo md5($password);
}else{
    echo "您输入的密码和确认密码不一致，请重新注册! ";
}
?>
```

3. 打开浏览器，在地址栏中输入地址"http://localhost/6/a.html"后，显示图 6-2 所示的页面。

4. 单击图 6-2 中"GET 提交方式"超链接后，a.html 页面将触发 register.php 程序的运行，向 register.php 程序发送一个 GET 请求，并向 register.php 程序传递 3 个参数信息。register.php 程序的运行结果如图 6-3 所示。

图 6-2　使用超链接实现
　　　GET 提交方式

图 6-3　PHP 程序接收 GET 请求数据

6.1.2　POST 提交方式

POST 数据提交方式一般通过 FORM 表单实现。默认情况下 FORM 表单的数据提交方式为 GET 方式，因此必须在 FORM 表单的<form />标签中加入属性"method="post""，才能将 FORM 表单的数据提交方式修改为 POST 方式。下面的步骤演示了使用 FORM 表单实现 POST 提交方式。

1. 将第二章中的 register.html 程序修改为如下代码，将表单提交方式修改为 POST 提交方式（粗体字部分为代码的改动部分，其他代码不变）。

```html
<form action="register.php" method="post">
用 户 名: <input type="text" name="userName"/><br/>
密   码 : <input type="password" name="password"/><br/>
确认密码: <input type="password" name="confirmPassword"/><br/>
<input type="submit" value=" 提 交 "/>
<input type="reset" value=" 重 填 "/>
</form>
```

2. 将 register.php 程序修改为如下代码，采集 POST 提交方式传递过来的表单数据（粗体字部分为代码的改动部分，其他代码不变）。

```php
<?php
$userName = $_POST["userName"];
$password = $_POST["password"];
$confirmPassword = $_POST["confirmPassword"];
if($password == $confirmPassword){
    echo "您可以注册了";
    echo "<br/>";
    echo "您加密后的密码为: ";
    echo md5($password);
}else{
    echo "您输入的密码和确认密码不一致，请重新注册! ";
}
?>
```

3. 打开浏览器，在地址栏中输入地址"http://localhost/6/register.html"，然后按回车键，register.html 页面的运行结果如图 6-4 所示。

4. 在图 6-4 所示的 FORM 表单中输入用户个人信息，单击"提交"按钮后，将触发 register.php 程序运行，register.php 程序的运行结果如图 6-5 所示。使用 POST 提交方式，浏览器地址栏中并没有显示用户名、密码等信息，有效地保护了用户的个人信息。

图 6-4　用户注册表单

图 6-5　PHP 程序接收 POST 表单提交数据

115

6.1.3 GET 和 POST 混合提交方式

使用 FORM 表单可以实现 GET 和 POST 混合提交方式，向 Web 服务器某 PHP 程序发出"GET 请求"的同时，还向该 PHP 程序发出"POST 请求"。下面的步骤演示了使用 FORM 表单实现 GET 和 POST 混合提交方式。

1. 将 register.html 程序修改为如下代码（粗体字部分为代码的改动部分，其他代码不变）。

```
<form action="register.php?action=insert" method="post">
用 户 名：<input type="text" name="userName"/><br/>
密   码 : <input type="password" name="password"/><br/>
确认密码: <input type="password" name="confirmPassword"/><br/>
<input type="submit" value=" 提 交 "/>
<input type="reset" value=" 重 填 "/>
</form>
```

2. 将 register.php 程序修改为如下代码，register.php 程序采集 GET 提交数据的同时，还采集 POST 提交数据（粗体字部分为代码的改动部分，其他代码不变）。

```
<?php
$userName = $_POST["userName"];
$password = $_POST["password"];
$method = $_GET["action"];
$confirmPassword = $_POST["confirmPassword"];
if($password == $confirmPassword){
    echo "您可以注册了";
    echo "<br/>";
    echo "您加密后的密码为：";
    echo md5($password);
}else{
    echo "您输入的密码和确认密码不一致，请重新注册！";
}
echo "<br/>";
echo $method;
?>
```

3. 打开浏览器，在地址栏中输入地址 "http://localhost/6/register.html"，然后按回车键，register.html 页面的运行结果如图 6-4 所示。

4. 在 FORM 表单中输入用户个人信息，单击"提交"按钮后，将触发 register.php 程序运行，register.php 程序的运行结果如图 6-6 所示。

图 6-6　PHP 程序接收 GET 和 POST 提交数据

6.1.4 两种提交方式的比较

GET 和 POST 提交方式都能实现浏览器端的数据提交，它们之间的区别如下。

1. POST 提交方式比 GET 提交方式安全。这是由于 GET 提交方式提交的数据将出现在 URL 查询字符串中，并且这些带有查询字符串的 URL 可以被浏览器缓存到历史记录中。因此诸如用户注册、登录等系统，不建议使用 GET 提交方式。

2. POST 提交方式可以提交更多的数据。理论上讲，POST 提交方式提交的数据没有大小限制。由于 GET 提交方式提交的数据出现在 URL 查询字符串中，而 URL 的长度是受限制的（如 IE 浏览器对 URL 长度的限制是 2 083 字节），因此 GET 提交方式提交的数据受浏览器的限制。例如新闻发布系统中提交篇幅较长的新闻信息时，不建议使用 GET 提交方式；带有文件上传功能的 FORM 表单则必须使用 POST 提交方式。

　　　　　使用 POST 提交方式提交表单数据时，php.ini 配置文件中 post_max_size 选项用于配置 Web 服务器能够接收的最大表单数据大小。post_max_size 选项的详细说明稍后讲解。

3. 不同的"提交"方式对应的服务器端数据"采集"方式不同。

6.2　相对路径和绝对路径

　　无论使用超链接的 GET 提交方式，还是使用 FORM 表单的 GET 或 POST 提交方式，初学者经常会遇到这样一个问题：如何在一个文件（HTML 或 PHP 文件）中正确访问另一个文件（HTML 文件、PHP 文件或图像等文件）。这里引入相对路径和绝对路径两个概念解答这个问题。

6.2.1　绝对路径

　　绝对路径是与相对路径相对立的，它通常是一个完整的 URL，该 URL 由以下三部分构成。
1. scheme：用来描述寻找数据所采用的机制（也叫协议）。典型的协议有 http 和 ftp 等。
2. host：用来描述存有该资源的服务器 IP 地址或者服务器域名（有时也包括端口号）。
3. path：指明服务器上某资源的具体路径，如目录和文件名等。
　　第 1 部分和第 2 部分之间用"://"符号隔开，第 2 部分和第 3 部分之间用"/"符号隔开。第 1 部分和第 2 部分是不可缺少的，第 3 部分有时可以省略。例如，"http://www.php.net/index.php"就是一个绝对路径 URL，它表明了这样一个含义：使用 HTTP 协议从一个域名为 www.php.net 的 Web 服务器上获取 index.php 页面的资源信息，其中"/index.php"可以省略。
　　由于绝对路径无论出现在哪儿都代表相同的内容，因此绝对路径通常在访问系统外部资源时才使用，而访问系统内部资源时一般使用相对路径，方便程序的移植。

6.2.2　相对路径

　　对于代码编写人员而言，更多时候使用的是相对路径，这是由于使用相对路径方便项目的整体移植。与绝对路径不同，相对路径在不同的地方代表的内容是不同的。为了更好地理解相对路径和绝对路径，想象一下平时是如何使用电话号码的。以中国郑州为例，一个完整的号码是区号+号码（0371-66666666），这个完整的号码在中国境内是一个"绝对路径"，即在中国的任何城市拨打 0371-66666666 号码，拨打的是同一个号码。而到了郑州后，只需拨打 66666666 即可，此时 66666666 这个号码是一个"相对路径"。中国不同的城市，66666666 号码所代表的"号码"各不相同，若在北京拨打 66666666，则访问的是 010-66666666"资源"，以此类推。相对路径可以分为两类：server-relative 路径与 page-relative 路径。
　　（1）server-relative 路径是以斜杠"/"开头的相对路径。在 HTML 中，以斜杠"/"开头的相对路径表示从 Web 服务器的主目录下开始查找相应的资源文件。如果目录"C:/wamp/www"为 Apache 服务器的主目录，使用相对路径"/index.php"访问资源时，访问的是目录"C:/wamp/www"

下 的 index.php 页 面 ； 同 理 ， 使 用 相 对 路 径 "/6/register.html" 访 问 资 源 时 ， 访 问 的 是 目 录 "C:/wamp/www" 中 的 目 录 "6" 下 的 register.html 文 件 。

（2）page-relative 路径不以斜杠开头。此时当文件 1 访问文件 2（HTML 页面、PHP 程序或图片等）资源时，将从文件 1 的当前目录作为起点查找文件 2 资源。例如当目录"C:/wamp/www/6/"中的 register.html 文件使用超链接访问该目录下的 register.php 文件时，只需在 register.html 文件的超链接中直接指定 register.php 文件即可，register.html 代码如下。

```
<a href="register.php?userName=victor&password=1234&confirmPassword=1234">
GET 提交方式
</a>
```

使用目录分隔符时，尽量使用斜杠"/"分隔符（不是"\"分隔符），这样更有利于程序在不同操作系统（Windows 和 Linux 等）间的移植。

6.2.3 相对路径其他概念

1. 同一个目录下的资源访问

如果文件 1 和文件 2 在同一个目录，这两个文件间的相互访问直接使用文件名即可。假设 register.html 文件和 register.php 文件在同一个目录，register.html 页面的 FORM 表单访问 register.php 文件时，register.html 页面的 FORM 表单可以这样写：

```
<form action="register.php" method="post">
```

2. 如何表示当前目录

"."表示文件的当前目录。假设 register.html 文件和 register.php 文件在同一个目录，register.html 页面的 FORM 表单访问 register.php 文件时，register.html 页面的 FORM 表单也可以这样写：

```
<form action="./register.php" method="post">
```

3. 如何表示上级目录

"../"表示文件所在目录的上一级目录，"../../"表示文件所在目录的上上级目录，以此类推。假设 register.html 所在目录为"C:\wamp\www\6\"，register.php 所在目录为"C:\wamp\www\"，此时 register.html 页面的 FORM 表单访问 register.php 文件时，register.html 页面的 FORM 表单应该这样写：

```
<form action="../register.php" method="post">
```

4. 如何表示下级目录

如果文件 1 访问下级目录中的文件 2，直接指定下级目录和文件 2 的文件名即可。假设 register. html 文件所在目录为"C:\wamp\www\6\"，register.php 文件所在目录为"C:\wamp\www\6\test\"，register.html 页面的 FORM 表单访问 register.php 文件时，register.html 页面的 FORM 表单可以这样写：

```
<form action="test/register.php" method="post">
```

6.3 使用 FORM 表单实现浏览器端的数据采集

FORM 表单由以下 3 部分组成。

1. 表单标签：定义了表单处理程序及数据提交方式等信息。

2. 表单控件：包括单行文本框、密码框、隐藏域、多行文本框、复选框、单选框、下拉选择框和文件上传框等表单控件。

3. 表单按钮：包括提交按钮、复位按钮和一般按钮。

6.3.1　表单标签<form></form>

表单标签<form>常用的属性有 action、method、enctype、title、name 等。

1. action 属性设置当前表单数据"提交"的目的地址。当不设置 action 属性，或设置值等于空字符串（即 action=""）时，表单数据提交给当前页面。

2. method 属性设置表单数据的提交方式。method 属性的值为 GET 或 POST，默认为 GET。

3. title 属性设置表单的提示信息。当用户的鼠标指针在表单处停留时，浏览器用一个黄色的小浮标显示提示文本。

4. enctype 属性设置提交表单数据时的编码方式。enctype 属性的值为 multipart/form-data 或 application/x-www-form-urlencoded，默认为 application/x-www-form-urlencoded。当 FORM 表单中存在文件上传框时，必须将 enctype 属性设置为 multipart/form-data 编码方式。

5. name 属性为当前的 FORM 表单命名。

例如，程序 form.html 如下，该程序的运行结果如图 6-7 所示。

图 6-7　表单示例程序运行结果

```
<form action="register.php" method="post" title="简单的用户注册" enctype="multipart/
form-data">
    这是 FORM 表单区域
</form>
```

6.3.2　表单控件

表单标签<form></form>及其属性设置完毕后，就要在表单标签<form></form>中添加表单控件以便浏览器用户填写数据。这些表单控件包括：单行文本框、密码框、多行文本框、隐藏域、复选框、单选框、文件上传框和下拉列表等。

1. 单行文本框

单行文本框是一种让浏览器用户自己输入内容的表单控件，通常被用来填写简短的回答，如姓名、地址等。

代码格式：<input type="text" name="…" size="…" maxlength="…" value="…" />

属性解释如下。

- type="text"定义单行文本输入框。
- name 属性为单行文本框的命名。
- size 属性定义单行文本框的宽度。
- maxlength 属性定义最多输入的字符数。
- value 属性定义单行文本框的初始值。

示例代码	用户名：<input type="text" name="userName" size="20" maxlength="15" value="victor" />
显示效果	用 户 名：victor

2. 密码框

密码框是一种特殊的单行文本框，当浏览器用户输入文字时，文字会被星号或其他符号代替。

代码格式：<input type="password" name="…" size="…" maxlength="…" value="…"/>

属性解释如下。

- type="password"定义密码框。
- name 属性为密码框命名。
- size 属性定义密码框的宽度。
- maxlength 属性定义最多输入的字符数。
- value 属性定义密码框的初始值。

示例代码	密码：<input type="password" name="password" size="20" maxlength="15" value="1234"/>
显示效果	密 码：●●●●

3. 多行文本框

多行文本框是一种让浏览器用户自己输入内容的表单对象，能够让浏览器用户填写较长的内容。

代码格式：<textarea name="…" cols="…" rows="…">content</textarea>

属性解释如下。

- name 属性为多行文本框命名。
- cols 属性定义多行文本框的宽度。
- rows 属性定义多行文本框的高度。
- content 定义了多行文本框中显示的文字内容。

示例代码	备注：<textarea name="remark" cols="30" rows="4">示例代码</textarea>
显示效果	示例代码 备注：

4. 隐藏域

隐藏域用来保存一些特定信息，对于浏览器用户来说，隐藏域是看不见的；但在表单提交时，隐藏域的 name 属性和 value 属性组成的信息将被发送给 Web 服务器。

代码格式：<input type="hidden" name="…" value="…" />

属性解释如下。

- type="hidden"定义隐藏域。
- name 属性为隐藏域命名。
- value 属性定义隐藏域的值。

示例代码	<input type="hidden" name="id" value="6" />

5. 复选框

复选框用来为浏览器用户提供一系列选项进行选择。

代码格式：<input type="checkbox" name="…" value="…" checked/>

属性解释如下。

- type="checkbox"定义复选框。
- name 属性为复选框命名。

- value 属性定义复选框的值。
- checked 属性定义初始状态时该复选框被选中，该属性没有具体的取值。

示例代码	<input name="interest1" type="checkbox" value="music" />音乐
	<input name="interest2" type="checkbox" value="game" checked />游戏
	<input name="interest3" type="checkbox" value="film" checked />电影
显示效果	□音乐　☑游戏　☑电影

6. 单选框

单选框用来为浏览器用户提供一个选项进行选择，同一组内的单选框之间是相互排斥的。

代码格式：<input type="radio" name="…" value="…" checked/>

属性解释如下。

- type="radio"定义单选框。
- name 属性为单选框命名。单选框都是以组为单位使用的，同一组中的单选框 name 属性值必须相同。
- value 属性定义单选框的值。
- checked 属性定义初始状态时该单选框是被选中的，该属性没有具体的取值。

示例代码	<input name="sex" type="radio" value="male" checked />男
	<input name="sex" type="radio" value="female" />女
显示效果	◉男　○女

7. 文件上传框

浏览器用户可以使用文件上传框来选择上传文件，表单提交时，该上传文件将与其他表单数据一起提交。文件上传框看上去和单行文本框差不多，只不过比单行文本框多了一个"浏览"按钮。浏览器用户既可以在文本框中输入需要上传的文件路径，也可以单击"浏览"按钮选择需要上传的文件。

代码格式：<input type="file" name="…" size="…" maxlength="…" />

属性解释如下。

- type="file"定义文件上传框。
- name 属性为文件上传框命名。
- size 属性定义文件上传框的宽度。
- maxlength 属性定义最多输入的字符数。

　　　　每个文件上传框只能选择一个文件。

　　　　使用文件上传框时，表单标签<form>的 enctype 属性必须设置为 multipart/form-data，method 属性必须设置为 POST 提交方式。

示例代码	<input type="file" name="myPicture" size="25" maxlength="100" />
显示效果	［　　　　　　　　　　　　　　］［浏览…］

8. 下拉选择框

下拉选择框分为单选与多选两种下拉选择框。单选下拉选择框允许浏览器用户在一系列下拉选项中选择一个选项，其功能类似于单选框 radio；多选下拉选择框允许浏览器用户在一系列下拉选项中选择多个选项，其功能类似于复选框 checkbox。

代码格式：

```
<select name="…" size="…" multiple>
    <option value="…" selected>…</option>
    <option value="…">…</option>
    ......
</select>
```

select 标签用来创建一个下拉选择框。select 标签属性解释如下。

- name 属性为下拉选择框命名。

- size 属性指定下拉选择框的高度，默认值为 1。

- multiple 属性指定了该下拉选择框是多选下拉选择框，该属性没有具体的取值；如果没有 multiple 属性，则表示该下拉选择框为单选下拉选择框。当下拉选择框为多选下拉选择框时，按住 Ctrl 键，同时单击选择项可以进行多选，或者按住 Shift 键可以进行连续多选。

option 标签用于定义下拉选择框中的一个选项，它放在<select></select>标签对之间。option 标签属性解释如下。

- value 属性指定每个选项的值。如果该属性没有定义，选项的值为<option>和</option>之间的内容。

- selected 属性指定初始状态时，该选项是选中状态。该属性没有具体的取值。

	示 例 代 码	对应的显示效果

单选下拉选择框	`<select name="sex" size="2">`
	　　`<option value="male" selected>男</option>`
	　　`<option value="female">女</option>`
	`</select>`
		男
		女

单选下拉选择示例	`<select name="sex" size="1">`
	　　`<option value="male" selected>男</option>`
	　　`<option value="female">女</option>`
	`</select>`
		男 ▾
		男
		女

多选下拉选择框示例	`<select name="interests[]" size="3" multiple>`
	　　`<option value="music" selected>音乐</option>`
	　　`<option value="game" selected>游戏</option>`
	　　`<option value="film">电影</option>`
	`</select>`
		音乐
		游戏
		电影

说明	多选下拉选择框示例代码中，由于该表单控件可以选中多个选项，有必要在命名 name 属性值后面加上方括号"[ ]"，在多选下拉选择框控件中使用数组方式，一次性地提交多个选项值	

HTML 标签名和属性名大小写不敏感，即<input type="text" name="userName" size="20" maxlength="33" value="victor" />等效于<INPUT TYPE="text" NAME="userName" SIZE="20" MAXLENGTH="33" VALUE="victor" />。

表单控件嵌套在 FORM 表单中才有意义，且每个表单控件都要用一个 name 属性进行标识。这是因为 Web 服务器将依据表单控件的 name 属性判断传递给服务器的每个值分别是由哪个表单控件产生的。为了确保数据的准确采集，需要为每个表单控件定义一个独一无二的名称（同为一个组的单选框以及在表单控件中使用数组两种情况除外）。

6.3.3　在表单控件中使用数组

在一个 HTML 页面中，有时并不清楚某种表单控件的具体个数，例如在进行多文件上传时，并不能确定浏览器用户究竟选择多少个上传文件，更无法确定页面中需要多少个文件上传框。在表单控件中使用数组可以解决类似的问题。

在表单控件的 name 属性值后面加上方括号"[ ]"从而实现在表单控件中使用数组。使用表单控件数组后，当表单提交时，相同 name 属性的表单控件则以数组的方式向 Web 服务器提交多个数据。

示例代码 1	附件 1：<input type="file" name="myPictures[]" />
 附件 2：<input type="file" name="myPictures[]" />
 附件 3：<input type="file" name="myPictures[]" />
 附件 4：<input type="file" name="myPictures[]" />
显示效果 1	附件1：[　　] 浏览... 附件2：[　　] 浏览... 附件3：[　　] 浏览... 附件4：[　　] 浏览...
备注 1	可以在 PHP 程序中使用$_FILES['myPictures']采集所有上传文件信息
示例代码 2	<input name="interests[]" type="checkbox" value="music" />音乐 <input name="interests[]" type="checkbox" value="game" checked/>游戏 <input name="interests[]" type="checkbox" value="film" checked />电影
显示效果 2	□音乐　☑游戏　☑电影
备注 2	可以在 PHP 程序中使用$_POST['interests']或$_GET['interests']采集所有选中选项的数据
示例代码 3	<select name="interests[]" size="3" multiple> 　<option value="music" selected>音乐</option> 　<option value="game" selected>游戏</option> 　<option value="film">电影</option> </select>
显示效果 3	音乐 游戏 电影
备注 3	可以在 PHP 程序中使用$_POST['interests']或$_GET['interests']采集所有选中选项的数据

6.3.4　表单按钮

表单按钮包括提交按钮 submit、图像提交按钮 image、重置按钮 reset 和自定义按钮 button。提交按钮和图像提交按钮用于提交表单数据，重置按钮用于将表单数据恢复到初始状态，自定义按钮需要和 JavaScript 结合使用才有意义。

1．提交按钮

提交按钮用于将表单数据提交到 Web 服务器。单击提交按钮后，表单数据被提交给表单标签 action 属性指定的 PHP 文件。

代码格式：<input type="submit" name="…" value="…" />

属性解释如下。

- type="submit"定义提交按钮。

- name 属性为提交按钮命名。
- value 属性定义提交按钮上的显示文字。

示例代码	<input type="submit" name="login" value="普通提交按钮" />
显示效果	普通提交按钮

2. 图像提交按钮

图像提交按钮的作用与普通提交按钮的功能一样，不同之处在于使用图像提交按钮时，必须添加 src 属性指定图像所在的路径（该路径可以是绝对路径或相对路径）。

代码格式：<input type="image" name="…" src="…" />

属性解释如下。（图像提交按钮的其他属性请参考图像标签<img />的属性。）

- type="image"定义图像提交按钮。
- name 属性为图像提交按钮命名。
- src 属性定义图像提交按钮中图像所在的路径。

示例代码	<input type="image" name="submit" height="40" src="http://www.google.cn/intl/zh-CN/images/logo.gif"/>
显示效果	Google
备注	单击图像提交按钮中的某处时，表单数据将被提交到 Web 服务器。另外，处理该表单的 PHP 程序还会接收到两个变量：submit_x 和 submit_y，变量名是由图像提交按钮的 name 属性值加上 "_x" 和 "_y" 得到的。这两个变量表示了单击图像提交按钮时的 x 坐标和 y 坐标

3. 重置按钮

重置按钮并不是将表单控件输入的信息清空，而是将表单控件恢复到初始值状态，初始值由表单控件的 value 值决定。

代码格式：<input type="reset" name="…" value="…" />

属性解释如下。

- type="reset"定义复位按钮。
- name 属性为重置按钮命名。
- value 属性定义重置按钮上的显示文字。

示例代码	<input type="reset" name="cancel" value="重新填写" />
显示效果	重新填写

4. 自定义按钮

自定义按钮需要结合 JavaScript 代码使用。

代码格式：<input type="button" name="…" value="…" onClick="..." />

属性解释如下。

- type="button"用于定义自定义按钮。
- name 属性为自定义按钮命名。
- value 属性定义自定义按钮上的显示文字。
- onClick 属性定义单击自定义按钮后的行为。

示例代码	`<input type="button" name="save" value="保存" onClick="javascript:alert('我是自定义按钮')">`
显示效果	保存
备注	单击"保存"按钮后，将弹出对话框

一个 HMTL 页面中可以存在多个 FORM 表单，FORM 表单之间使用 name 属性标识；一个 FORM 表单中可以存在多个表单提交按钮，这些提交按钮同样使用 name 属性标识。

示例代码	`<input type="submit" name="modify" value="修改" />` `<input type="submit" name="delete" value="删除" />`
显示效果	修改　删除
备注	单击"修改"按钮时，可以在 PHP 程序中使用$_POST['modify']或$_GET['mo dify']采集该按钮的信息，此时"删除"按钮的信息在 PHP 程序中将无法得到；单击"删除"按钮时，可以在 PHP 程序中使用$_POST['delete']或$_GET['delete']采集该按钮的信息，此时"修改"按钮的信息在 PHP 程序中将无法得到

6.3.5　FORM 表单综合应用

通过前面知识的讲解，相信读者有能力模仿一些大型网站制作自己的用户注册页面。将 register.html 文件的代码修改为如下代码。

```
<form action="register.php" method="post" enctype="multipart/form-data">
用 户 名:
<input type="text" name="userName" size="20" maxlength="15" value="必须填写用户名" />
@
<select name="domain">
    <option value="@163.com" selected>163.com</option>
    <option value="@126.com">126.com</option>
</select>
<br/>
登录密码:
<input type="password" name="password" size="20" maxlength="15" />
<br/>
确认密码:
<input type="password" name="confirmPassword" size="20" maxlength="15" />
<br/>
选择性别:
<input name="sex" type="radio" value="male" checked />男
<input name="sex" type="radio" value="female" />女
<br/>
个人爱好:
<input name="interests[]" type="checkbox" value="music" checked />音乐
<input name="interests[]" type="checkbox" value="game" checked />游戏
```

```
<input name="interests[]" type="checkbox" value="film" />电影
<br/>
个人相片：
<input type="hidden" name="MAX_FILE_SIZE" value="1024" />
<input type="file" name="myPicture" size="25" maxlength="100" />
<br/>
备注信息：
<textarea name="remark" cols="30" rows="4">请填写备注信息</textarea>
<br/>
提交按钮：
<input type="submit" name="submit1" value="普通提交按钮" />
<br/>
图片按钮：
<input type="image" name="submit2" src="http://www.google.cn/intl/zh-CN/images/logo.gif" height="40" />
<br/>
重置按钮：
<input type="reset" name="cancel" value="重新填写" />
</form>
```

打开浏览器并在地址栏中输入"http://localhost/6/register.html"，将看到如图 6-8 所示的页面显示效果。

register.html 代码说明如下。

1. register.html 页面的 FORM 表单中"个人爱好"选项为复选框，并且 3 个复选框定义为一个数组（在 interests 属性值后加上[]），从而实现名字为 interests 的复选框一次性可以向 Web 服务器提交多个数据。

2. 由于 register.html 页面的 FORM 表单中存在文件上传框，<form>标签的 method 属性必须设置为 post，enctype 属性必须设置为 multipart/form-data。

3. 该表单中存在隐藏域 MAX_FILE_SIZE，其值为 1024（单位：字节）。当表单中有多个文件上传框时，可以使用隐藏域 MAX_FILE_SIZE 限制每个文件上传框上传文件的大小。

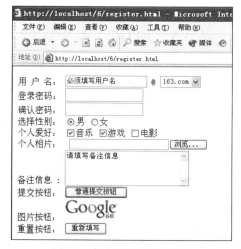

图 6-8　复杂的用户注册表单

　需将定义 MAX_FILE_SIZE 的表单控件放置在文件上传框之前，否则无法实现 MAX_FILE_SIZE 限制上传文件的大小。

4. register.html 页面的 FORM 表单中存在多个提交按钮时，可以为每个提交按钮设置 name 属性进行区分。

5. 名字为 submit2 的提交按钮使用了 Google 的 LOGO 图片，该图片为绝对路径：http://www.google.cn/intl/zh-CN/images/logo.gif，只有连接了互联网才可以访问到该图片。

至此一个较为复杂的用户注册表单制作完成，如何在 PHP 程序中"采集"表单数据成了一个亟待解决的问题。

6.4　使用$_GET 和$_POST "采集"表单数据

PHP 提供了很多预定义变量，其中包括$_GET、$_POST、$_FILES、$_REQUEST、$_SERVER、$_COOKIE、$_ENV、$_SESSION 等，这些预定义变量的数据类型均为数组。

当浏览器向 Web 服务器某 PHP 程序提交数据后，该 PHP 程序应该根据其"提交"方式决定使用何种数据"采集"方法。当浏览器以 GET 方式提交数据时，服务器端 PHP 程序应当使用预定义变量$_GET"采集"提交数据；当浏览器以 POST 方式提交数据时，服务器端 PHP 程序应当使用预定义变量$_POST"采集"提交数据。将 register.php 程序修改为如下代码，采集浏览器用户在 register.html 表单中填写的个人信息。

```php
<?php
echo "您填写的用户名为: ".$_POST['userName'];
echo "<br/>";
echo "您注册的邮箱域名为: ".$_POST['domain'];
echo "<br/>";
echo "您填写的登录密码为: ".$_POST['password'];
echo "<br/>";
echo "您填写的确认密码为: ".$_POST['confirmPassword'];
echo "<br/>";
echo "您填写的性别为: ".$_POST['sex'];
echo "<br/>";
echo "您填写的个人爱好为: ";
foreach($_POST['interests'] as $interest){
    echo $interest." ";
}
echo "<br/>";
echo "您的个人相片为: ".$_POST['myPicture'];
echo "<br/>";
echo "上传文件大小不能超过: ".$_POST['MAX_FILE_SIZE']."字节";
echo "<br/>";
echo "您填写的备注信息为: ".$_POST['remark'];
echo "<br/>";
echo "您单击的提交按钮为: ";
echo isset($_POST['submit1'])?"普通提交按钮":"图像提交按钮";
?>
```

在 register.html 页面的 FORM 表单中输入个人信息，单击"普通提交按钮"后，register.html 页面的 FORM 表单将触发 register.php 程序运行，register.php 采集表单数据，然后将输入的个人信息输出（见图 6-9）。

程序 register.php 说明如下。

1. 由于"个人爱好"3 个复选框定义为一个数组，因此$_POST['interests']的数据类型为数组，程序 register.php 使用了 foreach 语言结构遍历了该数组。

2. 代码 "isset($_POST['submit1'])?"普通提交按钮":"图像提交按钮"" 使用了条件运算符。

3. 由于"个人相片"选项为文件上传框，使用$_POST['myPicture']将采集不到个人相片的任何信息，PHP 语句 "echo "您的个人相片为："$_POST['myPicture'];" 将产生 Notice 信息。文件上传框中的数据须使用预定义变量$_FILES 进行采集。

4. 预定义变量$_GET 的使用方法与$_POST 相似，这里不再赘述。

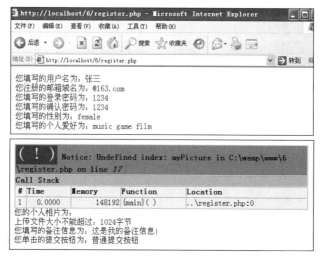

图 6-9　PHP 程序接收 GET 和 POST 提交数据

6.5　上传文件的"数据采集"

文件上传是许多 Web 系统的一个基本功能，如企业上传产品图片（BMP、JPG、GIF 类型的文件）、个人上传简历（Word 类型文件）等。与其他脚本语言相比，使用 PHP 可以轻松地实现文件上传功能。

6.5.1　与上传相关的配置

虽然通过在表单的文件上传框前设置隐藏域 MAX_FILE_SIZE，可以限制每个文件上传框上传文件的大小，但更多时候，限制上传文件的大小需要借助 Web 服务器以及 PHP 预处理器。

PHP 配置文件 php.ini 保存了一些与文件上传有关的 PHP 配置信息，适当地修改这些配置信息可以满足特定的文件上传需要。

1. file_uploads。配置是否允许通过 HTTP 协议上传文件。默认值为 On，表示 Web 服务器支持通过 HTTP 协议上传文件。

典型配置示例：file_uploads = On。

2. post_max_size。使用 POST 提交方式提交表单数据时，post_max_size 选项用于配置 Web 服务器能够接收的表单数据上限值。默认值为 8M，表示表单中所有数据（如多行文本框+单行文本框+上传文件）大小之和必须小于 8M 字节，否则 PHP 程序将不能采集到任何的表单数据。即当表单数据大小超过 post_max_size 选项定义的上限值时，单击提交按钮后，$_GET、$_POST 和$_FILES 将为空数组，Web 服务器将不能采集到任何的表单数据。

典型配置示例：post_max_size = 8M。

3. upload_max_filesize。配置文件上传框允许上传文件的最大值，默认值为 2M。当表单中有多个文件上传框时，可以使用 upload_max_filesize 选项限制每个上传文件的大小。即若表单有多个文件上传框时，文件大小不超过 upload_max_filesize 选项定义的上传框将上传成功，文件大小超过 upload_max_filesize 选项定义的上传框将上传失败，文件上传框之间互不影响上传结果。

典型配置示例：upload_max_filesize = 2M。

4. upload_tmp_dir。配置 PHP 上传文件的过程中产生临时文件（默认扩展名为 tmp）的目录。默认值为"c:/wamp/tmp"，表示临时文件存放在目录"c:/wamp/tmp"中。

典型配置示例：upload_tmp_dir = "c:/wamp/tmp"。

配置好上面 4 个参数后，在网络正常的情况下，上传小于 2MB 的文件一般不会出现问题。但如果要上传"大"文件，或者网速较慢，只进行上面的配置未必行得通，此时还需进行下面的配置。

5. max_input_time。配置单个 PHP 程序解析提交数据（以 POST 或 GET 方式）的最大允许时间，单位是秒，默认值为 60。当设置为-1 时，表示不限制。

典型配置示例：max_input_time = 60。

6. memory_limit。配置单个 PHP 程序在服务器端运行时，可以占用 Web 服务器的最大内存数，默认值为 128M。当设置为-1 时，表示不限制。

典型配置示例：memory_limit = 128M。

7. max_execution_time。配置单个 PHP 程序在服务器端运行时，可以占用 Web 服务器的最长时间，单位是秒，默认值为 30。配置该选项可以有效避免死循环或大文件上传等程序长期占用服务器 CPU 导致服务器崩溃。如果设置值为 0，表示不限制运行时间。

典型配置示例：max_execution_time = 30。

　　　　在 PHP 程序中使用 set_time_limit()函数也可以设置该选项，如：set_time_limit(30)。

6.5.2　PHP 文件上传流程

PHP 文件上传流程可以简单地描述为如下几个步骤，PHP 文件上传流程如图 6-10 所示。

1. 单击提交按钮后，浏览器用户将包含上传文件的表单数据提交给 PHP 处理程序。

2. Web 服务器和 PHP 预处理器首先判断表单数据的大小是否超过 php.ini 配置文件中 post_max_size 选项设置的上限值。若超过，PHP 处理程序将无法得到任何表单数据，此时不仅文件上传失败，而且表单控件中填写的数据也会提交失败，也就是说：PHP 处理程序预定义变量 $_GET、$_POST 和$_FILES 将为空数组。若没有超过 php.ini 配置文件中 post_max_size 选项设置的上限值，文件上传将进入第 3 步检验。

3. 检验表单中的文件大小是否超过表单隐藏域 MAX_FILE_SIZE 设置的上限值。若超过，PHP 预处理器返回状态代码 2，文件上传失败。若没有超过表单隐藏域 MAX_FILE_SIZE 设置的上限值，文件上传则进入第 4 步的检验。

　　　　当表单存在多个文件上传框时，第 3 步中某个文件上传框导致的文件上传失败，不影响其他文件上传框的上传结果。

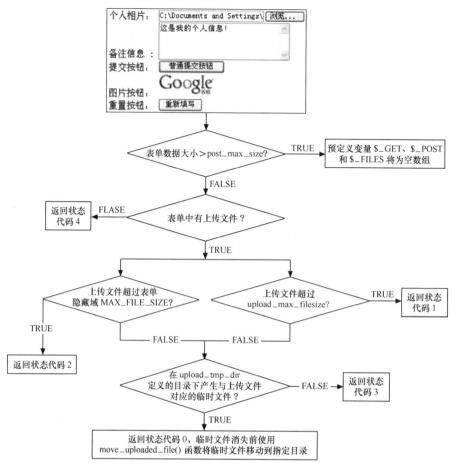

图 6-10　PHP 文件上传流程

4. 检验表单中的文件大小是否超过 php.ini 配置文件中 upload_max_filesize 选项设置的上限值。若超过，PHP 预处理器返回状态代码 1，文件上传失败。若没有超过 php.ini 配置文件中 upload_max_filesize 选项设置的上限值，文件上传则进入第 5 步的检验。

　　当表单存在多个文件上传框时，第 4 步中某个文件上传框导致的文件上传失败，不影响其他文件上传框的上传结果。

5. PHP 实现文件上传时需要在 php.ini 配置文件 upload_tmp_dir 选项定义的目录中创建一个与上传文件一一对应的临时文件（默认扩展名为 tmp），上传成功后，临时文件立即消失，此时 PHP 预处理器返回状态代码 0。但有时由于某些原因（如 max_execution_time 选项设置过小或网速慢等原因），上传部分文件后不再继续上传剩余文件，导致文件上传失败，此时 PHP 预处理器返回状态代码 3。若通过第 5 步检验，文件上传则进入关键一步。

6. 实现文件上传的关键一步在于在临时文件消失前，需将临时文件保存到 Web 服务器或文件服务器。PHP 提供的两个函数：is_uploaded_file()函数和 move_uploaded_file()函数，可以帮助完成第 6 个步骤。

我们先了解一下预定义变量$_FILES 数组，再讨论这两个函数的具体使用方法。

6.5.3　预定义变量$_FILES

当以 POST 方式提交的请求数据中包含上传文件时，服务器端 PHP 程序应当使用预定义变量 $_FILES "采集" 上传文件。使用预定义变量$_FILES 可以获取上传文件的相关信息，包括上传文件名、上传文件 MIME（Multipurpose Internet Mail Extensions）类型、上传文件大小等信息，$_FILES 是一个二维数组。例如，可以在程序 register.php 中使用如下方法得到 register.html 表单中 "个人相片" 上传文件的相关信息。

- $_FILES['myPicture']['name']：上传文件的文件名。
- $_FILES['myPicture']['type']：上传文件的 MIME 类型。
- $_FILES['myPicture']['size']：上传文件的大小，单位为字节。
- $_FILES['myPicture']['tmp_name']：与上传文件相对应的服务器端的临时文件名。
- $_FILES['myPicture']['error']：文件上传的状态代码。

说明如下。

1. $_FILES 数组中，"键" 名'myPicture'与文件上传框的名字 myPicture 对应。

2. MIME 类型定义了某种扩展名的文件用一种应用程序打开的方式类型，当该扩展名文件被访问的时候，浏览器会自动使用指定应用程序打开。例如，txt 文本文档的 MIME 类型为 text/plain，gif 图片的 MIME 类型为 image/gif。

3. $_FILES['myPicture']['error']的取值及对应的意义如下。

- 0：没有错误发生，文件上传成功。
- 1：上传文件的大小超过了 php.ini 中 upload_max_filesize 选项设置的上限值。
- 2：上传文件的大小超过了 FORM 表单中 MAX_FILE_SIZE 参数设置的上限值。
- 3：文件只有部分被上传。
- 4：表单没有选择上传文件。

6.5.4　PHP 文件上传的实现

PHP 提供了两个上传相关的函数：is_uploaded_file()和 move_uploaded_file()函数。

1. is_uploaded_file()函数

语法格式：bool is_uploaded_file (string fileName)

函数功能：is_uploaded_file()函数用于判断文件名为 fileName 的文件是否为上传过程中产生的临时文件。

例如，is_uploaded_file($_FILES['myPicture']['tmp_name'])的返回值为 TRUE。

2. move_uploaded_file()函数

语法格式：bool move_uploaded_file (string fileName, string destination)

函数功能：move_uploaded_file()函数用于将文件上传过程中文件名为 fileName 的临时文件移动到目标文件 destination，确保文件的成功上传。如果 fileName 不是合法的临时文件，不会出现任何操作，move_uploaded_file()函数将返回 FALSE。

　　　　如果目标文件 destination 已经存在，目标文件 destination 将会被覆盖。

为简单起见，这里仅用 move_uploaded_file()函数实现文件上传，步骤如下。

（1）在 register.php 文件所在的目录（如 C:\wamp\www\6\）下创建一个目录（如 uploads）用于存放所有上传文件。

（2）删除 register.php 程序中的 PHP 代码：echo "您的个人相片为："._$_POST['myPicture'];

（3）将 register.php 程序修改为如下代码（粗体字部分为代码的改动部分，其他代码不变）。

```php
<?php
//若提交的表单数据超过 post_max_size 的配置，表单数据提交失败，程序立即终止执行
if(empty($_POST)){
    exit("您提交的表单数据超过 post_max_size 的配置！<br/>");
}
echo "您填写的用户名为：".$_POST['userName'];
echo "<br/>";
echo "您注册的邮箱域名为：".$_POST['domain'];
echo "<br/>";
echo "您填写的登录密码为：".$_POST['password'];
echo "<br/>";
echo "您填写的确认密码为：".$_POST['confirmPassword'];
echo "<br/>";
echo "您填写的性别为：".$_POST['sex'];
echo "<br/>";
echo "您填写的个人爱好为：";
foreach($_POST['interests'] as $interest){
    echo $interest." ";
}
echo "<br/>";
$myPicture = $_FILES['myPicture'];
$error = $myPicture['error'];
switch ($error){
    case 0:
        $myPictureName = $myPicture['name'];
        echo "您的个人相片为：".$myPictureName. "<br/>";
        $myPictureTemp = $myPicture['tmp_name'];
        $destination = "uploads/".$myPictureName;
        move_uploaded_file($myPictureTemp,$destination);
        echo "文件上传成功！<br/>";
        break;
    case 1:
        echo "上传的文件超过了 php.ini 中 upload_max_filesize 选项限制的值！<br/>";
        break;
    case 2:
        echo "上传文件的大小超过了 FORM 表单 MAX_FILE_SIZE 选项指定的值！<br/>";
        break;
    case 3:
        echo "文件只有部分被上传！<br/>";
        break;
    case 4:
        echo "没有选择上传文件！<br/>";
        break;
}
echo "<br/>";
echo "上传文件大小不能超过："._$_POST['MAX_FILE_SIZE']."字节";
echo "<br/>";
echo "您填写的备注信息为："._$_POST['remark'];
echo "<br/>";
```

```
echo "您单击的提交按钮为: ";
echo isset($_POST['submit1'])?"普通提交按钮":"图像提交按钮";
?>
```

单击图 6-8 中的"浏览"按钮选择上传的文件，单击"普通提交按钮"后可将浏览器端文件上传至 Web 服务器"C:\wamp\www\6\uploads"目录中。至此完成了一个带有文件上传功能的"用户注册系统"。

6.6　Web 服务器端其他数据采集方法

PHP 还提供了其他预定义变量"采集"浏览器或者服务器主机的相关信息（如浏览器主机的 IP 地址、服务器主机的 IP 地址等信息）。

6.6.1　预定义变量$_REQUEST

使用预定义变量$_REQUEST 既可以采集 GET 方式提交的 URL 查询字符串中的参数信息，也可以采集 FORM 表单 POST 方式提交的参数信息。之前程序中所有使用$_GET 或$_POST 采集的参数信息都可以替换成使用$_REQUEST 采集。即$_REQUEST = array_merge ($_GET , $_POST)。

需要注意的是，使用 GET 和 POST 混合方式提交数据时，若一个参数名既存在于 GET 请求中又存在于 POST 请求中，使用$_REQUEST 采集该参数名对应的参数值时，将造成数据的丢失。例如 request.php 程序如下。

```
<form action="request.php?action=insert" method="post">
<input type="submit" name="action" value="添加">
</form>
<?php
if(isset($_GET['action'])){
    echo $_GET['action'];
    echo "<br/>";
}
if(isset($_POST['action'])){
    echo $_POST['action'];
    echo "<br/>";
}
if(isset($_REQUEST['action'])){
    echo $_REQUEST['action'];
    echo "<br/>";
}
?>
```

request.php 程序的运行结果如图 6-11 所示，单击"添加"按钮后，request.php 程序的运行结果如图 6-12 所示。程序 request.php 使用预定义变量$_REQUEST 采集名称为"action"的请求参数时，实际上只采集了到了 POST 提交的参数，忽略了 GET 提交的参数。

使用 GET 和 POST 混合方式提交数据时，预定义变量$_REQUEST 究竟是采集了 POST 提交的参数，还是 GET 提交的参数，与 php.ini 配置文件中的配置有直接关系。在 php.ini 文件中有这样的配置：request_order = "GP"，这里的"GP"用于设定预定义变量 GET 和 POST 的解析顺序。

如果把 request_order = "GP"修改为 request_order = "PG"，Web 服务器重启后，单击 request.php 页面的"添加"按钮，将产生另外的结果。请读者自己分析产生该结果的原因。

图 6-11　$_REQUEST 变量的使用

图 6-12　$_REQUEST 变量的使用

6.6.2　预定义变量$_SERVER

使用预定义变量$_SERVER 可以得到浏览器以及服务器主机的一些相关信息，举例如下。

- $_SERVER["REMOTE_ADDR"]：用于获取浏览器主机的 IP 地址。
- $_SERVER["SERVER_ADDR"]：用于获取 Web 服务器主机的 IP 地址。
- $_SERVER["SERVER_NAME"]：用于获取 Web 服务器主机名。
- $_SERVER["SERVER_PORT"]：用于获取 Web 服务器提供 HTTP 服务的端口号。
- $_SERVER["HTTP_HOST"]：用于获取服务器主机名。

 当 Web 服务器 HTTP 服务的端口号不是 80 端口时，$_SERVER["HTTP_HOST"]会输出端口号。因此在这种情况下，可以理解为：HTTP_HOST = SERVER_NAME：SERVER_PORT。在实际应用中，应尽量使用_SERVER["HTTP_HOST"]，它比较保险和可靠。

- $_SERVER["PHP_SELF"]：用于获取当前执行程序的相对路径（server-relative 路径）。
- $_SERVER['QUERY_STRING']：用于获取 URL 的查询字符串。
- $_SERVER['DOCUMENT_ROOT']：用于获取 Web 服务器主目录。
- $_SERVER["REQUEST_URI"]：用于获取请求 URI（除域名外的其余 URL 部分）。

例如，程序 server.php 如下。

```php
<?php
$clientIP = $_SERVER['REMOTE_ADDR'];
$serverIP = $_SERVER['SERVER_ADDR'];
$self = $_SERVER['PHP_SELF'];
$serverName = $_SERVER['SERVER_NAME'];
$serverPort = $_SERVER['SERVER_PORT'];
$httpHost = $_SERVER['HTTP_HOST'];
$queryString = $_SERVER['QUERY_STRING'];
$documentRoot = $_SERVER['DOCUMENT_ROOT'];
$requestURI = $_SERVER["REQUEST_URI"];
echo "浏览器 IP 地址: ".$clientIP."<br/>";
echo "Web 服务器 IP 地址: ".$serverIP."<br/>";
echo "当前程序相对路径: ".$self."<br/>";
echo "Web 服务器名: ".$serverName."<br/>";
echo "Web 服务器端口号: ".$serverPort."<br/>";
```

```
echo "Web 服务器名: ".$httpHost."<br/>";
echo "查询字符串: ".$queryString."<br/>";
echo "Web 服务器根目录: ".$documentRoot."<br/>";
echo "请求 URI: ".$requestURI."<br/>";
?>
```

在浏览器地址栏中输入"http://localhost/6/server.php?current_page=2"时，server.php 程序的运行结果如图 6-13 所示。

图 6-13　预定义变量$_SERVER

习　　　题

一、选择题

1. 详细阅读下面的 FORM 表单和 PHP 代码。当在表单里面的两个文本框分别输入"php"和"great"的时候，PHP 代码将在页面中打印什么？（　　　　）

```
<form action="index.php" method="post">
<input type="text" name="element[]">
<input type="text" name="element[]">
<input type="submit" value="提交">
</form>
```

index.php 代码如下。

```
<?php
if(isset($_GET['element'])){
    echo $_GET['element'];
}
?>
```

　　A. 什么都没有　　　B. Array　　　　C. 一个提示

　　D. phpgreat　　　　E. greatphp

2. index.php 脚本如何访问表单元素 email 的值？（多选）（　　　　）

```
<form action="index.php" method="post">
<input type="text" name="email"/>
<input type="submit" value="提交">
</form>
```

A.　$_GET['email']　　　　　　　B.　$_POST['email']

C.　$_SESSION['text']　　　　　　D.　$_REQUEST['email']

E.　$_POST['text']

3.　当把一个有两个同名元素的表单提交给 PHP 脚本时会发生什么？（　　　）

A.　它们组成一个数组，存储在全局变量数组中

B.　第二个元素的值加上第一个元素的值后，存储在全局变量数组中

C.　第二个元素将覆盖第一个元素

D.　第二个元素将自动被重命名

E.　PHP 输出一个警告

二、问答题

1.　FORM 表单中使用 GET 与 POST 提交方式有何区别？

2.　使用 PHP 实现 Web 上传文件的原理是什么？如何限制上传文件的大小？

3.　PHP 提供的 is_uploaded_file()和 move_uploaded_file()函数的作用分别是什么？

4.　完善"PHP 数据的采集"章节中的文件上传功能，使得上传的文件只接收某些类型（如 jpeg、gif）的文件。

5.　POST 和 GET 提交方式传输的数据最大容量分别是多少？

6.　编写显示客户端 IP 与服务器 IP 的 PHP 程序。

三、编程题

1.　编写支持换皮肤的 PHP 程序。

2.　编写支持多文件上传的 FORM 表单程序以及 PHP 程序。

第7章
自定义函数

本章首先介绍 PHP 文件间相互引用的 4 个 PHP 语言结构，然后重点介绍如何创建和调用用户自定义函数。通过本章的学习，读者可以创建具有文件上传功能的自定义函数，重构"用户注册系统"的代码，增强代码重用性。

7.1 PHP 文件间的引用

在讲解自定义函数之前，先介绍 4 个有关 PHP 文件间相互引用的 PHP 语言结构，包括 include、include_once、require 和 require_once 语言结构。通过使用文件间的相互引用功能，可以增强代码的重用性。

7.1.1 include 语言结构

include 语言结构的语法格式：mixed include(string resource)

include 语言结构的功能：include 语言结构将一个资源文件 resource 载入到当前 PHP 程序中。字符串参数 resource 是一个资源文件的文件名，该资源可以是本地 Web 服务器上的资源，如图片、HTML 页面、PHP 页面等，也可以是互联网上的资源。若找不到资源文件 resource，include 语言结构返回 FALSE；若找到资源文件 resource，且资源文件 resource 没有返回值时，返回整数 1，否则返回资源文件 resource 的返回值。

include 语言结构使用说明如下。

1. 使用 include 语言结构载入文件时，如果被载入的文件中包含 PHP 语句，这些 PHP 语句必须使用 PHP 开始和结束标记标识。

2. resource 资源是互联网上的某个资源时，需要将配置文件 php.ini 中的选项 allow_url_include 设置为 On（allow_url_include = On），否则不能引用该互联网资源。

下面两个程序 included.php 和 main.php 演示了 include 语言结构的用法，这两个程序位于同一个目录（如 C:\wamp\www\7）中，其中程序 main.php 为引用文件，程序 included.php 为被引用的文件，引用文件 main.php 的运行结果如图 7-1 所示。

程序 included.php

```php
<?php
$color = 'red';
$fruit = 'apple';
echo "这是被引用的文件输出! <br/>";
?>
```

程序 main.php

```php
<?php
echo "A $color $fruit<br/>";
include("included.php");
//也可以写成 include "included.php";
echo "A $color $fruit<br/>";
?>
```

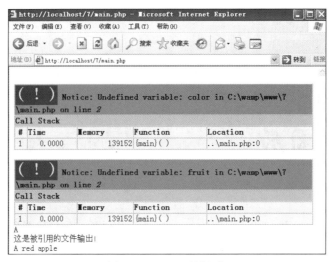

图 7-1　include 示例程序

7.1.2　require 与 include 语言结构的比较

require 语言结构的语法格式及功能与 include 基本相同，两者之间只存在着细微的区别。在错误处理方面，使用 include 语言结构，如果被引用文件发生错误或不能找到被引用文件，引用文件将提示 Warning 信息然后继续执行下面的语句；使用 require 语言结构，如果被引用文件发生错误或不能找到被引用文件，引用文件将提示 Warning 信息及 Fatal error 致命错误信息然后终止程序运行。下面的两个程序 main1.php 和 main2.php 演示了 include 与 require 语言结构的区别。

程序 main1.php

```php
<?php
echo "A $color $fruit<br/>";
include('notExist.php');
echo "A $color $fruit<br/>";
?>
```

程序 main2.php

```php
<?php
echo "A $color $fruit<br/>";
require('notExist.php');
echo "A $color $fruit<br/>";
?>
```

程序 main1.php 的运行结果如图 7-2 所示，程序 main2.php 的运行结果如图 7-3 所示。可以看出，程序 main1.php 并没有因为引用了一个不存在的文件而终止了程序的运行，程序 main2.php 因为引用了一个不存在的文件而终止了程序的运行。

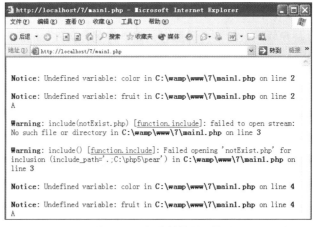

图 7-2　require 与 include 语言结构的比较（main1.php）

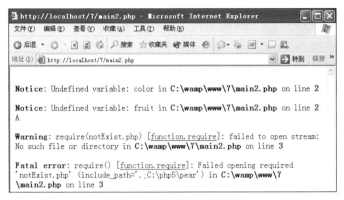

图 7-3　require 与 include 语言结构的比较（main2.php）

7.1.3　include_once 和 require_once 语言结构

随着程序规模的扩大，同一程序多次使用 include 或 require 语言结构时有发生，而多次引用同一个资源文件也变得不可避免，但这可能导致文件引用混乱问题。为了解决这类问题，PHP 提供了另外两个语言结构 include_once 和 require_once，确保同一个资源文件只引用一次。include_once 和 require_once 语言结构分别对应于 include 和 require 语言结构，使用 include_once 和 require_once 语言结构可以有效避免多次引用同一个 PHP 文件而引起函数或变量重复定义问题的发生。

include_once 语言结构的语法格式：mixed include_once (string resource)

include_once 语言结构的功能：include_once 语句将一个资源文件 resource 载入到当前 PHP 程序中。若找不到资源文件 resource，include_once 语句返回 FALSE。若找到资源文件 resource，且该资源文件第一次载入，include_once 语句返回整数 1；若找到资源文件 resource，且该资源文件已经载入，include_once 语句返回 TRUE。

下面的两个程序 mainOnce.php 和 mainTwice.php 演示了 include_once 语言结构和 include 语言结构的区别。mainOnce.php 和 mainTwice.php 唯一的不同在于 mainOnce.php 使用了 include_once，而 mainTwice.php 使用了 include。读者可以通过比较两个程序的运行结果，找到它们之间的区别。

程序 mainOnce.php 代码如下，该程序的运行结果如图 7-4 所示。

```php
<?php
$first = include_once('included.php');
$color = 'green';
$second = include_once('included.php');
var_dump($color);
echo "<br/>";
var_dump($first);
echo "<br/>";
var_dump($second);
?>
```

程序 mainTwice.php 代码如下，该程序的运行结果如图 7-5 所示。

```php
<?php
$first = include('included.php');
$color = 'green';
$second = include('included.php');
var_dump($color);
echo "<br/>";
```

```
var_dump($first);
echo "<br/>";
var_dump($second);
?>
```

图 7-4　include_once 与 include 语句的
比较（mainOnce.php）

图 7-5　include_once 与 include 语句的
比较（mainTwice.php）

7.2　函 数 概 述

使用函数可以节省系统的开发时间，减少系统代码的错误，增强代码的重用性，便于系统的维护。

7.2.1　函数的概念

程序设计中，可以将经常使用的代码段独立出来，形成单独的子程序，这些子程序就是函数。函数只需要定义一次，之后便可以重复使用，故可以增强代码的重用性。一般而言，函数的功能较为单一，因此函数的编写和维护比较容易。

7.2.2　函数的分类

PHP 函数种类与变量种类的划分方法相似，PHP 中有 3 种类型的函数：内置函数、自定义函数和变量函数。

内置函数类似于预定义变量，是 PHP 已预定义好的函数，这些函数在编程时无需定义，可以直接使用。例如前面的章节中接触过的 md5()、date()、is_numeric()、print_r()、settype()函数都是 PHP 的内置函数。

自定义函数类似于自定义变量，是由程序员根据特定需要编写出来的代码段。和内置函数不同，自定义函数只有在定义并且声明之后才可以使用。

变量函数类似于可变变量，变量函数的函数名为一个变量。

3 种类型的函数都有一个共同特点：调用函数时，函数名大小写不敏感，例如调用 md5()函数和调用 MD5()函数实质上是调用同一个函数。

7.3　自定义函数

如果说一个 Web 系统是一个加工工厂，那么一个函数可以比作是一个"加工作坊"，这个"加工作坊"接收上一个"作坊"传递过来的"原料"（其实是参数），并对这些"原料"进行加工处理产生"产品"，再把"产品"传递给下一个"作坊"。典型地，函数有一个或多个参数，函数定义了一系列的操作对这些参数进行处理，然后将处理结果返回。对于自定义函数而言，其使用过程为：程序员定义函数的参数、函数体（一系列的操作）及返回值，声明函数后对函数进行调用。

7.3.1 自定义函数的定义

在 PHP 中，定义自定义函数的语法格式为：

```
function functionName($param1, $param2, $param3,…$paramn=defaultValue){
    函数体
    return 返回值;
}
```

自定义函数的语法格式说明如下。

1. function：定义自定义函数的关键字，关键字 function 大小写不敏感。

2. functionName：自定义函数的函数名。函数名由程序员指定，在函数被调用时使用。

3. $param：定义函数的参数，函数通过参数接收"外部"数据，从而实现对外部数据的处理。一个函数可以没有参数，也可以存在多个参数，参数之间用逗号隔开。

4. defaultValue：函数参数的默认值。必要时可以为函数中的个别参数指定默认值 defaultValue，默认值通常是一个常数表达式。调用函数时，如果不给带有默认值的参数传递值，此时默认值自动赋予该参数。

自定义函数中默认值参数尽量放在参数列表的末尾，这样做的好处是默认值参数可以作为可选参数，即在函数被调用时，不必为默认值参数提供数值。

5. 函数体：函数的功能实现。函数体是在函数被调用时执行的语句块。

6. return：如果函数有执行结果，使用 return 语言结构返回函数的执行结果，该执行结果可以是任意类型的数据。调用函数时，当程序运行到 return 语句时，立即结束此函数的执行，将执行结果作为函数的值返回给调用者，并将控制权转交给调用者。

为了便于管理自定义函数，通常将自定义函数放置到一个"专门"存放自定义函数的目录（如 functions 目录）下，且该目录中存放的 PHP 文件名通常是自定义函数名。

下面的 3 个程序定义了 3 个函数：makeNine()函数、makeNineWithParams()函数和 maxValue()函数。

（1）在目录"C:\wamp\www\7\"下创建"functions"目录，在该目录下创建程序 makeNine.php，该程序定义了一个无参函数 makeNine()，其功能是制作九九乘法表。

```
<?php
function makeNine(){
    echo "<table border='1'>";
    for ($c=1;$c<=9;$c++){
        echo "<tr>";
        for ($d=$c;$d<=9;$d++){
            echo "<td align='right'>";
            echo $c."×".$d."=".$c*$d."   ";
```

```
            echo "</td>";
        }
        echo "</tr>";
        echo "<tr/><tr/>";
    }
    echo "</table>";
}
?>
```

（2）在"functions"目录下创建程序 makeNineWithParams.php，该程序定义了一个有参函数 makeNineWithParams()，该函数的功能是制作九九乘法或加法表，并可以指定表格的边框宽度，边框宽度没有指定时，默认宽度为 1。

```php
<?php
function makeNineWithParams($method, $border=1){
    echo "<table border='$border'>";
    for ($c=1;$c<=9;$c++){
        echo "<tr>";
        for ($d=$c;$d<=9;$d++){
            echo "<td align='right'>";
            if($method==="+"){
                echo $c."+".$d."=".($c+$d)."   ";
            }else if($method==="*"){
                echo $c."×".$d."=".($c*$d)."   ";
            }
            echo "</td>";
        }
        echo "</tr>";
        echo "<tr/><tr/>";
    }
    echo "</table>";
}
?>
```

makeNineWithParams()函数的参数$border 有默认值，且放在参数列表的末尾，因此$border 为可选参数。

（3）在"functions"目录下创建程序 maxValue.php，该程序定义了一个有返回值的函数 maxValue()，该函数的功能是计算两个数的最大值。

```php
<?php
function maxValue($a=0,$b=0){
    $c = $a>$b?$a:$b;
    return $c;
}
?>
```

程序 maxValue.php 定义的 maxValue ()函数的参数$a 和$b 都是可选参数。

如果将 maxValue()函数名修改为 max()，程序将产生错误。这是由于 max()是 PHP 的内置函数，自定义函数名不能和内置函数名相同。

7.3.2　自定义函数的声明和调用

调用自定义函数时需要注意，应该先声明自定义函数，然后才可以在调用处使用如下方式调用自定义函数：

functionName (param1Value, param2Value,param3Value,⋯param*n*Value)

说明如下。

1. functionName：调用自定义函数的函数名，函数名大小写不敏感。

2. paramValue：传递给函数的参数值。注意参数值的顺序和自定义函数参数的顺序需保持一致。

当函数的定义和函数的调用位于不同的 PHP 文件时，需要使用 include（或 include_once）或 require（或 require_once）语言结构引用函数定义所在的 PHP 文件，这个过程称为**函数的声明**。当函数的定义和函数的调用位于同一个 PHP 文件时，此时无需函数的声明即可直接调用自定义函数。在目录"C:\wamp\www\7\"下创建 call.php 文件，并写入如下代码，call.php 程序实现了对函数 makeNine()、maxValue() 和 makeNineWithParams() 的调用，程序 call.php 中使用"include_once("相对路径");"语句引用了函数定义所在的程序文件。

```php
<?php
//函数的声明
include_once("functions/makeNine.php");
include_once("functions/makeNineWithParams.php");
include_once("functions/maxValue.php");
//函数的调用
makeNine();
echo "<hr/>";
makeNineWithParams('+');
echo "<hr/>";
makeNineWithParams('*',2);
echo "<hr/>";
echo maxValue();
echo "<hr/>";
echo maxValue(200,100);
?>
```

7.3.3　自定义函数的参数赋值

和变量赋值方法相同，自定义函数的参数赋值有两种方法：传值赋值和传地址赋值。

1. 传值赋值

默认情况下，自定义函数的参数是按传值赋值的方式为函数参数赋值，即将一个值的"拷贝"赋值给函数的参数（如程序 byValue.php）。

程序 byValue.php 代码如下，该程序的运行结果如图 7-6 所示。

```php
<?php
function addAge($value){
    $value = $value + 1;
    echo $value;
}
$age = 18;
addAge($age);//输出：19
```

```
echo "<br/>";
echo $age;//输出: 18
?>
```

图 7-6　自定义函数的参数传值赋值

程序 byValue.php 运行过程中的内存分配图如图 7-7 所示。

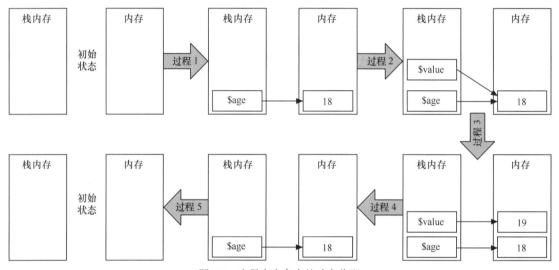

图 7-7　变量在内存中的动态分配

程序 byValue.php 运行过程说明如下。

1. 函数只有被调用时，才占用 Web 服务器的 CPU 资源和内存资源，否则函数仅仅是保存到外存空间（即硬盘）的一个 PHP 文件。

2. 程序执行到语句"$age = 18;"，PHP 预处理器为程序分配了第一个内存空间，这个过程称为过程 1。

3. 程序执行到语句"addAge($age);"，此时自定义函数 addAge()被调用，PHP 预处理器为函数的参数$value 分配了内存空间，这个过程称为过程 2。由于 PHP 采用的是"写时拷贝"的原理，并没有为参数值分配新的内存空间。

4. 当$value 的值发生变化时，PHP 预处理器为$value 的值分配新的内存空间，这个过程称为过程 3。

5. 函数体执行完毕后，意味着函数调用的结束。PHP 预处理器回收函数调用期间分配的所有内存，这个过程为过程 4。

6. 所有程序执行完毕，内存又恢复到初始状态，这个过程为过程 5。

从图 7-7 可以看出，使用传值赋值时，函数参数$value 在内存中的生存周期是从函数 addAge()被调用到函数 addAge()运行完毕结束调用的这段时间，$value 的作用域为函数内有效。读者可以自己分析下面的程序 byValue2.php 的内存分配图，推断 byValue2.php 程序的运行结果。

```php
<?php
function addAge($age){
    $age = $age + 1;
    echo $age;
}
$age = 18;
addAge($age);
echo "<br/>";
echo $age;
?>
```

 说明　　　由于生存周期和作用域的不同，程序 byValue2.php 中函数的参数$age 和程序中的变量$age 是两个不同的变量。

2. 传地址赋值

自定义函数的参数也可使用传地址赋值，即将一个变量的"引用"传递给函数的参数。和变量传地址赋值的方式一样，在函数的参数名前追加一个"&"符实现传地址赋值（例如程序 byReference.php）。

程序 byReference.php 代码如下，该程序运行结果如图 7-8 所示。

图 7-8　自定义函数的参数传地址赋值

```php
<?php
function addAge(&$value){
    $value = $value + 1;
    echo $value;
}
$age = 18;
addAge($age);//输出: 19
echo "<br/>";
echo $age;//输出: 19
?>
```

程序 byReference.php 运行过程中的内存分配图如图 7-9 所示。

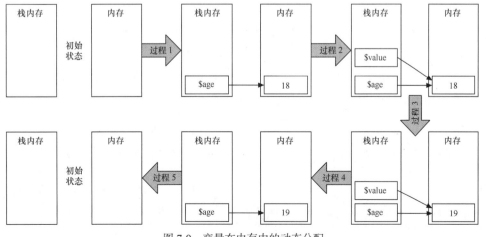

图 7-9　变量在内存中的动态分配

程序 byReference.php 运行过程部分说明如下。

1. 程序执行到语句"addAge(&$age);"时，此时自定义函数 addAge()被调用，PHP 预处理器为函数的参数$value 分配了内存空间，这个过程称为过程 2。由于这里是传地址赋值，函数参数$value 和程序 byReference.php 的变量$age 指向同一个变量值 18。

2. 程序执行到函数体内的语句"$value = $value + 1;"时，$value 的值变为 19，此时变量$age 的值也跟着发生了变化，这个过程称为过程 3。

3. 函数体执行完毕后，意味着函数的调用结束。PHP 预处理器回收函数调用期间分配的所有内存，这个过程为过程 4。

4. 所有程序执行完毕，内存又恢复到初始状态，这个过程为过程 5。

从图 7-9 可以看出，使用传地址赋值时，函数参数$value 在内存中的生存周期是从函数 addAge()被调用到函数 addAge()运行完毕结束调用的这段时间，$value 的作用域为函数内有效。读者可以自己分析下面的程序 byReference2.php 的内存分配图，推断 byReference2.php 程序的运行结果。

```php
<?php
function addAge(&$age){
    $age = $age + 1;
    echo $age;
}
$age = 18;
addAge($age);
echo "<br/>";
echo $age;
?>
```

由于生存周期和作用域的不同，程序 byReference2.php 中函数的参数$age 和程序中的变量$age 是两个不同的变量。

通过对比程序 byValue.php 和程序 byReference.php 的运行结果可以得知，函数调用时，若使用传值赋值方式为函数参数赋值，函数无法修改函数体外的变量值；若使用传地址赋值方式为函数参数赋值，函数可以修改函数体外的变量值。但不管使用传值赋值还是传地址赋值，函数参数（或函数体内变量）的生存周期是函数本次运行期间，函数参数（或函数体内变量）的作用域为函数体内有效。若要延长函数体内变量的生存周期，需使用关键字 static；若要扩大函数体内变量的作用域，需使用关键字 global。

使用传地址赋值方式时，传递给函数的值不能是常量，否则程序将产生 Fatal error 错误终止程序的运行（例如程序 byConstant.php）。

程序 byConstant.php 代码如下，该程序的运行结果如图 7-10 所示。

```php
<?php
function addAge(&$age){
    $age = $age + 1;
    echo $age;
}
$age = 18;
addAge(20);//给出 Fatal error 错误信息
?>
```

图 7-10　自定义函数的参数传地址赋值

细心的读者可能会有一个疑问：调用函数过程中，在使用传值赋值的方式为函数参数赋值时，能不能将一个变量的引用（如&$age）传递给函数？例如，程序 byValue3.php 如下，该程序的运行结果如图 7-11 所示。

```php
<?php
function addAge($value){
    $value = $value + 1;
    echo $value;
}
$age = 18;
addAge(&$age);          //输出：19
echo "<br/>";
echo $age;              //输出：19
?>
```

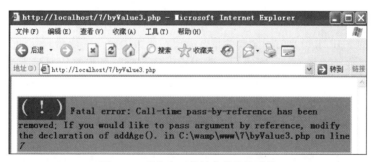

图 7-11　自定义函数的参数传值赋值

从图 7-11 中可以看出，给函数传递一个"地址引用"参数时，PHP 鼓励：定义 PHP 函数的同时，直接定义一个"地址引用"参数作为函数的参数。PHP 并不鼓励直接给函数传递一个"地址引用"参数值。当然这仅仅是一种建议，通过修改 php.ini 配置文件的选项 allow_call_time_pass_reference（默认值为 Off）决定是否开启函数调用时强制参数按照引用传递。

7.3.4　变量的作用域和 global 关键字

变量的作用域决定了 PHP 程序在何地能访问到该变量，根据变量的作用域可将变量分为全局变量和局部变量。变量的作用域取决于变量在 PHP 程序中的位置。

1. 在函数内定义的变量（包括函数的参数）为局部变量，局部变量在调用函数结束后被自动回收。

2. 在函数外定义的变量为全局变量，声明后的全局变量可以被 PHP 程序中所有语句访问（函数内的 PHP 语句除外），当程序执行到程序末尾的时候，全局变量才被自动回收。全局变量也可应用于 include 语句和 require 语句所引用的 PHP 程序文件。

图 7-12　局部变量和全局示例程序运行结果

例如，程序 byValue2.php 的运行结果如图 7-12 所示，程序运行过程中的内存动态分配图如图 7-13 所示。

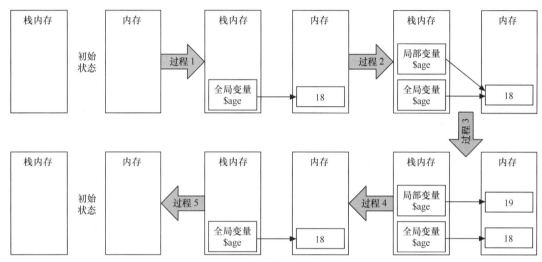

图 7-13　变量在内存中的动态分配

如果函数中的 PHP 语句要访问全局变量，需要在函数内定义的变量名前加关键字 global，此时函数内局部变量变为全局变量。例如，程序 global.php 如下，该程序的内存动态分配图如图 7-14 所示。

```php
<?php
function addAge($age){
    global $age;
    $age = $age + 1;
    echo $age;
}
$age = 18;
addAge($age);          //输出: 19
echo "<br/>";
echo $age;             //输出: 19
?>
```

程序 global.php 运行过程部分说明如下。

1. 程序执行到语句"addAge($age);"时，此时自定义函数 addAge()被调用，PHP 预处理器为程序 global.php 创建一个局部变量$age，该过程为过程 2。

2. 程序执行到语句"global $age;"时，将局部变量$age 声明为全局变量，此后函数内的变量$age 和函数外的变量$age 为同一个变量，该过程为过程 3。

3. 当程序执行到语句"$age = $age + 1;"时，将全局变量$age 的值修改为 19，该过程为过程 4。

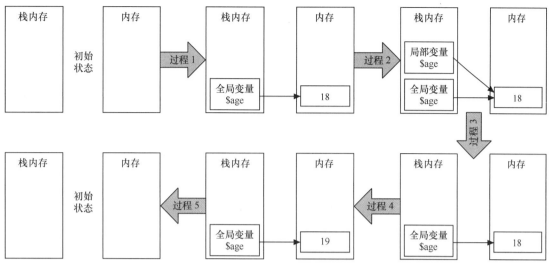

图 7-14　全局变量和局部变量在内存中的动态分配

global 关键字用法的注意事项如下。

- 不能使用 global 定义函数的参数。

- 在函数内使用 global 定义全局变量的同时，不能使用赋值语句给该变量赋值。

- global 可以一次性地定义多个全局变量，如 "global \$a,\$b;"。

- 在函数内使用 global 语句定义全局变量时，若程序中已经存在该全局变量，则直接"拿来"使用，否则将创建该全局变量。

- 经 global 定义的全局变量，PHP 会将该变量的定义放到\$_GLOBALS 数组中，数组的键为该全局变量的变量名，数组的值为该全局变量的变量值。

　　　常量作用域最为宽泛，常量一经定义，从常量定义处开始到程序运行结束期间一直有效。

7.3.5　变量的生存周期和 static 关键字

函数体内定义的变量生存周期是短暂的：每一次函数调用的开始到这一次函数调用的结束。有时希望函数体内的变量能够从这次调用一直存活到下次调用，此时需要在该变量前加上 static 关键字。static 关键字一般在函数定义中使用，用于修饰局部变量。例如，程序 static.php 如下，该程序运行过程中的内存分配图如图 7-15 所示。

```php
<?php
function plus(){
    static $sum = 0;
    $sum++;
    echo $sum;
    echo "<br/>";
}
plus();        //输出: 1
plus();        //输出: 2
?>
```

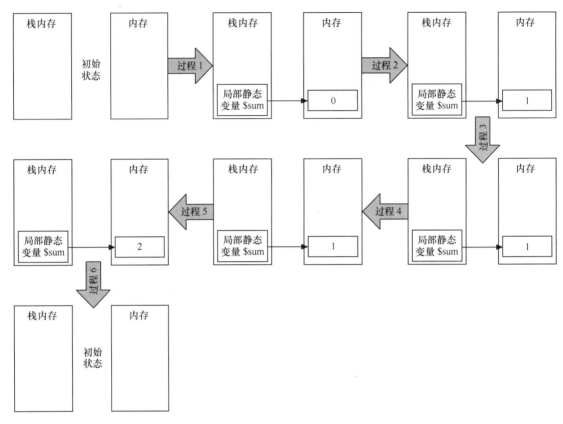

图 7-15　静态变量在内存中的动态分配

程序 static.php 运行过程说明如下。

1. 程序第一次执行到语句"plus();"，开始调用 plus() 函数，然后执行函数体内的第一条语句"static $sum = 0;"。此时内存创建了一个 $sum 的静态变量，该过程为过程 1。

2. 程序执行到语句"$sum++;"时，该静态变量的值加 1，该过程为过程 2。

3. 函数第一次调用结束后，由于 $sum 变量为静态变量，因此该变量将一直存在于内存中，该过程为过程 3。

4. 第二次执行语句"plus();"，再次调用 plus() 函数时，由于内存中已经存在静态变量 $sum，程序将跳过语句"static $sum = 0;"，此时静态变量 $sum 能够保持前一次的值，不再进行初始化，该过程为过程 4。

5. 程序执行到语句"$sum++;"时，该静态变量的值加 1，该过程为过程 5。

6. 所有代码执行结束后，内存中的所有变量被回收，该过程为过程 6。

static 关键字用法的注意事项如下。

- static 主要用于修饰函数体内的变量，不能使用 static 定义函数的参数。
- 静态变量只在 PHP 程序的当前执行中有效，如果刷新了页面，一切又将从头开始。
- 经 static 修饰的变量一般要进行初始化。
- static 可以一次性地定义多个全局变量，如"static $a,$b;"。

例如，如下程序 trColor.php 使用静态变量制作一个表格，表格中的每一行颜色交替以示醒目。

```php
<?php
function trColor() {
    static $color;
    if($color=="#FE2E9A"){
        $color = "#E6E6E6";
    }else{
        $color = "#FE2E9A";
    }
    return($color);
}
?>
<table border=1>
<?php
for ($i=0;$i<10;$i++){
    $color = trColor();
    echo "<tr bgcolor='$color'><td>第".$i."行</td></tr>";
}
?>
</table>
```

程序 trColor.php 的运行结果如图 7-16 所示。

借助静态变量可以实现递归函数。递归函数是一种调用自身的函数，为了防止递归函数无休止地"调用"自身，必须为递归函数提供一个函数出口，这个出口可以使用静态变量实现。例如，程序 recursion.php 如下。

```php
<?php
function recursion() {
    static $count = 0;
    $count++;
    echo $count."  ";
    if ($count < 3) {
        recursion();
    }
    echo $count."  ";
    $count--;
}
recursion();
?>
```

程序 recursion.php 的运行结果如图 7-17 所示。

图 7-16 静态变量的应用   图 7-17 静态变量的应用

程序 recursion.php 的执行过程如图 7-18 所示。

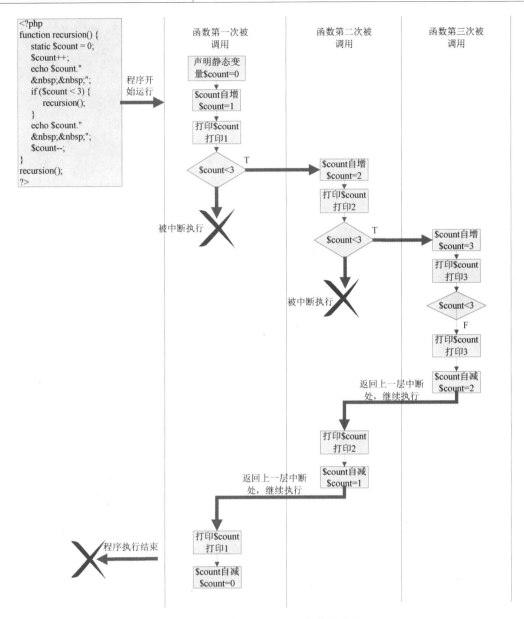

图 7-18   程序 recursion.php 的执行过程

7.3.6   变量函数

变量函数类似于可变变量，变量函数的函数名为变量。使用变量函数可以实现通过改变变量的值的方法调用不同的函数。变量函数的调用方法如下：

```
$varName(param1Value, param2Value,param3Value,…paramnValue)
```

例如，可以将程序 call.php 的代码修改为如下代码。

```php
<?php
//函数的声明
include_once("functions/makeNine.php");
include_once("functions/makeNineWithParams.php");
```

```
include_once("functions/maxValue.php");
//函数的调用
$functionName = "makeNine";
$functionName();
echo "<hr/>";
$functionName = "makeNineWithParams";
$functionName('+');
echo "<hr/>";
$functionName('*',2);
echo "<hr/>";
$functionName = "maxValue";
echo $functionName();
echo "<hr/>";
echo $functionName(200,100);
?>
```

7.4　自定义函数综合示例

文件上传、下载和数据库连接等功能是目前 Web 应用系统的常用功能，可以将这些常用的功能封装成函数，方便代码的移植、重用和维护。这里先制作一个实现文件上传功能的 upload()函数。在"C:\wamp\www\7\functions"目录下创建 fileSystem.php 文件，并在该文件中输入下面的代码。

```php
<?php
function upload($file,$filePath){
    $error = $file['error'];
    switch ($error){
        case 0:
            $fileName = $file['name'];
            $fileTemp = $file['tmp_name'];
            $destination = $filePath."/".$fileName;
            move_uploaded_file($fileTemp,$destination);
            return "文件上传成功! ";
        case 1:
            return "上传附件超过了 php.ini 中 upload_max_filesize 选项限制的值! ";
        case 2:
            return "上传附件的大小超过了 form 表单 MAX_FILE_SIZE 选项指定的值! ";
        case 3:
            return "附件只有部分被上传! ";
        case 4:
            return "没有选择上传附件! ";
    }
}
?>
```

程序中定义了 upload()函数，该函数的语法格式为：string upload(array $file,string $filePath)。

upload()函数功能：将 FORM 表单中选择的上传文件$file 上传到目录$filePath 下。

upload()函数说明：在使用 upload()函数前，须手工创建目录$filePath。

需要实现文件上传功能时，只需要声明 upload()函数、调用 upload()函数即可。例如，通过下列步骤，可以通过 upload() 函数重构"PHP 的数据采集"章节中 register.php 的代码。

1. 将"PHP 的数据采集"章节中的 register.html 程序和 register.php 程序复制到目录"C:\wamp\www\7"下，并在目录"C:\wamp\www\7"下创建"uploads"目录存放所有上传文件。

2. 删除 register.php 程序中有关文件上传功能的 PHP 代码，然后将 register.php 程序修改为如下代码（粗体字部分为代码的改动部分，其他代码不变）。

```php
<?php
include_once("functions/fileSystem.php");
//若提交的表单数据超过 post_max_size 的配置, 表单数据提交失败, 程序立即终止执行
if(empty($_POST)){
    exit("您提交的表单数据超过 post_max_size 的配置! <br/>");
}
echo "您填写的用户名为: ".$_POST['userName'];
echo "<br/>";
echo "您注册的邮箱域名为: ".$_POST['domain'];
echo "<br/>";
echo "您填写的登录密码为: ".$_POST['password'];
echo "<br/>";
echo "您填写的确认密码为: ".$_POST['confirmPassword'];
echo "<br/>";
echo "您填写的性别为: ".$_POST['sex'];
echo "<br/>";
echo "您填写的个人爱好为: ";
foreach($_POST['interests'] as $interest){
    echo $interest." ";
}
echo "<br/>";
$message = upload($_FILES['myPicture'],"uploads");
echo $message;
echo "<br/>";
echo "上传相片的文件大小不能超过: ".$_POST['MAX_FILE_SIZE']."字节";
echo "<br/>";
echo "您填写的备注信息为: ".$_POST['remark'];
echo "<br/>";
echo "您单击的提交按钮为: ";
echo isset($_POST['submit1'])?"普通提交按钮":"图像提交按钮";
?>
```

可以看到使用 upload() 函数后，程序 register.php 代码明显简化，并方便了代码的移植、重用和维护。upload() 函数只能实现单一文件的上传功能，感兴趣的读者可以完成多文件上传功能的函数。

7.5 return 语言结构

除了 exit 和 die 语言结构可以用作程序的流程控制语句外，return 语言结构也可以实现流程控制功能。return 语言结构首先结束当前 PHP 程序的运行，然后将当前 PHP 程序的运行结果返回给

引用程序，程序的执行流程跳转到引用程序。如果没有引用程序，return 语言结构直接结束当前 PHP 程序的运行。

例如，程序 return.php 代码如下，该程序的运行结果如图 7-19 所示。

```php
<?php
echo "Hello!<br/>";
return("这是 return 语句! <br/>");
echo "return 后的语句不执行! <br/>";
?>
```

程序 return.php 中的语句 "return("这是 return 语句！
")" 也可以写成 "return "这是 return 语句！
""。

使用 return 控制程序的流程时，通常 return 在被引用的 PHP 程序中使用，程序执行到 return 语句后，将运算结果返回给引用程序，并将控制转交给引用程序。被引用的 PHP 程序中，return 后的 PHP 语句将不再执行。

图 7-19　return 示例程序

return 与 exit 都可以终止程序的运行，return 和 exit 之间的区别在于：exit 会结束所有 PHP 程序（包括引用者 PHP 程序）的运行，而 return 只会结束被引用 PHP 程序的运行，不会结束引用者 PHP 程序的运行，并且被引用 PHP 程序中的 return 语句可以向引用 PHP 程序返回一个数据。下面的 4 个 PHP 程序演示了 return 和 exit 之间的区别。

程序 return.php 的代码如下。

```php
<?php
echo "Hello!<br/>";
return("这是 return 语句! <br/>");
echo "return 后的语句不执行! <br/>";
?>
```

程序 exit.php 的代码如下。

```php
<?php
echo "World!<br/>";
exit("这是 exit 语句! <br/>");
echo "exit 后的语句不执行! <br/>";
?>
```

程序 returnAndExit.php 的代码如下，该程序运行结果如图 7-20 所示。

```php
<?php
echo "引用者程序!<br/>";
echo include("return.php");
?>
<hr/ >
<?php
echo "引用者程序!<br/>";
include("exit.php");
?>
```

程序 exitAndReturn.php 的代码如下，该程序运行结果如图 7-21 所示。

```php
<?php
echo "引用者程序!<br/>";
include("exit.php");
?>
<hr/ >
<?php
echo "引用者程序!<br/>";
echo include("return.php");
?>
```

图 7-20　return 与 exit 的区别　　　　　　　　　图 7-21　return 与 exit 的区别

（returnAndExit.php）　　　　　　　　　　　　（exitAndReturn.php）

习　题

一、选择题

1. 下面的 PHP 程序运行结果是什么？（　　　）

```php
<?php
function print_A(){
    $A = " I love PHP.";
    echo "A值为: ".$A;
    return $A;
}
$B = print_A();
echo "B值为: ".$B;
?>
```

    A. A 值为: I love PHP. B 值为: I love PHP.

    B. A 值为: B 值为: I love PHP.

    C. A 值为: B 值为:

    D. A 值为: I love PHP. B 值为:

2. 下面的 PHP 程序运行结果是什么？（　　　）

```php
<?php
function sort_my_array(&$array){
    return sort($array);
}
$a1 = array(3, 2, 1);
var_dump(sort_my_array($a1));
?>
```

    A. NULL　　　　　　B. array(3) { [0]=> int(1) [1]=> int(2) [2]=> int(2) }

    C. 一个引用错误　　D. array(3) { [2]=> int(1) [1]=> int(2) [0]=> int(3) }

    E. bool(true)

3. 下面的 PHP 程序运行结果是什么？（　　　）

```php
<?php
$A="Hello";
function print_A(){
```

```
    $A = "php mysql!!";
    global $A;
    echo $A;
}
echo $A;
print_A();
?>
```

  A．Hello　　　　　　B．php mysql !!　　C．Hello Hello　　　D．Hello php mysql !!

4．为下面的代码片段选择一个合适的函数声明（函数使用 2000 作为默认年份）。（　　　）

```
<?php
/* 函数声明处 */
{   $is_leap = (!($year %4) && (( $year % 100) ||!($year % 400)));
    return $is_leap;
}
var_dump(is_leap(1987)); /* Displays false */
var_dump(is_leap()); /* Displays true */
?>
```

  A．function is_leap($year = 2000)　　　　B．is_leap($year default 2000)

  C．function is_leap($year default 2000)　　D．function is_leap($year)

  E．function is_leap(2000 = $year)

5．程序 testscript.php 如下。打开浏览器，并在地址栏中输入"http://localhost/testscript.php?c=25"，运行 testscript.php 程序，运行结果为（　　　）。

```
<?php
function process($c, $d = 25){
    global $e;
    $retval = $c + $d - $_GET['c'] - $e;
    return $retval;
}
$e = 10;
echo process(5);
?>
```

  A．25　　　　　　　B．−5　　　　　　C．10　　　　　　　D．5　　　　E．0

6．运行时（run-time）包含一个 PHP 脚本程序使用_____，而编译时（compile-time）包含一个 PHP 脚本程序使用_____。（　　　）

  A．include_once, include　　　　　　B．require, include

  C．require_once, include　　　　　　D．include, require

  E．以上皆可

7．调用函数时，什么情况下不能给函数的参数赋常量？（　　　）

  A．当参数是布尔值时　　　　　　B．当函数是类中的成员时

  C．当参数是通过引用传递时　　　D．当函数只有一个参数时

  E．永远不会

8．一段脚本如何才算彻底终止？（　　　）

  A．当调用 exit()时　　　　　　　B．当执行到文件结尾时

  C．当 PHP 崩溃时　　　　　　　D．当 Apache 由于系统故障而终止时

二、程序阅读题

1. 写出下面程序的输出结果。

```php
<?php
$count = 5;
function get_count(){
    static $count = 0;
    return $count++;
}
echo $count;
++$count;
echo get_count();
echo get_count();
?>
```

2. 写出下面程序的输出结果。

```php
<?php
$GLOBALS['var1'] = 5;
$var2 = 1;
function get_value(){
    global $var2;
    $var1 = 0;
    $var2++;
    return $var2;
}
get_value();
echo $GLOBALS['var1'];
echo $var1;
echo $var2;
?>
```

3. 写出下面程序的输出结果。

```php
<?php
function get_arr($arr){
unset($arr[0]);
}
$arr1 = array(1, 2);
$arr2 = array(1, 2);
get_arr(&$arr1);
get_arr($arr2);
echo count($arr1);
echo count($arr2);
?>
```

三、问答题

1. 函数的参数赋值方式有传值赋值和传地址赋值，请说明这两种赋值方式的区别，并讨论何时使用传值赋值，何时使用传地址赋值。

2. 默认情况下，除非在 php.ini 配置文件中进行怎样的配置才能使传递给函数的参数是变量的引用？

四、编程题

1. 用最少的代码写一个求 3 个整数中最大值的函数。

2. 创建自定义函数实现多文件上传。

3. 有一个一维数组，里面存储整型数据，请写一个函数，将一维数组按从小到大的顺序排列。

4. 请写一个函数，实现以下功能：将字符串"open_door"转换成"OpenDoor"，"make_by_id"转换成"MakeById"。

5. 创建自定义函数判断某字符串是否是合法 IP 地址。

第 8 章 MySQL 数据库

本章将抛开 PHP 讲解 MySQL 数据库相关知识，并以“学生管理系统”为例，讲解该系统的数据库开发流程。通过本章的学习，读者可以具备简单数据库系统设计与开发的能力。

8.1 数据库概述

前面已经实现了一个带有文件上传功能的用户注册系统，但该系统还存在重大功能缺陷：无法将用户填写的个人信息永久保存。为了实现该重要的功能，需引入数据库技术。

8.1.1 数据库

简单地说，数据库（Database，DB）是存储、管理数据的容器；严格地说，数据库是“按照某种数据结构对数据进行组织、存储和管理的容器”。无论哪一种说法，数据永远位于数据库的核心。PHP 入门章节曾经提到：数据库用户通过“数据库管理系统”可以轻松地实现数据库中各种数据的访问（增、删、改、查等操作），并可以轻松地完成数据库的维护工作（备份、恢复、修复等操作）。因此，对于数据库用户而言，“数据库管理系统”是数据库用户维护数据库的接口。

目前主流的数据库管理系统仍然是关系数据库管理系统，关系数据库管理系统是按照“关系”来组织、存储和管理信息的容器，所谓“关系”，实质上是一个二维表。以新闻发布系统为例，管理员可以将新闻信息（新闻标题、新闻内容、发布时间等）存放在数据库中的新闻表（二维表）中；浏览器用户从新闻表中提取指定的新闻信息、浏览新闻并可以对新闻进行评论，将评论信息（评论的内容、评论的时间等）存放到数据库中的评论表中……越来越多的二维表就构成了新闻发布系统“数据库”，继而实现了新闻数据的实时维护。

外观上，数据库中的二维表（简称数据库表）和电子表格 Excel 是相同的。数据库表由列和行构成，数据库表中的一列称为一个字段，每个字段用于存储某种数据类型的数据；数据库表中的一行称为一条记录，每条记录包含表中的一条详细信息。例如新闻发布系统数据库（news 数据库）中新闻表（news 数据库表）包含的数据如图 8-1 所示。news 表共有 5 条记录以及 5 个字段，5 个字段分别是：news_id、title、content、publish_time、publisher。

news_id	title	content	publish_time	publisher
1	标题1	内容1	2009-9-15	kxs
2	标题2	内容2	2009-9-15	kxs
3	标题3	内容3	2009-9-15	kxs
4	标题4	内容4	2009-9-15	kxs
5	标题5	内容1	2009-9-15	kxs

图 8-1　news 数据库表

关系数据库不是简单的电子表格，实际上数据库由若干个数据库对象构成，例如触发器、存储过程、视图、自定义函数、索引和数据库表等，有关数据库的相关专业知识，请读者参考笔者另一本数据库专业书籍《MySQL 数据库基础与案例教程》。

8.1.2 关系数据库管理系统（RDBMS）

目前成熟的数据库管理系统主要源自欧美数据库厂商，典型的有美国甲骨文公司的 Oracle 和 MySQL、美国微软公司的 SQL Server、德国 SAP 公司的 Sybase 以及美国 IBM 公司的 DB2 和 Informix。这些数据库管理系统都是关系数据库管理系统；这些数据库管理系统除了 MySQL 是开源数据库外，其他都是商业数据库，价格昂贵。考虑到 MySQL 开源、免费、易于安装、性能高效、功能齐全等特点，许多中小型 Web 系统选择 MySQL 作为首选数据库管理系统。

对于编程人员而言，关系数据库管理系统（Relational DataBase Management System，RDBMS）主要功能就是创建关系数据库，并且在关系数据库中创建各种数据库对象（表、索引、视图、存储过程等）以及维护各个数据库对象。对于初学者而言，关系数据库管理系统最重要的功能莫过于创建数据库、创建数据库表以及完成数据库表记录的添加、修改、删除和查询等操作。几乎所有的 RDBMS 都提供了结构化查询语言（SQL）实现关系数据库对象的创建、管理和维护等日常操作。

8.1.3 结构化查询语言（SQL）

结构化查询语言（Structured Query Language，SQL）是一种应用广泛的关系数据库语言，用于定义和管理关系数据库中的各种对象（表、索引、视图、存储过程等），也可以用于查询、修改和删除数据库表中的记录。例如删除学生表 student 中所有的记录，可以使用 "delete from student" SQL 语句实现。

SQL 只是一种数据库语言，其主要的功能是访问、查询、更新和管理关系数据库中的各种对象，SQL 本身并不是一种功能完善的程序设计语言，不能用于构建输入/输出界面。因此，对于 Web 系统而言，设计图形用户界面时，还需借助 HTML 的 FORM 表单。

8.2　数据库规范化设计

关系数据库的规范化设计一般要从 E-R 模型开始，设计好 E-R 模型后，之后的步骤如下。
1. 为每个实体建立一张表。
2. 为每个表选择一个主键（建议添加一个没有实际意义的字段作为主键）。
3. 增加外键以表示一对多关系。
4. 建立新表表示多对多关系。
5. 定义约束条件。
6. 评价关系的质量，并进行必要的改进。（关于范式等知识请参考数据库专业书籍）。
7. 为每个字段选择合适的数据类型和取值范围。
下面将详细讨论每个步骤并介绍数据库规范化设计相关的一些知识。

8.2.1　E–R 模型

传统的系统开发方法都把重点集中在系统的数据存储需求上，数据的存储需求包括实体、实体的属性以及实体间的关系。E-R（Entity-Relationship）模型即实体-关系模型，主要用于定义数据的存储需求，该模型已经广泛用于关系数据库规范化设计中。E-R 模型由实体、属性和关系 3个基本要素构成。

实体：E-R 图中的实体用于表示现实世界具有相同属性描述的事物的集合，它不是某一个具体事物，而是某一种类别所有事物的统称。E-R 图中的实体通常用矩形表示。一个 E-R 图中通常包含多个实体，每个实体由实体名唯一标记，如图 8-2 所示。开发数据库时，每个实体对应于数据库中的一张数据库表，每个实体的具体取值对应于数据库表中的一条记录。例如，学生管理系统中学生是一个实体，该实体对应于数据库中的一张学生表（student 表），张三是一个学生，张三对应于学生表（student 表）中的一条记录。简言之：一个实体对应一张数据库表。

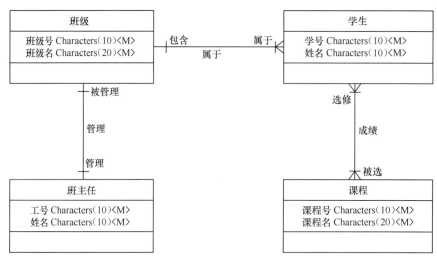

图 8-2　某学生管理系统的 E-R 模型

属性：E-R 图中的属性通常用于表示实体的某种特征，也可以使用属性表示实体间关系的特征（稍后举例）。一个实体通常包含多个属性，每个属性由属性名唯一标记，所有属性画在实体矩形的内部，如图 8-2 所示。E-R 图中实体的属性对应于数据库表的一列，也称为一个字段。例如，学生管理系统中学生实体具有学号、姓名等属性，这些属性对应于学生数据库表（student 表）的学号字段以及姓名字段。简言之：实体的属性对应数据库表的字段。

关系：E-R 图中的关系用于表示实体间存在的联系，在 E-R 图中，实体间的关系通常用一条线段表示。需要注意的是，E-R 图中实体间的关系是双向的。例如，在班级实体与学生实体之间的双向关系中，"一个班级包含若干名学生"描述的是"班级→学生"的"单向"关系，"一个学生只能属于一个班级"描述的是"学生→班级"的"单向"关系，两个"单向"关系共同构成了班级实体与学生实体之间的双向关系，最终构成了班级实体与学生实体之间的一对多（$1:m$）的关系（稍后介绍）。

理解关系的双向性至关重要，因为设计数据库时，有时"从一个方向记录关系"比"从另一个方向记录关系"容易得多。例如，在班级实体与学生实体之间的关系中，让学生记住所在班级，远比班级"记住"所有学生容易得多。这就好比"让学生记住校长，远比校长记住所有学生容易得多"。

实体间的关系可以分为 3 类：一对一关系（1:1）、一对多关系（1:m）和多对多关系（m:n）。例如，学校里一个班级只有一个班主任，一个班主任只在一个班级中任职，则班级实体与班主任实体之间存在一对一关系（班主任实体与班级实体之间也存在一对一关系）；一个班级中有若干名学生，而每名学生只属于某一个班级，则班级实体与学生实体之间存在一对多关系（而学生实体与班级实体之间存在一对一关系）；一门课程允许有若干个学生选修，而一个学生允许选修多门课程，则课程实体与学生实体之间存在多对多关系（学生实体与课程实体之间也存在多对多关系）。

图 8-2 所示为某学生管理系统的 E-R 模型。

图 8-2 说明如下。

1. 该 E-R 模型使用 PowerDesigner 建模工具绘制，PowerDesigner 是 SAP 公司的建模工具，使用它可以方便地实现数据库的分析与设计。关于 PowerDesigner 的使用请参考其他专业书籍。

　　读者可能没有使用过 PowerDesigner，但笔者认为软件开发（尤其是数据库开发）是一种高级脑力劳动，工具代替不了软件开发人员以及数据库开发人员的"智慧"及"思想"，掌握这些"智慧""思想"对于数据库开发人员至关重要，这也是本书着重阐述的内容。读者在学习本章内容时，可以使用笔、纸或者绘图工具（如 Word 绘图）设计 E-R 图，掌握本章的知识后，有精力的读者可以学习一下 ERwin、PowerDesigner 或者 Visio 等建模工具的使用。

2. 该 E-R 模型中共有课程、学生、班级和班主任 4 个实体，班级和班主任之间为 1:1 关系（班主任和班级之间为 1:1 关系），班级和学生之间为 1:m 关系（学生和班级之间为 1:1 关系），学生和课程之间为 m:n 关系（课程和学生之间为 m:n 关系）。注意这些关系的图形表示方法。

3. 必要时可以为实体间的关系命名。例如学生和课程实体间是多对多关系，可以将该关系命名为"成绩"或者"选修"。

4. 存在关系的两个实体间可以相互扮演对应的角色。例如学生实体对于课程实体扮演了"选修"的角色，课程实体对于学生实体扮演了"被选"的角色。

5. 实体名与属性名尽量使用语义化的英文。例如学生实体名可以命名为 student，学号属性名可以命名为 student_no。本章牵涉到的实体名及属性名、数据库表名及字段名的命名方法为单词所有字母小写，单词间用下划线分隔。

6. E-R 模型中 Characters(10)表示的是该属性的数据类型为长度为 10 的字符串。

7. E-R 模型中的<M>是单词 mandatory（强制）的首字母，表示该属性满足非空约束。

学生管理系统的 E-R 模型制作完毕后，根据数据库规范化设计的第 1 个步骤"为每个实体建立一张表"，得到学生管理系统的以下 4 张表。

- 学生（学号，姓名），使用语义化的英文表示为：student(student_no,student_name)。
- 课程（课程号，课程名），使用语义化的英文表示为：course(course_no,course_name)。
- 班级（班级号，班级名），使用语义化的英文表示为：classes(class_no,class_name)。
- 班主任（工号，姓名），使用语义化的英文表示为：teacher(teacher_no,teacher_name)。

　　班级的英文单词为 class，这里使用语义化英文 class 的复数形式 classes，目的是避免与面向对象编程中使用的"类"关键字 class 混淆。类似地，用户表使用 users 表示，为了避免与数据库管理系统中的 user 关键字混淆。

8.2.2 主键（Primary Key）

关系数据库中的表是由列和行构成的，和电子表格不同的是，数据库表要求表中的每一行记录都必须是唯一的，即在同一张表中不允许出现完全相同的两条记录。在设计数据库时，为了保证记录的"唯一性"，最为普遍、最为推荐的做法是为表定义一个主键（Primary Key）。数据库表中主键有以下两个特征。

1. 表的主键可以由一个字段构成，也可以由多个字段构成（这种情况称为复合主键）。

2. 数据库表中主键的值具有唯一性且不能取空值（NULL），当数据库表中的主键由多个字段构成时，每个字段的值不能取 NULL。例如区号和地方号码的组合才能标识一个电话号码，此时区号和地方号码共同构成了电话号码的主键。对于电话号码而言，区号和地方号码都不能取NULL。

　　　　　　设计数据库表时，不建议使用复合主键，否则会给数据库表的维护带来极大的不便。有些程序员将学生 student 表中的学号 student_no 设置为该表的主键，因为在学校内完全可以通过学号唯一标识一个学生。但这里建议为每个表中增加一个没有实际意义的字段作为该表的主键。

通过向各数据库表中添加一个没有实际意义的字段作为该表的主键，既可避免"复合主键"情况的发生，同时又可以避免"意义更改"的可能性，防止主键数据被"业务逻辑"修改。例如在学生 student 表中加入 student_id 作为该表的主键，此时的 student_id 字段并没有实际意义，如果学生管理系统 E-R 模型中涉及的其他实体也进行相应的处理，此时 E-R 模型修改为如图 8-3 所示。

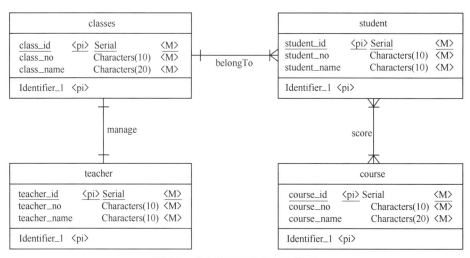

图 8-3　学生管理系统的 E-R 模型

图 8-3 说明如下。

1. E-R 模型中的<pi>，是 primary identifier 单词的缩写，<pi>表示该字段为主键。

2. E-R 模型中 Serial 表示的是该字段的数据类型为整数，且为自增型数据。Serial 对应于 MySQL 数据库中的 auto_increment 关键字，对应于 SQL Server 数据库中的 identity(1,1)关键字。

经过数据库规范化设计的第 1 步和第 2 步，可以得到学生管理系统的如下 4 张表，加粗字体为该表的主键。

- student(**student_id**,student_no,student_name)
- course(**course_id**,course_no,course_name)
- classes(**class_id**,class_no,class_name)
- teacher(**teacher_id**,teacher_no,teacher_name)

8.2.3 实体间的关系与外键（Foreign Key）

图 8-3 所示的 E-R 模型中共有 3 个关系，其中班级实体和班主任实体之间为一对一关系，班级实体和学生实体之间为一对多关系，学生实体和课程实体之间为多对多关系。实体间的关系可以通过外键来表示。如果表 A 中的一个字段 a 对应于表 B 的主键 b，则字段 a 称为表 A 的外键（Foreign Key），此时存储在表 A 中字段 a 的值，要么是 NULL，要么是来自于表 B 主键 b 的值。通过外键可以表示实体间的关系。

按照实体关系的分类，使用外键表示实体间的关系可分为以下几种情形。

1. 如果实体间的关系为一对多关系，则需要将"一"端实体的主键放到"多"端实体中，并作为"多"端实体的外键。以班级实体和学生实体之间的一对多关系为例，需要将班级实体的主键 class_id 放到学生实体中，作为学生实体的外键。修改后的学生实体对应的学生表为：student(student_id,student_no,student_name,class_id)，其中 class_id 为外键，它的值来自于 classes 表中主键 class_id 的值。这样做的目的是：让学生记住所在班级。

2. 实体间的一对一关系，可以看成一种特殊的一对多关系：将"一"端实体的主键放到另"一"端的实体中，并作为另"一"端的实体的外键，然后将该外键定义为唯一性约束。以班级实体和班主任实体之间的一对一关系为例，可以选择下面任何一种方案（学生管理系统采用的是方案 1）。

方案 1：将班级实体的主键 class_id 放入到班主任实体中作为班主任实体的外键，然后将该外键定义为唯一性约束。这样做的目的是：让班主任记住所管班级。

修改后的班主任表为：teacher(teacher_id,teacher_no,teacher_name,class_id)，其中 class_id 为外键，并将该外键定义为唯一性约束，它的值来自于 classes 表中主键 class_id 的值。

方案 2：将班主任实体的主键 teacher_id 放入到班级实体中作为班级实体的外键，然后将该外键定义为唯一性约束即可。这样做的目的是：让班级记住它的班主任。

修改后的班级表为：classes(class_id, class_no, class_name, teacher_id)，其中 teacher_id 为外键，并将该外键定义为唯一性约束，它的值来自于 teacher 表中主键 teacher_id 的值。

3. 如果两个实体间的关系为多对多关系，则需要添加新表表示该多对多关系，并将两个实体的主键分别放入到新表中作为新表的字段。以学生实体和课程实体之间的多对多关系为例，需要创建一个成绩表 score，且成绩表 score 至少包含学生表的主键 student_id 和课程表的主键 course_id 两个字段。由于成绩表 score 本身存在成绩 grade 字段，并且还需要给成绩表 score 添加一个没有实际意义的主键 score_id，经过这些步骤后，修改后的成绩表为：score(score_id, student_id,course_id,grade)，其中 student_id 和 course_id 是成绩表 score 中的两个外键，student_id 的值来自于 student 表中主键 student_id 的值，course_id 的值来自于 course 表中主键 course_id 的值。

经过数据库规范化设计的前 4 个步骤，可以得到学生管理系统的 5 张表，分别如下。5 张表之间的关系如图 8-4 所示。

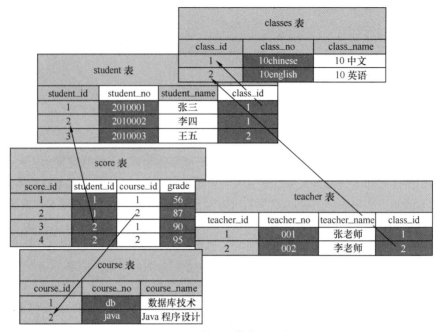

图 8-4　学生管理系统表之间关系

- student(**student_id**, student_no, student_name, class_id)（其中 class_id 字段是外键，该字段的值来自于 classes 表中 class_id 字段的值）
- course(**course_id**, course_no, course_name)
- classes(**class_id**, class_no, class_name)
- teacher(**teacher_id**, teacher_no, teacher_name, class_id)（其中 class_id 字段是外键，该字段的值来自于 classes 表中 class_id 字段的值，且 teacher 表中 class_id 字段需满足唯一性约束条件）
- score(**score_id**, student_id, course_id, grade)（其中 student_id 字段是外键，该字段的值来自于 student 表中 student_id 字段的值；course_id 字段也是外键，该字段的值来自于 course 表中 course_id 字段的值）

8.2.4　约束（Constraint）

设计数据库时，可以对表中的一些字段设置约束条件。常用的约束条件有 6 种：主键（primary key）约束、外键（foreign key）约束、唯一性（unique）约束、默认值（default）约束、非空（not NULL）约束以及检查（check）约束。

主键（primary key）约束：用来保证数据库表中记录的唯一性。在一张表中只允许设置一个主键，当然这个主键可以是一个字段，也可以是多个字段的组合（虽然不建议这么做）。在录入数据的过程中，必须在所有主键字段中输入数据，即任何主键字段不允许为 NULL。建议添加一个没有实际意义的字段作为数据库表的主键，例如 score 表中的 score_id 以及 student 表中的 student_id 都是没有实际意义的字段作为主键。

外键（foreign key）约束：用来保证外键字段值与主键字段值的一致性，即当对一个表的数据进行操作，和它有关联的一个或多个表的数据能够同时发生改变。这就要求：外键字段与主键字段的数据类型（包括长度）必须相似或者可以相互转换（建议外键字段与主键字段的数据类型相同）；外键字段值要么是 NULL，要么是主键字段值的"复制"。外键字段所在的表称为子表，主键字段所在的表称为父表。父表与子表通过主键字段与外键字段建立起了外键约束关系。例如 score 表中 student_id 字段的数据类型与 student 表中 student_id 字段的数据类型完全相同，score 表中 student_id 字段的值要么是 NULL，要么是来自于 student 表中 student_id 字段的值。score 表为 student 表的子表，student 表为 score 表的父表。如果试图删除父表中的"主键值"记录，由于子表和父表之间的外键约束关系，该操作不可实现；只有先删除子表中的"外键值"记录，才能删除父表中的"主键值"记录。如果修改父表中的"主键值"记录，由于子表和父表之间的外键约束关系，子表中的"外键值"记录可以自动地进行修改。

唯一性（unique）约束：如果希望表中的某个字段值不重复，则应当为该字段添加唯一性约束。与主键约束不同，在一张表中可以存在多个唯一性约束，并且满足唯一性约束的字段可以是 NULL（为了保持唯一性，最多只能出现一次 NULL）。例如 student 表中学号 student_no 字段不允许重复，可以为该字段添加唯一性约束。

非空（not NULL）约束：如果希望表中的字段值不为空值，则应当对该字段添加非空约束。例如 student 表中学号 student_no 字段不允许为空值，可以为该字段添加非空约束。此时 student 表中的 student_no 字段既要满足唯一性约束，又要满足非空约束，在同一个字段上可以应用多种约束。

检查（check）约束：检查约束用于检查字段的输入值是否满足指定的条件。在同一个字段上可以应用多个检查约束。添加或修改记录时，若字段中的数据不符合检查约束指定的条件，则数据不能写入该字段。例如成绩表 score 中 grade 字段需要满足大于等于 0 且小于等于 100 的约束条件，可以为 grade 字段建立检查约束（grade>=0 and grade<=100），确保 grade 字段值的取值范围在该区间内。

默认值（default）约束：默认值约束用于指定一个字段的默认值，如果没有在该字段填写数据，该字段将自动填入这个默认值。

8.3　MySQL 简介

MySQL 是一个小型关系数据库管理系统，由瑞典 MySQLAB 公司开发。MySQL 的命运可以说是一波三折，2008 年 1 月 MySQL 被 SUN 公司收购，2010 年 4 月 SUN 公司又被甲骨文（Oracle）公司收购。由于其体积小、速度快，尤其是免费这一特点，许多中小型网站为了降低网站成本而选择了 MySQL。

8.3.1　MySQL 服务的启动

数据库是数据库表的容器，而数据库服务则是数据库的"引擎"，只有启动了"引擎"，数据库用户才可以操作数据库，启动 MySQL 服务的方法在"PHP 入门"章节已经进行了详细的讲解，这里不再赘述。启动 MySQL 服务后，操作系统将自动启动 mysqld.exe 程序（该程序所在的目录是 C:\wamp\bin\mysql\mysql5.6.12\bin），继而生成 mysqld.exe 进程，也就是说，任务管理器中的 mysqld.exe 进程对应于 MySQL 服务，如图 8-7 所示。

8.3.2　MySQL 客户机

MySQL 客户机可以是 WampServer 自带的 MySQL 命令行窗口，也可以是 CMD 命令提示符窗口（简称为命令提示符窗口），还可以是 Web 浏览器（如使用 phpMyAdmin 通过 IE 浏览器访问 MySQL 服务），甚至还可以是第三方客户机程序（如 MySQL Workbench 等）。本书只讲解 WampServer 自带的 MySQL 命令行窗口以及 CMD 命令提示符窗口作为 MySQL 客户机的方法。

方法 1　WampServer 自带的 MySQL 命令行窗口作为 MySQL 客户机（最为简便）

单击系统托盘 WampServer 图标，选择 "MySQL →MySQL console"，打开 MySQL 客户机，如图 8-5 所示。

方法 2　CMD 命令提示符窗口作为 MySQL 客户机（稍微复杂）

打开 CMD 命令提示符窗口，输入如下命令，即可打开 MySQL 客户机，如图 8-6 所示（注意第二条命令用于连接 MySQL 服务器，有关连接 MySQL 服务器的相关知识稍后讲解）。

cd C:\wamp\bin\mysql\mysql5.6.12\bin

mysql -h 127.0.0.1 -P 3306 -u root -p

图 8-5　打开 MySQL 客户机

图 8-6　打开 MySQL 客户机

上述两种方法启动 MySQL 客户机时，每启动一次 MySQL 客户机，都会触发 mysql.exe 程序运行（该程序所在的目录是 C:\wamp\bin\mysql\mysql5.6.12\bin），继而生成 mysql.exe 进程，也就是说，任务管理器中的 mysql.exe 进程对应于 MySQL 客户机，如图 8-7 所示。图中存在两个 mysql.exe 进程，说明启动了两个 MySQL 客户机。

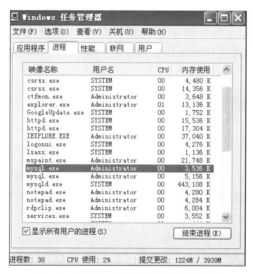

图 8-7　MySQL 服务与 MySQL 客户机

8.3.3 连接 MySQL 服务器

root 账户是 MySQL 服务的超级管理员账户，默认安装 WampServer 后，root 账户的密码为空字符串。对于初学者而言，使用 WampServer 自带的 MySQL 命令行窗口连接 MySQL 服务器的方法非常简单，首先启动 MySQL 服务，然后打开 WampServer 自带的 MySQL 命令行窗口，如图 8-8 所示，直接按回车键即可。为了便于初学者快速、有效地学习 MySQL 知识，本书推荐使用 WampServer 自带的 MySQL 命令行窗口作为 MySQL 客户机。

```
cx c:\wamp\bin\mysql\mysql5.6.12\bin\mysql.exe                              - □

Enter password:
Welcome to the MySQL monitor.  Commands end with ; or \g.
Your MySQL connection id is 6
Server version: 5.6.12-log MySQL Community Server (GPL)

Copyright (c) 2000, 2013, Oracle and/or its affiliates. All rights reserved.

Oracle is a registered trademark of Oracle Corporation and/or its
affiliates. Other names may be trademarks of their respective
owners.

Type 'help;' or '\h' for help. Type '\c' to clear the current input statement.

mysql>
```

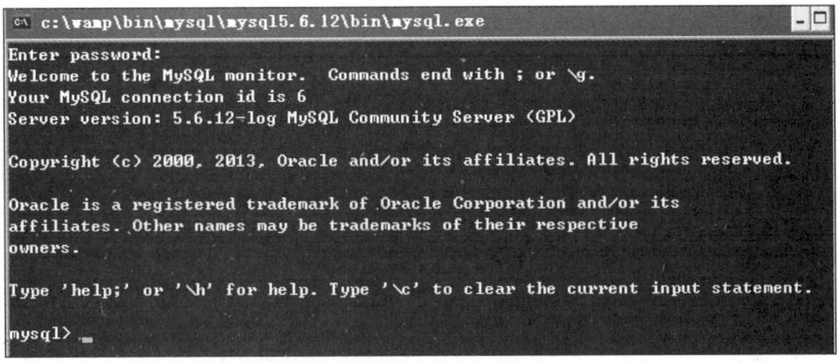

图 8-8 打开 MySQL 客户机

从图 8-8 中可以看出，每条 MySQL 命令或者 SQL 语句应该以";"或者"\g"结束；当前的 MySQL 连接 ID 为 6；当前使用的 MySQL 服务版本为 5.6.12-log。

但是，如果需要远程连接 MySQL 服务器，或者 root 账户的密码不再是空字符串，此时使用上述方法将不能成功连接 MySQL 服务器，可以使用 CMD 命令提示符窗口作为 MySQL 客户机连接 MySQL 服务器。所谓远程连接 MySQL 服务器是指 MySQL 客户机与 MySQL 服务器位于两台主机，如图 8-9 所示。

具体步骤如下。

首先，数据库用户需在 CMD 命令提示符窗口上输入"连接信息"，如图 8-6 所示；接着，

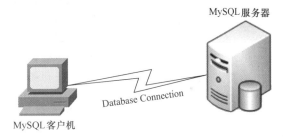

MySQL 客户机

图 8-9 MySQL 客户机远程连接 MySQL 服务器

MySQL 服务器接收到"连接信息"，对该"连接信息"进行身份认证。只有身份认证通过，才可以建立 MySQL 客户机与 MySQL 服务器的"通信链路"，继而 MySQL 客户机才可以"享受"MySQL 服务。

MySQL 客户机需要向 MySQL 服务器提供的"连接信息"包括以下内容。

- 合法的登录主机：解决"从哪里来"的问题。
- 合法的账户名以及与账户名对应的密码：解决"谁"的问题。
- MySQL 服务器主机名(或 IP 地址)：解决"到哪里去"的问题。当 MySQL 客户机与 MySQL 服务器是同一台主机时，主机名可以使用 localhost (或者 IP 地址 127.0.0.1)。
- 端口号：解决"多卡多待"的问题。如果 MySQL 服务器使用 3306 之外的端口号，在连接 MySQL 服务器时，MySQL 客户机需提供端口号。反之，则不需要。

例如，当使用 CMD 命令提示符窗口作为 MySQL 客户机时，如果 MySQL 客户机与 MySQL 服务器是同一台主机，输入"mysql -h 127.0.0.1 -P 3306 -u root -p"命令或者"mysql -h localhost -P 3306 -u root -p"命令，然后按回车键，即可实现本地 MySQL 客户机与本地 MySQL 服务器之间

的成功连接。

在 mysql.exe 客户机程序中，-h 后面跟的是 MySQL 服务器的主机名或 IP 地址。-P
后面跟的是 MySQL 服务的端口号，如果是默认端口号 3306，则-P 参数可以省略。-u 后
面跟的是 MySQL 账户名。-p 后面"紧跟"MySQL 账户名对应的密码。

当 MySQL 客户机成功连接 MySQL 服务器后，"命令提示符窗口"中的提示符变成了
"mysql>"，如图 8-8 所示。此后，就可以在 MySQL 客户机口中输入 MySQL 命令或 SQL 语句完
成数据库的各种操作。例如，在 MySQL 命令窗口中输入 MySQL 命令"show databases;"，可以
查看当前的 MySQL 服务器上已经存在了哪些数据库，如图 8-10 所示。

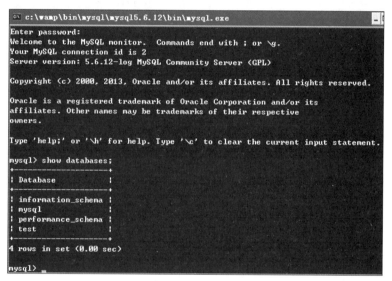

图 8-10　在命令窗口中输入 MySQL 命令

不要忘记 "show databases;"后面的分号，且分号须使用英文分号";"。在 MySQL
命令窗口中，分号代表一条 MySQL 命令或 SQL 语句的结束。

默认情况下，MySQL 命令和 SQL 语句的关键字大小写不敏感，例如，使用"SHOW
DATABASES;"同样也可以查看当前 MySQL 服务器的数据库。

从图 8-10 中可以看出，每个 MySQL 数据库服务器可以同时承载多个数据库，默认情况下
MySQL 服务器承载了 4 个数据库：information_schema、mysql、performance_schema 以及 test 数
据库。其中 test 数据库是测试数据库。information_schema、mysql 以及 performance_schema 是系
统数据库，系统数据库存储了 MySQL 服务的相关信息以及用户数据库的相关信息，并为用户数
据库提供服务。系统数据库由 MySQL 服务进程自动维护，普通用户不要修改系统数据库的信息。

8.3.4　MyISAM 和 InnoDB 存储引擎

数据库表是数据库中最为重要的数据库对象，对于 MySQL 数据库而言，创建数据库表之前，
首先需要确定表的存储引擎以及表的字符集。

与其他数据库管理系统不同，MySQL 提供了插件式（pluggable）的存储引擎，存储引擎是基
于表的。同一个数据库，不同的表，存储引擎可以不同。甚至，同一个数据库表在不同的场合可
以应用不同的存储引擎。MySQL 中 InnoDB 存储引擎以及 MyISAM 存储引擎最为常用。

在 MySQL 命令窗口中输入 MySQL 命令"show engines;",可以查看当前版本的 MySQL 支持(Support="YES")的存储引擎,如图 8-11 所示。从图中可以看出,InnoDB 是当前 MySQL 服务的默认存储引擎(Support="DEFAULT")。

从 MySQL5.5 开始,MySQL 的默认存储引擎从 MyISAM 变更为 InnoDB。

```
mysql> show engines;
+--------------------+---------+----------------------------------------------------------------+--------------+------+------------+
| Engine             | Support | Comment                                                        | Transactions | XA   | Savepoints |
+--------------------+---------+----------------------------------------------------------------+--------------+------+------------+
| FEDERATED          | NO      | Federated MySQL storage engine                                 | NULL         | NULL | NULL       |
| MRG_MYISAM         | YES     | Collection of identical MyISAM tables                          | NO           | NO   | NO         |
| MyISAM             | YES     | MyISAM storage engine                                          | NO           | NO   | NO         |
| BLACKHOLE          | YES     | /dev/null storage engine (anything you write to it disappears) | NO           | NO   | NO         |
| CSV                | YES     | CSV storage engine                                             | NO           | NO   | NO         |
| MEMORY             | YES     | Hash based, stored in memory, useful for temporary tables      | NO           | NO   | NO         |
| ARCHIVE            | YES     | Archive storage engine                                         | NO           | NO   | NO         |
| InnoDB             | DEFAULT | Supports transactions, row-level locking, and foreign keys     | YES          | YES  | YES        |
| PERFORMANCE_SCHEMA | YES     | Performance Schema                                             | NO           | NO   | NO         |
+--------------------+---------+----------------------------------------------------------------+--------------+------+------------+
9 rows in set (0.01 sec)
```

图 8-11 MySQL 支持的存储引擎

1. InnoDB 存储引擎

与其他存储引擎相比,InnoDB 存储引擎是事务(transaction)安全的,并且支持外键(foreign key)。如果某张表主要提供 OLTP 支持,需要执行大量的增、删、改操作(即 insert、delete、update 语句),出于事务安全方面的考虑,InnoDB 存储引擎是更好的选择。对于支持事务的 InnoDB 表,影响速度的主要原因是打开了自动提交(autocommit)选项,或者程序没有显示调用"begin transaction;"(开始事务)和"commit;"(提交事务),导致每条 insert、delete 或者 update 语句都自动开始事务和提交事务,严重影响了更新语句(insert、delete、update 语句)的执行效率。让多条更新语句形成一个事务,可以大大提高更新操作的性能(有关事务的概念请读者参考数据库专业书籍)。

2. MyISAM 存储引擎

如果某张表主要提供 OLAP 支持,建议选用 MyISAM 存储引擎。MyISAM 具有检查和修复表的大多数工具。MyISAM 表可以被压缩,而且最早支持全文索引,但 MyISAM 表不是事务安全的,也不支持外键(foreign key)。如果某张表需要执行大量的 select 语句,出于性能方面的考虑,MyISAM 存储引擎是更好的选择。

OLAP 与 OLTP 是数据库技术的两个重要应用领域。OLTP 是传统关系型数据库的主要应用领域,主要是基本的、日常的事务处理,其基本特征是 MySQL 服务器可以在极短的时间内响应 MySQL 客户机的请求。银行交易(如存款、取钱、转账、查询余额等银行业务)是典型的 OLTP 应用。OLAP 是数据仓库的主要应用领域,支持复杂的分析操作,侧重决策支持,并且提供直观易懂的查询结果,其基本特征是 MySQL 服务器通过多维的方式对数据进行分析、查询和报表。股票交易分析、天气预测分析是典型的 OLAP 应用。

当然任何一种存储引擎都不是万能的,不同业务类型的表需要选择不同的存储引擎,只有这样才能将 MySQL 的性能优势发挥至极致。

3. 设置 MySQL 进程默认的存储引擎

存储引擎针对的是数据库表,数据库表的存储引擎默认情况下沿用 MySQL 进程的存储引擎。由于本章有一些关于 MySQL 外键的实验,读者有必要将 MySQL 进程默认的存储引擎设置为

InnoDB。由于 WampServer2.4 使用的 MySQL 版本为 5.6，默认的存储引擎已经设置为 InnoDB，此时 MySQL 进程的存储引擎无需重新设置。使用 MySQL 命令“show variables like 'default_storage_engine';”可以查看当前 MySQL 进程默认的存储引擎，如图 8-12 所示。

```
mysql> show variables like 'default_storage_engine';
+------------------------+--------+
| Variable_name          | Value  |
+------------------------+--------+
| default_storage_engine | InnoDB |
+------------------------+--------+
1 row in set (0.01 sec)
```

图 8-12　查看当前 MySQL 进程的存储引擎

如果读者使用的 WampServer 版本较早（如 WampServer5 自带的 MySQL 版本为 5.1），则 MySQL 进程默认的存储引擎是 MyISAM，创建新数据库表时，该表的存储引擎也将沿用 MyISAM。由于本章有一些关于 MySQL 外键的实验，此时读者有必要将 MySQL 默认存储引擎修改为 InnoDB，方法如下。

使用命令“set storage_engine=InnoDB;”可以“临时地”将 MySQL 默认的存储引擎修改为 InnoDB，然后使用 MySQL 命令“show variables like 'storage_engine';”查看当前 MySQL 进程的默认存储引擎，如图 8-13 所示。

```
mysql> set storage_engine=InnoDB;
Query OK, 0 rows affected, 1 warning (0.00 sec)

mysql> show variables like 'storage_engine';
+----------------+--------+
| Variable_name  | Value  |
+----------------+--------+
| storage_engine | InnoDB |
+----------------+--------+
1 row in set (0.00 sec)
```

图 8-13　查看当前 MySQL 进程的存储引擎

存储引擎的相关说明如下。

- MySQL 版本更新速度较快，在 MySQL 早期版本中，数据库用户可以使用“table_type”或者“storage_engine”中的任意一个参数完成默认存储引擎的设置。但从 5.6 版本开始，“table_type”参数被禁用，并引入了“default_storage_engine”新参数，数据库用户需要使用“default_storage_engine”或者“storage_engine”中的任意一个参数完成默认存储引擎的设置。
- 若要“永久地”设置默认存储引擎，需要修改 MySQL 配置文件 my.ini 中 wampmysqld 选项组中 default_storage_engine 的参数值，并且需要重启 MySQL 服务。
- MySQL 配置文件 my.ini 的打开方法是：单击系统托盘 WampServer 图标，依次选择 MySQL、my.ini 即可。my.ini 配置文件一旦有误，MySQL 服务将无法启动，初学者修改 my.ini 文件前，建议备份后修改。
- 数据库表创建好后，可以用“show create table table_name;”命令查看 table_name 表的存储引擎。
- 任何一种存储引擎都不是万能的，不同业务类型的表需要选择不同的存储引擎，才能最大限度地发挥 MySQL 的性能优势。
- 本书所创建的数据库表，如果不作特殊声明，都将使用 InnoDB 存储引擎。

8.4 字　符　集

MySQL 由瑞典 MySQL AB 公司开发，默认情况下，MySQL 使用的是 latin1 字符集（西欧 ISO_8859_1 字符集的别名）。由于 latin1 字符集是单字节编码，而汉字是双字节编码，由此可能导致 MySQL 数据库不支持中文字符串查询或者发生中文字符串乱码等问题。为了避免此类问题的发生，读者有必要深入了解字符集、字符序的相关概念，并进行必要的字符集、字符序设置。

8.4.1　字符集与字符序

字符（character）是人类语言最小的表义符号，如'A'、'B'等。给定一系列字符，并对每个字符赋予一个数值，用数值来代表对应的字符，这个数值就是字符的编码（character encoding）。例如，假设给字符'A'赋予整数 65，给字符'B'赋予整数 66，则 65 就是字符'A'的编码，66 就是字符'B'的编码。

给定一系列字符并赋予对应的编码后，所有这些"字符和编码对"组成的集合就是字符集（character set）。例如，{65=>'A', 66=>'B'}就是一个字符集。MySQL 提供了多种字符集，如 latin1、utf8、gbk、big5 等。

字符序（collation）是指在同一字符集内字符之间的比较规则。只有确定字符序后，才能在一个字符集上定义什么是等价的字符，以及字符之间的大小关系。一个字符集可以包含多种字符序，每个字符集有一个默认的字符序（default collation），每个字符序唯一对应一种字符集。MySQL 字符序命名规则是：以字符序对应的字符集名称开头，以国家名居中（或以 general 居中），以 ci、cs 或 bin 结尾。以 ci 结尾的字符序表示大小写不敏感，以 cs 结尾的字符序表示大小写敏感，以 bin 结尾的字符序表示按二进制编码值比较。例如，latin1 字符集有 latin1_swedish_ci、latin1_general_cs、latin1_bin 等字符序，其中在字符序 latin1_swedish_ci 规则中，字符'a'和'A'是等价的。

8.4.2　MySQL 字符集与字符序

不同的字符集支持不同地区的字符。例如，latin1 支持西欧字符、希腊字符等，gbk 支持中文简体字符，big5 支持中文繁体字符，utf8 几乎支持世界上所有国家的字符。由于每种字符集支持的字符个数各不相同，各种字符集占用的存储空间也不相同。由于希腊字符数较少，占用一个字节（8 位）的存储空间即可表示所有的 latin1 字符；中文简体字符较多，占用两个字节（16 位）的存储空间才可以表示所有的 gbk 字符；utf8 字符数最多，通常需要占用三个字节（24 位）的存储空间才可以表示世界上所有国家的所有字符（如中文简体、中文繁体、阿拉伯文、俄文等）。

字符集的单个字符占用的存储空间越多，就意味着该字符集能够表示越多的字符，但也会造成存储空间的浪费。MySQL 为了节省存储空间，在默认情况下，一个 gbk 英文字符通常仅占用一个字节（8 位）的存储空间；一个 utf8 英文字符仅占用一个字节（8 位）的存储空间。

MySQL 客户机成功连接 MySQL 服务器后，使用 MySQL 命令"show character set;"即可查看当前 MySQL 服务实例支持的字符集、字符集默认的字符序以及字符集占用的最大字节长度等信息，如图 8-14 所示，目前 MySQL 支持 40 种字符集。

使用 MySQL 命令"show variables like 'character%';"即可查看当前 MySQL 使用的字符集，如图 8-15 所示，其中 character_sets_dir 参数定义了 MySQL 字符集文件的保存路径"c:\wamp\bin\mysql\mysql5.6.12\share\charsets\"。其余各参数说明如下。

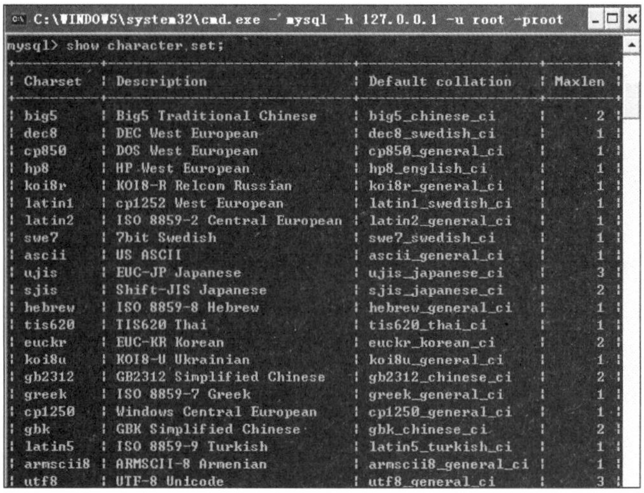

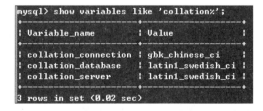

```
C:\WINDOWS\system32\cmd.exe - mysql -h 127.0.0.1 -u root -proot
mysql> show character set;
+----------+-----------------------------+---------------------+--------+
| Charset  | Description                 | Default collation   | Maxlen |
+----------+-----------------------------+---------------------+--------+
| big5     | Big5 Traditional Chinese    | big5_chinese_ci     |      2 |
| dec8     | DEC West European           | dec8_swedish_ci     |      1 |
| cp850    | DOS West European           | cp850_general_ci    |      1 |
| hp8      | HP West European            | hp8_english_ci      |      1 |
| koi8r    | KOI8-R Relcom Russian       | koi8r_general_ci    |      1 |
| latin1   | cp1252 West European        | latin1_swedish_ci   |      1 |
| latin2   | ISO 8859-2 Central European | latin2_general_ci   |      1 |
| swe7     | 7bit Swedish                | swe7_swedish_ci     |      1 |
| ascii    | US ASCII                    | ascii_general_ci    |      1 |
| ujis     | EUC-JP Japanese             | ujis_japanese_ci    |      3 |
| sjis     | Shift-JIS Japanese          | sjis_japanese_ci    |      2 |
| hebrew   | ISO 8859-8 Hebrew           | hebrew_general_ci   |      1 |
| tis620   | TIS620 Thai                 | tis620_thai_ci      |      1 |
| euckr    | EUC-KR Korean               | euckr_korean_ci     |      2 |
| koi8u    | KOI8-U Ukrainian            | koi8u_general_ci    |      1 |
| gb2312   | GB2312 Simplified Chinese   | gb2312_chinese_ci   |      2 |
| greek    | ISO 8859-7 Greek            | greek_general_ci    |      1 |
| cp1250   | Windows Central European    | cp1250_general_ci   |      1 |
| gbk      | GBK Simplified Chinese      | gbk_chinese_ci      |      2 |
| latin5   | ISO 8859-9 Turkish          | latin5_turkish_ci   |      1 |
| armscii8 | ARMSCII-8 Armenian          | armscii8_general_ci |      1 |
| utf8     | UTF-8 Unicode               | utf8_general_ci     |      3 |
```

图 8-14　MySQL 支持的字符集

```
mysql> show variables like 'character%';
+--------------------------+-------------------------------------------+
| Variable_name            | Value                                     |
+--------------------------+-------------------------------------------+
| character_set_client     | gbk                                       |
| character_set_connection | gbk                                       |
| character_set_database   | latin1                                    |
| character_set_filesystem | binary                                    |
| character_set_results    | gbk                                       |
| character_set_server     | latin1                                    |
| character_set_system     | utf8                                      |
| character_sets_dir       | c:\wamp\bin\mysql\mysql5.6.12\share\charsets\ |
+--------------------------+-------------------------------------------+
8 rows in set (0.01 sec)
```

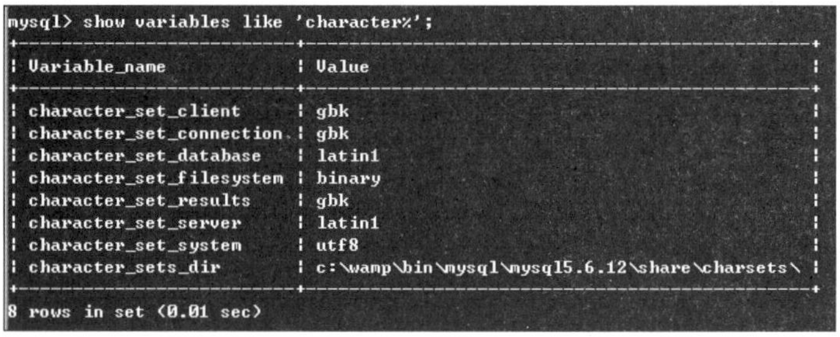

图 8-15　查看当前 MySQL 服务实例使用的字符集

character_set_client：MySQL 客户机的字符集，默认安装 WampServer2.4 后，该值为 gbk。

character_set_connection：MySQL 客户机与 MySQL 服务之间数据通信链路的字符集，当 MySQL 客户机向服务器发送请求时，请求数据以该字符集进行编码。默认安装 WampServer2.4 后，该值为 gbk。

character_set_database：数据库字符集，默认安装 WampServer2.4 后，该值为 latin1。

character_set_filesystem：MySQL 服务器文件系统的字符集，该值是 binary，该值不能更改。

character_set_results：结果集的字符集，MySQL 服务向 MySQL 客户机返回执行结果时，执行结果以该字符集进行编码。默认安装 MySQL 后，该值为 gbk。

character_set_server：MySQL 服务启动后生成 MySQL 进程，MySQL 进程的字符集，默认安装 MySQL 后，该值为 latin1。

character_set_system：元数据（字段名、表名、数据库名等）的字符集，默认值为 utf8。

MySQL 还提供了一些字符序设置，这些字符序以字符序的英文单词 collation 开头。使用 MySQL 命令“show collation;”即可查看当前 MySQL 服务实例支持的字符序（目前支持 219 种字符序）。使用 MySQL 命令“show variables like 'collation%';”即可查看当前 MySQL 使用的字符序，如图 8-16 所示。

```
mysql> show variables like 'collation%';
+----------------------+-------------------+
| Variable_name        | Value             |
+----------------------+-------------------+
| collation_connection | gbk_chinese_ci    |
| collation_database   | latin1_swedish_ci |
| collation_server     | latin1_swedish_ci |
+----------------------+-------------------+
3 rows in set (0.02 sec)
```

图 8-16　查看当前 MySQL 服务实例使用的字符序

8.4.3　MySQL 的字符集转换过程

了解 MySQL 的字符集转换过程，可以有效地解决 MySQL 不支持中文简体字符串查询或者中文简体字符乱码等问题。以 WampServer 自带的 MySQL 命令行窗口作为 MySQL 客户机连接 MySQL 服务器为例，MySQL 的字符集转换过程大致如下。

1. 打开 MySQL 命令行窗口，MySQL 命令行窗口自身存在某一种字符集，该字符集的查看方法是：在 MySQL 命令行窗口的标题栏上右键单击，选择"默认值→选项→默认代码页"即可设置当前 MySQL 命令行窗口的字符集。

在简体中文操作系统中，MySQL 命令行窗口的默认字符集为 gbk 简体中文字符集。

2. 在 MySQL 命令行窗口中输入 MySQL 命令或 SQL 语句，按回车键后，这些 MySQL 命令或 SQL 语句由"MySQL 命令行窗口字符集"转换为 character_set_client 定义的字符集。

3. 使用 MySQL 命令行窗口成功连接 MySQL 服务器后，就建立了一条"数据通信链路"。MySQL 命令或 SQL 语句沿着"数据通信链路"传向 MySQL 服务器，由 character_set_client 定义的字符集转换为 character_set_connection 定义的字符集。

4. MySQL 服务进程收到数据通信链路中的 MySQL 命令或 SQL 语句，将 MySQL 命令或 SQL 语句从 character_set_connection 定义的字符集转换为 character_set_server 定义的字符集。

5. 若 MySQL 命令或 SQL 语句针对某个数据库进行操作，此时将 MySQL 命令或 SQL 语句从 character_set_server 定义的字符集转换为 character_set_database 定义的字符集。

6. MySQL 命令或 SQL 语句执行结束后，将执行结果设置为 character_set_results 定义的字符集。

7. 执行结果沿着已打开的数据通信链路原路返回，将执行结果由 character_set_results 定义的字符集转换为 character_set_client 定义的字符集，最终转换为 MySQL 命令行窗口字符集显示到 MySQL 命令行窗口中。

MySQL 的字符集转换过程可以简单地描述为如图 8-17 所示。如果 MySQL 字符集设置不当，进行中文简体字符串查询时可能导致查询失败，并且还有可能导致中文简体乱码问题的发生。为避免此类问题，有必要对 MySQL 的字符集进行重新设置。

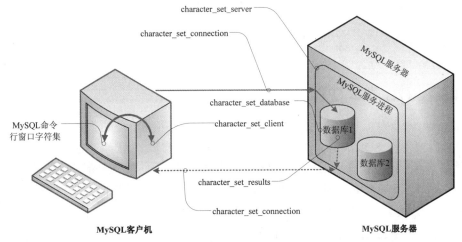

图 8-17　MySQL 中的字符集转换过程

8.4.4　设置 MySQL 字符集

为了更好地支持中文检索以及防止乱码问题，建议将 MySQL 的字符集设置为 gbk 简体中文字符集或者 utf8 字符集。下面以设置为 gbk 为例，对 MySQL 字符集的三种设置方法进行介绍。

方法 1　修改 my.ini 配置文件，可修改 MySQL 默认的字符集。

若将 my.ini 配置文件中 client 选项组中的 default-character-set 参数值修改为 gbk，则 character_set_client、character_set_connection 以及 character_set_results 参数的默认值修改为 gbk，保存修改后的 my.ini 配置文件，这些字符集将在新打开的 MySQL 客户机中生效。

若将 my.ini 配置文件中 wampmysqld 选项组中的 character_set_server 参数值修改为 gbk，则 character_set_database 以及 character_set_server 参数的默认值修改为 gbk，保存修改后的 my.ini 配置文件，重启 MySQL 服务，这些字符集将在新的 MySQL 服务进程中生效。

字符集的修改影响的仅仅是数据库中的新数据，不能影响数据库的原有数据。

方法 2　MySQL 提供下列 MySQL 命令，可以"临时地"修改 MySQL"当前会话的"字符集。

```
set character_set_client = gbk;
set character_set_connection = gbk;
set character_set_database = gbk;
set character_set_results = gbk;
set character_set_server = gbk;
```

执行上述 MySQL 命令后，使用 MySQL 命令"show variables like 'character%';"以及"show variables like 'collation%';"即可查看 MySQL"当前会话的"字符集以及字符序。

所谓"临时"，是指使用该方法设置字符集（或者字符序）时，字符集（或者字符序）的设置仅对当前的 MySQL 会话有效（或者说仅对当前的 MySQL 服务器连接有效）；打开新的 MySQL 客户机时，字符集将恢复"原状"（与 my.ini 配置文件中的参数值或者默认值保持一致）。

方法 3　使用 MySQL 命令 "set names gbk;"可以"临时一次性地"设置 character_set_client、character_set_connection 以及 character_set_results 的字符集为 gbk，该命令等效于下面的 3 条命令。

```
set character_set_client = gbk;
set character_set_connection = gbk;
set character_set_results = gbk;
```

8.4.5　SQL 脚本文件

在 MySQL 命令窗口上编辑 MySQL 命令或 SQL 语句是很不方便的，更多时候需要将常用的 SQL 语句封装为一个 SQL 脚本文件，然后在 MySQL 命令窗口上运行该 SQL 脚本文件（SQL 脚本文件的扩展名一般为 sql）中的所有 SQL 语句。例如，在目录"C:\wamp\www"中创建"8"目录，然后在目录"C:\wamp\www\8"中创建 init.sql 脚本文件，以记事本方式打开该文件后，输入如下 MySQL 命令。

```
set default_storage_engine=InnoDB;
set character_set_client = gbk ;
```

```
set character_set_connection = gbk ;
set character_set_database = gbk ;
set character_set_results = gbk ;
set character_set_server = gbk ;
```

保存该 SQL 脚本文件后，在 MySQL 命令窗口中输入
MySQL 命令"\. C:\wamp\www\8\init.sql" 或 "source C:\wamp\
www\8\init.sql" 即可执行 init.sql 脚本文件中的所有 SQL 语句，
如图 8-18 所示。执行 init.sql 脚本文件中的 MySQL 命令后，当
前会话的存储引擎设置为 InnoDB，当前会话的字符集设置为
gbk，后面章节所有的 SQL 语句执行前，建议先执行 init.sql 脚
本文件中的命令。

图 8-18　在 MySQL 命令窗口中执行
SQL 脚本文件

 MySQL 命令"\. C:\wamp\www\8\init.sql"后不能有分号，否则将执行"C:\wamp\www\
8\init.sql;"脚本文件中的 SQL 语句，而 "init.sql;"脚本文件是不存在的。

8.5　MySQL 数据库管理

MySQL 数据库管理主要包括数据库的创建、选择当前操作的数据库、显示数据库结构以及
删除数据库等操作。

8.5.1　创建数据库

在 MySQL 命令窗口中使用 SQL 语句 "create
database database_name;" 即可创建新数据库，database_
name 是新建数据库名，当然新数据库名不能和已有数
据库名重名。例如，创建学生管理系统的数据库
student，使用 "create database student;" 语句即可。创
建 student 数据库后，MySQL 数据库管理系统会自动
在 "C:\wamp\bin\mysql\mysql5.6.12\data" 目录中创建

图 8-19　student 数据库相关文件

"student" 目录及相关文件（如 db.opt）实现对该数据库的文件管理，如图 8-19 所示。

 MySQL 的配置文件 my.ini 中的配置选项 datadir 配置了数据库对应的数据库文件位
置，例如，datadir=C:\wamp\bin\mysql\mysql5.6.12\data 表明创建新数据库后，MySQL 数
据库管理系统会自动在目录 "C:\wamp\bin\mysql\mysql5.6.12\data" 中创建数据库文件。

8.5.2　选择当前操作的数据库

由于 MySQL 服务器可以同时承载多个数据库，在进行数据库操作前，必须指定操作的是哪
个数据库。如果每次进行数据库操作，都指定操作的是哪个数据库，这样的操作过于烦琐。为解
决这个问题，可以使用 SQL 语句 "use database_name;"，将名为 database_name 的数据库选作当前
操作的数据库。例如，使用 "use student;" 命令后，以后的数据库操作都默认操作的是 student 数

据库中的数据库对象。

8.5.3 显示数据库结构

在 MySQL 中使用 MySQL 命令"show create database database_name;"可以查看名为 database_name 数据库的结构。例如，在 MySQL 命令窗口中输入命令"show create database student;"可查看 student 数据库的字符集等信息，如图 8-20 所示。

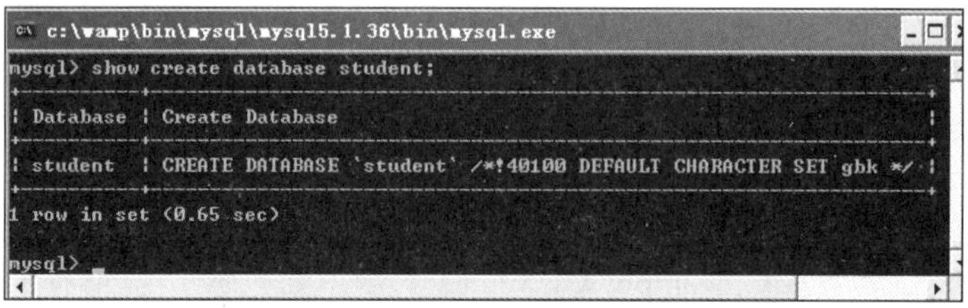

图 8-20　显示数据库结构

8.5.4 删除数据库

在 MySQL 命令窗口中使用 SQL 语句"drop database database_name;"即可删除名为 database_name 的数据库。例如，删除学生管理系统的数据库 student，使用 SQL 语句"drop database student;"即可。删除数据库后，MySQL 数据库管理系统会自动删除目录"C:\wamp\bin\mysql\mysql5.6.12\data\"中的"database_name"目录及相关文件。数据库一旦删除，保存在该数据库中的数据将全部丢失，所以该命令慎用！

8.6　数据库表的管理

数据库表是存放数据的容器。使用 SQL 语句 create table 建立新的数据库表。
create table 语句的语法格式：

```
create table table_name(
column_name1 数据类型 [约束条件],
…
column_namen 数据类型 [约束条件]
);
```

说明　　　　table_name 为新建表的表名，column_name 为新建表的列名，数据类型稍后将进行讲解，约束条件分别为 primary key、foreign key、unique、not null、check 和 default 约束。

注意　　　　在 create table 语句结尾处要使用"；"符号结束该 SQL 语句。

8.6.1 数据类型

数据库表由一些列和一些行构成。数据库表中每一列都对应一个列名，也称为字段名，每个字段用于存储某种数据类型的数据。创建数据库表时，为每张表的每个字段选择合适的数据类型不仅可以有效地节省存储空间，同时还可以有效地提升数据的计算性能。MySQL 常用的数据类型包括数值类型、字符串类型和日期类型。其中数值类型分为整数类型和精确小数类型；字符串类型分为定长字符串类型、变长字符串类型和文本类型，MySQL 中的字符串数据需用英文的单引号括起来，如'victor'；日期类型分为日期类型和日期时间类型，外观上，日期类型的数据是一个符合特殊格式的字符串数据。

1. 数值类型之整数类型

在 SQL 语句中整数类型使用 int 表示，int 类型的数据最小值为–2147483648，最大值为2147483647。

2. 数值类型之精确小数类型

在 SQL 语句中精确小数类型使用 decimal(size, d)表示，size 定义了该小数的最大位数，d 用于设置精度（小数点后的位数）。例如，decimal (5, 2)表示的数值范围是–999.99～999.99，而 decimal (5, 0)表示–99999～99999 的整数。

3. 字符串类型之定长字符串类型

在 SQL 语句中定长字符串类型使用 char(size)表示，括号中的 size 用来设置字符串的最大长度，size 的取值范围是 0～255。例如，char(30)表示占用 30 个字符长度的字符串。

4. 字符串类型之变长字符串类型

在 SQL 语句中变长字符串类型使用 varchar(size)表示，最大长度由 size 设置，size 的取值范围为 0～65535。例如，varchar (30)表示最多存储 30 个字符长度的字符串。同 char(30)对比，varchar(30)只保存需要的字符数，而 char(30)则必须占用 30 个字符空间。

5. 字符串类型之文本类型

长度超过 255 的字符串可以使用变长字符串类型，长度超过 65535 的字符串可以使用文本类型。在 SQL 语句中文本类型使用 text 表示，能够存储更长长度的字符串。

6. 日期类型之日期类型

在 SQL 语句中日期类型使用 date 表示，在数据库中，日期类型的数据是一个符合"YYYY-MM-DD"格式的字符串，如'2008-08-08'。

7. 日期类型之日期时间类型

在 SQL 语句中日期时间类型使用 datetime 表示，在数据库中，日期时间类型的数据是一个符合"YYYY-MM-DD hh:ii:ss"格式的字符串，如'2008-08-08 08:08:08'。

MySQL 提供了一个获得数据库服务器当前日期时间的函数 now()。使用 now()函数可以获得数据库服务器的当前时间；使用 PHP 中的 date()函数获得的是 Web 服务器的当前时间，数据库服务器和 Web 服务器可以是两台不同的主机。

8.6.2　MySQL 中的附加属性

MySQL 还提供了一些附加属性用于修饰数据类型，如 NULL 和 auto_increment。

1. NULL

MySQL 提供了附加属性 NULL，NULL 的意义为"没有值"或"不确定的值"。

2. auto_increment

如果需要为某个表的某个字段进行唯一编号以标识每条记录，在 MySQL 中可以将该字段设置为 auto_increment（自动增长）。auto_increment 属性的字段必须为整数类型的数据。auto_increment 属性的字段值默认情况下从整数 1 开始递增，且步长为 1。创建数据库表时可用"auto_increment=n"选项来指定自增的起始值。例如，下面的 SQL 语句为在 student 数据库中创建一个 users 表（用户表），该表的 user_id 字段从 100 开始递增。

```
use student;
create table users(
user_id int primary key auto_increment,
username varchar(15) not NULL,
password varchar(15) not NULL
)auto_increment=100;
```

auto_increment 使用说明如下。

1. 建议将自增型字段设置为主键，否则创建数据库表将会失败，并提示如下错误信息。

```
ERROR 1075 (42000): Incorrect table definition; there can be only one auto column and
it must be defined as a key
```

2. 添加记录时，如果将 NULL 添加到一个 auto_increment 列，MySQL 将自动生成下一个序列编号。如果为 auto_increment 列明确指定了一个数值，则会出现以下两种情况。

（1）如果添加的值与已有的编号重复，则会出现错误信息，因为 auto_increment 数据列的值必须是唯一的。

（2）如果添加的值大于已编号的值，则会把该值添加到数据列中，下一个编号将从这个新值开始递增，即编号不一定连续。

8.6.3 创建数据库表

使用"create table users"语句创建数据库表后，MySQL 数据库管理系统会自动在"C:\wamp\bin\mysql\mysql5.6.12\data\student"数据库目录中创建相关文件，实现对该数据库表的文件管理。

使用 InnoDB 存储引擎时，在 student 数据库中创建 users 表后，在 student 目录下创建表结构文件 users.frm 以及数据文件 users.ibd，如图 8-21 所示。使用 MyISAM 存储引擎时，在 student 数据库中创建 users 表后，在 student 目录下创建表结构文件 users.frm、数据文件 users.MYD 以及索引文件 users.MYI，如图 8-22 所示。

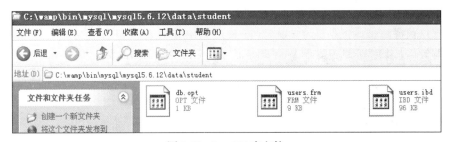

图 8-21　InnoDB 表文件

使用 InnoDB 存储引擎创建数据库表时，当数据库表之间存在外键约束关系时，必须先创建父表，再创建子表。对于学生管理系统，5 个表之间的父子关系如图 8-23 所示。

图 8-22　MyISAM 表文件

另外，创建数据库表前还要为每个表的各个字段选择合适的数据类型以及约束条件，然后才能使用 create table 语句创建各数据库表。以学生管理系统为例，该系统的数据库表创建步骤如下。

1. 为每个表添加主键（primary key）约束，然后为各子表添加对应的外键（foreign key）约束，为个别表添加默认值（default）、非空（not NULL）、检查（check）和唯一性（unique）约束（添加各种约束的方法请参考 student.sql 脚本文件中的 SQL 语句）。

2. 在目录"C:\wamp\www\8"中创建 student.sql 脚本文件，存放数据库表的创建语句（按照先父表后子表的顺序创建各数据库表）。student.sql 脚本文件如下。

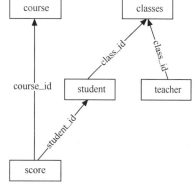

图 8-23　学生管理系统表之间的父子关系

```
use student;
create table classes(
class_id int auto_increment primary key,
class_no char(10) not NULL unique,
class_name char(20) not NULL
);
create table course(
course_id int auto_increment primary key,
course_no char(10) not NULL unique,
course_name char(20) not NULL
);
create table student(
student_id int auto_increment primary key,
student_no char(10) not NULL unique,
student_name char(10) not NULL,
class_id int,
constraint FK_student_class foreign key (class_id) references classes(class_id)
);
create table teacher(
teacher_id int auto_increment primary key,
teacher_no char(10) not NULL unique,
teacher_name char(10) not NULL,
class_id int unique,
constraint FK_teacher_class foreign key (class_id) references classes(class_id)
);
create table score(
score_id int auto_increment primary key,
student_id int not NULL,
```

```
course_id int not NULL,
grade int,
constraint FK_score_student foreign key (student_id) references student(student_id),
constraint FK_score_course foreign key (course_id) references course(course_id)
);
```

3. 在命令窗口中执行"\. C:\wamp\www\8\init.sql"命令，设置默认存储引擎为 InnoDB，设置字符集为 gbk。

4. 若没有 student 数据库，需要使用"create database student;"语句创建 student 数据库。

5. 在命令窗口中执行"\. C:\wamp\www\8\student.sql"命令，创建 student 数据库各个数据库表。

student.sql 脚本文件说明：在创建 student 表的 SQL 语句中，constraint FK_student_class foreign key (class_id) references classes(class_id)用于实现外键约束，其中 FK_student_class 为约束名，foreign key 指定约束类型为外键约束，(class_id) references classes(class_id)用于指定当前表中的 class_id 字段参照 classes 表的 class_id 字段，以此类推。

8.6.4 显示数据库表结构

在创建数据库表之后，在 MySQL 命令窗口中使用 MySQL 命令"show tables;"即可查看当前操作的数据库中所有的表名。该命令的执行结果如图 8-24 所示。

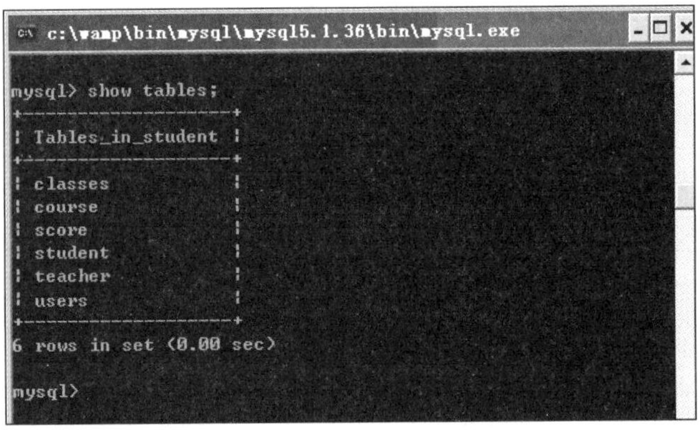

图 8-24　查看数据库中所有的表名

在 MySQL 命令窗口中使用 MySQL 命令"describe table_name;"即可查看表名为 table_name 的表结构（describe 关键字也可以简写为 desc），例如在 MySQL 命令窗口中输入命令"describe student;"，查看 classes 表的表结构。该命令的执行结果如图 8-25 所示。

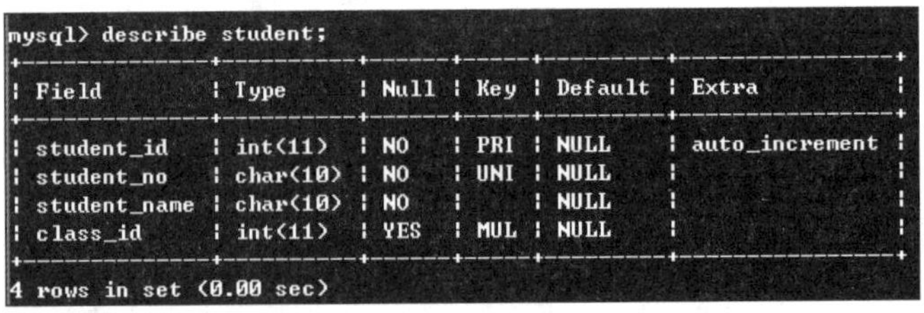

图 8-25　查看表结构

使用上述命令无法查看数据库表的存储引擎、字符集、自增字段起始值等信息，在 MySQL 命令窗口中使用 MySQL 命令"show create table table_name;"即可查看创建表名为 table_name 的创建语句，从而查看表结构，包括存储引擎、字符集、自增字段起始值等信息。例如，在 MySQL 命令窗口中输入命令 "show create table student;"，即可查看 student 表的表结构。该命令的执行结果如图 8-26 所示。

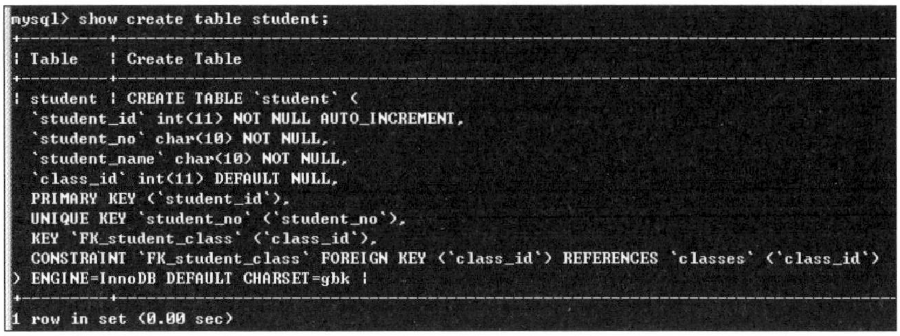

图 8-26　显示表结构创建语句

8.6.5　删除数据库表结构

在 MySQL 命令窗口中使用 SQL 语句 "drop table table_name;" 即可删除表名为 table_name 的表。例如，删除学生管理系统数据库 student 中的 student 表结构，使用 "drop table student;" 命令即可。删除数据库表结构后，MySQL 数据库管理系统会自动删除数据库目录 "C:\wamp\bin\mysql\mysql5.6.12\data\student" 中的表文件。因此数据库表一旦删除，保存在该数据库表中的记录及表结构都将全部被删除，所以该命令慎用！

另外，在进行数据库表结构删除操作的过程中，还要考虑到父表与子表间的关系，只有删除父表与子表间的外键约束关系，才可以成功删除父表。例如，直接删除 classes 表时可能发生 SQL 语句运行错误，如图 8-27 所示。

图 8-27　删除父表失败

8.7　表记录的更新操作

数据库表记录的更新操作包括添加记录、修改记录和删除记录，它们分别对应 insert、update 和 delete 等 SQL 语句。

8.7.1　表记录的添加

在 MySQL 中，使用 insert 语句将一行新的记录追加到一个已经存在的数据库表中。
insert 语句的语法格式：

```
insert into table_name [(字段列表)]  values (值列表);
```

说明 值列表应与字段列表个数与顺序对应，值列表的数据类型必须与表字段的数据类型保持一致。

下面的两条 insert 语句向 classes 表中添加两条记录。

```
insert into classes(class_id,class_no,class_name) values (NULL,'10chinese','10 中文');
insert into classes(class_id,class_no,class_name) values (NULL,'10english','10 英语');
```

当向表中的所有列添加数据时，insert 语句中的字段列表可以省略，例如，下面的 insert 语句。

```
insert into classes values (NULL,'10maths','10 数学');
```

insert 语句执行后的返回结果是 insert 语句影响的行数，如图 8-28 所示。

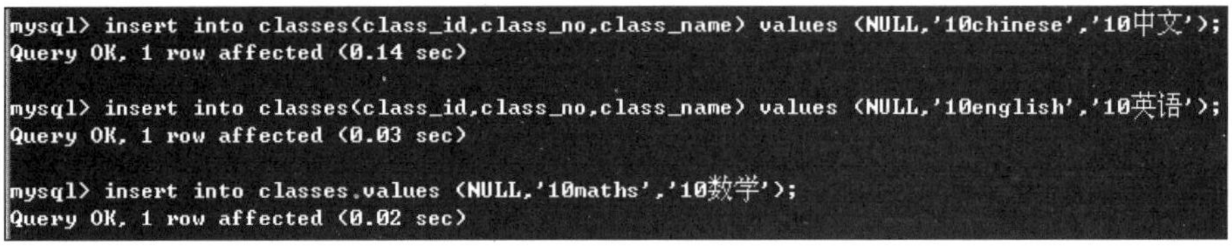

```
mysql> insert into classes(class_id,class_no,class_name) values (NULL,'10chinese','10中文');
Query OK, 1 row affected (0.14 sec)

mysql> insert into classes(class_id,class_no,class_name) values (NULL,'10english','10英语');
Query OK, 1 row affected (0.03 sec)

mysql> insert into classes.values (NULL,'10maths','10数学');
Query OK, 1 row affected (0.02 sec)
```

图 8-28 向表中添加数据

使用“select * from classes;”语句可以查询 classes 表中的所有记录，如图 8-29 所示。（注意：class_id 的值自动生成且递增。）

使用 insert 语句添加记录需要注意以下几点。

1. 在使用 insert 语句添加记录或使用 select 语句查询记录前，需要设置正确的字符集，否则将出现乱码问题。例如，依次执行下面的 MySQL 命令，select 语句的查询结果将出现乱码问题，如图 8-30 所示。

```
set names latin1;
select * from classes;
set names gbk;
```

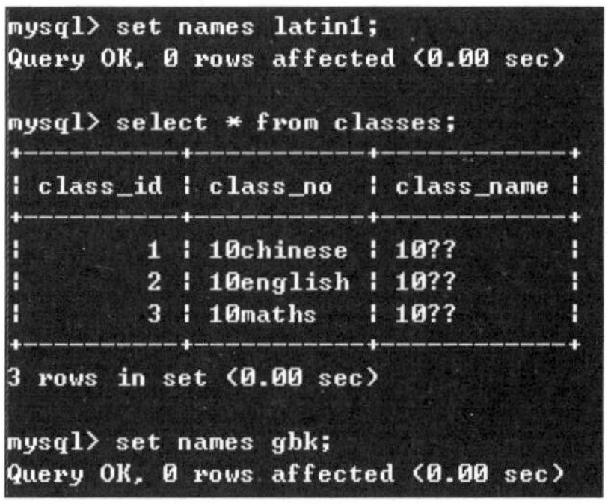

注意 上述 MySQL 命令中，最后一条 MySQL 命令重新将 character_set_client、character_set_connection 以及 character_set_results 的字符集设置为 gbk。

```
mysql> select * from classes;
+----------+-----------+------------+
| class_id | class_no  | class_name |
+----------+-----------+------------+
|        1 | 10chinese | 10中文     |
|        2 | 10english | 10英语     |
|        3 | 10maths   | 10数学     |
+----------+-----------+------------+
3 rows in set (0.00 sec)
```

图 8-29 查询表中所有记录

```
mysql> set names latin1;
Query OK, 0 rows affected (0.00 sec)

mysql> select * from classes;
+----------+-----------+------------+
| class_id | class_no  | class_name |
+----------+-----------+------------+
|        1 | 10chinese | 10??       |
|        2 | 10english | 10??       |
|        3 | 10maths   | 10??       |
+----------+-----------+------------+
3 rows in set (0.00 sec)

mysql> set names gbk;
Query OK, 0 rows affected (0.00 sec)
```

图 8-30 数据库乱码问题

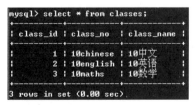

2. 使用 insert 语句向 course 表、student 表、score 表以及 teacher 表中添加记录时，需要注意表之间的外键约束关系，这种关系决定了表记录添加的顺序。例如，下面的 SQL 语句可以执行成功。

```
insert into student values (NULL,'2010010101','张三',1);
```

这是由于前面已经向 classes 表中添加了一条 class_id 等于 1（班级名为 10 中文）的记录。而下面的 SQL 语句则会执行失败，如图 8-31 所示。

```
insert into student values (NULL,'2010010102','李四',5);
```

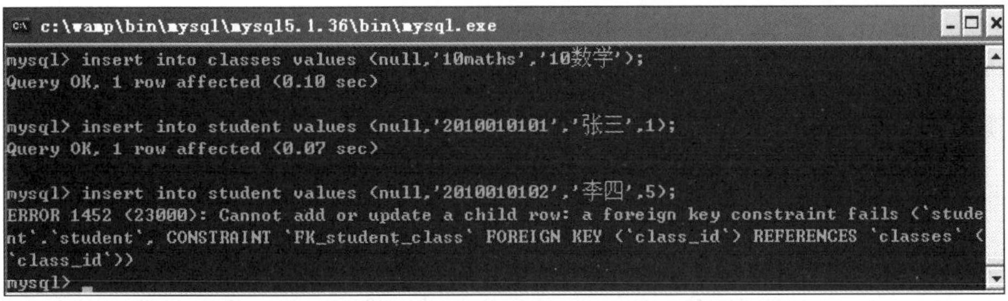

图 8-31　添加记录失败

这是由于 classes 表中还不存在 class_id 等于 5 的班级记录，而 student 表中字段 class_id 的值需来自于 classes 表中字段 class_id 的值。

虽然 SQL 语句 "insert into student values (NULL,'2010010102','李四',5);" 以执行失败告终，但这条 SQL 语句会使 student 表中 student_id 自增字段的起始值自动增加 1，因此再次向 student 表添加新记录时，如果 student_id 自增字段的值为 null，则 student_id 将从 3 开始。

8.7.2　表记录的修改

在 MySQL 中，使用 update 语句修改满足一定条件的记录。

update 语句的语法格式：

```
update table_name
set column_name = new_value [, next_column = new_value2…]
[where 条件表达式]
```

说明如下。

1. where 子句指定被修改记录的条件，只有满足条件表达式的记录才被修改。如果省略 where 子句，则表中所有记录相应的字段值都会被修改。

2. 修改记录时，同样需要注意表之间的外键约束关系。

例如，将 student_id 等于 1 的学生姓名改成 "张三丰"，所用的 SQL 语句如下。

```
update student set student_name='张三丰' where student_id=1;
```

update 语句执行后的返回结果是 update 语句影响的行数，如图 8-32 所示。

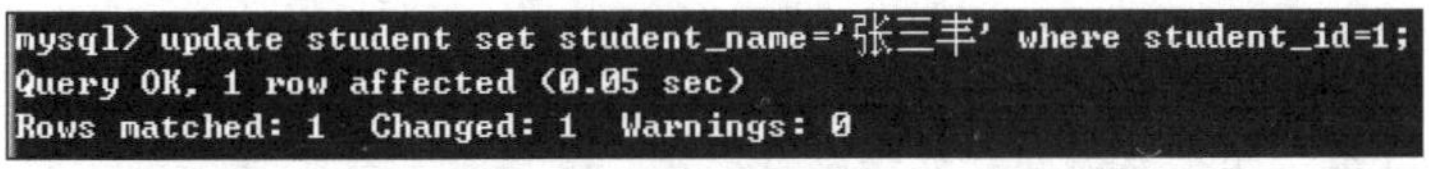

图 8-32　修改记录

例如，将所有的学生成绩减去 5 分，对应的 SQL 语句如下。

```
update score set grade=grade-5;
```

例如，将 student_id 等于 1 且 course_id 等于 2 的学生成绩加 10 分，所用的 SQL 语句如下。

```
update score set grade=grade+10 where student_id=1 and course_id=2;
```

8.7.3 表记录的删除

在 MySQL 中，使用 delete 语句删除满足一定条件的记录。

delete 语句的语法格式：

```
delete from  table_name
 [where 条件表达式];
```

说明如下。

1. 如果省略 where 子句，table_name 表中的所有记录被删除，但表结构仍然存在。

2. 有自动编号字段的记录被删除后，字段编号不会重新排列。

3. 删除记录时，同样需要注意表之间的外键约束关系。

例如，将 student_id 等于 2 且 course_id 等于 1 的学生成绩删除，所用的 SQL 语句如下。

```
delete from score where student_id=1 and course_id=2;
```

delete 语句执行后的返回结果是 delete 语句影响的行数，由于 score 表中不存在 student_id 等于 2 且 course_id 等于 1 的学生成绩，删除的记录行数为零，如图 8-33 所示。

```
mysql> delete from score where student_id=1 and course_id=2;
Query OK, 0 rows affected (0.02 sec)
```

图 8-33 删除记录

8.8 表记录的查询操作

数据库的所有操作中，表记录查询是使用频率最高的操作。在 MySQL 中，使用 select 语句实现表记录的查询。select 语句的功能是让数据库服务器根据 MySQL 客户机的请求查找用户所需要的信息，并按用户规定的格式整理成"结果集"返回给 MySQL 客户机。

select 语句语法格式：

```
select 字段列表
from 数据源
[where 过滤条件]
[group by 分组表达式]
[having 分组过滤条件]
[order by 排序表达式[asc|desc] ];
```

from 用于指定数据源，数据源可以是一个或多个表。

8.8.1　指定字段列表及列别名

字段列表用于指定查询结果集中所需要显示的列，可以使用以下格式指定字段列表。

*：字段列表为数据源的全部字段。

表名.*：多表查询时，指定某个表的全部字段。

字段列表：指定所需要显示的列。

> 字段列表可以包含字段名，也可以包含表达式，字段名之间用逗号分隔，并且顺序可以根据需要任意指定。

可以为字段列表中的字段名或表达式指定别名，中间使用 as 关键字分隔即可（as 关键字可以省略）。

多表查询时，同名字段前必须添加表名前缀，表名前缀与同名字段之间使用 "." 分隔。

例如，下面的 MySQL 命令的执行结果如图 8-34 所示。

```
select version() 版本号, now() as 服务器当前时间, pi() PI 的值,1+2 求和;
```

图 8-34　select 语句

例如，查询 student 表中全部数据（全部记录和全部字段），所用的 SQL 语句如下。

```
select * from student;
```

该 SQL 语句等效于：

```
select student_id,student_no,student_name, class_id from student;
```

例如，查询 student 表中学生姓名及学号信息，所用的 SQL 语句如下。

```
select student_no,student_name from student;
```

该 SQL 语句等效于：

```
select student.student_no, student.student_name from student;
```

8.8.2　使用谓词限制记录的行数

MySQL 中的两个谓词 distinct 和 limit 可以限制记录的行数。

1. 使用谓词 distinct 过滤重复记录

数据库表中不允许出现重复的记录，但这不意味着 select 的查询结果集中不会出现记录重复的现象。如果需要过滤结果集中重复的记录，可以使用谓词关键字 distinct，语法格式：

```
select distinct 列名
```

例如，查询 student 表中学生姓名信息（要求姓名不能重复），所用的 SQL 语句如下。

```
select distinct student_name from student;
```

2. 使用谓词 limit 查询某几行记录

使用 select 语句时，经常要返回前几条或者中间某几行记录，可以使用谓词关键字 limit。语法格式：

```
select 字段列表
from 数据源
limit [start,]length;
```

说明如下。

（1）limit 接受一个或两个整数参数。start 表示从第几行记录开始输出，length 表示检索多少行记录。

（2）表中第一行记录的 start 值为 0（不是 1）。

例如，查询 score 表的前 3 条记录信息，所用的 SQL 语句如下。

```
select * from score limit 0,3;
```

该语句等效于：

```
"select * from score limit 3;"。
```

例如，查询 score 表中从第 2 条记录开始的 3 条记录信息，所用的 SQL 语句如下。

```
select * from score limit 1,3;
```

8.8.3 使用 from 子句指定多个数据源

在实际应用中，为了避免数据冗余，需要将一张"大表"划分成若干张"小表"。数据库规范化的过程实际上就是将"大表"分割成若干"小表"的过程。检索数据时，往往需要将若干张"小表""缝补"成一张"大表"输出给数据库用户。在 select 语句的 from 子句中指定多个数据源，即可轻松实现从多张数据库表中提取数据。多张数据库表"缝补"成一个结果集时，需要指定"缝补"条件，该"缝补"条件称为"连接条件"。

指定连接条件的方法有两种：第一种方法是在 where 子句中指定连接条件（稍后讲解）；第二种方法是在 from 子句中使用连接（join）运算，将多个数据源按照某种连接条件"缝补"在一起。第二种方法的 from 子句的语法格式如下。

```
from 表名 1 [连接类型] join 表名 2 on 表 1 和表 2 之间的连接条件
```

SQL 标准中的连接类型主要分为 inner 连接（内连接）和 outer 连接（外连接），而外连接又分为 left（左外连接，简称为左连接）、right（右外连接，简称为右连接）以及 full（完全外连接，简称完全连接）。

如果表 1 与表 2 存在相同意义的字段，则可以通过该字段连接这两张表。为了便于描述，本书将该字段称为表 1 与表 2 之间的"连接字段"。例如，student 表中存在 class_id 字段，而该字段又是 classes 表的主键，因此可以通过该字段对 student 表与 classes 表进行连接，"缝补"成一张"大表"输出给数据库用户，此时 class_id 字段就是 student 表与 classes 表之间的"连接字段"，如图 8-35 所示。

1. 如果在表 1 与表 2 中连接字段同名，则需要在连接字段前冠以表名前缀，以便指明该字段属于哪个表。

2. 使用 from 子句可以给各个数据源指定别名，指定别名的方法与 select 子句中为字段名指定别名的方法相同。

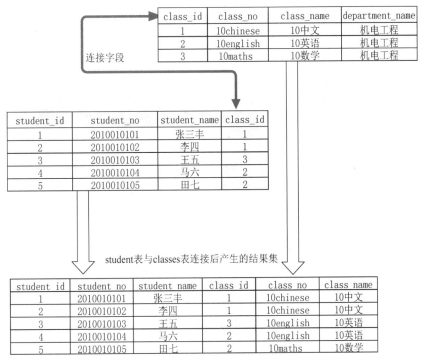

图 8-35 student 表与 classes 表连接后产生的结果集

1. 内连接（inner join）

内连接将两个表中满足指定连接条件的记录连接成新的结果集，并舍弃所有不满足连接条件的记录。内连接是最常用的连接类型，也是默认的连接类型，可以在 from 子句中使用 inner join（inner 关键字可以省略）实现内连接，语法格式如下。

```
from 表1 [inner] join表2 on 表1和表2之间的连接条件
```

使用内连接连接两个数据库表时，连接条件会同时过滤表 1 与表 2 的记录信息。

场景描述 1：使用下面的 insert 语句向 classes 表中插入一条班级信息（注意：该班级暂时没有分配学生，为保证班级 class_no 值的连续性，将其手动设置为 4）。

```
insert into classes values (4,'10auto','10 自动化');
```

使用下面的 insert 语句向 student 表中插入一条学生信息（注意：该生暂时没有分配班级）。

```
insert into student values (6,'2010010106','赵八',null);
```

下面的 select 语句可以完成下列 3 个功能选项中的哪一个功能？

```
select student_id, student_no,student_name,classes.class_id,class_no,class_name
from student join classes on student.class_id=classes.class_id;
```

功能选项 1：检索分配有班级的学生信息。

功能选项 2：检索所有学生对应的班级信息。

功能选项 3：检索所有班级的学生信息。

上面的 select 语句包含一个内连接，该 select 语句完成的功能是"检索分配有班级的学生信息"。原因很简单，select 语句中的内连接要求学生的 class_id 与班级的 class_id 值相等（且不能为 NULL）。select 语句的执行结果如图 8-36 所示。

```
mysql> select student_id, student_no,student_name,classes.class_id,class_no,class_name
    -> from student join classes on student.class_id=classes.class_id;
+------------+------------+--------------+----------+-----------+------------+
| student_id | student_no | student_name | class_id | class_no  | class_name |
+------------+------------+--------------+----------+-----------+------------+
|          1 | 2010010101 | 张三丰       |        1 | 10chinese | 10中文     |
|          2 | 2010010102 | 李四         |        1 | 10chinese | 10中文     |
|          4 | 2010010104 | 马六         |        2 | 10english | 10英语     |
|          5 | 2010010105 | 田七         |        2 | 10english | 10英语     |
|          3 | 2010010103 | 王五         |        3 | 10maths   | 10数学     |
+------------+------------+--------------+----------+-----------+------------+
5 rows in set (0.00 sec)
```

图 8-36　内连接的执行结果

内连接的两个表的位置可以互换，上面的 SQL 语句等效于：

```
select student_id, student_no,student_name,classes.class_id,class_no,class_name
from classes join student on student.class_id=classes.class_id;
```

也可以给 from 子句中的各个数据源指定别名。例如，可以将 classes 表的别名指定为"c"，将 student 表的别名指定为"s"。上面的 SQL 语句等效于下面的 SQL 语句，注意：as 关键字可以省略。

```
select student_id, student_no,student_name,c.class_id,class_no,class_name
from classes as c join student as s on s.class_id=c.class_id;
```

2. 外连接（outer join）

外连接又分为左连接（left join）、右连接（right join）和完全连接（full join）。与内连接不同，外连接（左连接或右连接）的连接条件只过滤一个表，对另一个表不进行过滤（该表的所有记录出现在结果集中）。完全连接两个表时，两个表的所有记录都出现在结果集中（MySQL 暂不支持完全连接，本书不再赘述，读者可以通过其他技术手段间接地实现完全连接）。

（1）左连接的语法格式。

```
from 表1 left join表2 on 表1和表2之间的连接条件
```

语法格式中表 1 左连接表 2，意味着查询结果集中必须包含表 1 的全部记录，然后表 1 按指定的连接条件与表 2 进行连接。若表 2 中没有满足连接条件的记录，则结果集中表 2 相应的字段填入 NULL。

场景描述 2：下面的 select 语句可以完成上述三个功能选项中的哪一个功能？

```
select student_id, student_no,student_name,classes.class_id,class_no,class_name
from student left join classes on student.class_id=classes.class_id;
```

上面的 select 语句包含一个左连接（student 表左连接 classes 表），该 select 语句完成的功能是"检索所有学生对应的班级信息"。原因很简单，select 语句中的左连接要求必须包含左表（student 表）的所有记录，该 select 语句的执行结果如图 8-37 所示（赵八还没有分配班级，因此他的 class_id、class_no 以及 class_name 字段值均设置为 NULL）。

（2）右连接的语法格式。

```
from 表1 right join 表2 on 表1和表2之间的连接条件
```

```
mysql> select student_id, student_no,student_name,classes.class_id,class_no,class_name
    -> from student left join classes on student.class_id=classes.class_id;
+------------+------------+--------------+----------+-----------+------------+
| student_id | student_no | student_name | class_id | class_no  | class_name |
+------------+------------+--------------+----------+-----------+------------+
|          1 | 2010010101 | 张三丰       |        1 | 10chinese | 10中文     |
|          2 | 2010010102 | 李四         |        1 | 10chinese | 10中文     |
|          4 | 2010010104 | 马六         |        2 | 10english | 10英语     |
|          5 | 2010010105 | 田七         |        2 | 10english | 10英语     |
|          3 | 2010010103 | 王五         |        3 | 10maths   | 10数学     |
|          6 | 2010010106 | 赵八         |     NULL | NULL      | NULL       |
+------------+------------+--------------+----------+-----------+------------+
6 rows in set (0.00 sec)
```

图 8-37　左连接执行结果

说明 语法格式中表 1 右连接表 2，意味着查询结果集中必须包含表 2 的全部记录，然后表 2 按指定的连接条件与表 1 进行连接。若表 1 中没有满足连接条件的记录，则结果集中表 1 相应的字段填入 NULL。

场景描述 3：下面的 select 语句可以完成上述三个功能选项中的哪一个功能？

```
select student_id, student_no,student_name,classes.class_id,class_no,class_name
from student right join classes on student.class_id=classes.class_id;
```

上面的 select 语句包含一个右连接（学生 student 表右连接班级 classes 表），该 select 语句完成的功能是"检索所有班级中的学生信息"。原因很简单，该 select 语句中的右连接要求必须包含右表（classes 表）的所有记录，该 select 语句的执行结果如图 8-38 所示。由于"10 自动化"班还没有分配学生，因此"10 自动化"班的 student_id、student_no 以及 student_name 字段值均设置为 NULL。

```
mysql> select student_id, student_no,student_name,classes.class_id,class_no,class_name
    -> from student right join classes on student.class_id=classes.class_id;
+------------+------------+--------------+----------+-----------+------------+
| student_id | student_no | student_name | class_id | class_no  | class_name |
+------------+------------+--------------+----------+-----------+------------+
|          1 | 2010010101 | 张三丰       |        1 | 10chinese | 10中文     |
|          2 | 2010010102 | 李四         |        1 | 10chinese | 10中文     |
|          4 | 2010010104 | 马六         |        2 | 10english | 10英语     |
|          5 | 2010010105 | 田七         |        2 | 10english | 10英语     |
|          3 | 2010010103 | 王五         |        3 | 10maths   | 10数学     |
|       NULL | NULL       | NULL         |        4 | 10auto    | 10自动化   |
+------------+------------+--------------+----------+-----------+------------+
6 rows in set (0.00 sec)
```

图 8-38　右连接执行结果

总结：内连接和外连接的区别在于内连接将去除所有不符合连接条件的记录，而外连接则保留其中一个表的所有记录。表 1 左连接表 2 时，表 1 中的所有记录都会保留在结果集中；而右连接则恰恰相反。"表 1 左连接表 2"的结果与"表 2 右连接表 1"的结果是一样的。

8.8.4　使用 where 子句过滤记录

由于数据库中存储着海量的数据，而数据库用户往往需要的是满足特定条件的部分记录，因此就需要对查询结果进行过滤筛选。使用 where 子句可以设置结果集的过滤条件，where 子句的语法格式：

```
where 条件表达式
```

其中，条件表达式是一个布尔表达式，满足"布尔表达式为真"的记录将被包含在 select 结果集中。

例如，在 score 表中查询成绩大于 80 的记录，所用的 SQL 语句如下。

```
select * from score where grade>80;
```

例如，查询"10 中文"班级所有的学生信息，所用的 SQL 语句如下。

```
select student_no,student_name,class_no,class_name
from student join classes on student.class_id=classes.class_id
where class_name= '10 中文';
```

前面曾经提到，还可以在 where 子句中指定连接条件，因此上述 SQL 语句等效于：

```
select student_no,student_name,class_no,class_name
from student,classes
where student.class_id=classes.class_id
and class_name= '10 中文';
```

例如，查询课号"maths"成绩大于 60 的学生记录，所用的 SQL 语句如下。

```
select student_no,student_name,course_no,course_name
from student join score on student.student_id= score.student_id
join course on score.course_id=course.course_id
where course_no= 'maths ' and grade>60;
```

例如，查询课号"maths"成绩大于等于 60 且小于等于 90 的学生记录，所用的 SQL 语句如下。

```
select student_no,student_name,course_no,course_name
from student join score on student.student_id= score.student_id
join course on score.course_id=course.course_id
where course_no= 'maths ' and grade between 60 and 90;
```

between…and…是一个逻辑运算符，用于测试一个值是否位于指定的范围内。

例如，查询"10 中文"班级和"10 英语"班级的学生信息，所用的 SQL 语句如下。

```
select student_no,student_name,class_no,class_name
from student join classes on student.class_id=classes.class_id
where class_name= '10 中文' or class_name= '10 英语';
```

也可以写成如下代码：

```
select student_no,student_name,class_no,class_name
from student join classes on student.class_id=classes.class_id
where class_name in( '10 中文' , '10 英语');
```

in 是一个逻辑运算符，用于测试给定的值是否在一个集合中。

例如，在 student 表中查询 class_id 值为空的记录，所用的 SQL 语句如下。

```
select * from student where class_id is NULL;
```

is 是一个逻辑运算符，这里不能写成"select * from student where class_id=NULL;," NULL 是一个不确定的数，不能使用"="和 NULL 比较。

例如，下面的 select 语句用于比较 null 值，执行结果如图 8-39 所示。

```
select null=null,null!=null,null  is null,null is not null;
```

```
mysql> select null=null,null!=null,null  is null,null is not null;
+-----------+------------+---------------+-------------------+
| null=null | null!=null | null  is null | null is not null  |
+-----------+------------+---------------+-------------------+
|      NULL |       NULL |             1 |                 0 |
+-----------+------------+---------------+-------------------+
1 row in set (0.00 sec)
```

图 8-39　null 值比较结果

例如，在 student 表中查询“张”姓的学生记录，所用的 SQL 语句如下。

```
select * from student where student_name like '张%';
```

说明　like 和 not like 是个逻辑运算符，用于模式匹配。SQL 模式匹配允许使用“_”匹配任何单个字符，使用“%”匹配任意数目字符（包括零个字符）。

例如，在 student 表中查询带有“三”字的学生记录，所用的 SQL 语句如下。

```
select * from student where student_name like '%三%';
```

例如，在 student 表中查询第二个字为“三”的学生记录，所用的 SQL 语句如下。

```
select * from student where student_name like '_三%';
```

注意　上面的 select 语句中，如果 where 子句中含有中文符号，需要设置 character_set_client、character_set_connection、character_set_database、character_set_results 为 gbk 字符集。

8.8.5　使用 order by 子句对记录排序

select 语句返回的结果集由数据库系统动态确定，往往是无序的，order by 子句用于设置结果集的排序。在 select 语句中添加一个 order by 子句，就可以使结果集中的记录按照一个或多个字段的值进行排序，排序的方向可以是升序（asc）或降序（desc）。order by 子句的语法格式：

```
order by 字段名1 [asc|desc] [… ,字段名n [asc|desc] ]
```

说明如下。

1. 在 order by 子句中，可以指定多个字段作为排序的关键字，其中第一个字段为排序主关键字，第二个字段为排序次关键字，依此类推。排序时，首先按照主关键字的值进行排序，主关键字的值相同时，再按照次关键字的值进行排序，依此类推。

2. 排序的过程中，MySQL 总是将 NULL 当作“最小值”处理。

例如，从 score 表中按照成绩从高到低的顺序提取数据，所用的 SQL 语句如下。

```
select * from score order by grade desc;
```

例如，从 score 表中按照成绩从低到高的顺序提取数据，所用的 SQL 语句如下。

```
select * from score order by grade asc;
```

也可以写成“select * from score order by grade;”，默认为升序。

例如，从 score 表中按照成绩从低到高，成绩相同的按照 student_id 从高到低的顺序提取数据，所用的 SQL 语句如下。

```
select * from score order by grade,student_id desc;
```

8.8.6　使用聚合函数返回汇总值

聚合函数用于对一组值进行计算并返回一个汇总值，常用的聚合函数有累加求和函数 sum()、平均值函数 avg()、统计记录的行数函数 count()、最大值函数 max() 和最小值函数 min() 等。

除 count 函数外，聚合函数在计算过程中忽略 NULL 值。聚合函数经常与 group by 子句一起使用，其功能可参考"PHP 数组"章节中"数组统计函数"的内容，这里不再赘述。

（1）使用 sum 函数计算字段的累加和。例如统计 score 表中 course_id 等于 1 的总成绩，所用的 SQL 语句如下。

```
select sum(grade) from score where course_id=1;
```

（2）使用 avg 函数计算字段的平均值。例如统计 score 表中 course_id 等于 1 的平均成绩，所用的 SQL 语句如下。

```
select avg(grade) from score where course_id=1;
```

（3）使用 count 函数统计记录的行数。例如统计 student 表中的学生人数，所用的 SQL 语句如下。

```
select count(student_id) from student;
```

也可以写成"select count(*) from student;"。

（4）使用 max 函数计算字段的最大值。例如统计 course 表中 course_id 等于 1 的最高分，所用的 SQL 语句如下。

```
select max(grade) from score where course_id=1;
```

（5）使用 min 函数计算字段的最小值。例如统计 course 表中 course_id 等于 1 的最低分，所用的 SQL 语句如下。

```
select min(grade) from score where course_id=1;
```

8.8.7　使用 group by 子句对记录分组统计

group by 子句将指定字段值相同的记录作为一个分组，该子句通常与聚合函数一起使用。
group by 子句语法格式：group by 字段
例如，在 score 表中查询每个学生的平均成绩，所用的 SQL 语句如下。

```
select student_no,student_name,avg(grade)
from score inner join student on score.student_id=student.student_id
group by score.student_id;
```

8.8.8　使用 having 子句提取符合条件的分组

having 子句用于指定组或聚合的查询条件，该子句通常与 group by 子句一起使用。having 子句与 where 子句都用于指定查询条件，不同的是 where 子句查询条件在分组操作前应用，而 having 查询条件在分组操作之后应用。having 子句语法格式与 where 子句语法格式类似，但 having 子句中可以包含聚合函数。

having 子句语法格式：having <查询条件>

例如，在 score 表中查询学生平均成绩高于 70 分的学生记录，所用的 SQL 语句如下。

```
select student_no,student_name
from score inner join student on score.student_id=student.student_id
group by score.student_id
having avg(grade)>70;
```

8.9　MySQL 特殊字符序列

在 MySQL 中，当字符串中存在如表 8-1 所示的 8 个特殊字符序列时，字符序列将被转义成对应的字符（每个字符序列以反斜线符号"\"开头，且字符序列大小写敏感）。

表 8-1　　　　　　　　　　　　　MySQL 特殊字符序列

MySQL 中的特殊字符序列	转义后的字符
\"	双引号(")
\'	单引号(")
\\	反斜线(\)
\n	换行符
\r	回车符
\t	制表符
\0	ASCII 0 (NUL)
\b	退格符

NUL 与 NULL 不同。例如，对于字符集为 gbk 的 char(5)数据而言，如果其中仅仅存储了两个汉字（如"张三"），那么这两个汉字将占用 char(5)中的两个字符存储空间，剩余的 3 个字符存储空间将存储"\0"字符（即 NUL）。"\0"字符可以与数值进行算术运算，此时将"\0"当作整数 0 处理；"\0"字符还可以与字符串进行连接，此时"\0"当作空字符串处理。而 NULL 与其他数据进行运算时，结果永远为 NULL。

例如，向 student 数据库 users 表（用户表）中添加一条用户名为 O'Neil（奥尼尔），密码为 O'Neil（奥尼尔）的记录时，用到的 SQL 语句如下。

```
insert into users values(null,'O\'Neil','O\'Neil');
select * from users;
```

上面的 SQL 语句的运行结果如图 8-40 所示。

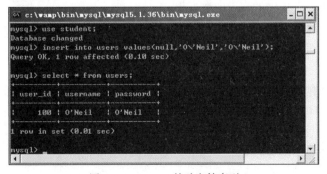

图 8-40　MySQL 特殊字符序列

当 SQL 语句（insert 语句、update 语句、delete 语句和 select 语句）中存在特殊字符时，需要使用对应的特殊字符序列进行适当的转义，否则将出现错误。若将 insert 语句写成 "insert into users values(null,'O'Neil','O'Neil');"，此时 insert 语句运行过程中将出现如图 8-41 所示的错误信息。

图 8-41　MySQL 特殊字符序列

在 select 语句中，查询条件 where 子句中可以使用 like 关键字进行 "模糊查询"。"模糊查询" 存在两个匹配符 "_" 和 "%"。其中，"_" 可以匹配单个字符，"%" 可以匹配任意个数的字符。如果使用 like 关键字查询某个字段是否存在 "_" 或 "%"，需要对 "_" 和 "%" 进行转义，如表 8-2 所示。

表 8-2　　　　　　　　　　　　like 模糊查询与 MySQL 中的特殊字符

MySQL 中的特殊字符序列	转义后的字符
_	_
\%	%

例如，查询所有姓名中包含下划线 "_" 的学生信息，可以使用下面的 select 语句（注意反斜线符号 "\" 不能省略）。

```
select * from student where student_name like '%\_%';
```

习　　题

一、选择题（带*号的题目超出了本章内容范围）

1. 下面哪个不是合法的 SQL 的聚合函数？（　　　）

　　A. AVG　　　　　　B. SUM　　　　　　C. MIN

　　D. MAX　　　　　　E. CURRENT_DATE

2. 内连接（inner join）的作用是什么？（　　　）

　　A. 把两个表通过相同字段关联入一张持久的表中

　　B. 把两个表通过一个特定字段关联起来，并创建该字段相同的所有记录的数据集

　　C. 创建基于一个表中的记录的数据集

　　D. 创建一个包含两个表中相同记录和一个表中全部记录的数据集

　　E. 以上都不对

*3. 以下哪个说法正确？（　　　）

　　A. 使用索引能加快插入数据的速度

　　B. 良好的索引策略有助于防止跨站攻击

　　C. 应当根据数据库的实际应用设计索引

　　D. 删除一条记录将导致整个表的索引被破坏

　　E. 只有数字记录行需要索引

*4. 考虑如下数据表和查询，如何添加索引能提高查询速度？（　　　）

```
CREATE TABLE MYTABLE (
ID INT,
NAME VARCHAR (100),
ADDRESS1 VARCHAR (100),
ADDRESS2 VARCHAR (100),
ZIPCODE VARCHAR (10),
CITY VARCHAR (50),
PROVINCE VARCHAR (2)
)
SELECT ID, VARCHAR
FROM MYTABLE
WHERE ID BETWEEN 0 AND 100
ORDER BY NAME, ZIPCODE;
```

    A. 给 ID 添加索引

    B. 给 NAME 和 ADDRESS1 添加索引

    C. 给 ID 添加索引，然后给 NAME 和 ZIPCODE 分别添加索引

    D. 给 ZIPCODE 和 NAME 添加索引

    E. 给 ZIPCODE 添加全文检索

*5. 执行以下 SQL 语句后将发生什么？（　　　）

```
BEGIN TRANSACTION;
DELETE FROM MYTABLE WHERE ID=1;
DELETE FROM OTHERTABLE;
ROLLBACK TRANSACTION;
```

    A. OTHERTABLE 中的内容将被删除

    B. OTHERTABLE 和 MYTABLE 中的内容都会被删除

    C. OTHERTABLE 中的内容将被删除，MYTABLE 中 ID 是 1 的内容将被删除

    D. 数据库对于执行这个语句的用户以外的其他用户来说，没有变化

    E. 数据库没有变化

6. 下面的 SQL 查询语句中，排序的方法是什么？（　　　）

```
SELECT *
FROM MY_TABLE
WHERE ID > 0
ORDER BY ID, NAME DESC;
```

    A. 返回的数据集倒序排列

    B. ID 相同的记录按 NAME 升序排列

    C. ID 相同的记录按 NAME 降序排列

    D. 返回的记录先按 NAME 排序，再安 ID 排序

    E. 结果集中包含对 NAME 字段的描述

7. 如果一个字段能被一个包含 GROUP BY 的条件的查询语句读出，以下哪个选项的描述正确？（　　　）

    A. 该字段必须有索引

    B. 该字段必须包括在 GROUP BY 条件中

    C. 该字段必须包含一个聚合值

D. 该字段必须是主键

E. 该字段必须不能包含 NULL 值

8. 下面的 SQL 查询语句输出什么？（　　　）

```
SELECT COUNT(*) FROM TABLE1 INNER JOIN TABLE2
ON TABLE1.ID <> TABLE2.ID;
```

A. TABLE1 和 TABLE2 不相同的记录

B. 两个表中相同的记录

C. TABLE1 中的记录条数乘以 TABLE2 中的记录条数再减去两表中相同的记录条数

D. 两表中不同记录的条数

E. 数字 2

二、填空题

*1. _____能保证一组 SQL 语句不受干扰地运行。

2. 可以用添加_____条件的方式对查询返回的数据集进行过滤。

3. _____语句能用来向已存在的表中添加新的记录。

4. MySQL 中自增类型（通常为表 ID 字段）必须将其设为_____字段。

5. SQL 中 LEFT JOIN 的含义是_____。

三、问答题

1. 请列举学生管理系统中所有的子表与父表。

2. 请列举你所熟知的数据库管理系统。

3. 主键约束和唯一性约束有何区别？

4. 写出 3 种以上 MySQL 数据库存储引擎的名称。

5. 简述 MySQL 的存储引擎 MYISAM 和 InnoDB 的区别。

6. MySQL 数据库中的字段类型 varchar 和 char 的主要区别是什么？哪种字段的查找效率要高？为什么？

*7. 请简述数据库设计的范式及应用。

8. 写出每个小题的 SQL 语句。

表名 Users			
Name	Tel	Content	Date
张三	13333663366	大专	2006-6-11
张三	13612312331	大专	2005-6-11
李四	021-55665566	本科	2006-6-11

（1）有一条新记录（小王 13254748547 高中 2007-05-06）请用 SQL 语句将其增至表中。

*（2）请用 SQL 语句把张三的时间更新成为当前系统时间。

（3）删除名为李四的全部记录。

9. 利用表 members 写出发贴数最多的 10 个人名字的 SQL。

```
members(id,username,posts,pass,email)
```

四、数据库设计题

设计一套图书馆借书管理系统的数据库表结构，可以记录基本的用户信息、图书信息、借还书信息。数据表的个数不超过 6 个；请画 E-R 模型（或表格）描述表结构（需要说明每个字段的字段名、字段类型、字段含义描述）。

在数据库设计中应满足以下条件。

1. 保证每个用户的唯一性。

2. 保证每种图书的唯一性，每种图书对应不等本数的多本图书，保证每本图书的唯一性。

3. 借书信息表中，应同时考虑借书行为与还书行为，考虑借书期限。

4. 保证借书信息表与用户表、图书信息表之间的参照完整性。

5. 限制每个用户最大可借书的本数。

6. 若有新用户注册或新书入库，保证自动生成其唯一性标识。

7. 为以下的一系列报表需求提供支持（无特定说明，不需编写实现语句，而需在数据库设计中，保证这些报表可以用最多一条 SQL 语句实现）。

（1）日统计报表：当日借书本数、当日还书本数报表。

（2）实时报表，包括以下几项。

① 当前每种书的借出本数、可借本数。

② 当前系统中所有超期图书、用户的列表及其超期天数。

③ 当前系统中所有用户借书的本数，分用户列出（包括没有借书行为的用户）。

第9章
PHP 与 MySQL 数据库

本章结合学生管理系统 student 数据库讲解如何使用 PHP 函数实现 PHP 与 MySQL 数据库之间的交互，然后以用户注册系统为例讲解该系统的实现过程。通过本章的学习，读者将具备简单 Web 应用系统设计与开发的能力。

9.1　PHP 中常用的 MySQL 操作函数

在 MySQL 客户机中输入 MySQL 命令或 SQL 语句可以实现与 MySQL 数据库之间的交互，但这种交互往往需要用户掌握大量的 SQL 命令的知识。有必要使用 HTML 和 PHP 开发一些页面程序，为用户提供更好的 MySQL 数据库的图形用户接口（GUI）。PHP 最大的特点就是提供了大量的 MySQL 数据库操作函数，这些函数功能强大，通过这些数据库操作函数可以轻松地实现图形用户接口。

9.1.1　连接 MySQL 服务器

进行 MySQL 数据库操作前，首先确保成功连接 MySQL 数据库服务器。PHP 中连接 MySQL 数据库服务器最简单的函数是 mysql_connect()。

语法格式：resource mysql_connect (string hostname,string username,string password);

函数功能：通过 PHP 程序连接 MySQL 数据库服务器。如果成功连接 MySQL 服务器，则返回一个 MySQL 服务器连接标识（link_identifier），否则返回 FALSE。

函数说明：连接远程 MySQL 数据库服务器时，只需将 hostname 指定为该服务器的 IP 地址即可。字符串 username 和 password 指定了连接数据库服务器时的用户名和对应的密码。

例如，如下程序 connection.php 连接了本地 MySQL 服务器。

```php
<?php
$serverLink1 = mysql_connect("localhost","root","");
echo $serverLink1;    //输出: Resource id #3
echo "<br/>";
$serverLink2 = mysql_connect("localhost","root","");
echo $serverLink2;     //输出: Resource id #3
?>
```

连接 MySQL 服务器的过程需要耗费大量网络以及服务器资源，为了提高系统性能以及资源利用率，在同一个 PHP 脚本程序中连接同一个 MySQL 数据库服务器时，PHP 将不会创建新的

MySQL 服务器连接，程序 connection.php 中$serverLink2 的值与$serverLink1 的值相等，表示它们使用的是同一个数据库服务器连接。

9.1.2 设置数据库字符集

PHP 与 MySQL 服务器连接成功后才可以进行信息交互。信息交互之前，为了防止中文乱码，通常将字符集设置为 gbk 或 utf8。将 MySQL 数据库的字符集 character_set_database 设置为 gbk 或 utf8 是避免乱码问题产生的前期工作，除此以外还需要将 character_set_client、character_set_connection 和 character_set_results 设置为 gbk 或 utf8 字符集。调用 PHP 函数 mysql_query("set names 'gbk'")可以将 character_set_client、character_set_connection 和 character_set_results 的字符集设置为 gbk 字符集。

9.1.3 关闭 MySQL 服务器连接

MySQL 服务器连接占用了数据库服务器以及 Web 服务器大量资源，PHP 程序与 MySQL 服务器信息交互之后，应尽早关闭 MySQL 服务器连接，使用函数 mysql_close()可以关闭 MySQL 服务器连接。

mysql_close()函数的语法格式：bool mysql_close([resource link_identifier])

函数功能：mysql_close()函数关闭指定的连接标识所关联到的 MySQL 服务器的连接。如果没有指定 link_identifier，则关闭上一个打开的连接。如果关闭成功则返回 TRUE，失败则返回 FALSE。例如，如下程序 closeConnection.php 的运行结果如图 9-1 所示。

图 9-1 PHP 与 MySQL 服务器的连接

```php
<?php
$serverLink = @mysql_connect("localhost","root","") or die("连接服务器失败!程序中断执行!");
mysql_query("set names 'gbk'");
if($serverLink){
    echo "与MySQL服务器连接成功! <br/>";
}
$close = @mysql_close($serverLink);
if($close){
    echo "关闭MySQL服务器连接成功!<br/>";
}else{
    exit("关闭MySQL服务器连接失败!程序中断执行!");
}
?>
```

　　PHP 脚本程序执行结束后，MySQL 服务器连接会作为"垃圾"被 PHP 垃圾回收程序自动地"回收"，因此 mysql_close()函数不必显式地调用，但养成良好的编程习惯（如显式地关闭 MySQL 服务器连接）是必要的。

9.1.4 选择当前操作的数据库

使用函数 mysql_select_db()可以设置当前操作的数据库。

语法格式：bool mysql_select_db (string database_name [, resource link_identifier])

函数功能：如果没有指定 MySQL 服务器连接标识符，则使用上一个打开的 MySQL 服务器连接。如果没有打开的连接，本函数将无参数调用 mysql_connect()函数尝试打开一个新的 MySQL 服务器连接然后使用它。如果选择当前操作的数据库成功则返回 TRUE，否则返回 FALSE。

例如，如下程序 selectDB.php 的运行结果如图 9-2 所示。

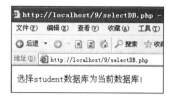

图 9-2　选择当前操作的数据库

```php
<?php
$serverLink = @mysql_connect("localhost","root","") or die("连接服务器失败!程序中断执行!");
mysql_query("set names 'gbk'");
$dbLink = @mysql_select_db("student",$serverLink) or die("选择当前数据库失败!程序中断执行!");
if($dbLink){
    echo "选择 student 数据库为当前数据库! ";
}
$close = @mysql_close($serverLink);
?>
```

本章所操作的 student 数据库是 MgSQL 数据库章节所创建的 student 数据库。

9.1.5　发送 SQL 语句或 MySQL 命令

建立 MySQL 服务器连接，设置 gbk 字符集，并选择了当前操作的数据库后，就可以使用 mysql_query()函数向 MySQL 服务器发送 SQL 语句或 MySQL 命令，以便 MySQL 服务器引擎执行这些 SQL 语句或 MySQL 命令，操作某个数据库。

语法格式：{bool|resouce} mysql_query (string sql [, resource link_identifier])

函数功能：如果没有指定 MySQL 服务器连接标识 link_identifier，则使用已打开的连接。然后向数据库引擎发送 sql 字符串（SQL 语句或 MySQL 命令）。当发送的 sql 字符串执行失败时，mysql_query()函数返回 FALSE；发送的 sql 字符串是 insert 语句、update 语句或 delete 语句，并且 sql 字符串成功执行时，mysql_query()函数返回 TRUE；发送的 sql 字符串是 select 语句，并且 select 语句成功执行时，mysql_query()函数返回结果集（result）类型的数据（实际是 resource 类型的数据）。

1. 发送 insert 语句、update 语句或 delete 语句

使用 PHP 的 mysql_query()函数向 MySQL 服务器引擎发送 insert 语句、update 语句或 delete 语句后，可以使用 mysql_affected_rows()函数查看该 SQL 语句影响到的表记录行数。

mysql_affected_rows()函数的语法格式：int mysql_affected_rows ([resource link_identifier])

mysql_affected_rows()函数功能：取得最近一次与 link_identifier 关联的 insert、update 或 delete 语句所影响的记录行数。

使用 PHP 的 mysql_query()函数发送 insert 语句向某个数据库表中添加记录时，若该数据库表中的某个字段为 auto_increment 自增字段，可以使用 mysql_insert_id()函数得到当前 insert 语句执行后的该字段值。

语法格式：int mysql_insert_id ([resource link_identifier])

mysql_insert_id()函数功能：mysql_insert_id()函数返回给定的 link_identifier 中上一条 insert 语句产生的 auto_increment 的 ID 号；如果没有指定 link_identifier，则使用上一个打开的连接。

mysql_insert_id()函数说明：如果上一条 sql 字符串语句没有产生 auto_increment 的值，则 mysql_insert_id()函数返回 0；因此如果需要使用 auto_increment 值，应该尽早调用 mysql_insert_id() 函数得到 ID 号的值。

例如，如下程序 studentManage.php 分别使用 mysql_query()函数、mysql_affected_rows()函数 和 mysql_insert_id()函数完成 student 数据库中 student 表的更新记录操作，该程序的运行结果如 图 9-3 所示。

```php
<?php
$serverLink = @mysql_connect("localhost","root","") or die("连接服务器失败!程序中断执行!");
mysql_query("set names 'gbk'");
$dbLink = @mysql_select_db("student") or die("选择当前数据库失败!程序中断执行!");
$insertSQL = "insert into student values(null,'test','test',2)";
$updateSQL = "update student set class_id=1 where student_name='test'";
$deleteSQL = "delete from student where student_name='test'";
$inserted = mysql_query($insertSQL);
echo "当前插入记录的 student_id 值为: ".mysql_insert_id()."<br/>";
$insertedRows = mysql_affected_rows();
echo "插入记录的行数: $insertedRows<br/>";
$updated = mysql_query($updateSQL);
$updatedRows = mysql_affected_rows();
echo "修改记录的行数: $updatedRows<br/>";
$deleted = mysql_query($deleteSQL);
$deletedRows = mysql_affected_rows();
echo "删除记录的行数: $deletedRows<br/>";
$close = @mysql_close($serverLink);
?>
```

2. 发送 select 语句

mysql_query()函数还可以向 MySQL 服务器引擎发送 select 语句，此时 mysql_query()函数将返回一个结果集（result）数据，可以使用 mysql_num_rows()函数查看该 select 语句查询到的表记录行数。

mysql_num_rows()函数的语法格式：int mysql_num_rows (resource result)

mysql_num_rows()函数功能：返回结果集 result 中记录的行数，该函数仅对 select 语句有效。

图 9-3　mysql_query 函数的用法 （studentManage.php）

结果集（result）使用过后，应该尽快地将其占用的服务器内存资源释放，可以使用函数 mysql_free_result()实现。

mysql_free_result()函数的语法格式：bool mysql_free_result (resource result)

mysql_free_result()函数功能：释放结果集 result 占用的服务器内存资源。若执行成功，返回 TRUE，否则返回 FALSE。

例如，如下程序 select.php 使用 mysql_query()函数、mysql_num_rows()函数和 mysql_free_result()函数实现 student 数据库 student 表的查询操作，该程序的运行结果如图 9-4 所示。

```php
<?php
$serverLink = @mysql_connect("localhost","root","") or die("连接服务器失败!程序中断执行!");
mysql_query("set names 'gbk'");
```

```
$selectSQL = "select * from student";
$dbLink = @mysql_select_db("student") or die("选择当前数据库失败!程序中断执行!");
$resultSet = mysql_query($selectSQL);
echo "<br/>";
echo "student 表的记录数为: ".mysql_num_rows($resultSet);
mysql_free_result($resultSet);
mysql_close($serverLink);
?>
```

PHP 脚本程序执行过后，结果集占用的服务器内存会自动地"回收"，mysql_free_result()函数不必显式地被调用，但养成良好的编程习惯（如显式地释放结果集）是必需的。

3. 发送 MySQL 命令

使用 mysql_query()函数还可以向 MySQL 服务器引擎发送 MySQL 命令。例如 PHP 语句 "mysql_query("set names 'gbk'");" 将 character_set_client、character_set_connection 和 character_set_results 的字符集设置为 gbk。

例如，如下程序 command.php 向 MySQL 服务器引擎发送了 "set names 'gbk'" 和 "show databases" MySQL 命令，并使用 mysql_fetch_array()函数（稍后介绍）遍历结果集中的数据，该程序的运行结果如图 9-5 所示。

```
<?php
$serverLink = @mysql_connect("localhost","root","") or die("连接服务器失败!程序中断执行!");
mysql_query("set names 'gbk'");
$resultSet = mysql_query("show databases");
while($db = mysql_fetch_array($resultSet)){
    echo $db["Database"]."<br/>";
}
mysql_free_result($resultSet);
mysql_close($serverLink);
?>
```

图 9-4　mysql_query 函数的用法（select.php）　　　图 9-5　mysql_query 函数的用法（command.php）

9.1.6　遍历结果集中的数据

使用 mysql_query()函数取得 select 语句的结果集 result 后，可以使用 mysql_fetch_row()函数或 mysql_fetch_array()函数遍历结果集中的数据，这两个函数的共同特征是需要结果集类型的数据作为函数的参数。

mysql_fetch_row()函数的语法格式：array mysql_fetch_row (resource result)

mysql_fetch_row()函数功能：从结果集 result 中取得下一行记录，并将该记录生成一个数组，数组的元素的键为从零开始的整数，数组元素的值依次为 select 语句中"字段列表"的值。若结果集 result 中没有下一行记录，则函数返回 FALSE。

mysql_fetch_array()函数的语法格式：array mysql_fetch_array (resource result)

mysql_fetch_array()函数功能：该函数是 mysql_fetch_row()函数的扩展版本，该函数的返回值中除了包含 mysql_fetch_row()函数的返回值，还包含 select 语句中"字段列表=>字段列表值"的数组元素。

例如，如下程序 fetchArray.php 遍历 student 数据库中 student 表的记录，并将 student 表中的所有记录打印在页面上，fetchArray.php 程序的运行结果如图 9-6 所示。

```php
<?php
$serverLink = @mysql_connect("localhost","root","") or die("连接服务器失败!程序中断执行!");
mysql_query("set names 'gbk'");
$dbLink = @mysql_select_db("student") or die("选择当前数据库失败!程序中断执行!");
$selectSQL = "select * from student";
$resultSet = mysql_query($selectSQL);
while($student = mysql_fetch_array($resultSet)){
    echo $student['student_id']." ";
    echo $student['student_no']." ";
    echo $student['student_name']."<br/>";
}
mysql_free_result($resultSet);
mysql_close($serverLink);
?>
```

如果 student 数据库的字符集设置为 gbk，遍历 student 表时，需使用"mysql_query("set names 'gbk'");"语句将 character_set_client、character_set_connection 和 character_set_results 的字符集设置为 gbk。若没有该语句，或者将字符集修改为 latin1 字符集，页面显示将可能出现乱码。

例如，将程序 fetchArray.php 中的 PHP 语句"mysql_query("set names 'gbk'");"修改为"mysql_query("set names 'latin1'"); "后，重新访问该页面，运行结果如图 9-7 所示。

图 9-6　遍历结果集中的数据（fetchArray.php）

图 9-7　遍历结果集中的数据（语句修改后）

fetchArray.php 程序中不能将 mysql_fetch_array()函数替换成 mysql_fetch_row()函数。如下程序 fetchRow.php 中的 mysql_fetch_row()函数可以替换成 mysql_fetch_array()函数。

```php
<?php
$serverLink = @mysql_connect("localhost","root","") or die("连接服务器失败!程序中断执行!");
mysql_query("set names 'gbk'");
$dbLink = @mysql_select_db("student") or die("选择当前数据库失败!程序中断执行!");
$selectSQL = "select * from student";
$resultSet = mysql_query($selectSQL);
while($student = mysql_fetch_row($resultSet)){
    echo $student[0]." ";
    echo $student[1]." ";
```

```
        echo $student[2]."<br/>";
    }
    mysql_free_result($resultSet);
    mysql_close($serverLink);
    ?>
```

在 MySQL 引擎中执行 SQL 语句或 MySQL 命令产生结果集，PHP 通过使用 mysql_fetch_*()函数将 MySQL 服务器的执行结果集"拷贝"到 PHP 服务器内存，以便 PHP 程序对这些数据进行访问。

9.1.7 MySQL 服务器连接与关闭最佳时机

MySQL 服务器连接应该尽早地关闭，这并不意味着在同一个 PHP 脚本程序中，每一次数据库操作后，立即关闭 MySQL 服务器连接，例如，程序 closeConnectionTime.php 如下。

```php
<?php
function student_query(){
    $serverLink = @mysql_connect("localhost","root","") or die("连接服务器失败!程序中断执行!");
    mysql_query("set names 'gbk'");
    $dbLink = @mysql_select_db("student") or die("选择当前数据库失败!程序中断执行!");
    $selectSQL = "select * from student";
    $resultSet = mysql_query($selectSQL) or die(mysql_error());
    while($student = mysql_fetch_array($resultSet)){
        echo $student['student_id']." ";
        echo $student['student_no']." ";
        echo $student['student_name']."<br/>";
    }
    mysql_free_result($resultSet);
    mysql_close($serverLink);
}
student_query();
student_query();
?>
```

在 closeConnectionTime.php 程序中，每调用一次 student_query()函数，都会开启新的 MySQL 服务器连接和关闭 MySQL 服务器连接，耗费了网络资源和服务器资源，这里推荐的做法是将程序 closeConnectionTime.php 修改为如下代码。

```php
<?php
function student_query(){
    $selectSQL = "select * from student";
    $resultSet = mysql_query($selectSQL) or die(mysql_error());
    while($student = mysql_fetch_array($resultSet)){
        echo $student['student_id']." ";
        echo $student['student_no']." ";
        echo $student['student_name']."<br/>";
    }
    mysql_free_result($resultSet);
}
$serverLink = @mysql_connect("localhost","root","") or die("连接服务器失败!程序中断执行!");
mysql_query("set names 'gbk'");
$dbLink = @mysql_select_db("student") or die("选择当前数据库失败!程序中断执行!");
student_query();
```

```
student_query();
mysql_close($serverLink);
?>
```

这样 closeConnectionTime.php 在进行数据库操作时，仅打开一次 MySQL 服务器连接，节省了网络和服务器资源。

9.1.8　MySQL 服务器连接与关闭函数的制作

由于 Web 系统中的 PHP 程序需要经常和数据库服务器进行交互，而数据库服务器连接又是非常宝贵的系统资源，为了方便管理数据库服务器连接，可以制作 PHP 函数专门管理数据库服务器连接，例如，程序 database.php 如下。

```php
<?php
$databaseConnection = null;
function getConnection(){
    $hostname = "localhost";              //数据库服务器主机名，可以用 IP 代替
    $database = "users";                  //数据库名
    $userName = "root";                   //数据库服务器用户名
    $password = "";                       //数据库服务器密码
    global $databaseConnection;
    $databaseConnection = @mysql_connect($hostname, $userName, $password) or die
(mysql_error());                          //连接数据库服务器
    mysql_query("set names 'gbk'");       //设置字符集
    @mysql_select_db($database, $databaseConnection) or die(mysql_error());
}
function closeConnection(){
    global $databaseConnection;
    if($databaseConnection){
        mysql_close($databaseConnection) or die(mysql_error());
    }
}
?>
```

程序 database.php 首先定义了一个全局变量$databaseConnection，然后定义了一个开启数据库服务器的连接函数 getConnection()和数据库服务器连接关闭函数 closeConnection()。

　　使用 database.php 文件定义的 getConnection()函数前，需要根据特定需要修改局部变量$hostname、$database、$userName 和$password 的值。

9.2　PHP 中其他 MySQL 操作函数

PHP 提供的其他 MySQL 操作函数不一定常用，但了解这些函数的用法是有必要的。

9.2.1　数据库表操作函数

PHP 提供的数据库表操作函数包括 mysql_list_tables()函数和 mysql_tablename()函数。

1. mysql_list_tables()函数

语法格式：resource mysql_list_tables (string database_name [, resource link_identifier])

函数功能：列出 MySQL 数据库 database_name 中的所有表。该函数将返回一个包含了 database_name 数据库中所有可用数据库表的结果集。

　　PHP 语句 "$resultSet = mysql_list_tables("database_name")" 等效于下面两条 PHP 语句。

```
mysql_select_db("database_name");
$resultSet = mysql_query("show tables");
```

2. mysql_tablename()函数

语法格式：string mysql_tablename (resource result, int i)

函数功能：取得表名。该函数接收 mysql_list_tables()函数的返回值以及一个整数索引作为参数并返回表名。例如，程序 table.php 如下，该程序的运行结果如图 9-8 所示。

```
<?php
$server_link = @mysql_connect("localhost","root","") or die("连接服务器失败!程序中断执行!");
    mysql_query("set names 'gbk'");
    $resultSet = @mysql_list_tables("student");
    for($i = 0; $i < mysql_num_rows($resultSet); $i++){
        printf ("表: %s<br/>", mysql_tablename($resultSet, $i));
    }
    mysql_free_result($resultSet);
    mysql_close($server_link);
?>
```

图 9-8　数据库表操作函数

9.2.2　选择当前操作的数据库并发送 SQL 语句

mysql_db_query()函数

语法格式：resource mysql_db_query (string database_name, string sql [, resource link_identifier])

函数功能：发送一条 SQL 语句。mysql_db_query()函数选择一个当前操作的数据库并向数据库服务器引擎中发送 SQL 语句。

例如，可以将程序 select.php 修改为如下代码。

```
<?php
$serverLink = @mysql_connect("localhost","root","") or die("连接服务器失败!程序中断执
```

```
行!");
    mysql_query("set names 'gbk'");
    $selectSQL = "select * from student";
    $resultSet = @mysql_db_query("student",$selectSQL);
    echo "<br/>";
    echo "student 表的记录数为: ".mysql_num_rows($resultSet);
    mysql_free_result($resultSet);
    mysql_close($serverLink);
    ?>
```

9.2.3　表字段操作函数

PHP 提供的数据库表字段操作函数包括 mysql_num_fields()、mysql_field_name()、mysql_field_type()、mysql_field_len()和 mysql_field_flags()函数。

1. mysql_num_fields()函数

语法格式：int mysql_num_fields (resource result)

函数功能：取得结果集 result 中字段的数目。

2. mysql_field_name()函数

语法格式：string mysql_field_name (resource result, int field_index)

函数功能：取得结果集 result 中指定字段的字段名。

　　　　　mysql_field_name()函数返回指定字段索引的字段名。field_index 是该字段的数字偏移量，该偏移量从 0 开始。

3. mysql_field_type()函数

语法格式：string mysql_field_type (resource result, int field_offset)

函数功能：取得结果集 result 中指定字段的 MySQL 数据类型。

　　　　　mysql_field_type()返回指定字段的 MySQL 数据类型。field_offset 是该字段的数字偏移量，该偏移量从 0 开始。

4. mysql_field_len()函数

语法格式：int mysql_field_len (resource result, int field_offset)

函数功能：返回结果集 result 中指定字段的长度。

5. mysql_field_flags()函数

语法格式：string mysql_field_flags (resource result, int field_offset)

函数功能：从结果集 result 中取得和指定字段关联的标志。每个标记对应一个单词，之间用一个空格分开。这些标记有: "not_null"、"primary_key"、"unique_key"、"multiple_key"、"blob"、"unsigned"、"zerofill"、"binary"、"enum"、"auto_increment"、"timestamp"等。

例如，程序 field.php 如下，该程序的运行结果如图 9-9 所示。

```
<?php
$serverLink = @mysql_connect("localhost","root","") or die("连接服务器失败!程序中断执行!");
mysql_query("set names 'gbk'");
$selectSQL = "select * from student";
$resultSet = @mysql_db_query("student",$selectSQL);
```

```
$fieldsNum = mysql_num_fields($resultSet);
echo "student 表共有".$fieldsNum."个字段，各个字段属性如下：";
echo "<br/>";
echo "<table>";
echo "<tr><td>字段名</td><td>字段类型</td><td>字段长度</td><td>字段标识</td></tr>";
for($i=0;$i<$fieldsNum;$i++){
    echo "<tr>";
    echo "<td>".mysql_field_name($resultSet,$i)."</td>";
    echo "<td>".mysql_field_type($resultSet,$i)."</td>";
    echo "<td>".mysql_field_len($resultSet,$i)."</td>";
    echo "<td>".mysql_field_flags($resultSet,$i)."</td>";
    echo "</tr>";
}
echo "</table>";
mysql_free_result($resultSet);
mysql_close($serverLink);
?>
```

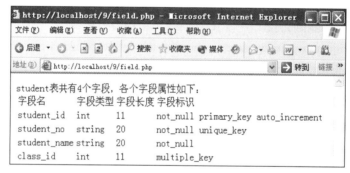

图 9-9　表字段操作函数

9.2.4　其他常用函数

1.　mysql_fetch_lengths()函数

语法格式：array mysql_fetch_lengths (resource result)

函数功能：返回结果集 result 中每个字段内容的长度。使用 mysql_fetch_lengths()函数前通常先使用 mysql_fetch_row()函数或 mysql_fetch_array()函数取得记录集中所有字段。如果 mysql_fetch_lengths()函数成功执行，将返回一个整数键数组；如果执行失败或没有任何结果返回将返回 FALSE。例如，程序 fetchLengths.php 如下，该程序的运行结果如图 9-10 所示。

```
<?php
$serverLink = @mysql_connect("localhost","root","") or die("连接服务器失败!程序中断执行!");
mysql_query("set names 'gbk'");
$selectSQL = "select * from student";
$resultSet = @mysql_db_query("student",$selectSQL);
var_dump(mysql_fetch_row($resultSet));
echo "<br/>";
var_dump(mysql_fetch_lengths($resultSet));
mysql_free_result($resultSet);
mysql_close($serverLink);
?>
```

图 9-10 mysql_fetch_lengths()函数用法

2. mysql_result()函数

语法格式：mixed mysql_result (resource result, int row [, mixed field])

函数功能：返回结果集 result 中一个字段的字段值。字段参数可以是字段的偏移量或者字段名，或者是"表名.字段名"。例如，程序 mysql_result.php 如下，该程序的运行结果如图 9-11 所示。

```php
<?php
$serverLink = @mysql_connect("localhost","root","") or die("连接服务器失败!程序中断执行!");
mysql_query("set names 'gbk'");
$selectSQL = "select * from student";
$resultSet = @mysql_db_query("student",$selectSQL);

echo "<br/>";
echo mysql_result($resultSet,0,0);
echo " ";
echo mysql_result($resultSet,0,1);
echo " ";
echo mysql_result($resultSet,0,2);
echo " ";
echo mysql_result($resultSet,0,3);
mysql_free_result($resultSet);
mysql_close($serverLink);
?>
```

3. mysql_errno()函数

语法格式：int mysql_errno ([resource link_identifier])

函数功能：返回 MySQL 数据库服务器的错误代码，如果没有出错则返回 0（零）。

  mysql_errno()函数仅返回最近一次 MySQL 函数的错误代码，因此应该尽早地调用该函数。

4. mysql_error()函数

语法格式：string mysql_error ([resource link_identifier])

函数功能：返回 MySQL 数据库服务器产生的错误文本信息，如果没有出错则返回""(空字符串)。

说明　mysql_error()函数仅返回最近一次 MySQL 函数的错误文本信息，因此应该尽早地调用该函数。

例如，程序 error.php 如下，该程序的运行结果如图 9-12 所示。

```php
<?php
$serverLink = @mysql_connect("localhost","root","") or die("连接服务器失败!程序中断执行!");
mysql_query("set names 'gbk'");
$dbLink = @mysql_select_db("unknown");
echo mysql_errno();
echo "<br/>";
echo mysql_error();
mysql_close($serverLink);
?>
```

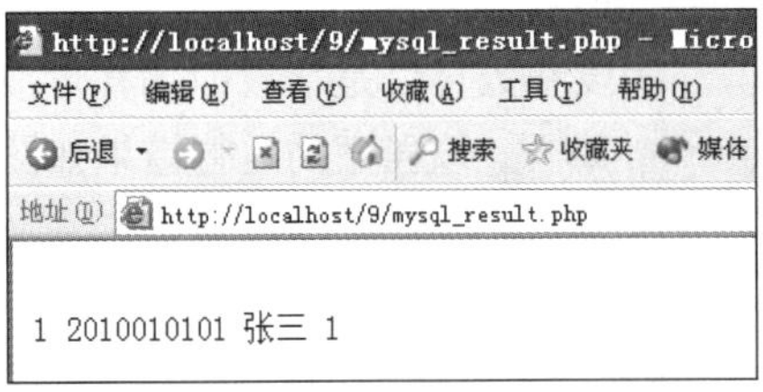

图 9-11　mysql_result 函数用法　　　　　　图 9-12　出错处理

9.3　用户注册系统的实现

用户注册系统是 Web 系统中功能较为简单的系统，该系统为浏览器用户提供用户注册功能和用户登录功能。用户先打开注册页面，然后在注册页面中填写个人信息，按下提交按钮后，系统将用户提交的个人信息录入到数据库中。用户打开登录页面后，可以在登录页面中填写用户名和密码信息，按下提交按钮后，系统从数据库中查询是否存在该用户信息。

9.3.1　用户注册系统文件组织结构

在"C:\wamp\www\"目录下创建"register"目录作为用户注册系统的根目录。在"register"目录下，创建"functions"目录存放用户注册系统所需的文件上传函数和数据库服务器连接函数，创建"uploads"目录存放上传文件。用户注册系统的文件组织结构图如图 9-13 所示。

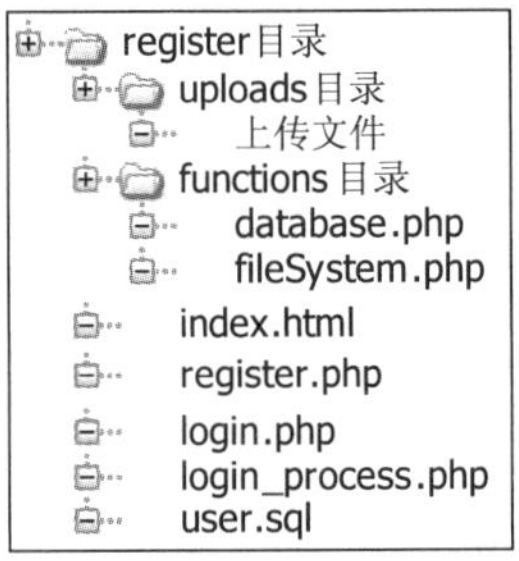

图 9-13　用户注册系统文件组织结构

9.3.2　用户注册界面的实现

在"C:\wamp\www"目录下创建"register"目录，在"register"目录下创建 index.html 页面作为用户注册系统的首页，在 index.html 文件中输入如下代码，用户注册页面的运行结果如图 9-14 所示。

```
<h2>用户注册系统</h2>
<hr/>
<form action="register.php" method="post" enctype="multipart/form-data">
用 户 名：
<input type="text" name="userName" size="20" maxlength="15" value="必须填写用户名" />
@
<select name="domain">
    <option value="@163.com" selected>163.com</option>
    <option value="@126.com">126.com</option>
</select>
<br/>
登录密码：
<input type="password" name="password" size="20" maxlength="15" />
<br/>
确认密码：
<input type="password" name="confirmPassword" size="20" maxlength="15" />
<br/>
选择性别：
<input name="sex" type="radio" value="male" checked />男
<input name="sex" type="radio" value="female" />女
<br/>
个人爱好：
<input name="interests[]" type="checkbox" value="music" checked />音乐
<input name="interests[]" type="checkbox" value="game" checked />游戏
<input name="interests[]" type="checkbox" value="film" />电影
<br/>
个人相片：
<input type="hidden" name="MAX_FILE_SIZE" value="1024" />
<input type="file" name="myPicture" size="25" maxlength="100" />
<br/>
备注信息 ：
<textarea name="remark" cols="30" rows="4">请填写备注信息</textarea>
<br/>
<input type="submit" name="submit" value="注册按钮" />
<input type="reset" name="cancel" value="重新填写" />
</form>
```

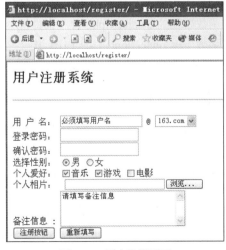

图 9-14　用户注册页面

9.3.3　数据库的实现

用户注册系统只需要一张用户表 users 表。在 "C:\wamp\www\register" 目录下创建 user.sql 脚本文件，其 SQL 语句如下。

```
set default_storage_engine=InnoDB;
set character_set_client = gbk ;
set character_set_connection = gbk ;
set character_set_database = gbk ;
set character_set_results = gbk ;
set character_set_server = gbk ;
create database register;
use register;
create table users(
    user_id int primary key auto_increment,
    userName char(20) not null unique,
    password char(10) not null,
    sex char(10) not null,
    interests char(100),
    my_picture char(200),
    remark text
);
```

user.sql 脚本文件首先设置存储引擎为 InnoDB，然后设置字符集为 gbk，接着创建 register 数据库，最后在 register 数据库中创建 users 表，该表的字段名与注册页面 index.html 中的 HTML 表单控件名一一对应。在 MySQL Console 命令窗口中输入命令 "\. C:\wamp\www\register\ user.sql" 运行 user.sql 脚本文件中的 SQL 语句，创建用户注册系统的数据库及数据库表。

9.3.4　制作用户注册系统所需的函数

在 "C:\wamp\www\register" 目录下创建 "uploads" 目录，将用户注册过程中提交的个人相片附件上传到 "uploads" 目录下，方便上传文件的管理。

在 "C:\wamp\www\register" 目录下创建 "functions" 目录，将用户注册系统所使用的函数全部存放到 "functions" 目录下，方便函数程序的管理。

将"自定义函数"章节中的文件上传函数所在的 fileSystem.php 程序文件拷贝到目录"functions"下，将本章数据库服务器连接函数所在的 database.php 程序文件拷贝到目录 "functions" 下，然后将 database.php 程序文件中的函数 getConnection()中的 PHP 语句 "$database = "users";" 修改为 "$database = "register";"。

9.3.5　用户注册功能的实现

在 "C:\wamp\www\register" 目录下创建 register.php 程序（程序流程图如图 9-15 所示），该程序实现以下功能。

1. 判断提交的表单数据是否超过 post_max_size 的配置，若超过，则反馈错误提示信息，然后退出程序的运行。

2. 收集用户注册页面 index.html 中表单提交的数据。

3. 判断提交数据中的密码信息和确认密码信息是否相等，若不相等，则反馈密码输入错误提示信息，然后退出程序的运行。

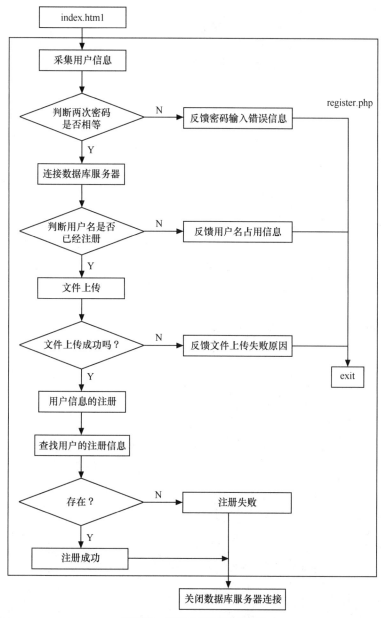

图 9-15　用户注册程序流程图

4. 连接数据库服务器。

5. 判断提交数据中的用户名信息是否已在数据库中注册，若已经注册，需反馈用户名被占用提示信息，然后退出程序的运行。

6. 只有成功将浏览器端的文件上传到服务器或没有上传文件时，才将用户信息注册到 users 表；否则反馈文件上传失败原因，然后退出程序的运行。

7. 从数据库中查找刚添加的用户信息，若查到则反馈成功注册提示信息；否则反馈注册失败提示信息，然后退出程序的运行。

register.php 程序代码如下。

```php
<?php
include_once("functions/fileSystem.php");
include_once("functions/database.php");
if(empty($_POST)){
    exit("您提交的表单数据超过 post_max_size 的配置！<br/>");
}
$password = $_POST['password'];
$confirmPassword = $_POST['confirmPassword'];
if($password!=$confirmPassword){
    exit("输入的密码和确认密码不相等！");
}
$userName = $_POST['userName'];
$domain = $_POST['domain'];
$userName = $userName.$domain;
//判断用户名是否占用
$userNameSQL = "select * from users where userName='$userName'";
getConnection();
$resultSet = mysql_query($userNameSQL);
if(mysql_num_rows($resultSet)>0){
    closeConnection();
    exit("用户名已经被占用，请更换其他用户名！");
}
//收集用户其他信息
$sex = $_POST['sex'];
if(empty($_POST['interests'])){
    $interests = "";
}else{
    $interests = implode(";",$_POST['interests']);
}
$remark = $_POST['remark'];
$myPictureName = $_FILES['myPicture']['name'];
//只有"文件上传成功"或"没有上传附件"时，才进行注册
$registerSQL = "insert into users values(null,'$userName','$password','$sex','$interests','$myPictureName','$remark')";
$message = upload($_FILES['myPicture'],"uploads");
if($message=="文件上传成功！"||$message=="没有选择上传附件！"){
    mysql_query($registerSQL);
    $userID = mysql_insert_id();
    echo "用户信息成功注册！<br/>";
}else{
    exit($message);
}
//从数据库中提取用户注册信息
$userSQL = "select * from users where user_id=$userID";
$userResult = mysql_query($userSQL);
if($user = mysql_fetch_array($userResult)){
    echo "您注册的用户名为：".$user["userName"];
}else{
    exit("用户信息注册失败！");
```

```
}
closeConnection();
?>
```

　　register.php 程序中用到的 implode() 函数实现了 explode() 函数相反的功能，implode() 函数的用法参见"字符串处理"章节的内容。

9.3.6　用户登录页面的实现

在"C:\wamp\www\register"目录下创建 login.html 文件作为用户注册系统的登录页面，在 login.html 文件中输入如下代码，用户登录页面 login.html 的运行结果如图 9-16 所示。

```
<form action="login_process.php" method="post">
用 户 名:
<input type="text" name="userName" size="20" maxlength="15" value="请填写用户名及域名" />
<br/>
登录密码:
<input type="password" name="password" size="20" maxlength="15" />
<br/>
<input type="submit" value="登录" />
<input type="reset" value="重填" />
</form>
```

图 9-16　用户登录页面

9.3.7　用户登录功能的简单实现

在"C:\wamp\www\register"目录下创建 login_process.php 程序（程序流程图如图 9-17 所示），该程序实现以下功能。

1. 收集登录页面 login.html 中表单提交的数据。

2. 连接数据库服务器。

3. 判断提交数据中的用户名和密码信息是否存在于数据库中。若存在，反馈用户名和密码输入正确提示信息；否则反馈用户名和密码输入错误提示信息。

4. 关闭数据库服务器连接。

login_process.php 程序代码如下。

```
<?php
include_once("functions/database.php");
//收集表单提交数据
```

```
$userName = $_POST['userName'];
$password = $_POST['password'];
//连接数据库服务器
getConnection();
//判断用户名和密码是否输入正确
$sql = "select * from users where userName='$userName' and password='$password'";
$resultSet = mysql_query($sql);
if(mysql_num_rows($resultSet)>0){
    echo "用户名和密码输入正确! 登录成功! ";
}else{
    echo "用户名和密码输入错误! 登录失败! ";
}
closeConnection();
?>
```

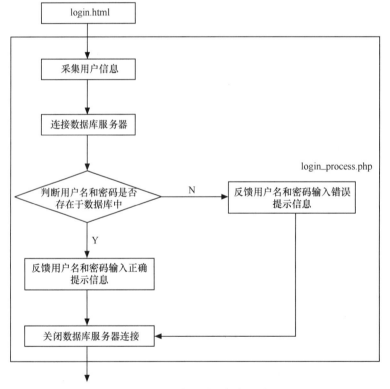

图 9-17　用户登录程序流程图

9.3.8　功能测试

至此用户注册系统的所有功能代码开发完毕，该系统必须经过严格的功能测试才能使用。

用户注册功能需要测试的功能包括以下几项。

1. 打开注册页面 index.html 填入个人信息，单击"注册"按钮，个人信息能够成功提交到 register 数据库中。

2. 再次打开注册页面 index.html 填入刚刚注册的用户名信息，单击"注册"按钮，提示"用户名被占用"。

3. 注册过程中，如果存在附件信息，附件文件不能超过 1KB，否则附件文件上传失败。

4. 如果附件上传失败，个人信息将无法提交到 register 数据库中。

用户登录功能需要测试的功能包括以下几项。

1. 打开登录页面 login.html 填入刚刚注册的个人信息，单击"登录"按钮，登录成功。

2. 打开登录页面 login.html 填入未经注册的个人信息，单击"登录"按钮，登录失败。

至此，完成了用户注册系统的功能测试。

9.4　SQL 注入

虽然完成了用户注册系统的功能测试，但该系统存在一个 bug。当配置文件 php.ini 中的 magic_quotes_gpc 选项设置为关闭时（magic_quotes_gpc = Off），使用用户名 "'or''='" 和密码 "'or''='" 登录系统时，系统永远可以登录成功（见图 9-18），单击"登录"按钮后，login_process.php 程序的运行结果如图 9-19 所示。

图 9-18　SQL 注入

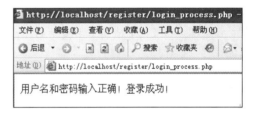

图 9-19　运行结果

产生 bug 的原因是，SQL 语句中出现特殊字符（如 """" 和 "'" 等特殊字符）时，没有对这些特殊字符进行适当的转义。当浏览器用户在用户名表单控件处输入 "'or''='"，在密码表单控件处输入 "'or''='" 时，单击登录按钮后，login_process.php 程序产生的 SQL 语句为下面的 select 语句：

```
select * from users where userName=''or''='' and password=''or''=''
```

该 select 语句中的 where 子句永远为 TRUE，这是由于"userName=''"的值为 FALSE，而"''=''"的值为 TRUE，"userName=''or''=''"的值为 TRUE；"password=''"的值为 FALSE，而"''=''"的值为 TRUE，"password=''or''=''"的值为 TRUE。这样一些非法用户就可以乘虚而入，成功登录系统，这就是 SQL 注入（SQL Injection）。SQL 注入产生的原因是由于某些特殊字符打乱了 SQL 语句本身的逻辑，使数据库服务器引擎错误地执行了某些 SQL 语句。

MySQL 数据库引擎不会自动过滤特殊字符，因此防止 SQL 注入发生的办法是在 PHP 程序中过滤特殊字符。以用户注册系统为例，有以下两种解决方案。

方案 1　当配置文件 php.ini 中的 magic_quotes_gpc 选项设置为关闭时（magic_quotes_gpc = Off），使用 addslashes()函数将 GET 或 POST 提交方式提交的特殊字符转义。

方案 2　将配置文件 php.ini 中的 magic_quotes_gpc 选项设置为开启（magic_quotes_gpc = On），PHP 预处理器会自动将 GET 或 POST 提交方式提交的特殊字符转义。

若采用方案 1，需将 login_process.php 程序修改为如下代码（粗体字部分为代码的改动部分，其他代码不变）。

```php
<?php
include_once("functions/database.php");
//收集表单提交数据
$userName = addslashes($_POST['userName']);
$password = addslashes($_POST['password']);
//连接数据库服务器
getConnection();
//判断用户名和密码是否输入正确

……
closeConnection();
?>
```

说明 addslashes()函数的具体用法请参考"字符串处理"章节的内容。

若采用方案 2，login_process.php 程序则无须修改。

说明 本书提供的 WampServer2.4 使用的 PHP 版本号为 5.4.16，该版本的 PHP 已经不再支持 magic_quotes_gpc 参数，即 magic_quotes_gpc 的值永远是 Off，不能设置为 On。也就是说，如果读者使用本书提供的 WampServer2.4 安装程序，那么方案 2 将不可行。

习　题

一、选择题

1. 考虑下面的代码片段，假设 mysql_query 函数将一个未过滤的查询语句发送给一个已经打开的数据库连接，以下哪个选项是对的？（多选）（　　　）

```php
<?php
  $r = mysql_query ('DELETE FROM MYTABLE WHERE ID='  .  $_GET['ID']);
?>
```

A. MYTABLE 表中的记录超过 1 条

B. 用户输入的数据需要经过适当的转义和过滤

C. 该语句将产生一个包含了其他记录条数的记录

D. 给 URL 传递 ID＝0＋OR＋1 将导致 MYTABLE 中的所有表被删除

E. 查询语句中应该包含数据库名

2. 设有一个数据库 mydb 中有一个表 tb1，表中有 6 个字段，主键为 ID，有 10 条记录，ID 从 0 到 9，下面代码的输出结果是什么？（　　　）

```php
<?php
$link = mysql_connect('localhost', 'user', 'password')
or die('Could not connect: '.mysql_error());
$result = mysql_query("SELECT id, name, age FROM mydb.tb1 WHERE id<'5'")
or die('Could not query: '.mysql_error());
echo mysql_num_fields($result);
```

```
mysql_close($link);
?>
```

    A. 6   B. 5   C. 4   D. 3

3. 下面的代码中数据库关闭指令将关闭哪个连接标识？（   ）

```
<?
$link1 = mysql_connect("localhost","root","");
$link2 = mysql_connect("localhost","root","");
mysql_close();
?>
```

    A. $link1   B. $link2   C. 全部关闭   D. 报错

4. 分析表头，使用哪个函数且必须传入$result 查询结果变量？（   ）

    A. mysql_fetch_field()   B. mysql_fetch_row()

    C. mysql_fetch_colum()   D. mysql_fetch_variable()

5. 取得 selecf 语句的结果集中的记录总数的函数是（   ）

    A. mysql_fetch_row   B. mysql_rowid

    C. mysql_num_rows   D. mysql_fetch_array

二、填空题

1. SQL 注入是很容易避免的，需要坚持_____。

2. 防止 SQL 注入漏洞一般用_____函数

三、问答题

1. mysql_fetch_row()和 mysql_fetch_array 之间有什么区别？

2. 编写一个 PHP 函数 printInfo()，完成功能：获取某数据库中某数据库表的前 10 条记录，并将这 10 条记录以表格的形式输出到网页上。接着调用该 PHP 函数完成函数的测试工作：操作用户注册系统 register 数据库中的用户表 users 表，获取该表的前 10 条用户信息，并将这 10 条信息以表格的形式输出到网页上。

第10章
新闻发布系统的开发

本章以新闻发布系统为例，讲解如何使用传统的结构化方法开发该系统，详细讲解该系统的开发流程以及分页函数的制作过程。通过本章的学习，读者将具备复杂 Web 应用系统设计与开发的能力。

10.1　新闻发布系统的开发流程

Internet 发展到当今，许多网站提供了新闻信息管理的功能，方便浏览器用户查阅实时新闻信息，参加一些调查、新闻评论等工作。新闻发布系统，又称为信息发布系统，也叫做内容管理系统（CMS），是一个基于 B/S 模式的新闻和内容管理的 Web 管理信息系统（MIS）。新闻发布系统主要实现新闻的分类、上传、发布、审核、评论，模拟了一般新闻媒介新闻发布的过程。

10.1.1　MIS 的开发流程

管理信息系统（MIS）的开发需要经历规划阶段、分析阶段、设计阶段、实施（编码）阶段、测试阶段和支持阶段。管理信息系统的开发方法分为结构化方法和面向对象方法。结构化方法是指使用结构化分析、结构化设计与结构化编程的系统开发方法。面向对象方法是指使用面向对象分析、面向对象设计与面向对象编程的系统开发方法。PHP 虽然支持面向对象技术，但 PHP 更是一种典型的结构化编程语言，这里选用结构化方法开发新闻发布系统。

10.1.2　新闻发布系统的开发流程

新闻发布系统作为一个小型的管理信息系统，其开发流程也要遵循 MIS 的开发生命周期（SDLC），需要经历系统规划阶段、结构化分析阶段、结构化设计阶段、结构化实施（编码）阶段、测试阶段和系统支持阶段。

10.2　新闻发布系统的系统规划

系统规划的目标是规划项目范围并做出项目计划。系统规划的任务是定义目标，确认项目可行性，制定项目的进度表以及人员分工。

10.2.1　新闻发布系统的目标

定义目标的目的是准确地定义要解决的商业问题，它是项目中最重要的活动之一。新闻发布系统的目标是减轻信息更新维护的工作量，通过引入数据库，将网站的更新维护工作简化到只需录入文字和上传图片等操作，使新闻、评论等信息的更新速度提高，从而加快信息的传播速度，保持新闻发布系统的活力和影响力。

10.2.2　新闻发布系统的可行性分析

确认项目可行性的目的是决定开发的项目是否存在合理的成功机会，在项目开发之前，对项目的必要性和可能性进行探讨。管理信息系统的可行性分析可以从 3 个角度进行分析：技术可行性、经济可行性和法律可行性。

1. 技术可行性

新闻发布系统功能较为单一，该系统所需硬件设备有服务器、PC 及网络配件等，一般的机房、实验室均可满足硬件方面的需求。开发该系统时所需的软件，如操作系统、数据库管理系统、应用服务器软件、开发语言等尽量选用开源免费的软件，数据库管理系统选用 MySQL，应用服务器软件选用 Apache，开发语言选用 PHP，这些软件或语言在信息系统开发过程中已被大量应用。因此开发新闻发布系统时所需的硬件和软件环境在技术上都比较成熟。总之新闻发布系统在技术上是可行的。

2. 经济可行性

由于新闻发布系统功能简单，开发周期较短，开发过程中所需硬件环境和软件环境等所投资金较少。系统开发成功后，该系统可以加快新闻信息管理效率，同时提高浏览器用户浏览新闻的效率，从社会效益、资金投入以及社会回报等方面考虑，经济上是可行的。

3. 法律可行性

新闻以及评论等信息需经管理员审核才能显示，有效避免了非法信息的散发，法律上看该系统可行。

10.2.3　新闻发布系统的项目进度表

新闻发布系统功能较为简单，因此在制定项目的进度安排时可选用瀑布模型，严格按照 MIS 系统开发生命周期（SDLC）开发新闻发布系统，只有当前阶段所有任务完成后，再进行下一阶段的任务，直到整个项目完成为止。

10.2.4　新闻发布系统的人员分工

以 4～5 人为一组，每组指定一名组长统筹项目开发过程中遇到的所有问题。将小组的一名成员虚拟为一个用户，该虚拟用户上网收集新闻发布系统的功能需求等信息。组长分别指定一名界面开发人员、一名软件开发人员和一名数据库维护人员形成一个软件开发小组，共同参与新闻发布系统的开发。

10.3　新闻发布系统的系统分析

系统分析的目标是了解并详述用户的需求，系统分析的任务是收集大量信息并确定系统需求，分析阶段着重考虑的是系统做什么。一般而言，可以将系统需求分为两类：功能需求和技术需求。功能需求定义了新系统必须完成的功能，技术需求定义了系统的运行环境（软件及硬件环境）以及性能指标。系统分析主要由项目小组组长和虚拟用户共同完成。

10.3.1　新闻发布系统的功能需求

定义系统的功能需求最简单的方法是定义事件，并跟踪针对某一个参与者而发生的一序列事件。事件是可以描述的、值得记录的、在某个特定时间和地点发生的事情。以新闻发布系统为例，新闻发布系统的参与者为普通用户（游客）和管理员用户。

从管理员的角度来看，管理员首先添加一些新闻的类别（例如财经新闻），然后再向该新闻类别中添加多条新闻信息。管理员有权修改和删除新闻的类别信息以及新闻信息。

从游客的角度来看，游客首先查看新闻的标题列表，然后查看指定标题新闻的详细信息，并可以向该新闻发表新闻评论。游客还可以输入关键字查询所有相关的新闻信息。

从管理员的角度来看，新的评论需要管理员审核后才能被浏览。管理员也可以删除某些评论信息。

系统所有的事件按照工作流的顺序组织在一起可以构成系统的事件表，一个事件表包括行和列，行代表事件，列代表某个事件的详细信息，表 10-1 列出了"管理员添加新闻类别"的事件信息。

表 10-1　　　　　　　　　　　"管理员添加新闻类别"的事件信息

事　件	触　发　器	来　源	动　作	响　应	目 的 地
管理员添加新闻类别	添加新闻类别	管理员	添加新闻类别	新闻类别列表	管理员

表 10-1 中，触发器就是用于通知系统某一个事件发生了的事物，对于外部事件而言，触发器就是系统必须处理的数据到达了。来源就是为某个事件提供数据的参与者。动作就是系统对事件的响应，当管理员添加新闻类别后，系统就执行"添加新闻类别"动作。响应就是系统的输出结果。目的地就是接收系统输出结果的参与者。

事件名称以及该事件的触发器、来源、动作、响应和目的地都可以放在事件表中，用于记录信息系统功能需求的关键信息。表 10-2 给出了新闻发布系统的事件表，通过分析新闻发布系统的事件表，可以统计该系统应该具有的功能。

表 10-2　　　　　　　　　　　新闻发布系统的事件表

事　件	触　发　器	来　源	动　作	响　应	目的地
管理员想添加新闻类别	添加新闻类别	管理员	添加新闻类别	新闻类别列表	管理员
管理员想修改新闻类别	选择要修改的新闻类别	管理员	修改新闻类别	新闻类别列表	管理员
管理员想删除新闻类别	选择要删除的新闻类别	管理员	删除新闻类别	新闻类别列表	管理员
普通用户想查看所有新闻	查看所有新闻	普通用户	查看所有新闻	新闻标题列表	普通用户
管理员想添加新闻信息	添加新闻信息	管理员	添加新闻	新闻标题列表	管理员
管理员想修改新闻信息	选择要修改的新闻标题	管理员	修改新闻信息	新闻标题列表	管理员
管理员想删除新闻信息	选择要删除的新闻标题	管理员	删除新闻信息	新闻标题列表	管理员
普通用户想按关键字查看所有相关新闻	查看关键字相关的所有新闻	普通用户	查看关键字相关的所有新闻	关键字相关的所有新闻标题列表	普通用户

续表

事　件	触　发　器	来　源	动　作	响　应	目的地
普通用户想查看某条新闻的详细信息	选择要查看的新闻标题	普通用户	显示新闻的详细信息	新闻的详细信息	普通用户
普通用户想下载某条新闻的附件	选择要下载的附件	普通用户	下载该新闻的附件	文件下载对话框	普通用户
普通用户想对某条新闻发表评论	选择要发表评论的新闻	普通用户	发表某条新闻的评论	新闻标题列表	普通用户
管理员想审核最近的评论	查看所有评论	管理员	查看所有评论	新闻评论列表	管理员
管理员想删除某条评论	选择要删的评论	管理员	删除新闻评论	新闻评论列表	管理员
普通用户想登录系统	填入管理员用户信息	普通用户	登录系统	登录成功信息	管理员
管理员想注销退出	选择注销	管理员	注销系统	注销成功信息	普通用户

1．用户登录和注销

管理员是具有管理新闻发布系统网站权限的用户。为了保证数据库的安全性和准确性，在后台为管理员设置了一个用户名和密码（使用 md5 加密算法加密）。普通用户登录成功后变为管理员用户，实现新闻类别、新闻以及评论等信息的维护。登录后的管理员用户注销后，变为普通用户后安全地退出新闻发布系统。

2．新闻类别管理

新闻类别管理为新闻发布系统的灵活高效提供了可能性。新闻类别管理由管理员完成，它使管理员随时调整新闻的类别，具体包括增加新闻的类别、修改新闻的类别、删除新闻的类别、查看新闻的类别等功能。

3．新闻信息管理

新闻信息管理为管理员提供了在后台添加、修改、删除新闻信息的功能，为普通用户提供了新闻标题的前台分页显示（以新闻发布时间降序排序）、浏览新闻详细信息（包括标题、内容、类别、发布时间、浏览次数与附件等）、下载新闻附件以及模糊查询等功能。

4．评论管理

普通用户可以针对某条新闻发表评论（包括内容、状态、IP 地址、发布时间等），并可以浏览审核过的新闻评论，管理员在后台可以对评论进行审核、删除等操作。

10.3.2　新闻发布系统的技术需求

系统的技术需求分为：软件技术需求、硬件技术需求和性能技术需求。新闻发布系统软件技术需求为：该系统在 Windows NT 客户机-服务器环境下开发和部署，系统开发时所使用的语言为 PHP（5.0 以上版本），所使用的浏览器包括 IE5.0 以上版本浏览器和 Firefox 浏览器，所使用的数据库服务器为 MySQL（5.0 以上版本），所使用的 Web 服务器为 Apache（2.0 以上版本）。新闻发布系统的开发过程严格遵照软件开发生命周期，开发过程中使用的 CASE 工具有 PowerDesigner 12 以及 Visio 2003。新闻发布系统性能技术需求为：系统的响应时间必须少于 0.5s，系统要求同时在线人数为 100 人。新闻发布系统硬件技术需求为：当前主流硬件配置基本满足该系统软件技术需求和性能技术需求。

10.3.3 新闻发布系统中使用的模型

在开发 MIS 时要用到许多模型，包括描述模型和图形模型。描述模型描述系统某一方面的描述性的报表或列表，事件列表和数据字典（DD）就是常用的描述模型。图形模型是系统某方面的图形表示，常用的图形模型包括 E-R 模型、功能结构图和数据流程图（DFD）等。使用各种模型可以方便开发人员与用户以及开发人员与开发人员之间的信息沟通。图 10-1 和图 10-2 所示为新闻发布系统的功能结构图。

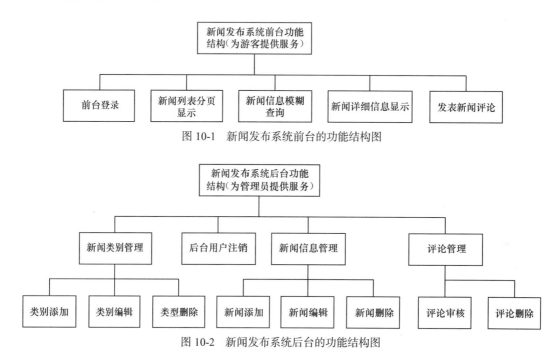

图 10-1　新闻发布系统前台的功能结构图

图 10-2　新闻发布系统后台的功能结构图

10.3.4 新闻发布系统的 E–R 模型

通过考察事件列表中的事件，可以抽象出某个事件影响了哪些事物，从而确定出系统所使用的事物。对于新闻发布系统而言，存在以下事物：用户、新闻类别、新闻和评论，这些事物对应于 E-R 模型中的实体。事物间存在着联系，这些联系对应于 E-R 模型中实体间的关系。对于新闻发布系统而言，一个管理员可以发表多篇新闻，一个新闻类别中可以包含多篇新闻，一条新闻可以对应多条新闻评论，新闻发布系统的 E-R 模型如图 10-3 所示。

该 E-R 模型中共有如下 4 个实体。

● news（新闻）实体共有 6 个属性，分别是 news_id、title（标题）、content（内容）、publish_time（发布时间）、clicked（点击次数）和 attachment（附件）。

● review（评论）实体共有 5 个属性，分别是 review_id、content（内容）、publish_time（发布时间）、ip（IP 地址）和 state（状态：已审核和未审核）。

● category（类别）实体共有两个属性，分别是 category_id 和 name（类别名）。

● users（用户）实体共有 3 个属性，分别是 user_id、name（用户名）和 password（密码）。

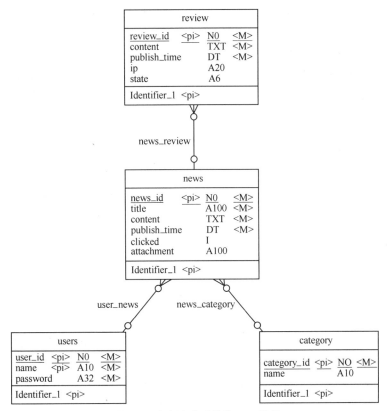

图 10-3　新闻发布系统的 E-R 模型

E-R 模型中每个实体的属性不仅是通过考察事件列表得出的，而且有可能需要绘制出数据流程图(稍后介绍)后才能确定实体的所有属性。因此严格意义上系统的开发并不是绝对的"瀑布模型"，而是一种"迭代"式的开发。

同一个系统的 E-R 模型不具有唯一性，不同的设计人员为同一个软件系统设计出来的 E-R 模型可能不同，这些 E-R 模型没有正确与错误之分，只有合适与不合适之分。

10.3.5　新闻发布系统的数据流程图

数据流程图（Data Flow Diagram，DFD）是一种能全面地描述信息系统逻辑模型的工具，它可以用少数几种符号综合地反映出信息在系统中的流动、处理和存储情况。数据流程图由 4 部分组成：外部实体、处理过程、数据存储和数据流，如图 10-4 所示。

图 10-4　数据流程图的符号

外部实体：系统以外又和系统有联系的人或事物，它说明了数据的外部来源或去处，属于系统的外部或系统的界面。在数据流程图中外部实体通常用正方形框表示，框中写上外部实体名称，例如新闻发布系统的外部实体有游客和管理员。

处理过程：对数据的逻辑处理，用来改变数据值。一个处理过程定义了输入数据转换到输出数据的算法或程序。在数据流程图中处理过程通常用带圆角的长方形表示，例如新闻发布系统的处理过程有查看新闻详细信息、添加新闻和发表评论等。

数据流：处理过程中的输入参数或返回结果，它用来表示中间数据流值。数据流是模拟数据在系统中传递过程的工具，表示数据在处理过程、数据存储和外部实体之间的流动。在数据流程图中数据流通常用带箭头的线表示。

数据存储：数据保存的地方。它用来存储数据，它可以是一个文件，但更多时候是数据库中的表或视图。处理过程从数据存储或外部实体中提取数据，然后将处理结果返回数据存储或外部实体。在数据流程图中，数据存储通常使用三边矩形表示。例如，新闻发布系统的数据存储有新闻、评论和新闻类别等。

结构化需求分析采用的是"自顶向下，由外到内，逐层分解"的思想，在绘制系统数据流程图的过程中，开发人员要先画出系统顶层的数据流程图，然后再逐层画出低层的数据流程图，对于中等规模或小型的软件系统而言，采用 3 层的数据流程图就可以了。对 3 层的数据流程图描述如下。

- 顶层的数据流程图定义系统范围，它是对系统架构的高度概括和抽象；
- 中层数据流程图是对顶层数据流程图的细化，描述系统的主要功能模块，以及数据在功能模块之间的流动关系；
- 底层数据流程图是对中层数据流程图的进一步细化，它更关注于功能模块内部的数据处理细节。

通过这样的方法可以得到一整套分层的数据流程图，从而从不同的角度描述软件系统。新闻发布系统顶层数据流程图如图 10-5 所示，新闻发布系统中层数据流程图如图 10-6 所示，用户管理底层数据流程图如图 10-7 所示，新闻类别管理底层数据流程图如图 10-8 所示，新闻信息管理底层数据流程图如图 10-9 所示，评论管理底层数据流程图如图 10-10 所示。

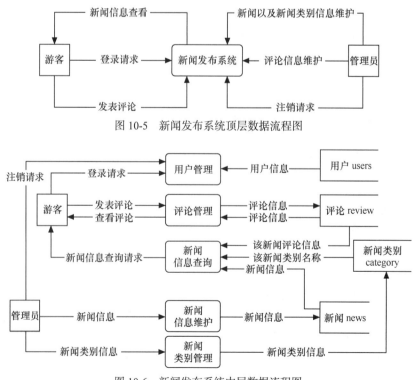

图 10-5　新闻发布系统顶层数据流程图

图 10-6　新闻发布系统中层数据流程图

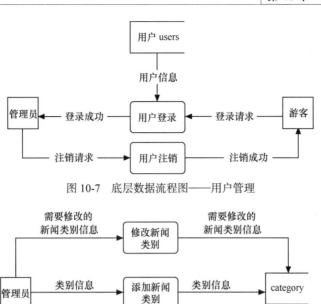

图 10-7　底层数据流程图——用户管理

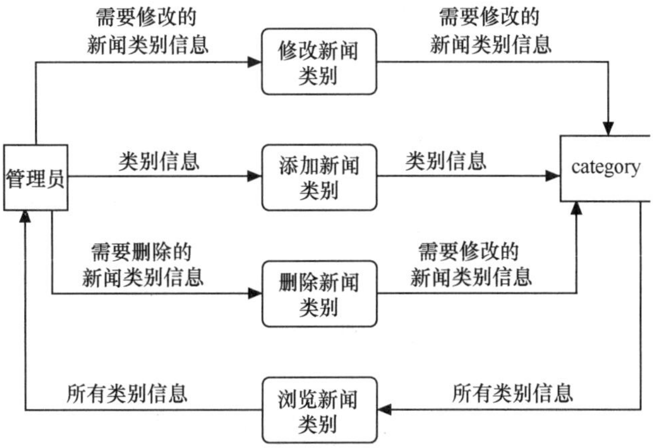

图 10-8　底层数据流程图——新闻类别管理

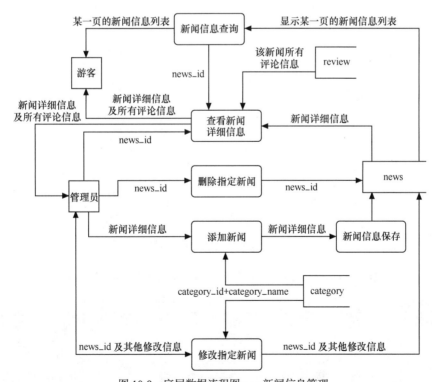

图 10-9　底层数据流程图——新闻信息管理

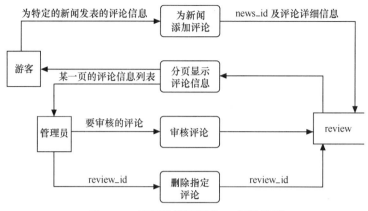

图 10-10　底层数据流程图——评论管理

10.3.6　数据字典（Data Dictionary）

数据字典用于描述 E-R 模型以及数据流程图中使用的元数据，是对 E-R 模型以及数据流程图的补充和完善。数据字典可以描述的元数据包括数据项、数据流、数据存储、外部实体、数据加工和数据结构，这些描述按照一定的规则组织起来便构成了数据字典。

新闻发布系统中使用到的用于描述数据项的数据字典如图 10-11 所示，描述的是各数据项的名称、代码、表、数据类型（长度）、是否为主键（P）、是否为外键（F）、是否强制（M）等信息。

	Name	Code	Table	Data Type	P	F	M
1	attachment	attachment	news	char(100)			
2	category_id	category_id	news	int		☑	
3	category_id	category_id	category	int	☑		☑
4	clicked	clicked	news	int			
5	content	content	review	text			☑
6	content	content	news	text			☑
7	ip	ip	review	char(20)			
8	name	name	category	char(10)			
9	name	name	users	char(10)			☑
10	news_id	news_id	news	int	☑		☑
11	news_id	news_id	review	int		☑	
12	password	password	users	char(32)			☑
13	publish_time	publish_time	review	datetime			☑
14	publish_time	publish_time	news	datetime			☑
15	review_id	review_id	review	int	☑		☑
16	state	state	review	char(6)			
17	title	title	news	char(100)		☑	
18	user_id	user_id	users	int	☑		☑
→	user_id	user_id	news	int		☑	

图 10-11　使用数据字典描述数据项

示例 1　使用数据字典描述图 10-10 中的数据存储 "review"。

数据存储编号：F04

数据存储名称：review

数据存储别名：评论表

说　　　明：用于存储评论的细节信息

来　　　自：为新闻添加评论处理过程

组　　　成：review_id+评论的内容 content+评论的时间 publish_time+评论的 IP+评论的状态 state

示例 2 使用数据字典描述图 10-10 中的数据流"为特定的新闻发表的评论信息"。

数据流编号：DF4.1
数据流名称：为特定的新闻发表的评论信息
说　　　明：发表评论的细节信息
来　　　自：普通用户外部实体
去　　　向：为新闻添加评论处理过程
组　　　成：news_id+评论的内容+评论的时间+评论的 IP+评论的状态

示例 3 使用数据字典描述图 10-10 中的数据加工"为新闻添加评论"。

数据加工编号：P4.1
数据加工名称：为新闻添加评论
说　　　明：将评论的详细信息添加到 review 表中
来　　　自：普通用户外部实体
输　　　入：评论的详细信息
输　　　出：添加成功信息
数据加工处理：接收新闻评论内容，将评论的状态设置为"未审核"，将评论的发布时间设置为服务器当前时间，获取发表评论的主机 IP 地址，最后将这些信息添加到 review 表中，并提示普通用户评论添加成功。

示例 4 使用数据字典描述 10-10 图中的数据结构"某一页的评论信息列表"。

数据结构编号：DS4.1
数据结构名称：某一页的评论信息列表，某一页显示 3 条评论信息
说　　　明：显示某一页的评论详细信息
来　　　自：普通用户外部实体或管理员外部实体
去　　　向：普通用户外部实体或管理员外部实体
组　　　成：{review_id+news_id+评论的内容+评论的时间+评论的 IP+评论的状态}3

10.4　新闻发布系统的系统设计

　　分析阶段着重考虑的是系统做什么，而设计阶段的着眼点是系统如何构建。系统设计也是一个建模的过程，它将系统分析产生的模型转换为解决方案的模型。系统设计产生的模型主要包括系统流程图、程序流程图、结构图、数据库规范化设计、图形用户界面设计、网络拓扑图等模型。

10.4.1　系统流程图

　　系统流程图描述了系统内计算机程序之间所有控制流程。系统流程图中使用的符号如图图 10-12 所示，新闻发布系统中普通用户的系统流程图如图 10-13 所示，新闻发布系统中管理员用户的系统流程图如图 10-14 所示。

图 10-12　系统流程图的符号

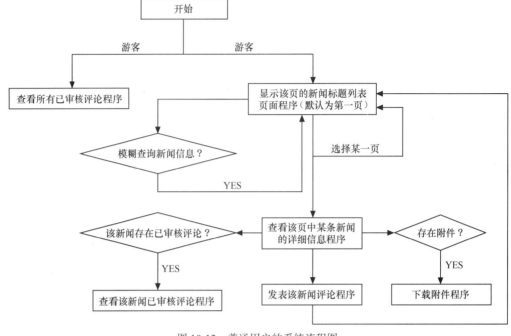

图 10-13　普通用户的系统流程图

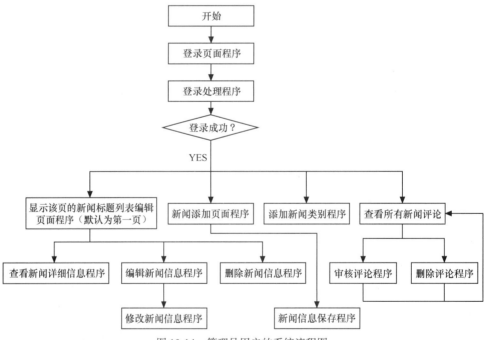

图 10-14　管理员用户的系统流程图

10.4.2　程序流程图

图 10-15 仅给出了"新闻添加页面"程序 news_add.php 的程序流程图，该程序流程图和图 10-9 中"添加新闻"处理过程一一对应。

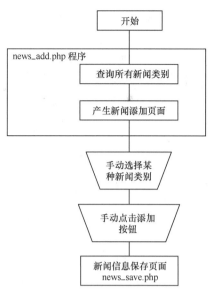

图 10-15 "新闻添加页面"的程序流程图

10.4.3 数据库规范化设计

设计好新闻发布系统的 E-R 模型后，新闻发布系统关系数据库规范化设计之后的步骤如下。

1. 为每个实体建立一张表。

2. 为每个表选择一个主键（建议添加一个没有实际意义的字段作为主键）。

3. 增加外键以表示一对多关系。

4. 建立新表表示多对多关系。

5. 定义约束条件。

6. 评价关系的质量，并进行必要的改进（关于范式等知识请参考数据库专业书籍）。

7. 为每个字段选择合适的数据类型和取值范围。

从新闻发布系统的 E-R 模型可以看出，新闻发布系统实体之间只存在一对多关系，不存在一对一以及多对多关系。因此，新闻发布系统的数据库规范化设计过程比学生管理系统还要简单。根据上述 7 个步骤，可以得到新闻发布系统的 4 张表如下。

- news(news_id, user_id,category_id,title,content,publish_time,clicked,attachment)
- users(user_id,name,password)
- category(category_id,name)
- review(review_id,news_id,content,publish_time,ip,state)

其中：news 表的 user_id 字段是外键，参照了 users 表的 user_id 字段；news 表的 category_id 字段是外键，参照了 category 表的 category_id 字段；review 表的 news_id 字段是外键，参照了 news 表的 news_id 字段。

10.4.4 图形用户界面设计

为系统设计图形用户界面（GUI）是系统设计活动中的关键，图形用户界面的设计定义了用户如何与系统进行交互。图形用户界面设计一般需要使用 Photoshop 等图片处理软件将需要制作的界面布局简单地勾画出来。新闻发布系统只为两种角色的用户提供服务，可以将管理员和游客所使用的界面统一起来，图 10-16 所示为新闻发布系统首页 index.php 的图形用户界面。

图 10-16　新闻发布系统图形用户界面

10.5　新闻发布系统系统实施

设计阶段完成后，在将系统移交给用户前的一系列活动叫做系统实施。新闻发布系统涉及新闻管理、评论管理、类别管理和用户管理等功能，这里以新闻管理和评论管理为例着重介绍这两个功能的实施过程。

10.5.1　文件组织结构

在"C:\wamp\www"目录下创建"news"目录，在"news"目录下创建如图 10-17 所示的目录或文件。

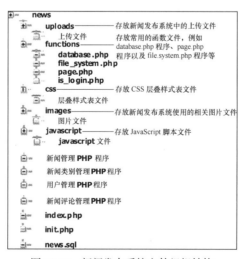

图 10-17　新闻发布系统文件组织结构

10.5.2　数据库的实施

在"C:\wamp\www\"目录下创建"news"目录，在"news"目录下创建 news.sql 脚本文件，news.sql 脚本文件首先设置存储引擎为 InnoDB，然后设置字符集为 gbk，接着创建 news 数据库，并在该数据库中依次创建 category 表、users 表、news 表和 review 表。news.sql 脚本文件中的 SQL 代码如下。

```
set default_storage_engine=InnoDB;
set character_set_client = gbk ;
set character_set_connection = gbk ;
set character_set_database = gbk ;
set character_set_results = gbk ;
set character_set_server = gbk ;
create database news;
use news;
create table category(
    category_id int auto_increment primary key,
    name char(20) not null
);
create table users(
    user_id int auto_increment primary key,
    name char(20) not null,
    password char(32)
);
create table news(
    news_id int auto_increment primary key,
    user_id int,
    category_id int,
    title char(100) not null,
    content text,
    publish_time datetime,
    clicked int,
    attachment char(100),
    constraint FK_news_user foreign key (user_id) references users(user_id),
    constraint FK_news_category foreign key (category_id) references category(category_id)
);
create table review(
    review_id int auto_increment primary key,
    news_id int,
    content text,
    publish_time datetime,
    state char(10),
    ip char(15),
    constraint FK_review_news foreign key (news_id) references news(news_id)
);
```

在 MySQL 命令行窗口中输入命令"\. C:\wamp\www\news\news.sql"运行 news.sql 脚本文件中的 SQL 语句，创建新闻发布系统所需的数据库及数据库表。

10.5.3　新闻管理和评论管理功能的实施

新闻管理和评论管理是新闻发布系统的核心功能，下面以新闻管理和评论管理为例详细讲解这两个功能的实施步骤。

1. 制作 MySQL 服务器连接函数和文件上传函数

在 "C:\wamp\www\news\" 目录下创建 "functions" 目录存放新闻发布系统使用的 PHP 函数。在 "functions" 目录下创建 database.php 文件，database.php 程序用于实现 MySQL 服务器连接的开启和关闭。database.php 代码如下（从本章开始，PHP 变量的命名遵循的原则是：单词所有字母小写，单词间用下画线分隔）。

```php
<?php
$database_connection = null;
function get_connection(){
    $hostname = "localhost";              //数据库服务器主机名，可以用 IP 代替
    $database = "news";                   //数据库名
    $username = "root";                   //数据库服务器用户名
    $password = "";                       //数据库服务器密码
    global $database_connection;
    $database_connection = @mysql_connect($hostname, $username, $password) or die
(mysql_error());                          //连接数据库服务器
    mysql_query("set names 'gbk'");       //设置字符集
    @mysql_select_db($database, $database_connection) or die(mysql_error());
}
function close_connection(){
    global $database_connection;
    if($database_connection){
        mysql_close($database_connection) or die(mysql_error());
    }
}
?>
```

2. 向数据库中添加测试数据的程序 init.php

在 "C:\wamp\www\news\" 目录下创建 init.php 文件，init.php 程序负责向用户表 users 中添加一个管理员用户（用户名为 admin、密码为 admin 的两次 md5 加密），向新闻类别 category 表中添加娱乐和财经类别。init.php 代码如下。

```php
<?php
include_once("functions/database.php");
get_connection();
//添加新闻类别
mysql_query("insert into category values(null,'娱乐')");
mysql_query("insert into category values(null,'财经')");
//添加管理员用户 admin，密码 admin 经过 MD5 函数双重加密
$password = md5(md5("admin"));
mysql_query("insert into users values(null,'admin','$password')");
close_connection();
echo "成功添加初始化数据";
?>
```

打开浏览器，在地址栏中输入 "http://localhost/news/init.php"，运行 init.php 程序后 users 表以及 category 表中将添加特定的记录信息。通过执行 select 语句，可以查看具体的测试数据信息，如图 10-18 所示。

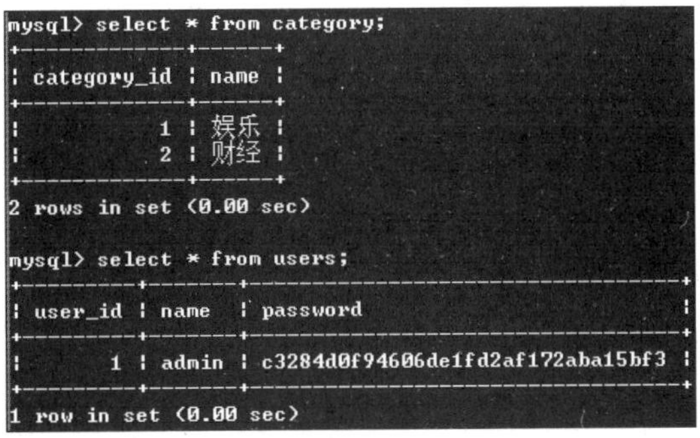

```
mysql> select * from category;
+-------------+------+
| category_id | name |
+-------------+------+
|           1 | 娱乐 |
|           2 | 财经 |
+-------------+------+
2 rows in set (0.00 sec)

mysql> select * from users;
+---------+-------+------------------------------------------+
| user_id | name  | password                                 |
+---------+-------+------------------------------------------+
|       1 | admin | c3284d0f94606de1fd2af172aba15bf3         |
+---------+-------+------------------------------------------+
1 row in set (0.00 sec)
```

图 10-18　成功添加测试数据

3. 创建新闻添加页面 news_add.php

在“C:\wamp\www\news\”目录下创建 news_add.php 文件，在该文件中添加 form 表单为浏览器用户提供输入数据的界面，news_add.php 代码如下。

```
<form action="news_save.php" method="post" enctype="multipart/form-data">
标题:    <input type="text"  size="60" name="title"><br/>
内容:    <textarea cols="60" rows="16" name="content"></textarea><br/>
类别:
<select name="category_id" size="1">
<?php
include_once("functions/database.php");
get_connection();
$result_set = mysql_query("select * from category");
close_connection();
while($row = mysql_fetch_array($result_set)){
?>
    <option value="<?php echo $row['category_id'];?>"><?php echo $row['name'];?>
</option>
<?php
}
?>
</select><br/>
附件:    <input type="file" name="news_file" size="50">
<input type="hidden" name="MAX_FILE_SIZE" value="10485760">
<br/>
<input type="submit" value="提交"><input type="reset" value="重置">
</form>
```

由于新闻的类别信息保存在数据库表 category 中，粗体字代码的功能是：从数据库表 category 中提取“类别”数据，然后生成新闻类别下拉选择框。

4. 创建文件管理页面 file_system.php

在“C:\wamp\www\news”目录下创建“uploads”目录，保存所有上传文件。

在“C:\wamp\www\news\functions”目录下创建 file_system.php 文件，file_system.php 文件中提供了实现文件上传功能 upload()函数和文件下载功能 download()函数，在 file_system.php 文件中编写文件上传函数 upload()的代码，文件下载功能函数 download()的代码稍后编写，file_system.php 代码如下。

```
<?php
function upload($file,$file_path){
```

```
            $error = $file['error'];
            switch ($error){
                case 0:
                    $file_name = $file['name'];
                    $file_temp = $file['tmp_name'];
                    $destination = $file_path."/".$file_name;
                    move_uploaded_file($file_temp,$destination);
                    return "文件上传成功! ";
                case 1:
                    return "上传附件超过了 php.ini 中 upload_max_filesize 选项限制的值! ";
                case 2:
                    return "上传附件的大小超过了 form 表单 MAX_FILE_SIZE 选项指定的值! ";
                case 3:
                    return "附件只有部分被上传! ";
                case 4:
                    return "没有选择上传附件! ";
            }
    }
?>
```

5. 创建新闻信息保存页面 news_save.php

在 "C:\wamp\www\news\" 目录下创建 news_save.php 文件，该程序实现的功能依次为：采集新闻添加页面 news_add.php 中填入的新闻标题及内容信息；设置新闻的发布时间为 Web 服务器时间；设置新闻的浏览次数为 0；设置新闻的发布者 ID 为 1；上传新闻附件到 uploads 目录；附件上传成功后将新闻信息添加到数据库表中；将页面重定向到新闻标题列表页面 news_list.php，并向 news_list.php 页面传递附件上传成功或者失败的状态信息。news_save.php 代码如下。

```php
<?php
include_once("functions/file_system.php");
if(empty($_POST)){
    $message = "上传的文件超过了 php.ini 中 post_max_size 选项限制的值";
}else{
    $user_id = 1;
    $category_id = $_POST["category_id"];
    $title = $_POST["title"];
    $content = $_POST["content"];
    $currentDate = date("Y-m-d H:i:s");
    $clicked = 0;
    $file_name = $_FILES["news_file"]["name"];
    $message = upload($_FILES["news_file"],"uploads");
    $sql = "insert into news
values(null,$user_id,$category_id,'$title','$content', '$currentDate',$clicked,
'$file_name')";
    if($message=="文件上传成功! "||$message=="没有选择上传附件! "){
        include_once("functions/database.php");
        get_connection();
        mysql_query($sql);
        close_connection();
    }
}
$message = urlencode($message);
header("Location:news_list.php?message=$message");
?>
```

程序 news_save.php 中使用到了 header("Location:URL")函数（该函数的使用方法请读者参见 PHP 会话控制章节的内容）的重定向功能以及 urlencode()函数（该函数的使用方法请读者参见字符串处理章节的内容）的字符串转义功能。其中使用 urlencode()函数的目的是为了兼容 IE10 浏览器，防止使用 IE10 浏览器显示时出现乱码问题。

6. 创建新闻标题列表显示页面 news_list.php

在 "C:\wamp\www\news\" 目录下创建 news_list.php 文件，该程序实现的功能依次为：显示文件上传的状态信息；提供一个新闻模糊查询的 form 表单；按照新闻发布时间降序显示新闻的标题以及编辑和删除超链接；当单击新闻标题的超级链接时进入新闻详细信息页面 news_detail.php，查看新闻详细信息；当单击编辑超链接时进入新闻编辑页面 news_edit.php，实现对新闻的编辑；当点击删除超链接时进入新闻删除页面 news_delete.php，实现对新闻信息的删除。news_list.php 代码如下。

```php
<?php
include_once("functions/database.php");
//显示文件上传的状态信息
if(isset($_GET["message"])){
    echo $_GET["message"]."<br/>";
}
//构造查询所有新闻的 SQL 语句
$search_sql = "select * from news order by news_id desc";
//若进行模糊查询，取得模糊查询的关键字 keyword
$keyword = "";
if(isset($_GET["keyword"])){
    $keyword = $_GET["keyword"];
    //构造模糊查询新闻的 SQL 语句
    $search_sql = "select * from news where title like '%$keyword%' or content like
'%$keyword%' order by news_id desc";
}
//提供进行模糊查询的 form 表单
?>
<form action="news_list.php" method="get">
请输入关键字: <input type="text" name="keyword" value="<?php echo $keyword?>">
<input type="submit" value="搜索">
</form>
<br/>
<table>
<?php
get_connection();
$result_set = mysql_query($search_sql);
close_connection();
if(mysql_num_rows($result_set)==0){
    exit("暂无记录! ");
}
while($row = mysql_fetch_array($result_set)){
?>
<tr>
<td>
    <a href="news_detail.php?news_id=<?php echo $row['news_id']?>"><?php echo $row
['title']?></a>
</td>
```

```
<td>
    <a href="news_edit.php?news_id=<?php echo $row['news_id']?>">编辑</a>
</td>
<td>
    <a href="news_delete.php?news_id=<?php echo $row['news_id']?>">删除</a>
</td>
</tr>
<?php
}
?>
</table>
```

在浏览器地址栏中输入"http://localhost/news/news_add.php"打开 news_add.php 页面，然后在该页面中填写测试数据，如图 10-19 所示。单击 news_add.php 页面中的"提交"按钮，页面被重定向到 news_list.php 程序，该程序的运行结果如图 10-20 所示。

图 10-19　新闻添加页面

图 10-20　新闻标题列表显示页面

news_list.php 程序说明如下。

（1）程序 news_list.php 存在两个入口：直接打开浏览器并在浏览器地址栏中输入"http://localhost/news/news/news_list.php"时可以访问 news_list.php 页面；新闻信息添加成功后也可以由 news_save.php 页面重定向到 news_list.php 页面。

（2）在图 10-20 中的关键字表单中输入关键字，单击"搜索"按钮后，触发 news_list.php 的模糊查询功能。

7. 创建新闻信息的编辑页面 news_edit.php

在"C:\wamp\www\news\"目录下创建 news_edit.php 文件，该程序实现的功能是：当单击新闻标题列表页面 news_list.php 中的"编辑"超链接时，news_edit.php 页面从数据库中查询指定新闻的详细信息并显示在编辑页面 news_edit.php 中，新闻内容进入编辑状态。news_edit.php 代码如下。

```php
<?php
include_once("functions/database.php");
$news_id = $_GET["news_id"];
get_connection();
```

```
$result_news = mysql_query("select * from news where news_id=$news_id");
$result_category = mysql_query("select * from category");
close_connection();
$news = mysql_fetch_array($result_news);
?>
<form action="news_update.php" method="post">
标题: <input type="text"  size="60" name="title" value="<?php echo $news['title']?>">
<br/>
内容: <textarea cols="60" rows="16" name="content"><?php echo $news['content']?>
</textarea><br/>
类别: <select name="category_id" size="1">
<?php
while($category = mysql_fetch_array($result_category)){
?>
    <option value="<?php echo $category['category_id'];?>" <?php echo ($news ['category_
id']==$category['category_id'])?"selected":""?>><?php echo $category ['name'];?> </option>
<?php
}
?>
    </select><br/>
<br/>
<input type="hidden" name="news_id" value="<?php echo $news_id?>">
<input type="submit" value="修改">
</form>
```

　　程序 news_edit.php 中使用条件运算符(exp1)？(exp2)：(exp3)实现了下拉选择框的默认选中状态（见粗体字部分代码）。

8. 创建新闻信息的修改页面 news_update.php

　　在 "C:\wamp\www\news\" 目录下创建 news_update.php 文件，该程序实现的功能是：单击 news_edit.php 页面的 "修改" 按钮时，修改指定新闻的信息，然后将页面重定向到 news_list.php 页面，并向 news_list.php 页面传递 "新闻信息修改成功！" 信息。news_update.php 代码如下。

```
<?php
include_once("functions/database.php");
$news_id = $_POST["news_id"];
$category_id = $_POST["category_id"];
$title = $_POST["title"];
$content = $_POST["content"];
$sql = "update news set category_id=$category_id,title='$title',content='$content'
where news_id=$news_id";
get_connection();
mysql_query($sql);
close_connection();
$message = "新闻信息修改成功! ";
header("Location:news_list.php?message=$message");
?>
```

　　此时 news_list.php 页面又多了一个入口：可以从 news_update.php 页面重定向到 news_list.php 页面。

9. 创建新闻信息的删除页面 news_delete.php

　　在 "C:\wamp\www\news\" 目录下创建 news_delete.php 文件，该页面实现的功能是：单击

news_list.php 页面的"删除"超链接时，从数据库中删除指定新闻然后重定向到新闻标题列表页面 news_list.php，并向 news_list.php 页面传递"新闻信息删除成功！"消息。news_delete.php 代码如下。

```php
<?php
include_once("functions/database.php");
$news_id = $_GET["news_id"];
get_connection();
mysql_query("delete from review where news_id=$news_id");
mysql_query("delete from news where news_id=$news_id");
close_connection();
$message = "新闻及相关评论信息删除成功！";
header("Location:news_list.php?message=$message");
?>
```

此时 news_list.php 页面又多了一个入口：可以从 news_delete.php 页面重定向到 news_list.php 页面。在删除新闻信息的过程中，若该新闻存在评论信息，由于新闻表 news 和评论表 review 之间的外键约束关系，该新闻将删除失败。因此若想成功删除新闻信息，建议先删除新闻的所有评论，然后再删除该新闻信息。

10. 创建查看新闻详细信息页面 news_detail.php

打开新闻标题列表显示页面 news_list.php 后，单击新闻标题的超级链接后可以查看该新闻的详细信息。在"C:\wamp\www\news\"目录下创建 news_detail.php 文件，该程序实现的功能依次为：将该新闻的浏览次数加 1；显示该新闻详细信息（标题、内容、发布者、类别等信息）；该新闻若有"已审核"评论则显示"共有**条评论"的超链接，否则显示"暂无评论"；提供"添加评论"的 form 表单供浏览器用户为该新闻发表评论。news_detail.php 代码如下。

```php
<?php
include_once("functions/database.php");
$news_id = $_GET["news_id"];
//构造 3 条 SQL 语句
$sql_news_update = "update news set clicked=clicked+1 where news_id=$news_id";
$sql_news_detail = "select * from news where news_id=$news_id";
$sql_review_query = "select * from review where news_id=$news_id and state='已审核'";
//执行 3 条 SQL 语句
get_connection();
mysql_query($sql_news_update);
$result_news = mysql_query($sql_news_detail);
$result_review = mysql_query($sql_review_query);
//取出结果集中新闻条数
$count_news = mysql_num_rows($result_news);
//取出结果集中该新闻"已审核"的评论条数
$count_review = mysql_num_rows($result_review);
if($count_news==0){
    echo "该新闻不存在或已被删除！";
    exit;
}
//根据新闻信息中的 user_id 查询对应的用户信息
$news = mysql_fetch_array($result_news);
$user_id = $news["user_id"];
$sql_user = "select * from users where user_id=$user_id";
```

```
$result_user = mysql_query($sql_user);
$user = mysql_fetch_array($result_user);
//根据新闻信息中的category_id查询对应的新闻类别信息
$category_id = $news["category_id"];
$sql_category = "select * from category where category_id=$category_id";
$result_category = mysql_query($sql_category);
$category = mysql_fetch_array($result_category);
close_connection();
mysql_free_result($result_user);
mysql_free_result($result_category);
mysql_free_result($result_news);
mysql_free_result($result_review);
//显示新闻详细信息
?>
<table>
<tr><td width="80">标题: </td><td><?php echo $news['title'];?></td></tr>
<tr><td width="80">内容: </td><td><?php echo $news['content'];?></td></tr>
<tr><td width="80">附件: </td><td><a href="download.php?attachment=<?php echo
$news['attachment'];?>"><?php echo $news['attachment'];?></a></td></tr>
<tr><td width="80">发布者: </td><td><?php echo $user['name'];?></td></tr>
<tr><td width="80">类别: </td><td><?php echo $category['name'];?></td></tr>
<tr><td width="80">发布时间: </td><td><?php echo $news['publish_time'];?></td></tr>
<tr><td width="80">点击次数: </td><td><?php echo $news['clicked'];?></td></tr>
</table>
<?php
//显示查看评论超链接
if($count_review>0){
    echo "<a href='review_news_list.php?news_id=".$news['news_id']."'>共有".$count_
review."条评论</a><br/>";
    }else{
    echo "该新闻暂无评论! <br/>";
}
?>
<br/>
<form action="review_save.php" method="post">
添加评论: <textarea name="content" cols="50" rows="5"></textarea><br/>
<input type="hidden" name="news_id" value="<?php echo $news['news_id'];?>">
<input type="submit" value="评论">
</form>
```

11. 制作文件下载函数 download()

由于文件下载是 Web 系统中较为常用的功能，有必要将下载功能的 PHP 代码封装成函数。在 "C:\wamp\www\news\functions" 目录的 file_system.php 文件中添加 download()函数，该函数完成的功能是下载存放在目录$file_dir 中文件名为$file_name 的文件。download()函数的代码如下。

```
function download($file_dir,$file_name){
    if (!file_exists($file_dir.$file_name)) { //检查文件是否存在
        exit("文件不存在或已删除");
    } else {
        $file = fopen($file_dir.$file_name,"r"); // 打开文件
        //强迫浏览器显示保存对话框，并提供一个推荐的文件名
```

```
            header("Content-Disposition: attachment; filename=".$file_name);
            // 输出文件内容
            echo fread($file,filesize($file_dir.$file_name));
            fclose($file);
            exit;
        }
    }
```

12. 文件下载功能的实现

在 "C:\wamp\www\news" 目录下创建 download.php 文件，download.php 程序负责下载服务器 "/news/uploads/" 目录下的某个文件。当单击查看新闻详细信息 news_detail.php 页面的 "附件名" 超链接时，下载该文件到本地机。download.php 代码如下。

```php
<?php
include_once("functions/file_system.php");
$file_name = $_GET["attachment"];
download("uploads/","$file_name");
?>
```

13. 创建保存新闻评论页面 review_save.php

在 "C:\wamp\www\news\" 目录下创建 review_save.php 文件，该程序实现的功能是：普通用户在 news_detail.php 页面中输入指定新闻的评论信息，单击 "评论" 按钮后，review_save.php 程序负责将该新闻的评论信息添加到数据库表 review 中，然后将页面重定向到 news_list.php 页面，并向 news_list.php 页面传递 "该新闻的评论信息成功添加到数据库表中！" 消息。review_save.php 代码如下。

```php
<?php
include_once("functions/database.php");
$news_id = $_POST["news_id"];
$content = $_POST["content"];
$currentDate = date("Y-m-d H:i:s");
$ip = $_SERVER["REMOTE_ADDR"];
$state = "未审核";
$sql = "insert into review values(null,$news_id,'$content','$currentDate','$state','$ip')";
get_connection();
mysql_query($sql);
close_connection();
$message = "该新闻的评论信息成功添加到数据库表中！";
header("Location:news_list.php?message=$message");
?>
```

14. 创建查看所有评论信息页面 review_list.php

在 "C:\wamp\www\news\" 目录下创建 review_list.php 文件，review_list.php 程序实现的功能是：将数据库中所有评论信息显示出来（评论信息按 review_id 倒序排列），并为每条 "未审核" 的评论提供 "删除" 和 "审核" 超链接。review_list.php 代码如下。

```php
<?php
include_once("functions/database.php");
$sql = "select * from review order by review_id desc";
get_connection();
$result_set = mysql_query($sql);
close_connection();
```

```
echo "系统所有评论信息如下: <br/>";
while($row = mysql_fetch_array($result_set)){
    echo "评论内容: ".$row["content"]."<br/>";
    echo "日期: ".$row["publish_time"]."  ";
    echo "IP 地址: ".$row["ip"]."  ";
    echo "状态: ".$row["state"]."<br/>";
    echo "<a href='review_delete.php?review_id=".$row["review_id"]."'>删除</a>";
    echo "   ";
    if($row["state"]=="未审核"){
        echo "<a href='review_verify.php?review_id=".$row["review_id"]."'>审核</a>";
    }
    echo "<hr/>";
}
?>
```

15. 创建评论的审核页面 review_verify.php

在 "C:\wamp\www\news\" 目录下创建 review_verify.php 文件, 该程序实现的功能是: 将指定的新闻评论从 "未审核" 状态修改为 "已审核" 状态, 然后将页面重定向到 review_list.php 页面, 重新显示新闻发布系统所有评论信息。review_verify.php 代码如下。

```
<?php
include_once("functions/database.php");
$review_id = $_GET["review_id"];
$sql = "update review set state='已审核' where review_id=$review_id";
get_connection();
mysql_query($sql);
close_connection();
header("Location:review_list.php");
?>
```

16. 创建显示指定新闻的评论列表页面 review_news_list.php

在 "C:\wamp\www\news\" 目录下创建 review_news_list.php 文件, 该程序的功能是显示指定新闻的所有 "已审核" 评论。当单击新闻详细信息页面 news_detail.php 中的 "共有**条评论" 超链接时, 显示该新闻所有 "已审核" 的评论信息, 评论信息按 review_id 倒序排列。review_news_list.php 代码如下。

```
<?php
include_once("functions/database.php");
$news_id = $_GET["news_id"];
$sql = "select * from review where news_id=$news_id and state='已审核' order by review_id
desc";
get_connection();
$result_set = mysql_query($sql);
close_connection();
echo "该新闻的评论如下: <br/>";
while($row = mysql_fetch_array($result_set)){
    echo "评论内容: ".$row["content"]."<br/>";
    echo "评论日期: ".$row["publish_time"]."<br/>";
    echo "评论 IP 地址: ".$row["ip"]."<hr/>";
}
?>
```

17. 创建删除评论页面 review_delete.php

在"C:\wamp\www\news\"目录下创建 review_delete.php 文件，该程序实现的功能是：将指定的新闻评论从数据库表中删除，然后将页面重定向到 review_list.php 页面，显示所有评论信息。review_delete.php 代码如下。

```php
<?php
include_once("functions/database.php");
$review_id = $_GET["review_id"];
$sql = "delete from review where review_id=$review_id";
get_connection();
$result_set = mysql_query($sql);
close_connection();
header("Location:review_list.php");
?>
```

至此，新闻发布系统有关新闻管理和评论管理等基本功能已经实现。

10.6 分页原理及实现

对于 Web 应用程序而言，最常见的功能是从数据库表中查询信息然后显示到 Web 页面上。如果数据库表中的数据量大，从数据库表中查询数据并在 Web 页面中进行显示，无疑会增加数据库服务器、应用服务器以及网络的负担，并为浏览器用户浏览数据带来不便。解决这一问题最常用的方法是使用分页技术。

10.6.1 分页原理

分页是一种将所有信息分段展示给浏览器用户的技术。浏览器用户每次看到的不是全部信息，而是其中的一部分信息，如果没有找到自己想要的内容，用户可以通过指定的页码或翻页的方式转换可见内容，直到找到自己想要的内容为止。在 B/S 三层架构中，从浏览器发送请求数据到 Web 服务器返回响应数据的整个过程如图 10-21 所示，从图中可以看出，基于 B/S 三层架构的分页技术可以分别在浏览器、Web 服务器或数据库服务器实现。

图 10-21 分页原理

方案 1 在浏览器端实现分页

浏览器端可以使用 JavaScript 代码实现分页功能，但前提是从数据库中查询满足条件的所有记录，将记录集先发送到 Web 服务器，再从 Web 服务器发送到浏览器，然后由浏览器 JavaScript 代码实现数据过滤。特点：效率最低，消耗大量服务器资源和网络资源。

方案 2 在 Web 服务器端实现分页

Web 服务器端可以使用应用程序实现分页功能，但前提是从数据库中查询满足条件的所有记录，将记录集先发送到 Web 服务器，然后由应用程序过滤该结果集，筛选出用户需要的"记录集"

后，再发送到浏览器。特点：效率较低，消耗一定的服务器资源和网络资源。

方案 3　在数据库服务器端实现分页

数据库服务器端可以使用 SQL 语句实现分页功能，直接将用户所需记录集发送到 Web 服务器，再发送到浏览器端即可，无需 Web 服务器和浏览器过滤。特点：效率较高，消耗最少的服务器资源和网络资源。这里我们使用该方案实现分页技术。

10.6.2　PHP 分页的最简单实现

不管使用哪种分页方案，程序员需要设置每页多少条记录（$page_size），如$page_size = 3。另外浏览器用户需要指定要访问第几页的数据，即当前是第几页（$page_current），通常 URL 中提供了该信息，如 news_list.php?page_current=2。

在 MySQL 数据库服务器端实现分页需要使用 MySQL 中的谓词 limit，语法格式如下：

```
limit [start,]length;
```

length 的值等于$page_size 变量的值，start 的值可由$page_current 和$page_size 两个变量推算得出：($page_current-1)*$page_size。

将 news_list.php 程序复制一份，并将其命名为 news_list_1.php 以备将来使用。接着将 news_list.php 程序中 "get_connection();" 与 "close_connection();" 之间的代码修改为如下代码（粗体字部分为代码的改动部分，其他代码不变）。

```
……
<?php
get_connection();
//分页的实现
$page_size = 3;
if(isset($_GET["page_current"])){
    $page_current = $_GET["page_current"];
}else{
    $page_current=1;
}
$start = ($page_current-1)*$page_size;
$search_sql = "select * from news order by news_id desc limit $start,$page_size";
if(isset($_GET["keyword"])){
    $keyword = $_GET["keyword"];
    //构造模糊查询新闻的 SQL 语句
    $search_sql = "select * from news where title like '%$keyword%' or content like '%$keyword%' order by news_id desc limit $start,$page_size";
}
$result_set = mysql_query($search_sql);
close_connection();
……
```

在浏览器地址栏中输入地址 "http://localhost/news/news_list.php?page_current=1"，浏览器将显示第一页的 3 条记录，依此类推。

10.6.3　带有"分页导航条"分页的实现

在浏览网页时，经常会遇到分页导航的情况。分页导航主要有四个作用：告诉用户要浏览的信息量；让用户快速跳过一些不想看的信息；便于定位和查找；减少页面大小，提高加载速度。此外，分页导航实际上还给了浏览网页的用户一定的停顿，减少用户浏览的疲劳感。

为了方便浏览器用户更好地使用分页功能，新闻发布系统提供了"分页导航条"（$navigator）方便浏览器用户翻页，如图 10-22 所示。图 10-22 中的"分页导航条"（$navigator）模仿了"百度搜索引擎"分页导航条，该分页导航条除了包含前面介绍的两个信息外，还包含了以下信息。

1. 共多少条记录（$total_records）：该信息可以使用 SQL 语句"select * from table_name"和 PHP 函数 mysql_num_rows()获取（或使用 SQL 语句"select count(*) from table_name"和 PHP 函数 mysql_fetch_array()获取）。

2. 总共多少页（$total_pages）：$total_pages 可由 ceil($total_records/$page_size)计算得出。

ceil ()函数语法格式：float ceil (float value)

ceil ()函数功能：返回不小于 value 的下一个整数，value 如果有小数部分则进一位。

3. 上一页（$page_previous）：该信息可由下面的方法计算得出。

```
$page_previous = ($page_current<=1)?1:$page_current-1;
```

4. 下一页（$page_next）：该信息可由下面的代码段计算得出。

```
$page_next = ($page_current>=$total_pages)?$total_pages:$page_current+1;
$page_next = ($page_next==0)?1:$page_next;//没有记录时，$page_next 的最小值为 1
```

5. 设置$navigator 变量存储分页导航条字符串信息，$navigator 的值可由下面的方法计算得出。

```
$url = $_SERVER['PHP_SELF'];
$navigator = "<a href=$url?page_current=$page_previous>上一页</a>  ";
$page_start = ($page_current-5>0)?$page_current-5:0;
$page_end = ($page_start+10<$total_pages)?$page_start+10:$total_pages;
$page_start = $page_end-10;
if($page_start<0) $page_start = 0;
for($i=$page_start;$i<$page_end;$i++){
    $j = $i+1;
    $navigator.="<a href='$url?page_current=$j'>$j</a>  ";
}
$navigator.="<a href=$url?page_current=$page_next>下一页</a><br/>";
$navigator.="共".$total_records."条记录,共".$total_pages."页,当前是第".$page_current.
"页";
```

所有的有关分页导航条信息准备完毕后，只需将$navigator 信息打印出来就可以显示如图 10-23 所示的分页导航条。

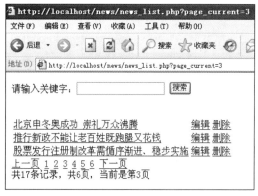

图 10-22　带有"分页导航条"的分页

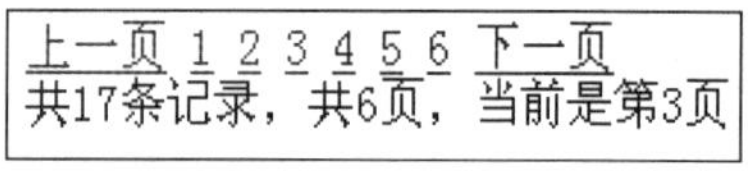

图 10-23　分页导航条

10.6.4　显示分页导航条的函数制作

对于任意的 Web 系统而言，分页功能是最常用的功能之一，将显示分页导航条的代码制作成函数，不仅便于代码维护和重用，还可以大大减少分页功能的代码量。

在 "C:\wamp\www\news\functions\" 目录下创建 page.php 文件，在 page.php 文件中定义一个分页函数 page()，该函数实现的功能是打印分页导航条。page 函数需要 5 个输入参数，分别是：$total_records、$page_size、$page_current、$url 和$keyword，这些参数的含义请参考前面的内容。page.php 程序代码如下。

```php
<?php
function page($total_records,$page_size,$page_current,$url,$keyword){
    $total_pages = ceil($total_records/$page_size);
    $page_previous = ($page_current<=1)?1:$page_current-1;
    $page_next = ($page_current>=$total_pages)?$total_pages:$page_current+1;
    $page_next = ($page_next==0)?1:$page_next;
    $page_start = ($page_current-5>0)?$page_current-5:0;
    $page_end = ($page_start+10<$total_pages)?$page_start+10:$total_pages;
    $page_start = $page_end-10;
    if($page_start<0) $page_start = 0;
    if(empty($keyword)){
        $navigator = "<a href=$url?page_current=$page_previous>上一页</a>  ";
        for($i=$page_start;$i<page_end;$i++){
            $j = $i+1;
            $navigator.="<a href='$url?page_current=$j'>$j</a>  ";
        }
        $navigator.="<a href=$url?page_current=$page_next>下一页</a>";
        $navigator.= "<br/>共".$total_records."条记录，共".$total_pages."页，当前是第".$page_current."页";
    }else{
        $keyword = $_GET["keyword"];
        $navigator = "<a href=$url?keyword=$keyword&page_current=$page_previous>上一页</a>  ";
        for($i=$page_start;$i<$page_end;$i++){
            $j = $i+1;
            $navigator.="<a href='$url?keyword=$keyword&page_current=$j'>$j</a>  ";
        }
        $navigator.="<a href=$url?keyword=$keyword&page_current=$page_next>下一页</a>";
        $navigator.= "<br/>共".$total_records."条记录，共".$total_pages."页，当前是第".$page_current."页";
    }
    echo $navigator;
}
?>
```

为了实现带有分页导航条的新闻标题列表显示页面，只需在 news_list.php 程序中调用 page() 函数，并向该函数传递 5 个参数即可。

将 news_list.php 程序再次复制一份，并将其命名为 news_list_2.php 以备将来使用。接着将 news_list.php 程序修改为如下代码（粗体字部分为代码的改动部分，其他代码不变）。

```php
<?php
include_once("functions/database.php");
include_once("functions/page.php");
//显示文件上传的状态信息
if(isset($_GET["message"])){
    echo $_GET["message"]."<br/>";
}
……
<?php
get_connection();
//分页的实现
$result_news = mysql_query($search_sql);
$total_records = mysql_num_rows($result_news);
$page_size = 3;
…
</table>
<?php
//打印分页导航条
$url = $_SERVER["PHP_SELF"];
page($total_records,$page_size,$page_current,$url,$keyword);
?>
```

使用同样的方法，将 review_list.php 程序复制一份，并将其命名为 review_list_1.php 以备将来使用。然后将 review_list.php 程序修改为如下代码，实现新闻评论浏览的分页显示（粗体字部分为代码的改动部分，其他代码不变）。

```php
<?php
include_once("functions/database.php");
include_once("functions/page.php");
$sql = "select * from review";
get_connection();
//分页的实现
$result_news = mysql_query($sql);
$total_records = mysql_num_rows($result_news);
$page_size = 3;
if(isset($_GET["page_current"])){
    $page_current = $_GET["page_current"];
}else{
    $page_current = 1;
}
$start = ($page_current-1)*$page_size;
$result_sql = "select * from review order by review_id desc limit $start,$page_size";
$result_set = mysql_query($result_sql);
close_connection();
echo "新闻发布系统的所有评论信息如下: <br/>";
while($row = mysql_fetch_array($result_set)){
    echo "评论内容: ".$row["content"]."<br/>";

    ……
}
//打印分页导航条
$url = $_SERVER["PHP_SELF"];
page($total_records,$page_size,$page_current,$url,"");
?>
```

10.7　新闻发布系统的软件测试

　　系统实施过程中甚至是系统开发初期，往往要伴随着软件测试同时进行。这是由于随着开发阶段的向前推进，纠错的开销将越来越大。这里以功能测试为例，功能测试的关键是如何确定测试用例，而这个过程是一段枯燥而且耗时的过程。测试用例（test case）是可以被独立执行的一个过程，这个过程是一个最小的测试实体，不能再被分解。测试用例也就是为了某个测试点而设计的测试操作过程序列、条件、期望结果及其相关数据的一个特定的集合。软件测试的过程实际上就是设计测试用例、执行测试用例的过程。

　　目前新闻发布系统的各个功能模块已经开发完毕，但某些模块中存在着 bug，尽早地发现这些 bug，以便减少纠错的开销。以新闻发布系统为例，上传的新闻附件名称中不能包含 "+"，否则下载该附件时，将提示 "文件不存在或已删除" 信息。"文件下载" 功能模块测试用例可以进行如下描述。

【示例：书写规范的测试用例】
ID: 100610003
用例名称：验证新闻附件是否可以成功进行文件下载
测试项：新闻附件为 a+b.txt
环境要求：Windows XP SP2 和 IE6
参考文档：需求文档
优先级：高
依赖的测试用例：100610001（新闻信息添加测试用例）、100610002（新闻详细信息浏览测试用例）
步骤：
（1）打开 IE 浏览器
（2）在地址栏中输入：http://localhost/news/news_detail.php?news_id=9
（3）点击 a+b.txt 超链接
期望结果：
出现文件下载对话框
实际运行结果：
提示用户 "文件不存在或已删除" 信息

　　从测试用例 100610003 中可以看出，由于期望结果与实际运行结果不符，从而判断目前新闻附件下载功能的代码中存在 bug，该 bug 的解决方法将在 "字符串处理" 章节中给出。使用同样的方法可以对新闻发布系统中的其他功能模块进行功能测试。

10.8　新闻发布系统的系统支持

　　系统投入使用后所涉及的活动为系统支持。系统支持的主要任务是完善系统文档，编写用户文档，并组织用户培训。由于新闻发布系统功能较为简单，且界面单一容易使用，系统支持阶段这里不再阐述。至此，新闻发布系统的主要功能开发完毕，其他功能模块的开发相信读者可以自行完善。

习　题

问答题

某内容管理系统中，信息表 message 有如下字段。

- id　　　　　　　　文章 ID
- title　　　　　　　文章标题
- content　　　　　　文章内容
- category_id　　　　文章分类 ID
- clicked　　　　　　点击量

任务 1　写出创建信息表 message 的 SQL 语句。

任务 2　如果表 comment 记录用户回复每条信息的评论内容，字段如下。

- comment_id　　　　评论 ID
- id　　　　　　　　文章 ID，关联 message 表中的 ID
- comment_content　　评论的内容

现通过查询数据库需要得到以下格式的文章标题列，并按照回复数量排序，回复最高的排在最前面。

文章 id	文章标题	点击量	评论的数量

用一个 SQL 语句完成上述查询，如果文章没有评论则评论数量显示为 0。

任务 3　上述内容管理系统，表 category 保存分类信息，字段如下。

category_id　　　　　　新闻的类别 ID

categroy_name　　　　　新闻的类别名称

用户输入文章时，通过选择下拉菜单选定文章分类。写出实现这个下拉菜单的函数。

第11章
PHP 会话控制

在 Web 系统中，从用户登录系统到用户注销系统期间，通常需要跟踪一个用户，会话控制提供了这样的功能。本章首先讲解 HTTP 无状态特性，然后解决实现 PHP 页面间参数传递的所有方法，着重讲解如何使用 Cookie 和 Session 实现 PHP 会话控制，并结合"新闻发布系统"讲解如何使用 Cookie 和 Session 实现该系统的安全访问与权限控制，最后讲解 header() 函数的功能。

11.1 HTTP 无状态特性

HTTP 协议是一个基于请求与响应模式的、无状态的、应用层的协议，通常基于 TCP 进行连接，绝大多数的 Web 开发都是构建在 HTTP 协议之上的 Web 应用。HTTP 协议老的标准是 HTTP/1.0，目前最通用的标准是 HTTP/1.1。HTTP/1.1 是在 HTTP/1.0 基础上的升级，增加了一些功能，全面兼容 HTTP/1.0。

11.1.1 HTTP 通信机制

在一次完整的 HTTP 通信过程中，Web 浏览器与 Web 服务器之间将完成下列 4 个步骤，如图 11-1 所示。

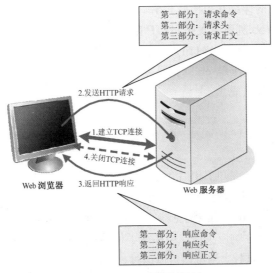

图 11-1　HTTP 通信机制

1. 建立 TCP 连接

在 HTTP 工作开始之前，Web 浏览器首先要通过网络与 Web 服务器建立连接，该连接是通过 TCP 协议来完成的，该协议与 IP 协议共同构建 Internet，即 TCP/IP 协议，因此 Internet 又被称作是 TCP/IP 网络，如图 11-2 所示。HTTP 是比 TCP 更高层次的应用层协议，根据规则，只有低层 TCP 协议建立之后才能进行更高层的 HTTP 协议的连接，因此，首先要建立 TCP 连接，默认情况下 TCP 连接的端口号是 80，但其他的端口号也是可用的。

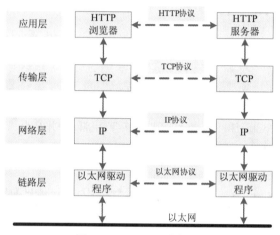

图 11-2　TCP/IP 网络协议

2. Web 浏览器向 Web 服务器发送 HTTP 请求

一旦建立了 TCP 连接，Web 浏览器就可以向 Web 服务器发送 HTTP 请求。当浏览器向 Web 服务器发出 HTTP 请求时，它向 Web 服务器传递了一个数据块，也就是 HTTP 请求信息，HTTP 请求信息由以下 3 部分组成。

第一部分：请求命令。

第二部分：请求头。

第三部分：请求正文。

有关 HTTP 请求信息的详细知识稍后介绍。

3. Web 服务器向 Web 浏览器发送 HTTP 响应

Web 浏览器向 Web 服务器发出 HTTP 请求后，服务器会向浏览器回送响应。当 Web 服务器向 Web 浏览器回送响应时，它向 Web 浏览器传递了一个数据块，也就是 HTTP 响应信息，HTTP 响应信息也是由以下 3 部分组成。

第一部分：响应命令。

第二部分：响应头。

第三部分：响应正文。

有关 HTTP 响应信息的详细知识稍后介绍。

4. Web 服务器关闭 TCP 连接

一般情况下，一旦 Web 服务器向浏览器发送了响应数据，它就要关闭 TCP 连接。然而如果浏览器在请求头或者服务器在响应头信息中加入了代码：Connection:keep-alive，则 TCP 连接在发送后将仍然保持打开状态，这样，浏览器可以通过相同的 TCP 连接继续发送 HTTP 请求。保持连接节省了为每个请求建立新 TCP 连接所需的时间，还节约了网络带宽。

11.1.2　HTTP 无状态与 TCP 长连接之间的关系

HTTP 是无状态的协议。无状态是指当一个 Web 浏览器向某个 Web 服务器的页面发送请求（Request）后，Web 服务器收到该请求进行处理，然后将处理结果作为响应（Response）返回给 Web 浏览器，Web 浏览器与 Web 服务器都不保留当前 HTTP 通信的相关信息。也就是说，Web 浏览器打开 Web 服务器上的一个网页，和之前打开这个服务器上的另一个网页之间没有任何联系。

然而如果浏览器在请求头或者服务器在响应头信息中加入了代码：Connection:keep-alive，此时表示浏览器与服务器之间保持了 TCP 连接。

HTTP 无状态与 TCP 保存连接之间存在怎样的关系？为了便于读者理解，可将 TCP 连接分为 TCP 短连接和 TCP 长连接。

1. TCP 短连接

TCP 短连接就是只有在有数据传输的时候才进行 TCP 连接，浏览器与服务器传送数据完毕后马上断开连接，即每次 TCP 连接只完成一对请求/响应消息的传送，如图 11-3 所示。TCP 短连接的操作步骤如下。

建立 TCP 连接—数据传输—关闭 TCP 连接……建立 TCP 连接—数据传输—关闭 TCP 连接

2. TCP 长连接

TCP 长连接就是指浏览器与服务器一旦建立了 TCP 连接，每个 TCP 连接上可以连续进行多次请求/响应消息的传送，即便浏览器与服务器之间没有数据传送，浏览器与服务器之间也将一直保持 TCP 连接，如图 11-4 所示。TCP 长连接的操作步骤如下。

建立 TCP 连接—数据传输...（保持连接）...数据传输—关闭 TCP 连接

从图 11-4 中可以看出，虽然 TCP 保持了连接，但浏览器与服务器之间的每次 HTTP 请求都是独立的，也就是说，Keep-Alive 也没能改变 HTTP 无状态这个结果。

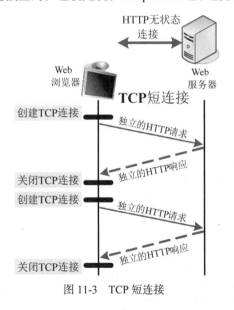

图 11-3　TCP 短连接

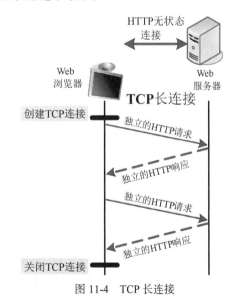

图 11-4　TCP 长连接

11.1.3　HTTP 请求信息

当浏览器向 Web 服务器发出 HTTP 请求时，它向 Web 服务器传递了一个数据块，也就是

HTTP 请求信息，HTTP 请求信息由以下 3 部分组成。

第一部分：请求命令。

第二部分：请求头。

第三部分：请求正文。

下面是一个 HTTP 请求的例子。

第一部分	GET /2/register.php HTTP/1.1
第二部分	Accept:image/gif.image/jpeg,*/* Accept-Language:zh-cn Connection:Keep-Alive Host:localhost User-Agent:Mozila/4.0(compatible;MSIE5.01;Window NT5.0) Accept-Encoding:gzip,deflate
空行	空行
第三部分	userName=victor&password=1234

1．HTTP 请求信息的第一部分是请求命令

请求命令的格式是"请求方法 URL 协议/协议版本号"，如"GET /2/register.php HTTP/1.1"。

上述代码中"GET"代表请求方法，根据 HTTP 标准，HTTP 请求可以使用多种请求方法。例如，HTTP/1.1 支持 7 种请求方法：GET、POST、HEAD、OPTIONS、PUT、DELETE 和 TARCE，其中 GET 和 POST 最为常用。

"/2/register.php"表示 URL。URL 完整地指定了要访问的网络资源，通常只要给出相对于服务器的根目录的相对路径即可，因此总是以"/"开头。

"HTTP/1.1"代表协议和协议的版本。

2．HTTP 请求信息的第二部分是请求头（关于请求头的含义，请参看浏览器缓存的远程控制章节内容）

浏览器发送请求命令之后，还要以头信息的形式向 Web 服务器发送一些别的信息，请求头信息中包含许多有关浏览器环境和请求正文的有用信息，其中请求头可以声明浏览器所用的语言、请求正文的长度等。例如：

Accept:image/gif.image/jpeg.*/*

Accept-Language:zh-cn

Connection:Keep-Alive

Host:localhost

User-Agent:Mozila/4.0(compatible:MSIE5.01:Windows NT5.0)

Accept-Encoding:gzip,deflate

之后浏览器发送了一空白行来通知服务器，它已经结束了该头信息的发送。

3．HTTP 请求信息的第三部分是请求正文

请求头和请求正文之间是一个空行，这个空行非常重要，它表示请求头已经结束，接下来的是请求正文。请求正文中可以包含客户提交的查询字符串信息，例如：

```
userName=victor&password=1234
```

在上述例子的 HTTP 请求中，由于请求方法是 GET 请求，请求正文只有一行内容。在实际应用中，如果请求方法是 POST 请求，此时请求正文可以包含更多的内容。

11.1.4　HTTP 响应信息

HTTP 响应与 HTTP 请求相似，HTTP 响应也由以下 3 个部分构成。

第一部分：响应命令。

第二部分：响应头。

第三部分：响应正文。

下面是一个 HTTP 响应的例子。

第一部分	HTTP/1.1 200 OK
第二部分	Server:Apache2.2.4 Date:Mon,6Oct2010 13:23:42 GMT Content-Type:text/plain Last-Moified:Mon,6 Oct 2010 13:23:42 GMT Content-Length:112
空行	空行
第三部分	\<html> \<head> \<title>HTTP 响应示例\<title> \</head> \<body> Hello HTTP! \</body> \</html>

1．HTTP 响应信息的第一部分是响应命令

响应命令的格式是"协议 协议版本号 响应状态码 状态码描述"，如"HTTP/1.1 200 OK"。

响应状态码 200 表示 Web 服务器已经成功地处理了浏览器发出的请求（200 表示成功）。HTTP 响应状态码反映了 Web 服务器处理 HTTP 请求的状态信息。HTTP 响应状态码由 3 位数字构成，其中首位数字定义了状态码的类型，如表 11-1 所示。

表 11-1　　　　　　　　　　　　　　　　HTTP 响应状态码

响应状态码	响应状态码的类型	描　　述
1XX	信息类（Information）	表示成功收到浏览器请求，正在进一步的处理中
2XX	成功类（Successful）	表示浏览器请求被正确接收、处理，如 200 OK
3XX	重定向类（Redirection）	表示为完成浏览器请求，浏览器需要进一步细化请求，采取进一步的动作
4XX	浏览器端错误（Client Error）	表示浏览器端提交的请求有错误，如 404 NOT Found，意味着请求中所访问的资源不存在
5XX	服务器端错误（Server Error）	表示服务器不能完成对请求的处理，如 500

对于编程人员来说，掌握 HTTP 状态码有助于提高 Web 应用程序调试的效率和准确性。

2．HTTP 响应信息的第二部分是响应头（关于响应头的含义，请参看浏览器缓存的远程控制章节内容）

服务器返回响应命令之后，还要以头信息的形式向 Web 浏览器发送一些别的信息，响应头信息中包含许多有关服务器环境和响应正文的有用信息，其中包括服务器类型、日期时间、内容类

型和内容长度等，例如：

Server:Apache2.2.4

Date:Mon,6Oct2010 13:23:42 GMT

Content-Type:text/plain

Last-Moified:Mon,6 Oct 2010 13:23:42 GMT

Content-Length:112

HTTP 响应头中包括内容类型（Content-Type）信息，内容类型是指 Web 服务器向 Web 浏览器返回的文件都有与之相关的类型，即 Web 服务器告诉 Web 浏览器该响应正文的种类，是 HTML 文档、GIF 格式图像、声音文件还是独立的应用程序。大多数 Web 浏览器都拥有一系列可配置的辅助应用程序，这些辅助应用程序告诉浏览器如何根据内容类型处理 Web 服务器发送过来的响应正文。

3. HTTP 响应信息的第三部分是响应正文

Web 服务器向浏览器发送头信息后，它会发送一个空行来表示头信息的发送到此结束，接着，它就以 Content-Type 和 Content-Length 响应头信息所描述的格式，向浏览器发送所请求的实际数据，即响应正文。简单地说，响应正文就是服务器返回的 HTML 页面，通常情况下，响应正文包括可视的 HTML 数据、图片等信息。例如：

```
<html>
<head>
<title>HTTP 响应示例<title>
</head>
<body>
Hello HTTP!
</body>
</html>
```

浏览器收到响应正文后，调用适当的程序打开响应正文。例如，给定的例子中，响应头中 Content-Type 的值是 text/plain，浏览器则会调用记事本程序打开响应正文。

11.2 页面间的参数传递

既然 HTTP 是无状态的协议，Web 浏览器打开 Web 服务器上的一个网页，和之前打开这个服务器上的另一个网页之间没有任何联系，那么很多问题接踵而至。例如，某个浏览器用户打开某网站的登录页面并成功登录后，再去访问该网站的其他页面时，HTTP 协议无法识别该用户已登录。在同一个网站内，通过 HTTP 无状态协议，如何跟踪某个浏览器用户，并实时记录该浏览器用户发送的连续请求呢？

答案非常简单，浏览器用户打开某网站的登录页面并成功登录后，如果该登录页面向该网站的其他页面传递一个"已经成功登录"的参数消息，那么，问题就会迎刃而解。而这正是会话控制的思想，也就是说，如果实现了同一个网站不同动态页面之间的参数传递，就可以跟踪同一个浏览器用户的连续请求。简单地说，会话控制允许 Web 服务器跟踪同一个浏览器用户的连续请求，实现同一个网站多个动态页面之间的参数传递。

实现网页间参数的传递主要有以下 5 种方法。

1. 利用 form 表单的隐藏域 hidden，在表单数据提交时传递参数，这种方法需要和 form 表单一起使用。

2. 利用超链接通过 URL 查询字符串传递参数。

3. 使用 header()函数重定向功能或 JavaScript 重定向功能，通过 URL 查询字符串传递参数。

4. 使用 Cookie 将浏览器用户的个人资料存放在浏览器端主机中，其他 PHP 程序通过读取浏览器端主机中的 Cookie 信息实现页面间的参数传递。

5. 使用 Session 将浏览器用户的个人资料存放于 Web 服务器中，其他 PHP 程序通过读取服务器端主机中的 Session 信息实现页面间的参数传递。

由于第 1 种和第 2 种方法在数据的采集章节中已经进行了详细的讲解，本节着重讲解如何使用重定向实现网页间参数的传递。

11.2.1　利用重定向实现参数传递

重定向就是通过各种方法将网络请求从当前页面（page1）重新定位到新页面（page2）的技术，利用这种技术可以实现页面间跳转并通过查询字符串传递参数。重定向的工作原理如图 11-1 所示，具体过程如下。

1. 浏览器向 Web 服务器（Web 服务器 1）中的 page1 页面发出第一次请求，page1 页面接收到请求后，仅仅向浏览器返回一个重定向响应头信息（重定向响应头信息格式如图 11-5 所示）。该响应头信息中不包含任何需要显示的数据，只包含需要重定向到另一个 Web 服务器（Web 服务器 2）页面 page2 的地址信息（例如 http://www.baidu.com/s?wd=session）。此时浏览器与 Web 服务器 1 之间完成了第一次请求与第一次响应。

2. 浏览器接收到 Web 服务器 1 的 page1 页面的重定向响应后，将自动向响应头信息中指定的 URL 地址（Web 服务器 2 中的 page2 页面）发出新的请求（第二次请求）。Web 服务器 2 中的 page2 页面接收到新的请求后，将 page2 页面的运行结果返回给浏览器。此时浏览器与 Web 服务器 2 之间完成了第二次请求与第二次响应。

从图 11-5 中可以看出，整个重定向的过程涉及两次"请求/响应"过程，如果向重定向 URL 中加入查询字符串，就可以实现跨服务器的页面之间的参数传递，继而可以实现跨服务器的会话控制。

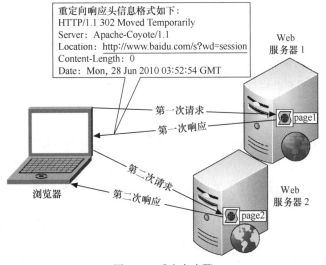

图 11-5　重定向步骤

PHP 中实现重定向的方法主要有两种：使用 JavaScript 实现重定向和使用 PHP 的 header ("Location:URL")函数实现重定向。

11.2.2 使用 JavaScript 实现重定向

在目录"C:\wamp\www\11"下创建 javascript_redirect.php 程序，并在该程序中输入如下代码。打开浏览器，并在地址栏中输入"http://localhost/11/javascript_redirect.php"，可以访问到百度的页面，如图 11-6 所示。

```
<script>
window.location='http://www.baidu.com/s?wd=session'
</script>
```

图 11-6　使用 JavaScript 重定向功能，通过 URL 查询字符串传递参数

javascript_redirect.php 程序向百度搜索引擎传递查询字符串 wd=session，从而实现了跨服务器页面之间的参数传递。细心的读者可以看到，虽然在浏览器地址栏输入的网址是"http://localhost/11/javascript_redirect.php"，但地址栏显示的是却是百度的网址。因此，通过重定向技术，服务器可以控制浏览器访问哪些页面。

将 javascript_redirect.php 程序修改为如下代码（粗体字部分为代码的改动部分），也可实现相同的效果。

```
<script>
window.location.replace('http://www.baidu.com/s?wd=session')
</script>
```

11.2.3 使用 PHP 实现重定向

PHP 提供的 header("Location:URL")函数通过向响应头中添加重定向头信息从而实现重定向功能。在目录"C:\wamp\www\11"下创建 php_redirect.php 程序，并在该程序中输入如下代码。打开浏览器并在地址栏中输入"http://localhost/11/php_redirect.php"，同样可以访问到如图 11-6 所示的百度页面，实现与上面相同的效果。

```
<?php
header("Location:http://www.baidu.com/s?wd=session");
?>
```

11.3　Cookie 会话技术

使用表单的隐藏域 hidden、超链接、页面重定向技术等都可以实现动态页面间的参数传递，从而实现数据的跟踪，达到用户跟踪的目的，继而实现会话控制功能。不过如果页面间传递的参数个数较多，且页面间传递参数的次数较为频繁，或者页面间需要传递诸如数组或对象等复合数据类型时，这些方法显得力不从心，此时通常选用 Cookie 和 Session 会话技术实现会话控制。

本节先了解一下 Cookie 的使用。Cookie 是一组"键值对"信息，该信息由 Web 服务器的 PHP程序生成，最终保存到浏览器端主机内存或者浏览器端主机硬盘文件中。

11.3.1　浏览器的 Cookie 设置

一台主机中可以安装多种浏览器（如 IE、FireFox、Chrome、Opera 等），默认情况下几乎所有的浏览器都开启了 Cookie，用户可以对浏览器进行设置决定是否开启 Cookie。

以 IE 浏览器为例，Cookie 的设置方法如下。打开 IE 浏览器后，单击"工具"菜单中的"Internet选项"选项，选择"隐私"选项卡，在"设置"区域拖动"滚动滑块"即可修改 IE 浏览器的 Cookie配置。用户通常需要将"滚动滑块"拖动至"中"或"中高"，这样既可以保护隐私，又开启了Cookie，不影响某些网络功能的使用。

以 Firefox 浏览器为例，Cookie 的设置方法如下。打开 Firefox 浏览器后，单击"工具"菜单中的"选项"选项，选择"隐私"选项卡，在"历史记录"区域选择"使用自定义历史记录设置"即可修改 Firefox 浏览器的 Cookie 配置。

11.3.2　Cookie 的工作原理

Cookie 的工作原理如图 11-7 所示。图中，page1 页面负责创建 Cookie 信息，page2 页面用于获取 page1 页面创建的 Cookie 信息，继而实现 page1 页面向 page2 页面传递参数信息，最终实现会话控制功能。详细描述如下。

1. 浏览器向某 Web 服务器中的 page1 页面发出第一次页面请求，page1 程序接收到该请求后开始运行，page1 程序创建 Cookie 信息，该 Cookie 信息中仅仅包含一些"键值对"信息。

2. page1 程序运行结束后，page1 页面创建的 Cookie 信息被放置到 Cookie 响应头中（Cookie响应头信息格式如图 11-7 所示），连同响应正文一起作为响应，返回给浏览器。此时浏览器与 Web服务器之间完成了第一次请求与第一次响应。

3. 浏览器接收到 page1 页面返回的 Cookie 响应头信息后，将根据自身 Cookie 的设置以及Cookie 信息的过期时间，决定将 Cookie 信息以"键值对"的方式保存在浏览器端主机硬盘中，还是保存在浏览器进程使用的主机内存中，以便下次发送请求时封装到新的请求头中。

4. 当浏览器再次向该 Web 服务器其他页面 page2 页面发送第二次请求时，浏览器首先判断浏览器端主机硬盘或者内存中的 Cookie 信息是否"有效"，如果"有效"，浏览器会自动地将浏览器端的 Cookie 信息放入到第二次请求的 Cookie 请求头中，连同请求正文一起作为第二次请求，发送给 page2 页面（Cookie 请求头信息格式如图 11-7 所示）。

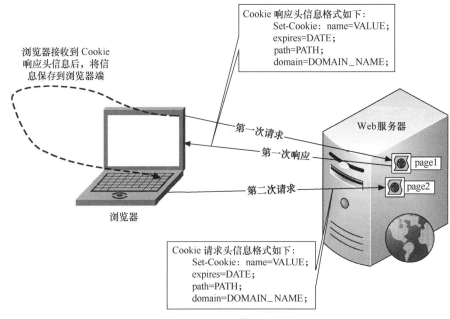

图 11-7　Cookie 的工作原理

5. page2 页面接收第二次请求中的 Cookie 请求头信息，从而实现同一 Web 服务器内 page1 页面与 page2 页面间的参数传递。

请读者注意：

1. 某个动态页面若想访问 Cookie 信息，该动态页面必须从当前 HTTP 请求的 Cookie 请求头中获取，而 HTTP 请求的 Cookie 请求头信息必须来自于浏览器主机内存或者硬盘。

2. 步骤 3 后，浏览器主机内存或者硬盘中才产生了 Cookie 信息。

3. 由于第一次请求访问 page1 页面时，浏览器主机内存或者硬盘不存在"有效的"Cookie 信息，因此第一次请求的请求头中并没有 Cookie 信息，因此 page1 程序无法访问 page1 程序创建的 Cookie 信息。

4. page2 程序之所以能够访问到 Cookie 信息，原因在于浏览器主机内存或者硬盘中的 Cookie 信息被放置到第二次请求的 Cookie 请求头中。

5. 浏览器主机内存或者硬盘中的 Cookie 信息必须"有效"，Cookie 信息才会被放置到第二次 HTTP 请求的 Cookie 请求头中。

11.3.3　Cookie 的内容

图 11-7 中 page1 程序创建的 Cookie 信息作为响应放置到 Cookie 响应头中，Cookie 包含如下内容，这些内容以"键值对"方式存在。

1. 第一次响应中，响应头信息中的 Set-Cookie 关键字决定了该响应是否包含 Cookie 信息。

如何向响应头中添加 Set-Cookie 关键字，请读者参看创建 Cookie 章节的内容。

2. name：指定 Cookie 的标记名称，是字符串类型数据。Cookie 的标记名称由程序员定义，并由 page1 页面放置到 Cookie 响应头中发送给浏览器，然后在浏览器端生成 Cookie 信息中"键值对"信息中的"键"。

3. value：指定 Cookie 的值，是字符串类型数据。Cookie 的值由程序员定义，并由 page1 页面放置到 Cookie 响应头中发送给浏览器，然后在浏览器端生成 Cookie 信息中"键值对"信息中的"值"。

4. expire：指定 Cookie 的过期时间，单位为秒，通常为整数数据，该整数数据是个UNIX 时间戳。

UNIX 时间戳是从 1970 年 1 月 1 日 00:00:00（世界标准时间 UTC 时间）开始所经过的秒数。

5. path：指定 Cookie 在 Web 服务器的有效路径。设定此值后，只有当浏览器访问 Web 服务器中有效路径下的页面时，浏览器才向 HTTP 请求中加入 Cookie 请求头信息。通过设置 Cookie 的有效路径，可以实现同一个 Web 服务器下不同应用程序之间 Cookie 信息的传递。

6. domain：指定 Cookie 的有效域名。设定此值后，只有当浏览器访问该域名下的页面时，浏览器才会向 HTTP 请求中加入 Cookie 请求头信息。通过设置 Cookie 的有效域名，可以实现不同 Web 服务器不同应用程序之间 Cookie 信息的传递。

7. secure：指定 Cookie 信息通过 HTTP 协议还是 HTTPS 协议加入 Cookie 请求头中，取值范围为 TRUE 或 FALSE。默认值为 FALSE，表示 Cookie 只有使用 HTTP 连接 Web 服务器时，才将 Cookie 信息加入 Cookie 请求头中；值为 TRUE 时，表示 Cookie 只有使用 HTTPS 连接 Web 服务器时，才将 Cookie 信息加入 Cookie 请求头中。

总结：

1. Cookie 的 path、domain、expire 以及 secure 属性，仅仅是告诉浏览器，Cookie 满足怎样的条件，才能将 Cookie 信息放置到 HTTP 请求中的 Cookie 请求头中。HTTP 请求一旦包含 Cookie 请求头信息，PHP 程序收到请求必然能获取 Cookie 信息。

2. PHP 程序收到 HTTP 请求后，如果能够读取 Cookie 信息，对于 PHP 程序而言，仅仅关心的是 Cookie 的 value 属性，而 value 属性的值是靠"键"name 属性获取的。

3. 由于 Cookie 信息被存放在浏览器端，因此在某种程度上降低了 Web 服务器的存储压力。但为此也增加了某些安全隐患，尤其是在一台计算机多个用户使用的场合下，容易将某个用户的个人信息暴露给其他用户。

只有浏览器端存在 Cookie，并且该 Cookie 没有过期，domain、path 以及 secure 属性匹配的情况下，该 Cookie 才有效，否则该 Cookie 失效。Cookie 有效时，浏览器请求访问 Web 服务器的页面时，才会将 Cookie 信息放入到 Cookie 请求头中。

跨域、跨路径跟 PHP 程序没有关系，浏览器端 Cookie 信息的产生是靠含有 Cookie 响应头的响应产生的；Cookie 信息的传递是通过含有 Cookie 请求头的请求传递的，PHP 程序收到了包含有 Cookie 请求头的请求，必然能读取到 Cookie 信息。

11.3.4　Cookie 分类及典型应用

Cookie 信息保存在浏览器主机内存或者硬盘中，按照 Cookie 的过期时间可以将 Cookie 分为会话 Cookie 和持久 Cookie。

会话 Cookie 的生命周期为浏览器会话期间，只要关闭浏览器窗口，会话 Cookie 就消失。会话 Cookie 一般保存在浏览器端主机内存里。

持久 Cookie 的过期时间设置为浏览器主机未来的某个时间点，浏览器把 Cookie 信息保存到浏览器端主机硬盘上，关闭浏览器后再次打开浏览器，Cookie 依然有效，直到超过设定的过期时间。

1. 会话 Cookie

图 11-7 中 Web 服务器中的 page1 页面创建 Cookie 时，如果 page1 页面没有指定 Cookie 的过期时间或设置 Cookie 的过期时间为过去的时间点（小于当前时间的 UNIX 时间戳），该 Cookie 为会话 Cookie。

会话 Cookie 的"键值对"信息保存在当前浏览器进程使用的内存中，会话 Cookie 只对当前浏览器进程有效，关闭当前浏览器进程（不是关闭浏览器的标签页）后，会话 Cookie 的信息从浏览器进程使用的内存中消失，会话 Cookie 将失效。会话 Cookie 的典型应用是实现 Session 会话技术（Session 会话技术稍后介绍）。

2. 持久 Cookie

图 11-7 中 Web 服务器中的 page1 页面创建 Cookie 时，如果 page1 页面指定 Cookie 的过期时间为未来的某个时间点（大于当前时间的 UNIX 时间戳），并且浏览器开启了 Cookie 设置，该 Cookie 为持久 Cookie。

持久 Cookie 的"键值对"信息保存在浏览器端硬盘文件中，保存在浏览器端硬盘文件中的持久 Cookie 信息将一直有效，直到出现下面 3 种情况。

（1）当前时间的 UNIX 时间戳等于 Cookie 的过期时间。

（2）浏览器用户手动删除该持久 Cookie。

（3）浏览器上的 Cookie 太多，超过了浏览器所允许的范围，浏览器将自动删除某些 Cookie。

因此若要实现同一种浏览器的两个单独浏览器进程之间的信息共享，可以选择使用持久 Cookie 实现。持久 Cookie 的典型应用是在 Cookie 的有效期内，打开浏览器时，浏览器自动填入用户名信息和密码信息，方便用户下次登录系统。

11.3.5　使用 Cookie 的步骤

不同浏览器接收到 Cookie 响应头信息后，处理细节未必相同，这里以 IE 浏览器为例，阐述使用 Cookie 的步骤（见图 11-8）。

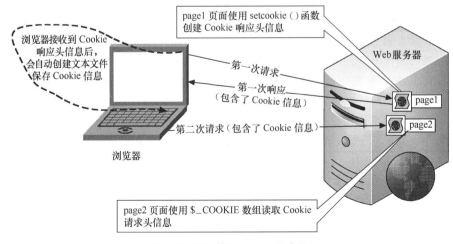

图 11-8　PHP 使用 Cookie 的步骤

1. 浏览器第一次请求访问 Web 服务器中的 page1 页面时，page1 程序通过调用 setcookie()函数或 header("Set-Cookie:name=value")函数创建 Cookie 信息，然后生成 Cookie 响应头放置到响应中，随着服务器的第一次响应将 Cookie 信息发送给浏览器。

　　　　page1 程序通过调用 setcookie()函数或 header("Set-Cookie:name=value")函数，向响应中的响应头中添加了 Set-Cookie 关键字，继而创建了 Cookie 响应头。

2. 浏览器接收到含有 Cookie 响应头信息的响应后，判断该 Cookie 是会话 Cookie 还是持久 Cookie。若是会话 Cookie，则将 Cookie 信息保存在浏览器进程使用的内存中；若是持久 Cookie，浏览器会自动创建文本文件永久保存 Cookie 信息。

3. 当浏览器再次向该 Web 服务器其他页面 page2 页面发送第二次请求时，浏览器判断 Cookie 是否过期以及 domain、path 和 secure 属性是否匹配，然后再决定是否将 Cookie 信息封装到第二次请求的 Cookie 请求头中。

4. 如果第二次请求中包含 Cookie 请求头，page2 页面可以通过预定义变量$_COOKIE 访问到第二次请求中的 Cookie 请求头信息，从而实现 page1 页面与 page2 页面间的参数传递。

5. 浏览器关闭后，会话 Cookie 从浏览器主机内存中删除，而持久 Cookie 则继续保存在浏览器主机硬盘中。

　　　　Web 服务器每次为浏览器返回一个响应的时候，这个响应由响应命令、响应头信息和响应正文三部分组成。响应头中包含了一些"控制"信息，用于控制浏览器接下来的操作。响应正文部分包括可视的 HTML 数据、图片等信息。

　　　　响应头总应该比响应正文部分先到达浏览器，以告知浏览器接下来的操作，Web 服务器若向浏览器发送响应正文信息，那么服务器应该首先发送响应头信息，以便控制浏览器如何处理响应正文信息。

　　　　由于 PHP 的 header()函数、setcookie()函数以及 session_start()函数向响应中加入了响应头信息，因此调用这些函数前不能有任何的 HTML 数据的输出（包括空格、空行），否则会提示"header already sent"错误信息。

　　　　防止提示"header already sent"错误信息的方法是设置 php.ini 文件中的配置选项 output_buffering，将 output_buffering 设置为 On。启用 output_buffering 后，在 Web 服务器返回响应前，Web 服务器将所有响应头信息缓到到 Web 服务器的缓存中，只有 PHP 程序中的所有语句执行完毕后，才将缓存中的响应头信息和执行结果（响应正文部分）发送给浏览器，避免了"header already sent"错误信息的出现。

11.3.6　创建 Cookie

前面曾经提到，通过调用 header("Set-Cookie:name=value")函数或者 setcookie()函数，可以向响应中的响应头中添加了 Set-Cookie 关键字，创建 Cookie 响应头，继而创建 Cookie。这两个函数中，setcookie()函数是创建 Cookie 的最简单方法。

setcookie()函数的语法格式：

```
bool setcookie(string name[[[[, string value], int expire], string path],string domain],
int secure))
```

函数功能：setcookie()函数成功创建 Cookie 则返回 TRUE，否则返回 FALSE。

函数说明：setcookie()函数中除了 name 参数外，其他参数都是可选的。

例如，程序 create_cookie.php 如下，该程序的运行结果如图 11-9 所示。

```php
<?php
setcookie("myCookie", "Value of MyCookie");
setcookie("withExpire","expire in 1 hour",time()+60);//60 秒=1 分钟
setcookie("fullCookie","full cookie value",time()+60,"","",FALSE);
echo (time()+60);
?>
```

程序 create_cookie.php 说明：通常使用 time()
函数或 mktime()函数加上秒数设定 Cookie 的过期时
间。以 time()函数为例，time()函数的语法格式为：
int time (void)，其功能是返回从 1970 年 1 月 1 日
00:00:00（世界标准时间 UTC 时间）开始所经过的
秒数，也叫 UNIX 时间戳。

图 11-9　创建 Cookie 显示 UNIX 时间戳示例程序

使用 IE 浏览器访问 create_cookie.php 程序，如
果 IE 浏览器开启了 Cookie，浏览器接收到 Web 服务器的响应后，会在浏览器端的主机硬盘中创
建一个文件保存所有持久 Cookie 信息。以笔者的 IE 浏览器为例，在笔者主机的"C:\Documents and
Settings\Administrator\Cookies" 目录下创建一个 administrator@11[2].txt 文本文件，文件内容如
图 11-10 所示。

图 11-10　Cookie 文本信息

从图 11-10 中可以得知程序 create_cookie.php 创建了名字分别为 withExpire 和 fullCookie 的两
个持久 Cookie。而 myCookie 由于没有指定过期时间，仅仅是一个会话 Cookie，会话 Cookie 并没
有保存到文本文件中，关闭 IE 浏览器后，myCookie 将立即失效，而 withExpire 和 fullCookie 在
关闭浏览器的 1 分钟后失效。

程序 create_cookie.php 产生的 withExpire 和 fullCookie 的两个持久 Cookie 的有效路
径为当前 Web 服务器根目录下的 "11" 目录。

任何 PHP 程序创建的 Cookie "键值对"中的 "值"默认经 urlencode()函数处理，如
程序 create_cookie.php 中将空格 " " 转换为加号 "+"。

Cookie 是 HTTP 协议头（请求头和响应头）的一部分，用于浏览器和 Web 服务器之
间传递信息。如果 Cookie 是响应头，建议调用 setcookie()函数之前不要有任何 HTML 内
容（也不要有空格或空行），否则 setcookie()函数可能创建 Cookie 失败。

11.3.7　预定义变量$_COOKIE

浏览器端产生 Cookie 信息后，若 Cookie 有效，再次向其他 PHP 页面发送请求时，浏览器会
将 Cookie 信息放置到 Cookie 请求头中。Web 服务器会自动地收集 Cookie 请求头中的 Cookie 信
息，并将这些 Cookie 信息解析到预定义变量$_COOKIE 中。也就是说，通过$_COOKIE 变量可以
读取浏览器主机的 Cookie 信息。

$_COOKIE 是一个全局数组，该数组中的每个元素的"键"为 Cookie 的标记名称，数组中每个元素的"值"为 Cookie 的值。

例如，如下程序 read_cookie.php 的功能是创建并读取浏览器主机的 Cookie 信息。

```php
<?php
$time = time()+3600;
setcookie("name","victor",$time);
setcookie("password","1234567",$time);
setcookie("time",$time,$time);
if(isset($_COOKIE["name"])){
    $name = $_COOKIE["name"];
    echo $name;
    echo "<br/>";
}else{
    echo "HTTP 请求头中没有名字为 name 的 Cookie<br/>";
}
if(isset($_COOKIE["password"])){
    $password = $_COOKIE["password"];
    echo $password;
    echo "<br/>";
}else{
    echo "HTTP 请求头中没有名字为 password 的 Cookie<br/>";
}
if(isset($_COOKIE["time"])){
    $time = $_COOKIE["time"];
    echo $time;
    echo "<br/>";
}else{
    echo "HTTP 请求头中没有名字为 time 的 Cookie<br/>";
}
?>
```

打开浏览器后，浏览器用户第一次访问该程序时，该程序首先创建 Cookie 信息。浏览器用户第一次向该程序发送请求时，由于请求中没有 Cookie 请求头信息，因此 isset($_COOKIE["name"])的值为 FALSE。第一次访问 read_cookie.php 的运行结果如图 11-11 所示。从运行结果可以看出：即便 read_cookie.php 程序首先创建了 Cookie，但 Cookie 信息未必能被该程序读取。

图 11-11　read_cookie.php 程序第一次运行结果

此时在浏览器端主机"C:\Documents and Settings\ Administrator\Cookies"目录下创建一个 administrator@ 11[3].txt 文本文件，文件内容如图 11-12 所示。

第一次访问该程序后，浏览器端产生了 Cookie 信息。如果此时浏览器用户刷新浏览器再次访问该程序，浏览器端的 Cookie 信息将被放置到 Cookie 请求头中，并向该程序发送请求。该程序依旧是首先创建新的 Cookie 信息（新的 Cookie 信息会覆盖浏览器端旧的 Cookie 信息），由于 isset($_COOKIE["name"])的值为 TRUE，此时将$_COOKIE["name"]的值打印。刷新 read_cookie.php 页面后的运行结果如图 11-13 所示。这就是两次访问同一个 read_cookie.php 页面产生结果却不相同的原因。

程序 read_cookie.php 将用户名和密码信息保存在了文本文件中，这无疑泄露了用户的隐私，有效的做法是使用 md5 加密算法将密码数据加密后保存在 Cookie 文本文件中。

图 11-12　Cookie 文本信息　　　　　　　　　图 11-13　$_COOKIE 变量的使用

11.3.8　删除浏览器端的 Cookie

浏览器端的 Cookie 可由浏览器用户根据需要手动删除，这可能给用户带来不好的用户体验。较好的做法是程序员开发 PHP 程序，让浏览器用户可以可视化地方式删除浏览器端的 Cookie。使用 PHP 程序删除浏览器端的 Cookie 主要有两种方法。

1. 使用 setcookie()函数将 Cookie 的值设置为空。

2. 使用 setcookie()函数将 Cookie 的过期时间设为过去的时间。

不管使用哪种方法，浏览器接收到这样的 Cookie 响应头信息后，将自动删除浏览器端硬盘中的文本文件或内存中的 Cookie 信息。

例如，如下程序 destroy_cookie.php 的功能是将 read_cookie.php 程序创建的 Cookie 全部删除，使用浏览器访问该页面后，浏览器端 "C:\Documents and Settings\Administrator\Cookies" 目录中的 administrator@11[3].txt 文本文件将被删除。

```php
<?php
$time = time()-3600;
setcookie("name","",$time);
setcookie("password","1234567",$time);
setcookie("time",-1,$time);
?>
```

如下程序 destroy_all_cookie.php 的功能是清除某浏览器进程使用的所有的 Cookie。

```php
<?php
$time = time()-3600;
foreach($_COOKIE as $key=>$value){
setcookie($key,'',$time);
}
?>
```

11.3.9　新闻发布系统用户管理功能的实现（一）

使用 Cookie 技术可以为"新闻发布系统"添加新的功能：将用户名和密码信息保存到浏览器端的 Cookie 文本文件中，如果本次成功登录，那么下次打开登录页面时，无需重新填入用户名和密码即可成功登录。具体步骤如下。

1. 在 "C:\wamp\www\news" 目录下创建 login.php 程序，该程序为登录页面程序。该程序实现的功能依次如下。

（1）检查浏览器端是否存在成功登录的用户 Cookie 信息，若存在，将浏览器端 Cookie 中的用户名和密码信息取出；

（2）为浏览器用户提供登录表单，并填写 Cookie 中的用户名和密码信息。

login.php 页面中的代码如下。

```
<?php
$name = "";
if(isset($_COOKIE["name"])){
    $name = $_COOKIE["name"];
}
$password = "";
if(isset($_COOKIE["password"])){
    $password = $_COOKIE["password"];
}
?>
<form action="login_process.php" method="post">
用户名: <input type="text" name="name" size="11" value="<?php echo $name?>" /><br/>
密　码：<input type="password" name="password" size="11" value="<?php echo $password?>" /><br/>
<input type="checkbox" name="expire" value="3600" checked/>Cookie 保存 1 小时<br/>
<input type="submit" value="登录" />
</form>
```

2．在 "C:\wamp\www\news" 目录下创建 login_process.php 程序，该程序为登录处理页面。login_process.php 程序实现的功能如下。

（1）采集 FORM 表单中的用户名信息。

① FORM 表单中的用户名信息可能是浏览器用户本次手工填写的用户名信息。

② FORM 表单中的用户名信息也可能是浏览器用户上次成功登录时保存到 Cookie 中的用户名信息。此时 FORM 表单中的用户名信息由浏览器自动填入。

（2）采集浏览器请求中的密码信息。

① 如果保存到 Cookie 中的密码信息有效，那么就采集 Cookie 中的密码信息。此时采集过来的是 md5(password)值，由于数据库 users 表中保存的是 "admin" 两次 md5 加密后的数据，采集过来的 md5(password)值再 md5 加密一次，即可与数据库中的密码匹配。

② 如果保存到 Cookie 中的密码信息无效，那么就采集 FORM 表单中手工填写的密码信息。此时采集过来的是密码明文。由于数据库 users 表中保存的是 "admin" 两次 md5 加密后的数据，采集过来的是密码明文需要 md5 加密两次，才能与数据库中的密码匹配。

（3）检查浏览器用户是否选择 "Cookie 保存 1 小时" 复选框。若没有选择该复选框，login_process.php 程序调用 setcookie()函数删除浏览器端 Cookie 文本文件。

（4）构造 SQL 语句，查询 users 表中是否存在该账户信息。

① 若不存在，login_process.php 程序将页面重定向到登录页面 login.php，并传递 "password_error" 消息；

② 若存在，检查浏览器用户是否选择 "Cookie 保存 1 小时" 复选框，若选择了该复选框，login_process.php 程序负责调用 setcookie()函数将用户名和密码信息放置到 Cookie 文本文件中，然后将页面重定向到登录页面 login.php，并传递 "password_right" 消息。

程序 login_process.php 代码如下。

```
<?php
include_once("functions/database.php");
$name = $_POST["name"];
if(isset($_COOKIE["password"])){
```

```
    $first_password = $_COOKIE["password"];
}else{
    $first_password = md5($_POST["password"]);
}
if(empty($_POST["expire"])){
        setcookie("name",$name,time()-1);
        setcookie("password",$first_password,time()-1);
}
$password = md5($first_password);
$sql = "select * from users where name='$name' and password ='$password'";
get_connection();
$result_set = mysql_query($sql);
if(mysql_num_rows($result_set)>0){
    if(isset($_POST["expire"])){
        $expire = time()+intval($_POST["expire"]);
        setcookie("name",$name,$expire);
        setcookie("password",$first_password,$expire);
    }
    header("Location:login.php?login_message=password_right");
}else{
    header("Location:login.php?login_message=password_error");
}
close_connection();
?>
```

程序 login_process.php 的代码说明如下。

1. 保存在数据库 users 表中的 password 字段值为 md5 两次加密后的数据，因此程序 login_process.php 需要使用两次 md5 加密算法将浏览器用户输入的密码信息加密，以便匹配数据库 users 表中的 password 字段值。

2. 使用 GET 或 POST 提交方式提交的网页数据，全部封装为字符串类型提交到 Web 服务器，因此必要时需要 PHP 程序使用数据类型转换函数进行类型转换。例如程序 login_process.php 调用 intval() 函数将字符串"3600"转换为整数 3600。

3. 将 login.php 程序修改为如下代码，使 login.php 页面接收 login_process.php 传递的查询字符串数据（字体加粗代码为新增代码，其他代码不变），以便在登录页面显示"登录成功"或者"登录失败"的消息。

```
<?php
if(isset($_GET["login_message"])){
    if($_GET["login_message"]=="password_error"){
        echo "密码错误，重新登录! <br/>";
    }else if($_GET["login_message"]=="password_right"){
        echo "登录成功! <br/>";
    }
}
$name = "";
if(isset($_COOKIE["name"])){
    $name = $_COOKIE["name"];
}
$password = "";
if(isset($_COOKIE["password"])){
    $password = $_COOKIE["password"];
}
?>
```

```
<form action="login_process.php" method="post">
用户名: <input type="text" name="name" size="11" value="<?php echo $name?>" /><br/>
密　码 : <input type="password" name="password" size="11" value="<?php echo $password?>" /><br/>
<input type="checkbox" name="expire" value="3600" checked/>Cookie 保存 1 小时<br/>
<input type="submit" value="登录" />
</form>
```

至此，通过使用 Cookie 实现了浏览器用户不必重新输入用户名和密码登录"新闻发布系统"的功能。

11.3.10　Cookie 数组的使用

使用 setCookie()函数可以创建 Cookie 数组，语法格式如下：

```
setcookie(string name[下标], string value, int expire, string path, string domain, int secure)
```

 　　创建 Cookie 数组时的 name 参数使用了下标，下标可以为整数或字符串，下标两边不能用引号。此时可以为标记名称为 name 的 Cookie 设置多个 Cookie 值，这些 Cookie 值使用下标区分。

下面两个 PHP 程序，程序 cookie_array.php 负责创建 Cookie 数组，程序 cookie_list.php 负责读取 Cookie 数组中的值。

程序 cookie_array.php 的代码如下。

```
<?php
$time = time()+3600;
setcookie("name[1]","name1",$time);
setcookie("name[2]","name2",$time);
setcookie("name[one]","name one",$time);
setcookie("name[two]","name two",$time);
header("Location:cookie_list.php");
?>
```

程序 cookie_list.php 负责读取 Cookie 数组中的参数信息，cookie_list.php 程序的代码如下。

```
<?php
echo "Cookie 中键名 name 的下标与取值之间的对应关系依次如下: <br/>";
foreach($_COOKIE["name"] as $key => $value){
    echo $key,"=>",$value,"<br/>";
}
?>
```

使用 IE 浏览器访问 cookie_array.php 程序，运行结果如图 11-14 所示。细心的读者会发现，第一次访问 cookie_array.php 程序后，为何该程序可以直接获取自己刚刚创建的 Cookie 信息？实际上 cookie_array.php 程序使用了重定向技术，将页面重定向到 cookie_list.php 程序，读者看到的 Cookie 信息实际上是第二次 HTTP 请求时 cookie_list.php 程序打印的 Cookie 信息。

浏览器接收到 Web 服务器 cookie_array.php 程序的响应后，会在浏览器端的主机硬盘中创建一个文件保存所有持久 Cookie 数组信息。以笔者的 IE 浏览器为例，在笔者主机的 "C:\Documents and Settings\Administrator\Cookies" 目录下创建一个 administrator@11[2].txt 文本文件，文件内容如图 11-15 所示。

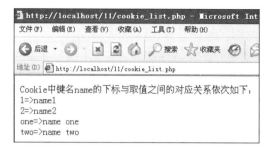

图 11-14　Cookie 数组

图 11-15　浏览器端 Cookie 数组信息

　　　　创建 Cookie 数组时，不能直接使用 setcookie() 函数将数组作为该函数的第二个参数 value，因为 setcookie() 函数的第二个参数 value 要求是一个字符串的值。

11.3.11　使用 Cookie 的其他注意事项

使用预定义变量 $_COOKIE 读取 Cookie 请求头中的 Cookie 信息之前，建议首先使用 isset($_COOKIE["key"]) 判断该键名为 "key" 的 Cookie 是否存在，否则可能出现意想不到的结果。

例如，cookie_list.php 程序没有判断 Cookie 是否存在，直接将 Cookie 的信息输出。由于浏览器是否开启 Cookie 存在不确定性，浏览器用户一旦禁用浏览器 Cookie，此时访问 cookie_array.php 程序的运行结果如图 11-16 所示。

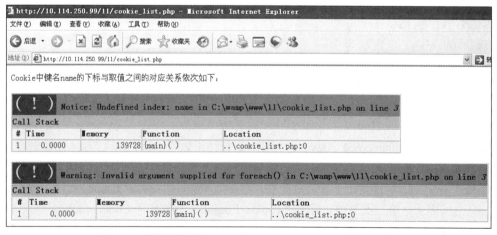

图 11-16　浏览器禁用 Cookie 的 cookie_array.php 程序运行结果

由于浏览器禁用了 Cookie，HTTP 请求中不再存在有效的 Cookie 信息，此时 HTTP 请求中 Cookie 请求头为空，$_COOKIE 数组是空数组，继而出现图中异常情况。为了防止出现上述异常，可将 cookie_list.php 程序修改为如下代码，粗体字代码为新增代码。

```php
<?php
if(empty($_COOKIE)){
exit("请开启浏览器 Cookie 后，再访问本网站! <br/>");
}
echo "Cookie 中键名 name 的下标与取值之间的对应关系依次如下: <br/>";
foreach($_COOKIE["name"] as $key => $value){
    echo $key,"=>",$value,"<br/>";
}
?>
```

11.4　Session 会话技术

　　浏览器用户访问服务器时，如果服务器为每个浏览器用户分配唯一的 Session ID，通过跟踪 Session ID 即可实现跟踪浏览器用户的目的。也就是说，当浏览器用户访问服务器不同的 PHP 页面时，如果这些不同的 PHP 页面使用的是同一个 Session ID，则可以断定：访问不同 PHP 页面的浏览器用户是同一个浏览器用户。使用 Session 会话技术，可以实现从用户登录系统到用户注销系统期间，跟踪浏览器用户的目的。

11.4.1　Session 的工作原理

　　在 Web 系统中，如何确保同一个浏览器用户访问不同的 PHP 页面时，使用的是同一个 Session ID 呢？可以从 Session 的工作原理中找到答案，如图 11-17 所示。图中，page1 页面负责开启 Session，生成 Session ID，page2 页面重用 page1 页面生成的 Session ID，继而确保 page1 页面与 page2 页面使用的是同一个 Session ID，实现跟踪浏览器用户的目的。具体步骤如下。

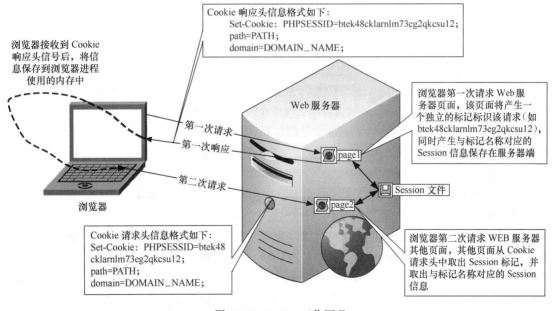

图 11-17　Session 工作原理

1. 浏览器向某 Web 服务器中的 page1 页面发出第一次请求，page1 程序接收到该请求后程序开始运行，page1 程序首先创建一个独立标记标识该请求（如 btek48cklarn1m73eg2qkcsu12，为便于描述，本书将该独立标记称为 Session ID 或者 Session 标记）；接着 page1 程序创建一个键为 PHPSESSID，值为 Session ID 的 Cookie 信息，并且由于该 Cookie 没有设置过期时间，该 Cookie 为会话 Cookie；最后 page1 程序创建一个以 Session ID 命名的 Session 文件，该文件初始化大小为 0KB。

说明　　PHPSESSID 实际上是 Session 的名称，在 php.ini 中定义，稍后介绍。Session ID 是一个经过加密的随机字符串。

需要注意的是：Cookie 保存在浏览器端，Session 文件存放在 Web 服务器硬盘中。不同于 Cookie，在返回第一次响应前，page1 页面就可以操作该 Session 文件。例如，可以向 Session 文件添加用户个人信息，甚至可以读取刚刚向 Session 文件添加的用户个人信息。

2. page1 程序运行结束后，page1 页面创建的 Session ID 信息被放置到 Cookie 响应头中（Cookie 响应头信息格式如图 11-17 所示），连同响应正文一起作为响应，返回给浏览器。此时浏览器与 Web 服务器之间完成了第一次请求与第一次响应。

3. 浏览器接收到 page1 页面返回的 Cookie 响应头信息后，由于该 Cookie 没有设置过期时间，该 Cookie 为会话 Cookie，将 Cookie 信息以"键值对"的方式保存在浏览器进程使用的主机内存中，以便下次发送请求时封装到新的请求头中。

4. 当浏览器再次向该 Web 服务器其他页面 page2 页面发送第二次请求时，浏览器会自动地将浏览器端主机内存中的 Session ID 信息放入到第二次请求的 Cookie 请求头中，连同请求正文一起作为第二次请求，发送给 page2 页面（Cookie 请求头信息格式如图 11-17 所示）。

5. page2 页面接收第二次请求中的 Cookie 请求头信息，从 Cookie 请求头信息中获取 Session ID 的值 btek48cklarn1m73eg2qkcsu12，然后可以从该 Session ID 对应的 Session 文件中取出用户个人信息，从而实现同一 Web 服务器内不同应用程序间的参数传递。

可以看出：Session 工作原理的核心是同一个浏览器用户访问不同的 PHP 程序时，使用 Cookie 技术在不同的 PHP 程序之间传递同一个 Session ID，确保同一个浏览器用户的 Session ID 相同。

11.4.2　使用 Session 的步骤

PHP 使用 Session 的步骤如下（见图 11-18）。

1. 浏览器第一次请求访问 Web 服务器中的 page1 页面时，page1 程序通过调用 session_start() 函数开启 Session。在开启 Session 的过程中，会产生一个独有的 Session ID 标识该浏览器的请求，并创建一个以 Session ID 命名的 Session 文件以及 Cookie 响应头信息。Session 文件初始化大小为 0KB，Cookie 响应头信息则以 Session name 作为"键"（默认值为 PHPSESSID），以 Session ID 标记作为"值"。

2. page1 页面使用预定义变量 $_SESSION 实现用户个人信息在 Session 文件中的注册、读取、修改和释放，此时 Session 文件的内容也会随之发生变化。

需要注意的是：不同于 Cookie，在返回第一次响应前，page1 页面就可以操作该 Session 文件。例如，可以向 Session 文件添加用户个人信息，甚至可以读取刚刚向 Session 文件添加的用户个人信息。

3. page1 程序运行结束后，page1 页面创建的 Session ID 信息被放置到 Cookie 响应头中（Cookie 响应头信息格式如图 11-18 所示），连同响应正文一起作为响应，返回给浏览器。此时浏览器与 Web 服务器之间完成了第一次请求与第一次响应。

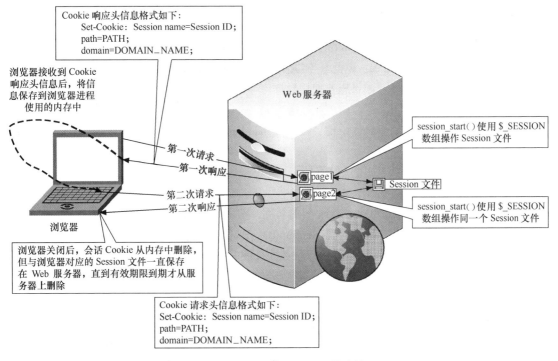

图 11-18　PHP 使用 Session 的步骤

4. 浏览器接收到含有 Session ID 的 Cookie 响应头信息后，若浏览器开启了 Cookie，浏览器将 Cookie "键值对" 信息保存到浏览器进程使用的内存中，以便下次发送请求时封装到新的请求头中。

5. 当浏览器再次向该 Web 服务器其他页面 page2 页面发送第二次请求时，浏览器会自动地将浏览器端主机内存中的 Session ID 信息放入到第二次请求的 Cookie 请求头中，连同请求正文一起作为第二次请求，发送给 page2 页面（Cookie 请求头信息格式如图 11-18 所示）。

6. page2 页面重新调用 session_start()函数开启 Session，在开启 Session 的过程中，由于 Cookie 请求头中已经存在 Session name 的 Cookie（值为 Session ID），从而判断是同一个浏览器用户发送的第二次请求，继而实现跟踪用户的目的。此时 page2 页面不再创建新的 Session ID，也不会创建新的 Session name 的 Cookie，而是直接从第二次请求的 Cookie 请求头中获取 Session ID，继而找到 Session ID 对应的 Session 文件。

7. 该 Session 文件中的数据被解析到预定义变量$_SESSION 中，page2 页面通过$_SESSION 可以访问到 page1 页面向 Session 文件写入的信息，从而实现不同应用程序间的参数传递。

8. 浏览器关闭后，会话 Cookie 从浏览器主机内存中删除，与浏览器对应的 Session 文件依旧存在，直到 Session 的过期时间到期。

若浏览器禁用了 Cookie，解决办法是将 Session name 和 Session ID 附在 URL 后作为查询字符串在浏览器和 Web 服务器之间进行传递，服务器与浏览器通过 Session ID 跟踪浏览器用户。

一般而言 PHP 对于 Session 的过期时间并无定义，但 PHP 开发人员可以通过修改 php.ini 配置文件中的 session.cookie_lifetime 选项，设置 Session 的过期时间。session. cookie_lifetime 以秒数指定了发送到浏览器的 Cookie 的生命周期，默认值为 0，表示 "关闭浏览器时 Session 失效"。

11.4.3　php.ini 有关 Session 的配置

php.ini 配置文件中有一组 Session 配置选项，用于管理 Session 的自身属性。

1. session.save_handler = files：设置服务器保存用户个人信息时的保存方式，默认值为 "files"，表示用文件存储 Session 信息。如果想要使用数据库存储 Session 信息，可将 session.save_handler 选项设为 "user"。

2. session.save_path = "c:/wamp/tmp"：在 save_handler 设为 files 时，用于设置 Session 文件的保存路径。

3. session.use_cookies = 1：默认的值是 1，代表 Session ID 使用 Cookie 传递（推荐使用）；为 0 时使用查询字符串传递。

4. session.name = PHPSESSID：Session 的名称，默认值为 "PHPSESSID"。不管使用 Cookie 传递 Session ID 还是使用查询字符串传递 Session ID，都需要指定 Session 的名称。

5. session.auto_start = 0：在浏览器请求服务器页面时，是否自动开启 Session，默认值为 0，表示不自动开启 Session（推荐使用）。

6. session.cookie_lifetime = 0：设置 Session ID 在 Cookie 中的过期时间，默认值为 0，表示浏览器一旦关闭 Session ID 立即失效（推荐使用）。

7. session.cookie_path = /：使用 Cookie 传递 Session ID 时 Cookie 的有效路径，默认为 "/"。

8. session.cookie_domain =：使用 Cookie 传递 Session ID 时 Cookie 的有效域名，默认为空。

9. session.gc_maxlifetime = 1440：设置 Session 文件中数据的过期时间，默认为 1440s（24min），表示 1440s 内，如果浏览器没有访问 Session 文件，则与该 Session 文件对应的 Session ID 将失效，与该浏览器对应的 Session 文件也将失效（不等同于 Session 文件被删除），与 Session ID 对应的浏览器会话结束。

　　Session 文件失效，不意味着 Session 文件会被自动删除。Session 文件失效失效后，Session 文件的删除与 session.gc_probability/session.gc_divisor 的概率比值有关，如果将 php.ini 配置参数 session.gc_probability 与 session.gc_divisor 都设置为 1，此时它们的概率比值为 100%，表示服务器再次访问 Session 文件的时候，已经失效的 Session 文件会被立即扫描删除。当然对于服务器而言，如果 session.gc_probability 与 session.gc_divisor 的概率比值设置为 100%，频繁地删除 Session 文件会对服务器性能造成严重的影响。

11.4.4　开启 Session

Session 的使用不同于 Cookie，必须在 PHP 程序中调用 session_start() 函数启动 Session 后才能使用 Session。session_start() 函数语法格式非常简单。

```
bool session_start ( void )。
```

函数说明：该函数没有参数，且返回值永为 TRUE。

session_start() 函数的主要功能如下。

1. 加载 php.ini 配置文件中有关 Session 的配置信息（如 Session 生存期、Session 保存路径等信息）至 Web 服务器内存。

2. 创建 Session ID 或使用已有的 Session ID（如 btek48cklarn1m73eg2qkcsu12）。何时创建、何时使用已有的 Session ID，原则如下。

（1）若 HTTP 请求中不存在形如 "Set-Cookie: PHPSESSID= btek48cklarn1m73 eg2qkcsu12;" 的 Cookie 请求头信息，创建一个新的 Session ID 标识该请求。表示用户是第一次访问本网站。

（2）若 HTTP 请求中存在形如 "Set-Cookie: PHPSESSID= btek48cklarn1m73eg2qkcsu12;" 的 Cookie 请求头信息，则直接使用 Cookie 请求头中已有的 Session ID。表示用户不是第一次访问本网站。

3. 在 Web 服务器创建 Session 文件或解析已有的 Session 文件。何时创建、何时解析已有的 Session 文件，原则如下。

（1）创建一个新的 Session ID 标识该请求时，则创建 Session 文件，此时$_SESSION 为空数组。

（2）使用 Cookie 请求头中已有的 Session ID 时，则将 Session 文件中的内容解析到预定义变量$_SESSION 中。

4. 产生 Cookie 响应头信息，Cookie 响应头信息会随着响应发送给浏览器，该 Cookie 响应头信息形如 "Set-Cookie: PHPSESSID= btek48cklarn1m73eg2qkcsu12;"。

Session 文件用于保存浏览器用户的个人信息，以便实现不同 PHP 程序间的参数传递。Session 文件的文件名默认格式为 sess_ 和 Session ID 的组合，例如某 Session 文件名为：sess_btek48 cklarn1m73eg2qkcsu12。Session 文件默认存储在 "C:/wamp/tmp" 目录下，刚创建时文件大小为 0KB，表示 Session 中没有保存用户的任何信息。Session 文件实际上是一个文本文件，因此可以使用记事本程序打开该文件查看其中的内容。

PHP 程序开启 Session 时，程序会产生 Cookie 响应头信息，因此在使用 session_start() 函数开启 Session 之前，浏览器不能有任何输出（包括空格、空行）。

如果不想让每个页面都使用 session_start() 函数来开启 Session，可以在 php.ini 配置文件中修改 session.auto_start 选项，修改为 session.auto_start=1。但启用该选项也有一些限制。例如，不能将对象放入会话中，也不可以进行 Session 持久化的工作。

11.4.5　预定义变量$_SESSION

通过 Cookie，可以轻松地实现 PHP 页面之间 Session ID 的传递，继而实现了浏览器用户的跟踪。多个 PHP 页面操作同一个 Session 文件即可实现不同 PHP 页面之间的参数传递。PHP 提供了预定义变量$_SESSION 负责解析和修改 Session 文件，$_SESSION 和$_COOKIE 一样也是一个全局数组。$_SESSION 的功能如下。

1. 通过$_SESSION 数组的赋值语句向$_SESSION 数组中添加元素或修改元素，服务器将这些元素以 "键名|值类型:长度:值" 的格式序列化到 Session 对应的 Session 文件中。

在使用$_SESSION 数组操作 Session 文件前必须先调用 session_start() 函数启动 Session。

有些类型的数据不能被序列化，因此也就不能保存在会话中，例如 resource 变量或者有循环引用的对象（即某对象将一个指向自己的引用传递给另一个对象）。

2. 通过读取$_SESSION 数组的元素值，读取 Session 文件中的信息。

3. 使用 unset() 函数释放内存中$_SESSION 数组的某些元素，此时 Sessions 文件中的对应信息也将被删除，但该函数无法删除 Session 文件。

若想清除$_SESSION 数组中的所有元素，可以使用语句"$_SESSION=array();"实现。不能使用语句"unset($_SESSION)"删除$_SESSION 数组的定义，否则不能通过$_SESSION 维护 Session 文件。

11.4.6 删除和销毁 Session

PHP 提供了 session_unset()函数和 session_destroy()函数用于销毁 Session。

session_unset()函数语法格式：void session_unset (void)

session_unset()函数功能：删除当前内存中$_SESSION 数组中的所有元素，并删除 Session 文件中的用户信息，并不删除 Session 文件以及不释放对应的 Session ID。session_unset()函数等效于"$_SESSION=array();"。

session_destroy()函数语法格式：bool session_destroy (void)

session_destroy()函数功能：销毁 Session 文件，并将 Session ID 置为 0。销毁成功后函数返回 TRUE，否则返回 FALSE。

使用 session_unset()函数可以删除服务器内存中的$_SESSION 数组中的所有元素及 Session 文件中的用户信息；使用 session_destroy()函数可以删除服务器硬盘中的 Session 文件并释放对应的 Session ID。但若要彻底删除 Session 的所有资源，还需清除浏览器内存中的 Cookie 信息，可以调用 setcookie()函数将会话 Cookie 设置为过期即可。

11.4.7 Session 的综合应用

下面的 6 个 PHP 程序演示了如何使用 PHP 实现 Session 的管理，这些程序操作同一个 Session 文件，完成 Session 文件的创建、向 Session 文件中写入"键值对"信息、修改 Session 文件中的某个"键值对"信息、删除 Session 文件的某个"键值对"信息、删除 Session 文件中所有的"键值对"信息以及删除 Session 文件等操作。

1. add_session.php 程序

add_session.php 程序负责创建 Session 文件，然后向 Session 文件中写入账户信息（用户名为"admin"，密码为"admin"经 md5 加密后的数据），最后提供一个读取 Session 文件中账户信息的超链接。add_session.php 程序代码如下。

```php
<?php
session_start();
$_SESSION["user_name"] = "admin";
$_SESSION["password"] = md5("admin");
echo "添加 Sessions 信息";
?>
<br/>
<a href="read_session.php">读取 Session 信息</a>
```

2. read_session.php 程序

read_session.php 程序负责读取和显示 Session 文件中的账户信息，然后提供 4 个超链接，分别为：修改 Session 文件中的密码信息、删除 Session 文件中的密码信息、删除 Session 文件中的所有信息和销毁 Session 所有资源。read_session.php 程序代码如下。

```
<?php
session_start();
echo "读取 Sessions 信息";
echo "<br/>";
echo "用户名: ";
if(isset($_SESSION["user_name"])){
    echo $_SESSION["user_name"];
}
echo "<br/>";
echo "密 码 : ";
if(isset($_SESSION["password"])){
    echo $_SESSION["password"];
}
echo "<br/>";
?>
<br/>
<a href="update_session.php">修改 Session 文件中的密码信息</a>
<br/>
<a href="delete_session.php">删除 Session 文件中的密码信息</a>
<br/>
<a href="delete_all_session.php">删除 Session 文件中的所有信息</a>
<br/>
<a href="destroy_session.php">销毁 Session 所有资源</a>
```

3. update_session.php 程序

update_session.php 程序负责修改 Session 文件中密码信息，然后提供"重新读取 Session 文件账户信息"超链接。update_session.php 程序代码如下。

```
<?php
session_start();
$_SESSION["password"] = md5("654321");
echo "修改 Sessions 中密码信息";
?>
<br/>
<a href="read_session.php">重新读取 Session 文件账户信息</a>
```

4. delete_session.php 程序

delete_session.php 程序负责删除 Session 文件中密码信息，然后提供"重新读取 Session 文件账户信息"超链接。delete_session.php 程序代码如下。

```
<?php
session_start();
unset($_SESSION["password"]);
echo "删除 Sessions 中密码信息";
?>
<br/>
<a href="read_session.php">重新读取 Session 文件账户信息</a>
```

5. delete_all_session.php 程序

delete_all_session.php 程序负责删除 Session 文件所有账户信息（Session 文件无法通过该程序删除），然后提供"重新读取 Session 文件账户信息"超链接。delete_all_session.php 程序代码如下。

```php
<?php
session_start();
$_SESSION = array();
echo "删除 Session 所有信息";
?>
<br/>
<a href="read_session.php">读取 Session 信息</a>
```

6. destroy_session.php 程序

destroy_session.php 程序负责删除 Session 文件所有账户信息，并将 Session 文件删除。destroy_session.php 程序代码如下。

```php
<?php
session_start();
session_unset();
if(isset($_COOKIE[session_name()])){
    setcookie(session_name(),session_id(), time()-10);
}
session_destroy();
echo "销毁 Session 所有资源";
?>
```

6 个程序的运行说明如下。

（1）如果 IE 浏览器开启 Cookie，打开 IE 浏览器访问 add_session.php 程序后，Session 文件的保存路径（笔者主机保存路径是 C:\wamp\tmp）下会产生该程序对应的 Session 文件，如图 11-19 所示。读者可以使用记事本打开 Session 文件，查看其中的内容。

图 11-19   Session 文件内容

依次运行剩下的程序，Session 文件的内容会发生变化。6 个 PHP 程序通过 Cookie 传递 Session ID，确保了 6 个 PHP 程序使用的是同一个 Session ID，操作的是同一个 Session 文件，继而实现了 Session 会话。

（2）如果 IE 浏览器禁用了 Cookie，6 个 PHP 程序之间将无法通过 Cookie 传递 Session ID，此时 6 个 PHP 程序每次运行都将创建不同的 Session ID，6 个 PHP 程序操作的不再是同一个 Session 文件，6 个 PHP 程序之间无法实现 Session 会话。

浏览器禁用 Cookie 后，Session 会话如何实现呢？

11.4.8   Session ID、Session name 和 SID

一个 Session 会话对应一个 Session ID，一个 Session 会话对应一个 Session 文件。Session ID 用于标记 Session，为了保证 Session 的安全性与唯一性，Session ID 是一个经过加密的随机字符串。

1. session_id()函数

Session ID 随机字符串由 session_start()函数生成，可以使用 session_id()函数取得当前 Session ID 的值，也可以使用 session_id()函数设置当前 PHP 页面 Session ID 的值。session_id()函数语法格式如下。

```
string session_id ( [string id] )
```

该函数返回一个 Session ID 标记（该值是一个字符串）。session_id()函数有两个功能。

功能 1：调用 session_id()函数时，如果向该函数传递 id 参数值，可以将当前 PHP 页面 Session ID 的值设置为 id 参数值。

功能 1 说明：浏览器 Cookie 被禁用后，可以使用 session_id()函数将若干个 PHP 页面设置为同一个 Session ID 值，继而实现 Session 会话。

功能 2：调用 session_id()函数时，如果没有向该函数传递 id 参数值，该函数返回当前 PHP 页面 Session ID 的值。

功能 2 说明：如果当前 PHP 页面没有调用 session_start()函数开启 Session，调用 session_id()函数后，session_id()函数返回值为空字符串。可以这样说：如果当前 PHP 页面 session_id()的值为空字符串，那么说明该 PHP 页面没有调用 session_start()函数开启 Session。

2. session_name()函数

PHP 为每个 Session 提供一个 Session 名称，可以使用 session_name()函数取得当前 PHP 页面 Session 的名称。session_name()函数语法格式如下。

```
string session_name( [string name] )
```

　　　　该函数返回当前 PHP 页面 Session 的名称（该值是一个字符串）。session_name()函数有两个功能。

功能 1：调用 session_name()函数时，如果向该函数传递 name 参数值，可以将当前 PHP 页面 Session 的名称设置为 name 参数值。

功能 2：调用 session_name()函数时，如果没有向该函数传递 name 参数值，该函数返回当前 PHP 页面 Session 的名称。

功能 2 说明：即便当前 PHP 页面没有调用 session_start()函数开启 Session，调用 session_name()函数后，session_name()函数依然可以返回字符串 "PHPSESSID"。"PHPSESSID" 在 php.ini 中定义。

3. SID 常量

PHP 还定义了一个常量 SID，SID 常量为字符串类型数据，格式为：Session name=Session ID。在浏览器请求某 PHP 页面时，如果该 PHP 程序开启了 Session，并且如果 HTTP 请求中不包含形如 "Set-Cookie: PHPSESSID= btek48cklarn1m73eg2qkcsu12;" 的 Cookie 请求头信息，将产生 SID 常量；否则 SID 的值为空字符串。

　　　　当用户将浏览器的 Cookie 禁用时，可以使用 Session ID、Session name 或者 SID 跟踪该浏览器用户，从而实现页面间的参数传递，实现会话控制功能。

程序 session.php 演示了 session_id()函数、session_name()函数和 SID 的用法（为保证实验成功，这里使用了 Firefox 浏览器），该程序的代码如下。

```php
<?php
session_start();
echo session_id();
echo "<br/>";
echo session_name();
echo "<br/>";
```

```
echo SID;//产生的 SID 格式为：Session name=Session ID
?>
<br/>
<a href="session.php">刷新</a>
```

实验 1　开启 Firefox 浏览器 Cookie 的设置

开启 Firefox 浏览器 Cookie 以后，使用 Firefox 浏览器第一次访问该程序后的运行结果如图 11-20 所示。单击图中的"刷新"超链接再次访问该程序的运行结果如图 11-21 所示。

图 11-20　浏览器开启 Cookie　　　　　　　　图 11-21　浏览器开启 Cookie（刷新后）

从实验 1 的运行结果可以看出：

1. 第一次访问 session.php 页面时，由于请求头中没有包含形如"PHPSESSID=Session ID"的 Cookie 信息，session.php 页面将产生 SID 字符串。

2. 单击图中的"刷新"超链接再次访问该程序，此时请求头中包含了形如"PHPSESSID=Session ID"的 Cookie 信息，SID 的值为空字符串。

3. 第一次访问 session.php 页面与单击图中的"刷新"超链接再次访问 session.php 页面产生的 Session ID 值相同。因此开启浏览器的 Cookie 后，使用 Session 可以轻松地实现跟踪浏览器用户的功能。

实验 2　禁用 Firefox 浏览器 Cookie 的设置

禁用 Firefox 浏览器的 Cookie，并重启浏览器后，使用 Firefox 浏览器第一次访问该程序后的运行结果如图 11-22 所示。单击图中的"刷新"超链接再次访问该程序，由于浏览器的 Cookie 被禁用，请求中不再包含形如"PHPSESSID=Session ID"的 Cookie 头信息，因此 session.php 程序将产生新的 Session ID 标识该请求，单击"刷新"超链接后 session.php 程序运行结果如图 11-23 所示（每次刷新 session.php 页面时，都会产生不同的 Session ID）。

图 11-22　浏览器禁用 Cookie　　　　　　　　图 11-23　浏览器禁用 Cookie（刷新后）

从实验 2 的运行结果可以看出：禁用了浏览器的 Cookie 后，请求中不再包含形如"PHPSESSID=Session ID"的 Cookie 头信息，浏览器用户访问同一个应用程序时，刷新浏览器后，每次刷新都会产生新的 Session ID。这就意味着：某个浏览器用户访问同一个程序时，如果不停地刷新浏览器，每次刷新，代表着不同的浏览器用户的访问，这样就无法跟踪用户。

11.4.9　禁用 Cookie 后 Session 的实现

禁用了 Cookie，就无法使用 Session 了吗？答案是否定的！解决方法是：在 URL 后附加 SID 查询字符串（或者手工附加 session_name()=session_id()查询字符串）实现 PHP 页面间 Session ID 的传递，从而可以实现浏览器用户的跟踪。

实验 3　禁用 Cookie 后 Session 的实现

将 session.php 的程序修改为如下代码（粗体字部分为代码的改动部分，其他代码不变）。

```php
<?php
if(isset($_GET['PHPSESSID'])){
    session_id($_GET['PHPSESSID']);
}
session_start();
echo session_id();
echo "<br/>";
echo session_name();
echo "<br/>";
echo SID;//产生的 SID 格式为: Session name=Session ID
?>
<br/>
<a href="session.php?<?php echo SID?>">刷新</a>
```

此时即便浏览器用户禁用了 Firefox 浏览器的 Cookie，由于 SID 作为查询字符串通过超链接附在 URL 后，单击"刷新"超链接后同样可以实现用户的跟踪。

禁用 Firefox 浏览器的 Cookie，并重启浏览器后，使用 Firefox 浏览器第一次访问该程序后的运行结果如图 11-24 所示。单击"刷新"超链接后，浏览器将向 session.php 页面传递 SID 查询字符串，将 Session ID 传递到 session.php 页面，session.php 页面获取 Session ID，并调用 session_id() 函数将 Session ID 设置为原有的 Session ID，从而实现浏览器用户的跟踪，单击"刷新"超链接后 session.php 页面运行结果如图 11-25 所示。

图 11-24　浏览器禁用 Cookie

图 11-25　浏览器禁用 Cookie（刷新后）

读者如果不希望将 Session name 的值（如 PHPSESSID）以及 Session ID 的值显示在浏览器地

址栏中，可以使用如下表单隐藏域，通过 POST 提交方式实现 PHP 页面间 Session ID 的传递，其原理和前者相同，这里不再赘述。

```
<input type="hidden" name="<?php echo session_name();?>" value=" <?php echo session_id();?>">
```

由于 Cookie 可以被人为地禁用，因此手工传递 SID 是跟踪浏览器用户实现 Session 会话的万能方法。

11.4.10　Session 和 Cookie 的对比

通过 Cookie 与 Session，都可以完成应用程序之间的参数传递，继而实现会话控制功能。它们之间存在怎样的区别与联系？

1. Cookie 采用的是在浏览器端保持状态的方案，Session 采用的是在服务器端保持状态的方案。

2. 浏览器用户可以禁用浏览器的 Cookie，却无法禁用服务器的 Session。

很多初学者存在这样的误区：Session 会话技术是通过 Cookie 会话技术实现的。浏览器用户将浏览器 Cookie 禁用后，Session 也将被禁用。

真实情况是：浏览器用户可以将浏览器 Cookie 禁用，却无法禁用 Session。实际上，大多数情况下，Session 会话技术是通过 Cookie 会话技术实现的，原因在于，Cookie 是实现 Session 的最简单方法，通过 Cookie 编程人员无需编写任何代码即可传递 Session ID。

浏览器用户将浏览器 Cookie 禁用后，可以将 Session ID 附于 URL 查询字符串后，在各个 PHP 页面之间进行传递，同样可以实现 Session。只不过，此时需要编程人员编写发送 Session ID、接收 Session ID 的 PHP 代码，过程稍显繁杂而已。

3. 对于浏览器用户而言，使用 Cookie 以及 Session 的步骤不同。

（1）对于 Cookie 而言，使用 Cookie 的步骤如下。

浏览器向服务器发送第一次 HTTP 请求，通过使用 setcookie()函数操作 Cookie，包括创建 Cookie、修改 Cookie、删除 Cookie。

浏览器向服务器发送第二次 HTTP 请求才可以使用$_COOKIE 数组读取 Cookie，如图 11-26 所示。

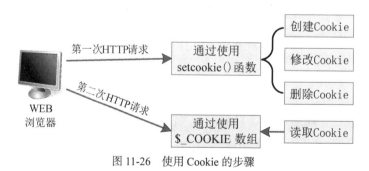

图 11-26　使用 Cookie 的步骤

（2）对于 Session 而言，使用 Session 的步骤如下。

浏览器向服务器发送第一次 HTTP 请求，通过使用 session_start()函数开启 Session。

还是在第一次 HTTP 请求时，通过使用$_SESSION 数组，即可操作 Session，包括添加 Session、读取 Session、修改 Session、删除 Session，如图 11-27 所示。

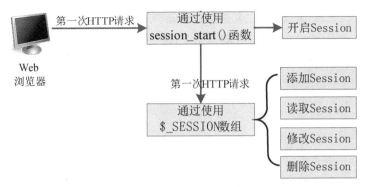

图 11-27　使用 Session 的步骤

简言之：创建、修改、删除 Cookie 使用 setcookie()函数；读取 Cookie 使用$_COOKIE 数组。开启 Session 使用 session_start()函数；添加、读取、修改、删除 Session 使用$_SESSION 数组。

4. 虽然 Cookie 与 Session 都有过期时间的概念，但过期时机不一样。

对于 Cookie 而言，过期时机如下。

（1）对于 Cookie 而言，会话 Cookie 是在关闭当前浏览器进程后，立即失效。

（2）对于 Cookie 而言，持久 Cookie 的"键值对"信息保存在浏览器端硬盘文件中，它将一直有效，直到出现下面 3 种情况。

① 当前时间的 UNIX 时间戳等于 Cookie 的过期时间。

② 浏览器用户手动删除该持久 Cookie。

③ 浏览器上的 Cookie 太多，超过了浏览器所允许的范围，浏览器将自动删除某些 Cookie。

对于 Session 而言，过期时机如下。

（1）如果 Session 基于会话 Cookie 传递 Session ID，关闭当前浏览器进程后，Session 立即失效。

① 如果没有关闭浏览器进程，php.ini 配置参数 session.cookie_lifetime 配置了 Session ID 在 Cookie 中的过期时间，默认值为 0，表示浏览器一旦关闭 Session ID 立即失效。

② 如果没有关闭浏览器进程，php.ini 配置参数 session.gc_maxlifetime（默认为 1440s，24min）也设置了 Session 文件中数据的过期时间，如果 1440s 内浏览器没有访问 Session 文件，Session 将过期。

（2）Session 也可以通过持久 Cookie 实现，此时，Session 的过期时间可以参考持久 Cookie 的过期时间。

5. Session 可以存储复合数据类型的数据，如数组或对象；而 Cookie 只能存储字符串数据。

11.4.11　新闻发布系统用户管理功能的实现（二）

使用 Session 可以实现新闻发布系统的管理员用户登录和注销功能。

1. 普通用户登录功能的实现

新闻发布系统的登录页面 login.php 负责生成四位随机数 checknum 作为验证码，普通用户在登录页面中输入正确的用户名、密码以及验证码信息，单击登录按钮后，将用户信息（如 user_id、name）、验证码信息 checknum 放入 Session 文件中，从而实现用户登录功能。新闻发布系统用户登录功能的实现步骤如下。

（1）编写自定义函数 is_login()函数。

自定义函数 is_login()函数实现的功能是判断管理员用户是否登录，如果登录，返回 TRUE；否则返回 FALSE。is_login()函数的语法格式为：bool is_login(void)。

在"C:\wamp\www\news\functions"目录下创建 is_login.php 文件，并写入如下代码。

```php
<?php
function is_login(){
    if(isset($_SESSION["user_id"])){
        return TRUE;
    }else{
        return FALSE;
    }
}
?>
```

is_login()函数使用说明：在调用 is_login()函数前，需调用 session_start()函数开启 Session。

（2）修改登录页面程序 login.php。

向 login.php 程序添加新的功能：如果 GET 请求中的 login_message 参数值是 checknum_error（验证码错误），则打印"验证码错误，重新登录!
"。

向 login.php 程序添加新的功能：判断当前用户是否是管理员用户，若是则显示欢迎信息，并生成"注销"超链接，然后使用 return 流程控制语句退出 login.php 程序的运行；否则显示登录 FORM 表单，并在 FORM 表单中生成验证码，将验证码放入 Session 中，以便在登录处理程序 login_process.php 中验证 Session 中的验证码与手工填入的验证码是否一致。修改后的 login.php 代码如下（粗体字部分为代码的改动部分，其他代码不变）。

```php
<?php
session_start();
include_once("functions/is_login.php");
if(isset($_GET["login_message"])){
    if($_GET["login_message"]=="checknum_error"){
        echo "验证码错误,重新登录! <br/>";
    }else if($_GET["login_message"]=="password_error"){
        echo "密码错误,重新登录! <br/>";
    }else if($_GET["login_message"]=="password_right"){
        echo "登录成功! <br/>";
    }
}
if(is_login()){
    echo "欢迎".$_SESSION['name']."访问系统! <br/>";
    echo "<a href='logout.php'>注销</a>";
    return;
}
$name = "";
if(isset($_COOKIE["name"])){
    $name = $_COOKIE["name"];
}
$password = "";
if(isset($_COOKIE["password"])){
    $password = $_COOKIE["password"];
}
?>
```

```
<form action="login_process.php" method="post">
用户名: <input type="text" name="name" size="11" value="<?php echo $name?>" /><br/>
密码 : <input type="password" name="password" size="11" value="<?php
echo $password?>" /><br/>
验证码: <input type="text" name="checknum" size="6"/>
<?php
$checknum = "";
$checknum .= mt_rand(0,9);
$checknum .= mt_rand(0,9);
$checknum .= mt_rand(0,9);
$checknum .= mt_rand(0,9);
$_SESSION['checknum'] = $checknum;
echo $checknum;?>
<br/>
<input type="checkbox" name="expire" value="3600" checked/>Cookie 保存 1 小时<br/>
<input type="submit" value="登录" />
</form>
```

login.php 程序说明：为了方便页面间的相互引用，login.php 程序使用了 return 语句而没有使用 exit 语句退出程序的运行。这是由于 exit 会结束所有脚本程序（包括被应用脚本程序以及引用脚本程序）的运行，而使用 return 只会结束当前被引用脚本程序的运行，不会结束引用脚本程序的运行。

mt_rand(0,9)函数的功能是返回一个 0~9 的随机整数。

（3）修改登录处理程序 login_process.php。

向 login_process.php 程序添加新的功能：首先开启 Session；当浏览器用户输入的验证码与保存在 Session 中的验证码不一致时，将页面重定向到登录页面，并向登录页面传递 checknum_error 信息；如果验证码正确，并且当浏览器用户输入正确的用户名和密码登录新闻发布系统时，login_process.php 程序负责将用户的 user_id 和 name 信息放入 Session 中。修改后的 login_process.php 代码如下（粗体字部分为代码的改动部分，其他代码不变）。

```php
<?php
session_start();
include_once("functions/database.php");
$name = $_POST["name"];
if($_POST["checknum"] != $_SESSION["checknum"]){
    header("Location:login.php?login_message=checknum_error");
    return;
}
if(isset($_COOKIE["password"])){
    $first_password = $_COOKIE["password"];
}else{
    $first_password = md5($_POST["password"]);
}
if(empty($_POST["expire"])){
        setcookie("name",$name,time()-1);
        setcookie("password",$first_password,time()-1);
}
$password = md5($first_password);
$sql = "select * from users where name='$name' and password ='$password'";
get_connection();
$result_set = mysql_query($sql);
```

```
if(mysql_num_rows($result_set)>0){
    if(isset($_POST["expire"])){
        $expire = time()+intval($_POST["expire"]);
        setcookie("name",$name,$expire);
        setcookie("password",$first_password,$expire);
    }
    $admin = mysql_fetch_array($result_set);
    $_SESSION['user_id'] = $admin['user_id'];
    $_SESSION['name'] = $admin['name'];
    header("Location:login.php?login_message=password_right");
}else{
    header("Location:login.php?login_message=password_error");
}
close_connection();
?>
```

2. 管理员用户注销功能的实现

管理员用户登录成功后，新闻发布系统应提供"注销"功能方便管理员退出系统。在"C:\wamp\www\news"目录下创建 logout.php 程序，该程序负责删除 Session 的所有资源，注销成功后将页面重定向到登录页面 login.php。logout.php 程序代码如下。

```
<?php
session_start();
session_unset();
if(isset($_COOKIE[session_name()])){
    setcookie(session_name(),session_id(), time()-10);
}
session_destroy();
header("Location:login.php");
?>
```

至此，新闻发布系统用户管理中普通用户登录与管理员用户注销的功能开发完毕。

11.4.12　新闻发布系统权限控制的实现

如何防止浏览器用户非法访问某个页面？以新闻发布系统为例，只有管理员用户能够发布新闻、编辑新闻和删除新闻信息，只有管理员用户才可以对评论进行审核和删除，游客不具有这些后台管理操作的权限，如何防止游客非法访问这些页面？识别游客以及管理员的最简单方法是使用 Session 对用户进行全程跟踪，继而实现新闻发布系统的权限控制，具体步骤如下。

1. 修改新闻添加页面程序 news_add.php

向 news_add.php 程序添加新的功能：只有登录成功后的管理员用户才可以访问该程序的 form 表单。修改后的 news_add.php 代码如下（粗体字部分为代码的改动部分，其他代码不变）。

```
<?php
include_once("functions/is_login.php");
session_start();
if(!is_login()){
    echo "请您登录系统后，再访问该页面！";
    return;
}
?>
<form action="news_save.php" method="post" enctype="multipart/form-data">
```

```
……
</form>
```

使用同样的方法修改 news_delete.php、news_edit.php、news_save.php、news_update.php、review_list.php、review_delete.php 和 review_verify.php 程序的代码，将这些页面的内容"保护"起来，这样只有登录成功的管理员用户才有资格访问这些页面，具体实现过程这里不再赘述。

2. 修改新闻保存程序 news_save.php

向 news_save.php 程序添加另一个新的功能：实现登录用户的跟踪。修改后的 news_save.php 代码如下（粗体字部分为代码的改动部分，其他代码不变）。

```php
<?php
include_once("functions/is_login.php");
session_start();
if(!is_login()){
    echo "请您登录系统后，再访问该页面！";
    return;
}
include_once("functions/file_system.php");
if(empty($_POST)){
    $message = "上传的文件超过了 php.ini 中 post_max_size 选项限制的值";
}else{
    $user_id = $_SESSION["user_id"];
    $category_id = $_POST["category_id"];
    ……
        close_connection();
    }
}
header("Location:news_list.php?message=$message");
?>
```

3. 修改新闻列表页面程序 news_list.php

向 news_list.php 程序添加新的功能：只有登录成功后的管理员用户可以看到该页面中的"编辑"和"删除"超链接，普通用户无法看到该页面中的"编辑"和"删除"超链接，避免普通用户的误操作。修改后的 news_list.php 代码如下（粗体字部分为代码的改动部分，其他代码不变）。

```php
<?php
include_once("functions/database.php");
include_once("functions/page.php");
include_once("functions/is_login.php");
session_start();
//显示文件上传的状态信息
if(isset($_GET["message"])){
    echo $_GET["message"]."<br/>";
}
……
<tr>
<td>
    <a href="news_detail.php?news_id=<?php echo $row['news_id']?>"><?php echo $row['title']?></a>
</td>
<?php
```

```php
if(is_login()){
?>
<td>
    <a href="news_edit.php?news_id=<?php echo $row['news_id']?>">编辑</a>
</td>
<td>
    <a href="news_delete.php?news_id=<?php echo $row['news_id']?>">删除</a>
</td>
<?php
}
?>
</tr>
……
```

至此，新闻发布系统中的权限控制功能开发完毕。

11.4.13 使用 Session 数组模拟购物车功能

Session 可以存储复合数据类型的数据（如数组或对象），此时数组或对象数据将被序列化到 Session 文件中。例如，可以将会员选择的所有商品放入数组$products，然后将$products 数组序列化到 Session 文件中实现网上购物功能。下面 3 个程序 shopping.php、add.php 和 cancel.php 使用 Session 数组模拟了网上购物系统中购物车的功能，这 3 个程序的具体分工以及编写步骤如下。

（1）在"C:\wamp\www\11"目录下创建"cart"目录。

（2）在"cart"目录下创建 shopping.php 程序。

shopping.php 程序实现的功能依次是：首先罗列一些商品信息，并为每个商品提供一个"添加到购物车"的超链接，然后将当前购物车中的所有商品信息罗列出来，并为购物车中的每个商品提供一个"取消购买"的超链接。shopping.php 程序代码如下。

```php
<?php
session_start();
?>
商品1 <a href="add_cart.php?product_id=1">添加到购物车</a><br/>
商品2 <a href="add_cart.php?product_id=2">添加到购物车</a><br/>
商品3 <a href="add_cart.php?product_id=3">添加到购物车</a><br/>
商品4 <a href="add_cart.php?product_id=4">添加到购物车</a><br/>
商品5 <a href="add_cart.php?product_id=5">添加到购物车</a><br/>
商品6 <a href="add_cart.php?product_id=6">添加到购物车</a><br/>
<hr>
<?php
if(empty($_SESSION["products"])){
    echo "您暂时没有购买商品。<br/>";
}else{
    echo "您所购买的商品有：<br/>";
    $products = $_SESSION["products"];
    foreach($products as $key=>$value){
        echo "商品$value <a href='cancel.php?product_id=$key'>取消购买</a><br/>";
    }
}
?>
```

（3）在"cart"目录下创建 add_cart.php 程序。

add_cart.php 程序负责将用户所选择的商品 ID 添加到购物车中，然后将页面重定向到 shopping.php 页面。add.php 程序代码如下。

```php
<?php
session_start();
$product_id = $_GET["product_id"];
$products = $_SESSION["products"];
$products[$product_id] = $product_id;
$_SESSION["products"] = $products;
header("Location:shopping.php");
?>
```

（4）在"cart"目录下创建 cancel.php 程序。

cancel.php 程序负责将特定的商品 ID 从购物车中删除，然后将页面重定向到 shopping.php 页面。cancel.php 程序代码如下。

```php
<?php
session_start();
$product_id = $_GET["product_id"];
unset($_SESSION["products"][$product_id]);
header("Location:shopping.php");
?>
```

打开浏览器，运行 shopping.php 程序，该购物系统运行结果如图 11-28 所示，当前状态下，购物车对应的 Session 文件中的内容如图 11-29 所示。至此使用 Session 数组模拟实现了购物车功能。

图 11-28　模拟购物车

图 11-29　Session 文件信息

11.5　header()函数的使用

PHP 的 header()函数将向浏览器传送一个 HTTP 响应头信息，该信息遵循 HTTP 的规范，浏览器接收到这些信息后会作出适当的反应。

header()函数的语法格式：int header(string message);

header()函数的功能：将 message 响应放入 HTTP 响应头信息中，随着响应发送到浏览器。

message 的格式："header_name: header_value"

message 格式说明：message 中 header_name 和 ":" 之间不能有空格，header_name 大小写不敏感，如 Location 可以写成 LOCATION。

下面列举 header()函数的常用功能以及对应 HTTP 响应头信息。

11.5.1　页面重定向

页面重定向功能可以使用 Location 响应头信息和 Refresh 响应头信息实现。

1. Location 响应头

格式："Location:URL"

功能：向浏览器发送 Location 响应头信息，浏览器接收到该响应头后，将页面重定向到 URL 指定的页面。为了避免 header("Location:URL")后续的代码继续运行，函数 header("Location:URL") 后通常紧跟 exit 语句或者 return 语句。

> HTTP/1.1 要求 URL 必须是一个绝对 URL（包括协议头、主机名和绝对路径），但大部分浏览器可以接受相对 URL，这取决于浏览器。程序 php_redirect.php 演示了 Location 响应头的用法。

2. Refresh 响应头

格式："Refresh: N ; url=URL"

功能：将 PHP 页面延迟 N 秒后，重定向到指定的 URL 页面。

说明：N 表示刷新时间，时间单位为秒。若刷新时间为 0，则功能与 header("Location:URL") 等效。url 用于指定重定向后的 URL 页面。如果省略 URL，则表示刷新网页本身。

例如，程序 refresh.php 如下。

```
今日注意事项如下： <p/>
1. XXXXXXX <br/>
2. xxxxxxx <br/>
3. XXXXXXX <p/>
5 秒后将自动进入百度首页！
<?php
header("refresh:5;url=http://www.baidu.com");
?>
```

程序 refresh.php 说明：程序 refresh.php 执行前请将 php.ini 的配置 output_buffering 选项设置为 On，否则将出现如图 11-30 所示的错误，并且页面也不会重定向到百度首页。但是如果将 refresh.php 程序的代码修改为如下代码，即便将 php.ini 的配置 output_buffering 选项设置为 Off，也不会出现 warning 错误，页面依然能够重定向到百度首页。至于原因，本章已有说明，这里不再赘述。

```
<?php
header("refresh:5;url=http://www.baidu.com");
?>
今日注意事项如下： <p/>
1. XXXXXXX <br/>
2. xxxxxxx <br/>
3. XXXXXXX <p/>
5 秒后将自动进入百度首页！
```

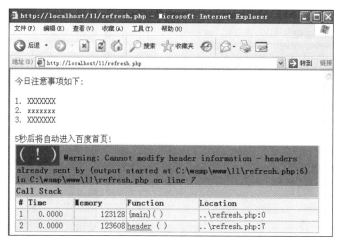

图 11-30　Refresh 响应头示例程序运行结果

11.5.2　创建 Cookie

setcookie()是创建 Cookie 最简单的方法，除此以外，还可以使用 header()函数的 Set-Cookie 响应头创建 Cookie。

响应头格式："Set-Cookie:name=value"

功能：向浏览器发送 Cookie 响应头信息，浏览器接收到该响应头后，将 Cookie 信息保存到浏览器端内存中。例如，程序 header_cookie.php 如下。

```php
<?php
header("Set-Cookie:name=victor");
var_dump($_COOKIE);
?>
```

浏览器第一次访问 header_cookie.php 页面时的运行结果如图 11-31 所示，刷新页面后再次访问 header_cookie.php 页面时的运行结果如图 11-32 所示。

图 11-31　使用 header 函数创建 Cookie

图 11-32　使用 header 函数创建 Cookie（刷新后）

11.5.3　服务器响应内容的控制

当浏览器用户请求 Web 服务器某 PHP 页面时，服务器将该 PHP 页面的执行结果（包括响应命令响应头信息以及响应正文信息）作为响应发送给浏览器，响应头信息可以控制正文信息在浏览器端的打开方式和字符编码，如图 11-33 所示。

1. Content–Type 响应头

格式："Content-Type: MIME 类型"

功能：控制浏览器打开响应正文信息的方式，浏览器调用适当的应用程序来处理响应正文信息。

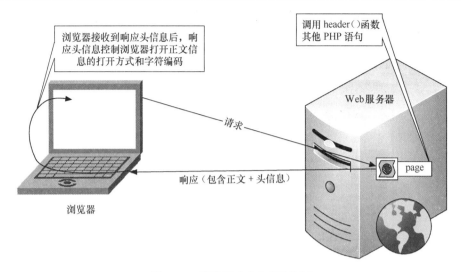

图 11-33　服务器响应内容的控制

　　使用 MIME 类型可以限定响应正文信息的打开方式。

例如，程序 content_type.php 如下。

```php
<?php
if(isset($_POST["contentType"])){
    $contentType = $_POST["contentType"];
    if($contentType=="html"){
        header("content-type:text/html");
    }else if($contentType=="xml"){
        header("content-type:text/xml;charset=gbk");
        echo "<?xml version='1.0' encoding='gbk'?>";
    }else if($contentType=="text"){
        header("content-type:text/plain");
    }
}
?>
<form action="content_type.php" method="post">
<select name="contentType">
<option value="html">html</option>
<option value="xml">xml</option>
<option value="text">text</option>
text/plain
</select>
<input type="submit" value="测试"/>
</form>
```

程序 content_type.php 说明："header("content-type:text/xml;charset=gbk")" 中的 "charset= gbk" 用于指定浏览器打开正文信息的字符编码方式为中文简体字符集 gbk。打开 IE 浏览器并在地址栏中输入 "http://localhost/11/content_type.php"，将会看到如图 11-34 所示的运行结果。

情形 1　在下拉列表中选择 "html"，然后单击 "测试" 按钮后，content_type.php 程序的运行结果依然是图 11-34，此时运行结果的源文件如图 11-35 所示。这是由于此时选择的响应头信息为 "content-type:text/html"，告诉浏览器使用浏览器方式打开响应正文信息。

图 11-34　Content-Type 响应头示例程序运行结果一　　图 11-35　Content-Type 响应头示例程序运行结果源文件一

情形 2　在下拉列表中选择"xml",然后单击"测试"按钮后,content_type.php 程序的运行结果如图 11-36 所示,此时运行结果的源文件如图 11-37 所示。这是由于此时选择的响应头信息为"content-type:text/xml",告诉浏览器使用 XML 方式打开响应正文信息。

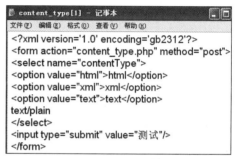

图 11-36　Content-Type 响应头示例程序运行结果二　　图 11-37　Content-Type 响应头示例程序运行结果源文件二

情形 3　在下拉列表中选择"text",然后单击"测试"按钮后,content_type.php 程序的运行结果如图 11-38 所示。当单击"打开"按钮时,此时选择的响应头信息为"content-type:text/plain",即告诉浏览器调用记事本程序打开响应正文信息,如图 11-39 所示。

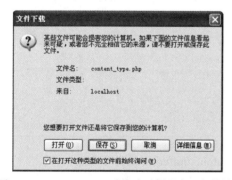
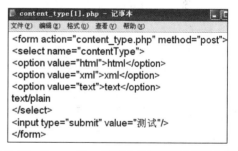

图 11-38　Content-Type 响应头示例程序运行结果三　　图 11-39　Content-Type 响应头示例程序响应正文信息

header()函数常用的 Content-type 响应头中的 MIME 类型有以下几个。

text/html; charset=utf-8:	指定响应正文信息使用浏览器打开,打开的编码方式为 UTF-8
application/octet-stream:	指定响应正文信息以二进制方式打开
image/gif:	指定响应正文信息以 gif 图片方式打开
application/pdf:	指定响应正文信息以 pdf 方式打开
text/plain:	指定响应正文信息以记事本方式打开
image/jpeg:	指定响应正文信息以 JPG 图片方式打开
application/zip:	指定响应正文信息以 ZIP 文件方式打开

audio/mpeg:	指定响应正文信息以音频文件方式打开
application/x-shockwave-flash:	指定响应正文信息以 Flash 动画方式打开

2. Content–Length 响应头

格式："Content-Length:长度"

功能：设置响应正文信息的长度，单位为字节。浏览器接收到它所指定的字节数的信息后就会认为正文信息已经被完整接收了。

例如，header('Content-Length:1234')用于指定响应正文信息的长度为 1234 字节。

Content-Length 如果存在并且有效的话，建议和响应正文的传输长度完全一致。

3. Content_Dispostion 响应头

格式："Content-Disposition: attachment;filename=文件名"

功能：强制浏览器显示保存对话框，提示浏览器用户下载相应的响应正文信息，并为响应正文信息提供文件名。

将程序 content_type.php 备份，然后将其修改为如下代码（粗体字部分为代码的改动部分，其他代码不变）。

```php
<?php
if(isset($_POST["contentType"])){
    $contentType = $_POST["contentType"];
    if($contentType=="html"){
        header("content-type:text/html");
        header("Content-Disposition: attachment;filename=downloaded.html");
    }else if($contentType=="xml"){
        header("content-type:text/xml;charset=gbk");
        echo "<?xml version='1.0' encoding='gbk'?>";
        header("Content-Disposition: attachment;filename=downloaded.xml");
    }else if($contentType=="text"){
        header("content-type:text/plain");
        header("Content-Disposition: attachment;filename=downloaded.txt");
    }
}
?>
<form action="content_type.php" method="post">
……
</form>
```

运行上述程序时，需将 php.ini 配置参数 output_buffering 设置为 On。

若在下拉列表中选择"html"，然后单击"测试"按钮后，content_type.php 程序运行结果如图 11-40 所示。若在下拉列表中选择"xml"，然后单击"测试"按钮后，content_type.php 程序运行结果如图 11-41 所示。在下拉列表中选择"text"，然后单击"测试"按钮后，content_type.php 程序运行结果如图 11-42 所示。请读者注意查看图中文件名称与文件类型的不同之处。

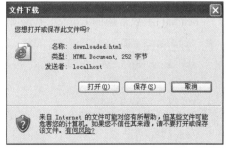

图 11-40　content_type.php 程序运行结果一

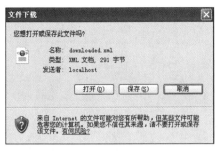

图 11-41 content_type.php 程序运行结果二

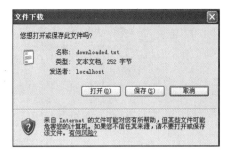

图 11-42 content_type.php 程序运行结果三

11.5.4 完善新闻发布系统文件下载功能

修改新闻发布系统中 "C:\wamp\www\news\functions" 目录下 file_system.php 页面中文件下载函数 download() 的代码，完善文件下载功能。

1. 在 file_system.php 程序文件中添加用户自定义函数 extension_name()。

函数的语法格式：string extension_name(string file_name)

函数的功能：返回文件名 file_name 的扩展名。

extension_name() 函数代码如下。

```
function extension_name($file_name){
    $extension = explode(".",$file_name);
    $key = count($extension)-1;
    return $extension[$key];
}
```

2. 在 file_system.php 程序文件中添加用户自定义函数 content_type()。

content_type() 函数的语法格式：string content_type(string extension_name)

函数的功能：返回文件扩展名 extension_name 对应的 MIME 类型。

content_type() 函数代码如下。

```
function content_type($extension){
    $mime_types = array(
        'txt' => 'text/plain',
        'htm' => 'text/html',
        'html' => 'text/html',
        'php' => 'text/html',
        'css' => 'text/css',
        'js' => 'application/javascript',
        'xml' => 'application/xml',
        'swf' => 'application/x-shockwave-flash',
        'flv' => 'video/x-flv',
        // images
        'png' => 'image/png',
        'jpe' => 'image/jpeg',
        'jpeg' => 'image/jpeg',
        'jpg' => 'image/jpeg',
        'gif' => 'image/gif',
        'bmp' => 'image/bmp',
        'ico' => 'image/vnd.microsoft.icon',
        // archives
        'zip' => 'application/zip',
        'rar' => 'application/x-rar-compressed',
        'exe' => 'application/x-msdownload',
```

```
        // audio/video
        'mp3' => 'audio/mpeg',
        'qt' => 'video/quicktime',
        'mov' => 'video/quicktime',
        // adobe
        'pdf' => 'application/pdf',
        // ms office
        'doc' => 'application/msword',
        'rtf' => 'application/rtf',
        'xls' => 'application/vnd.ms-excel',
        'ppt' => 'application/vnd.ms-powerpoint'
    );
    if(array_key_exists($extension,$mime_types)){
        return $mime_types["$extension"];
    }else{
        return "application/octet-stream";
    }
}
```

3. 修改 file_system.php 程序中的文件下载函数 download()的代码，修改后的 download()函数代码如下（粗体字部分为代码的改动部分，其他代码不变）。

```
function download($file_dir,$file_name){
    if (!file_exists($file_dir.$file_name)) { //检查文件是否存在
        exit("文件不存在或已删除");
    } else {
        $file = fopen($file_dir.$file_name,"r"); // 打开文件
        //取得文件的扩展名
        $extension_name = extension_name($file_name);
        //根据扩展名取得文件的 MIME 类型
        $content_type = content_type($extension_name);
        //设置浏览器打开正文信息的打开方式
        header("Content-Type:$content_type");
        //强迫浏览器显示保存对话框，并提供一个推荐的文件名
        header("Content-Disposition: attachment; filename=".$file_name);
        // 输出文件内容
        echo fread($file,filesize($file_dir.$file_name));
        fclose($file);
        exit;
    }
}
```

打开 Firefox 浏览器下载某个 Excel 工作表时，使用修改前的 download()函数下载该工作表将弹出如图 11-43 所示的对话框，使用修改后的 download()函数下载该工作表将弹出如图 11-44 所示的对话框。

图 11-43　修改 download()函数前显示的保存对话框

图 11-44　修改 download()函数后显示的保存对话框

11.5.5　浏览器缓存的远程控制

所有的浏览器都有缓存策略，浏览器会暂时将浏览过的页面缓存在一个特殊的目录里，当用户重新访问该页面时，若页面的内容没有改变，则访问的是浏览器缓存中的页面。浏览器缓存是提高用户体验和提升系统性能的一个重要途径。通过浏览器的缓存控制，可以对实时性要求不高的数据进行缓存，减少甚至不需要再次对服务器的请求就可以显示数据，从而加快浏览器用户访问服务器页面的速度，并且可以减轻服务器的负担。

为了加快浏览器访问服务器页面的速度，默认情况下浏览器是开启缓存的，但有时并不希望浏览器使用缓存加快网页的显示，尤其是那些内容更新较为频繁的服务器页面（如股票交易平台等）。PHP 提供的 header() 函数可以覆盖浏览器默认的缓存设置，从而实现浏览器缓存的远程控制。

1. 浏览器缓存设置

以 IE 浏览器为例，单击 IE 浏览器的"工具"菜单栏，选择"Internet 选项"，在"常规"选项卡中的"Internet 临时文件"下单击"设置"按钮，如图 11-45 所示。在"设置"对话框中显示了 Internet 临时文件夹的位置（笔者 Internet 临时文件夹为：D:\temp\Temporary Internet Files），如图 11-46 所示。单击"设置"对话框中的"查看文件"按钮可以查看临时文件夹下的所有缓存文件（笔者 Internet 当前临时文件夹内容为空），如图 11-47 所示。临时文件夹中的缓存文件包含名称、Internet 地址、类型、大小、截止期、上次修改时间、上次访问时间和上次检查时间等文件属性。默认情况下，临时文件夹中的缓存文件随着浏览器的关闭而自动清除，可以通过设置缓存文件的过期时间等属性延长缓存文件的生存周期。

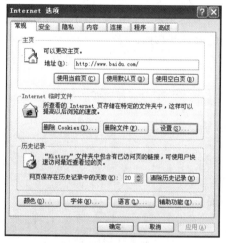

图 11-45　浏览器缓存设置

图 11-46　浏览器缓存设置

图 11-47　浏览器缓存设置

2. 设置浏览器 HTTP 协议版本

HTTP 协议老的标准是 HTTP/1.0，目前最通用的标准是 HTTP/1.1。HTTP/1.1 是在 HTTP/1.0

基础上的升级，增加了一些功能，全面兼容 HTTP/1.0，目前绝大多数浏览器默认采用了 HTTP/1.1。以 IE 浏览器为例，设置浏览器 HTTP 协议版本的方法是：单击 IE 浏览器"工具"菜单栏，选择"Internet 选项"，在"高级"选项卡"HTTP1.1 设置"选项中选中"使用 HTTP1.1"复选框，即可设置浏览器 HTTP 协议版本为 1.1；反之则可以将浏览器 HTTP 协议版本设置为 1.0。修改浏览器 HTTP 协议版本后，重启 IE 浏览器，新版本号才能使用。通过执行 http_version.php 程序，可以查看当前浏览器使用的是哪个 HTTP 协议版本，http_version.php 程序代码如下。

```php
<?php
echo $_SERVER['SERVER_PROTOCOL'];//输出 HTTP/1.0 或者 HTTP/1.0
?>
```

3. HTTP/1.0 的浏览器缓存控制

HTTP/1.0 定义了 3 个可以用来控制浏览器缓存的 HTTP 响应头：Last-Modified、Expires、Pragma: no-cache。这些 HTTP 响应头通常搭配使用实现浏览器的缓存控制功能。

（1）Last-Modified：用于设置浏览器缓存文件的上次修改时间。在 HTTP/1.0 中，Last-Modified 是控制浏览器缓存非常重要的响应头，如果需要浏览器缓存，必须设置缓存文件的上次修改时间。当浏览器第一次访问 PHP 页面时，Web 服务器首先设置该页面在浏览器缓存中的上次修改时间；当浏览器第二次访问该 PHP 页面时，浏览器自动在请求中加入 If-Modified-Since 请求头信息，该请求头信息的格式为：If-Modified-Since= Last-Modified 的值。该请求头发送给服务器，以便服务器判断是否有必要重新执行该 PHP 程序。

（2）Expires：用于设置浏览器缓存文件的截止期，该时间为绝对时间，其时间格式遵循格林威治标准时（GMT）时间格式。在 HTTP/1.0 中，Expires 是控制浏览器缓存的另一个非常重要的响应头。Expires 告诉浏览器在截止期之前不会对服务器发送请求，直接使用浏览器的缓存；截止期之后，浏览器对服务器发送新的请求得到一份最新的服务器数据。

（3）Pragma: no-cache：用于设置浏览器不使用缓存文件中的数据，每次浏览器请求服务器时获取的内容都是最新版本。

例如，程序 http10.php 的代码如下。

```php
<?php
function http_10_cache($lifeTime=60){
    $gmtime = time();
    if ($lifeTime){
        $gmtime += $lifeTime;
        $gmtime = gmdate('D, d M Y H:i:s',$gmtime).' GMT';
        header("Last-Modified: $gmtime");
        header("Expires: $gmtime");
    }else{
        header("Pragma: no-cache");
    }
}
http_10_cache(60);
echo date("Y-m-d H:i:s");
?>
```

打开 IE 浏览器，在地址栏中输入"http://localhost/11/http10.php"按回车键，第一次访问 http10.php 页面的运行结果如图 11-48 所示。60s 内打开新的 IE 浏览器后，在地址栏中输入"http://localhost/11/http10.php"后按回车键，第二次访问 http10.php 页面的运行结果依然是如图 11-48 所示。过了 1min 后，再次访问 http10.php 页面时，运行结果如图 11-49 所示。

图 11-48　HTTP/1.0 的浏览器缓存控制　　　　图 11-49　HTTP/1.0 的浏览器缓存控制

读者可以将程序 http10.php 中的函数调用语句修改为 "http_10_cache(0);"，然后观察程序 http10.php 的运行结果。

程序 http10.php 说明如下。

（1）程序中定义了 http_10_cache() 函数。

语法格式：void http_10_cache(int $lifeTime=60)

函数功能：http_10_cache() 函数设置了 $lifeTime 作为浏览器缓存文件的存活时间，单位为秒（默认值为 60s）。在浏览器缓存文件存活时间内再次访问同一个 PHP 页面时，浏览器将访问缓存文件的正文内容。

（2）程序 http10.php 中使用 gmdate() 函数取得了某个时间戳的格林威治时间。

gmdate() 函数的语法格式：string gmdate (string format [, int timestamp])

gmdate() 函数的功能：使用 gmdate() 函数可以得到 UNIX 时间戳 timestamp 参数（从 UNIX 纪元到当前时间的秒数）的格林威治时间，该格林威治时间的格式由 format 参数定义。

HTTP/1.0 实现浏览器缓存的缺点是服务器和浏览器端的时间有可能不同步，这样会造成缓存的实现达不到预期效果，HTTP/1.1 解决了这个问题。

4．HTTP/1.1 的浏览器缓存控制

HTTP/1.1 同样定义了 3 个可以用来控制浏览器缓存的 HTTP 响应头：Last-Modified、Expires、Cache-Control。其中 Last-Modified 和 Expires 的含义请参考 HTTP/1.0。

Cache-Control 响应头格式为：Cache-Control:缓存响应指令列表，缓存响应指令列表中可以定义多个缓存响应指令，各缓存响应指令之间使用 ","隔开即可。以下是常见的缓存响应指令以及具体含义。

（1）public：设置 Web 服务器返回的所有响应正文信息（包括图片、JavaScript 文件、css 文件等静态资源）。可以被浏览器以及代理服务器缓存，并可以被多个浏览器用户共享。

（2）private：设置 Web 服务器返回的所有响应正文信息（包括图片、JavaScript 文件、css 文件等静态资源）可以被某浏览器用户缓存到该用户的私有缓存中，但响应正文信息不能被代理服务器缓存。即缓存数据仅对当前浏览器用户有效，对其他用户无效。

（3）no-cache：设置 Web 服务器返回的响应正文信息不能被浏览器缓存，图片、JavaScript 文件、css 文件等静态资源除外。

（4）no-store：设置 Web 服务器返回的响应正文信息不能被浏览器缓存，图片、JavaScript 文件、css 文件等静态资源除外。一般用于敏感数据，以免数据被无意发布。

（5）must-revalidate：设置所有的缓存数据都必须重新验证。若浏览器中的缓存数据失效，则浏览器访问服务器数据；若浏览器的缓存数据有效，浏览器访问缓存数据。具体步骤为，浏览器的第二次请求中会包含 If-Modified-Since 请求头与 ETag 请求头，如果服务器验证得出当前的浏览器缓存数据为最新的数据，那么服务器返回一个 304 Not Modified 响应头给浏览器；否则 Web 服务器给浏览器返回新的正文信息。

（6）proxy-revalidate：设置代理服务器的缓存，与 must-revalidate 功能相似。

（7）max-age：设置缓存数据的寿命，缓存数据超过 max-age 设置的秒数后就会失效。该时间是相对时间，以浏览器读取页面开始计时。

（8）s-maxage：设置代理服务器的缓存，与 max-age 功能相似。

HTTP/1.1 的浏览器缓存控制如图 11-50 所示。

图 11-50 说明如下。

（1）浏览器第一次请求 Web 服务器某 PHP 页面（如 page 程序）时，请求头中将包含如下信息。

第 1 行：get 请求（或 post 请求）　请求的是服务器哪个页面　使用的 HTTP 版本。

第 2 行：浏览器可接收的 MIME 类型。

第 6 行：浏览器默认的语言种类。

第 7 行：浏览器能够进行解码的数据编码方式。

第 8 行：浏览器类型、版本以及操作系统类型、版本。

第 10 行：浏览器请求的 Web 服务器主机 IP 和端口号。

第 11 行：是否需要保持 TCP 连接（建立 TCP 长连接）。

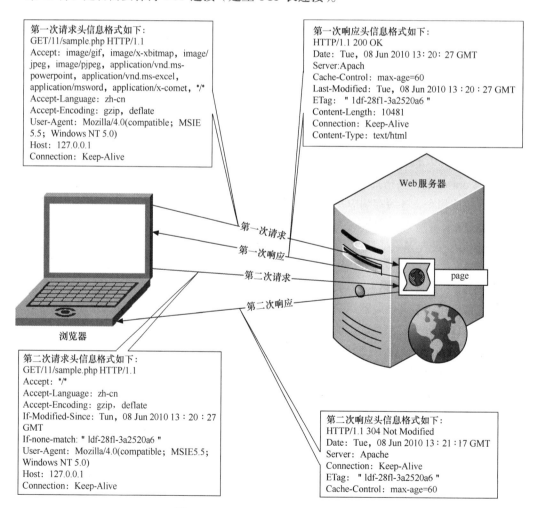

图 11-50　HTTP/1.1 的浏览器缓存控制

（2）服务器接收到第一次请求后，运行 page 页面程序，将运行结果附带响应头信息返回浏览器，响应头中将包含如下信息。

第 1 行：使用的 HTTP 版本　响应状态码（200 表示操作成功）　状态码描述。

第 2 行：服务器当前的 GMT 时间。

第 3 行：服务器种类（Apache）。

第 4 行：缓存的设置（其中包括 max-age、Last-Modified 等缓存设置），ETag 标记由 Web 服务器产生。响应头中的 Last-Modified 信息以及 ETag 信息用于以后比较当前浏览器的缓存文件是否和服务器端文件一致，如果不一致则获取最新版本内容，如果一致则读取浏览器缓存文件。

第 7 行：响应正文信息的长度。

第 8 行：是否需要保持 TCP 连接（建立 TCP 长连接）。

第 9 行：响应正文信息属于何种 MIME 类型。

（3）浏览器第二次请求 Web 服务器同样的 PHP 页面时（如 page 程序），此次请求为带条件请求，请求头中将包含如下信息。

第 1 行：get 请求（或 post 请求）　请求的是服务器哪个页面　使用的 HTTP 版本。

第 2 行：浏览器可接收的 MIME 类型。

第 3 行：浏览器默认的语言种类。

第 4 行：浏览器能够进行解码的数据编码方式。

第 5 行：由于第一次响应头中包含 Last-Modified 值，第二次请求中加入 If-Modified-Since 请求头，它所对应的值为 Last-Modified 的值。

第 7 行：由于第一次响应头中包含 ETag 值，第二次请求中加入 If-None-Match 请求头，它所对应的值为第一次响应头中 ETag 的值。

第 8 行：浏览器类型、版本以及操作系统类型、版本。

第 10 行：浏览器请求的 Web 服务器主机 IP 和端口号。

第 11 行：是否需要保持 TCP 连接（建立 TCP 长连接）。

（4）服务器接收到第二次请求后，将"有条件"运行 page 页面程序，并将运行结果附带响应头信息返回浏览器。若没有运行 page 页面程序，此时响应头中将包含如下信息。

第 1 行：使用的 HTTP 版本　响应状态码（例如，304 表示未修改，403 表示服务器拒绝请求，404 表示服务器找不到请求的网页）　状态码描述。

第 2 行：服务器当前的 GMT 时间。

第 3 行：服务器种类。

第 4 行：是否需要保持 TCP 连接（建立 TCP 长连接）。

第 5 行：ETag 标记（由于 Web 服务器产生的 ETag 标记值与第二次请求头中的 ETag 标记值一致，因此没有必要运行 page 页面程序，浏览器将读取浏览器缓存文件中的信息）。

第 6 行：缓存的设置（其中包括 max-age、Last-Modified 等缓存设置）。

11.5.6　常用的浏览器缓存控制函数

了解了缓存响应指令后就可以根据不同的需求来设置服务器内各页面的缓存期限，下面是一些常用的浏览器缓存控制函数。

1. 如下程序 cache_browser.php 中定义了函数 cache_browser()。

函数的语法格式：void cache_browser([int $interval])

函数的功能：cache_browser()函数设置了$interval 作为缓存文件的存活时间，单位为秒（默认值为 60s），该缓存文件不被所有浏览器用户共享，且该缓存文件不在代理服务器上缓存。

```php
<?php
function cache_browser($interval = 60){
    $now = time();
    $pretty_lmtime = gmdate('D, d M Y H:i:s', $now) . ' GMT';
    $pretty_extime = gmdate('D, d M Y H:i:s', $now + $interval) . ' GMT';
    //向后兼容HTTP/1.0
    header("Last Modified: $pretty_lmtime");
    header("Expires: $pretty_extime");
    //支持HTTP/1.1
    header("Cache-Control: private,max-age=$interval,s-maxage=0");
}
cache_browser(60);
echo date("Y-m-d H:i:s");
?>
```

2. 如下程序 cache_none.php 中定义了函数 cache_none()。

函数的语法格式：void cache_none(void)

函数的功能：cache_none()函数关闭了浏览器和代理服务器的缓存功能。

```php
<?php
function cache_none(){
    //向后兼容HTTP/1.0
    header("Expires: 0");
    header("Pragma: no-cache");
    //支持HTTP/1.1
    header("Cache-Control: no-cache,no-store,max-age=0,s-maxage=0,must-revalidate");
}
cache_none();
echo date("Y-m-d H:i:s");
?>
```

3. 如下程序 cache_novalidate.php 中定义了函数 cache_novalidate()。

函数的语法格式：void cache_novalidate([int $interval])

函数的功能：cache_novalidate()函数设置了$interval 作为缓存文件的存活时间，单位为秒（默认值为 60s），该缓存文件可以保存在代理服务器上，并被所有浏览器用户共享。

```php
<?php
function cache_novalidate($interval = 60){
    $now = time();
    $pretty_lmtime = gmdate('D, d M Y H:i:s', $now) . ' GMT';
    $pretty_extime = gmdate('D, d M Y H:i:s', $now + $interval) . 'GMT';
    //向后兼容HTTP/1.0
    header("Last Modified: $pretty_lmtime");
    header("Expires: $pretty_extime");
    //支持HTTP/1.1
    header("Cache-Control: public,max-age=$interval");
}
cache_novalidate(60);
echo date("Y-m-d H:i:s");
?>
```

习　　题

一、选择题

1. 下面关于 Session 和 Cookie 的区别，说法错误的是（　　　）。

    A. Session 和 Cookie 都可以记录数据状态

    B. 在设置 Session 和 Cookie 之前不能有输出

    C. 在使用 Cookie 前要使用 Cookie_start()函数初始

    D. Cookie 是客户端技术，Session 是服务器端技术

2. 在用浏览器查看网页时出现 404 错误可能的原因是 （　　　）。

    A. 页面源代码错误   B. 文件不存在

    C. 与数据库连接错误   D. 权限不足

3. 在忽略浏览器 bug 的正常情况下，如何用一个与先前设置的域名不同的新域名来访问某个 Cookie？（　　　）

    A. 通过 HTTP_REMOTE_COOKIE 访问

    B. 不可能

    C. 在调用 setcookie()时设置一个不同的域名

    D. 向浏览器发送额外的请求

    E. 使用 JavaScript 把 Cookie 包含在 URL 中发送

4. 如果不给 Cookie 设置过期时间会怎么样？（　　　）

    A. 立刻过期   B. 永不过期

    C. Cookie 无法设置   D. 在浏览器会话结束时过期

    E. 只在脚本没有产生服务器端 Session 的情况下过期

5. 默认情况下，PHP 把会话（Session）数据存储在（　　　）里。

    A. 文件系统   B. 数据库   C. 虚拟内容

    D. 共享内存   E. 以上都不是

6. 若向某台特定的计算机中写入带有效期的 Cookie 时总是会失败，而这在其他计算机上都正常。在检查了客户端操作系统传回的时间后，发现这台计算机上的时间和 Web 服务器上的时间基本相同，而且这台计算机在访问大部分其他网站时都没有问题。请问这会是什么原因导致的？（多选）（　　　）

    A. 浏览器的程序出问题了

    B. 客户端的时区设置不正确

    C. 用户的杀毒软件阻止了所有安全的 Cookie

    D. 浏览器被设置为阻止任何 Cookie

    E. Cookie 里使用了非法的字符

7. 假设浏览器没有重启，那么在最后一次访问后的多久，会话（Session）才会过期并被回收？（　　　）

    A. 1440s 后

    B. 在 session.gc_maxlifetime 设置的时间过了后

C. 除非手动删除，否则永不过期

D. 除非浏览器重启，否则永不过期

E. 以上都不对

二、问答题

1. 哪些函数能让服务器输出响应头信息"set-Cookie: foo=bar;"？

2. 在 HTTP/1.0 中，响应状态码 401 的含义是什么？如果返回"找不到文件"的提示，则可用哪条 PHP 语句？

3. Session 与 Cookie 的区别有哪些？Cookie 的运行原理是什么？Session 的运行原理是什么？

4. Session 创建时，是否会在浏览器端记录一个 Cookie？Cookie 里面的内容是什么？禁用 Cookie 后 Session 还能用吗？

5. 如何修改 Session 的存储时间？

6. 如何利用 PHP 解决 HTTP 的无状态本质？

7. 多台 Web 服务器如何共享 Session？

三、编程题

1. 使用 Cookie 技术编写程序显示上次登录时间。

2. 编写支持换皮肤的 PHP 程序，并将皮肤保存在 Cookie 中。

3. 编写 PHP 程序判断浏览器是否开启了 Cookie。

4. 编写一个 PHP 函数 createExcel()，完成功能：获取某数据库中某数据库表的前 10 条记录，并将这 10 条记录写入 Excel 文件，Excel 文件名为数据库表的表名。接着调用该 PHP 函数完成函数的测试工作：操作用户注册系统 register 数据库中的用户表 users 表，获取该表的前 10 条用户信息，并将用户信息写入 Excel 文件（Excel 文件名为 users.xls）。

第 12 章
字符串处理

字符串在 PHP 中占据着举足轻重的地位。本章主要讲解如何使用 PHP 提供的字符串处理函数进行字符串处理，并结合"新闻发布系统"修改该系统的几处 bug。

12.1 字符串的指定方法

使用 GET 或 POST 方式提交数据时，这些数据都会被封装成字符串类型的数据提交到 Web 服务器；另外 Session 文件和 Cookie 文件中的数据也都是以字符串类型的数据进行保存的。作为 Web 开发语言，PHP 最常打交道的数据类型就是字符串。毫不夸张地说，字符串在 PHP 中占据着举足轻重的地位，对于开发者来说，处理字符串是一项非常基础的技能。

字符串最简单的指定方法是使用单引号（'）或者双引号（"），除此以外还可以使用定界符（Heredoc Syntax）指定字符串。

12.1.1 使用单引号指定字符串

使用单引号指定字符串时，除了两个特殊字符序列（\\和\'）外，该字符串的内容将逐个字符进行处理。例如，程序 single.php 如下。

```php
<?php
$teacher = 'teacher';
$introduction = 'I\'m a $teacher\\n,you are a student.';
echo $introduction;//输出: I'm a $teacher\n,you are a student.
?>
```

12.1.2 使用双引号指定字符串

在 PHP 程序中，使用双引号指定字符串时，该字符串的内容将被预处理。当字符串中存在变量名（以$开头）时，变量名被变量值替代；当字符串中存在如表 12-1 所示的 6 个特殊字符序列时，字符序列被转义成对应的字符。例如，程序 double1.php 如下。

表 12-1   6 个特殊字符序列

双引号内的特殊字符序列	转义后的字符
\"	双引号（"）
\$	美元符号（$）

续表

双引号内的特殊字符序列	转义后的字符
\\	反斜杠（\）
\n	换行符
\r	回车符
\t	制表符

```php
<?php
$fruit = "苹果";
$old_string = "我喜欢吃$fruit<br/>";
$fruit = "桔子";
$new_string = "我更喜欢吃$fruit<br/>";
echo $old_string;//输出: 我喜欢吃苹果
echo $new_string;//输出: 我更喜欢吃桔子
?>
```

程序 double1.php 中，由于变量$old_string 的值使用双引号指定为字符串类型的数据，PHP 预处理器会将变量$old_string 预处理，使用变量值"苹果"替代变量$fruit，然后 PHP 预处理器使用同样的方法将变量$new_string 进行预处理。

 双引号指定的字符串会花费 PHP 预处理器的处理时间，因此使用单引号指定字符串是一种良好的编程习惯。

如下程序 double2.php 中，双引号指定的字符串中存在特殊的字符序列。

```php
<?php
$teacher = "teacher";
$introduction = "I\'m a $teacher\\n,you are a student.";
echo $introduction;//输出: I\'m a teacher\n,you are a student.
?>
```

如果双引号指定的字符串中存在变量名时，变量名应该从"$"开始，而变量名在哪个字符处结束有可能出现异议，例如，如下程序 double3.php，该程序的运行结果如图 12-1 所示。

```php
<?php
$sport = 'foot';
$plan = "I will play $sportball in the summertime.";
echo $plan;
?>
```

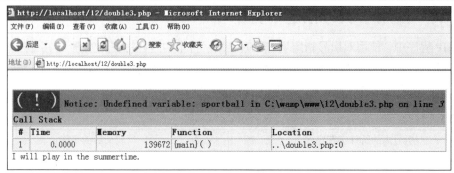

图 12-1　双引号指定的字符串

使用双引号指定字符串时，字符串序列"{$"和字符"}"之间的字符串可以用于表示变量名，该字符串最终被变量值替代。例如，程序 double4.php 如下。

```php
<?php
$sport = 'foot';
$plan = "I will play {$sport}ball in the summertime.";
echo $plan;//输出: I will play football in the summertime.
?>
```

12.1.3　使用定界符指定字符串

除了可以使用单引号和双引号指定字符串外，PHP 还提供了定界符（Heredoc Syntax）指定字符串的方法。在指定一个文本块，尤其是包含了 HTML 的 FORM 表单的文本块时，使用定界符指定字符串非常便利。例如，程序 heredoc.php 如下，该程序的运行结果如图 12-2 所示。

```php
<?php
$name = "张三";
$submit = "提交";
$my_form = <<<form
<form>
用户名:<input type="text" name="name" value="$name"><br/>
密 码 : <input type="password" name="password"><br/>
<input type="submit" value="$submit"><br/>
</form>
form;
echo $my_form;
?>
```

图 12-2　定界符指定的字符串

使用定界符指定字符串说明如下。

1. 使用定界符指定字符串必须以三个左尖括号"<<<"开头。

2. 三个左尖括号后面为开始标识符，程序 heredoc.php 中字符串的开始标识符为"form"。标识符的命名和变量名的命名方法相同。

"<<<form"后面不能有空格字符，否则可能出现 PHP 代码解析错误。

3. 结束标识符必须和开始标识符相同。

程序 heredoc.php 中结束标识符"form"前面不允许有空格字符（必须顶格）；"form"后分号";"的后面同样不能有空格字符，否则可能出现 PHP 代码解析错误。

4. 开始标识符和结束标识符中间的内容为文本块，文本块的内容将被预处理，且处理方式和使用双引号指定的字符串的处理方式相同。与使用双引号指定的字符串不同，使用定界符指定的字符串中允许包含双引号。

12.1.4　字符串中的字符处理

字符串是由零个或多个字符组成的有限序列，可以通过字符串的索引（index）检索字符串中的单个字符（index 从 0 开始计数）。例如，程序 string_index.php 如下，该程序的运行结果如图 12-3 所示。

```php
<?php
$teacher = 'teacher';
for($index=0;$index<7;$index++){
    $char = $teacher[$index];
    echo $char;
}
echo "<br/>";
for($index=0;$index<7;$index++){
    $char = $teacher{$index};
    echo $char;
}
?>
```

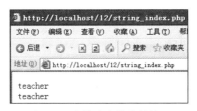

图 12-3　字符串中的字符处理

字符串的索引（index）从 0 开始，检索字符串中的单个字符时可以使用 "[index]" 或 "{index}" 的方式取得该索引（index）对应的字符。

12.2　字符串处理函数

PHP 提供了上百个字符串处理函数，为字符串的处理提供了强大的支持。为了便于读者学习，本书将字符串处理函数分为：字符串修剪函数、字符串长度函数、子字符串操作函数、字符串比较函数、字符串连接和分割函数、字符串替换函数、URL 处理函数以及其他字符串函数。这些字符串处理函数的共同特征是：至少需要一个字符串类型的数据作为函数的参数，函数对字符串参数的处理并不会改变字符串参数的值和数据类型。

12.2.1　字符串修剪函数

字符串修剪函数包括：字符串裁剪函数、填充字符串函数、将换行符\n 或\r 替换成 HTML 换行符
函数、字符串大小写转换函数、在预定义字符前添加或删除反斜线函数、HTML 特殊字符处理函数和字符串格式化函数等。

1．字符串裁剪函数

字符串裁剪函数包括 trim()函数、rtrim()函数和 ltrim()函数，这 3 个函数的语法格式相似。以 trim()函数为例，该函数的语法格式为：string trim (string str)。

函数功能：使用 trim()函数可以删除字符串 str 两边的空格。

说明

　　　　这里的空格可以是空格键产生的空格，也可以是 Tab 键或者回车键产生的空格。使用 rtrim()函数时，删除字符串 str 右边的空格；使用 ltrim()函数时，删除字符串 str 左边的空格。

例如，程序 trim.php 如下。

```php
<?php
$old_string = "\t  I am a teacher!  \n";
$trimmed = trim($old_string);
var_dump($old_string);//输出: string '    I am a teacher!  ' (length=21)
echo "<br/>";
var_dump($trimmed);//输出: string 'I am a teacher!' (length=15)
?>
```

trim()函数适用场景：按某个"关键字"查询新闻内容时，使用该函数将关键字两边的空格剔除；在用户注册或用户登录系统中，使用该函数将用户名两边的空格剔除。

2．填充字符串函数 str_pad()

语法格式：string str_pad (string str, int pad_length [, string pad_string [, int pad_type]])

函数功能：用填充字符串 pad_string 填充字符串 str，使得填充后的字符串长度增加到 pad_length 个字符长度（若没有指定参数 pad_string，则用空格填充）。pad_type 指定填充的模式，其值可以指定为 STR_PAD_RIGHT、STR_PAD_LEFT 或 STR_PAD_BOTH，表示字符串填充在右侧、左侧或两边，默认为右侧填充。例如，程序 str_pad.php 如下。

```php
<?php
$string = "abcdefghijklmnopqrstuvwxyz";
$pad_string = "+#";
$pad_both = str_pad($string,30,$pad_string,STR_PAD_BOTH);
$pad_right = str_pad($string,30,$pad_string);
$pad_left = str_pad($string,30,$pad_string,STR_PAD_LEFT);
echo $pad_both;//输出: +#abcdefghijklmnopqrstuvwxyz+#
echo "<br/>";
echo $pad_right;//输出: abcdefghijklmnopqrstuvwxyz+#+#
echo "<br/>";
echo $pad_left; //输出: +#+#abcdefghijklmnopqrstuvwxyz
?>
```

3．将换行符\n 或\r 替换成 HTML 换行符
函数 nl2br()

语法格式：string nl2br (string str)

函数功能：nl2br()函数可以将字符串 str 中的换行符\n 或\r 替换成 HTML 换行符
。

例如，程序 nl2br.php 如下，该程序的运行结果如图 12-4 所示。

```php
<?php
$old_string = <<<nl2br
I
am
a
t\nea\rcher
!
```

```
nl2br;
$new_string = nl2br($old_string);
echo $old_string;
echo "<br/>";
echo $new_string;
?>
```

nl2br()函数适用场景：在发表新闻评论时，将新闻评论
内容中的换行符\n 或\r 替换成 HTML 换行符
。

4. 字符串大小写转换函数

PHP 提供了 4 个字符串大小写转换的函数，可以将字符
串中的字符转换为大写或小写：strtoupper()、strtolower()、
ucfirst()和 ucwords()。这 4 个函数的语法格式及功能如表 12-2
所示。

图 12-4   nl2br 函数示例程序运行结果

表 12-2   字符串大小写转换函数

函 数 名	语 法 格 式	功 能
strtoupper	string strtoupper (string str)	该函数将传入的字符串 str 所有的字符都转换成大写，并以大写形式返回该字符串
strtolower	string strtolower (string str)	该函数将传入的字符串 str 所有的字符都转换成小写，并以小写形式返回该字符串
ucfirst	string ucfirst (string str)	该函数将传入的字符串 str 的第一个字符改成大写，该函数返回首字符大写的字符串
ucwords	string ucwords (string str)	该函数将传入的字符串 str 每个单词的第一个字符改成大写，然后返回单词首字符大写的字符串

例如，程序 case.php 如下。

```
<?php
$old_string = "I am a student!";
$strtoupper = strtoupper($old_string);
$strtolower = strtolower($old_string);
$ucfirst = ucfirst($old_string);
$ucwords = ucwords($old_string);
echo $strtoupper;      //输出: I AM A STUDENT!
echo "<br/>";
echo $strtolower;      //输出: i am a student!
echo "<br/>";
echo $ucfirst;         //输出: I am a student!
echo "<br/>";
echo $ucwords;         //输出: I Am A Student!
echo "<br/>";
?>
```

字符串大小写转换函数适用场景：比较两个字符串的内容时，如果不区分两个字符串的大小
写，可以将两个字符串全部变为大写或小写后再进行比较。

5. 在预定义字符前添加或删除反斜线

（1）addslashes()函数

语法格式：string addslashes (string str)

函数功能：在预定义字符前添加反斜线（\），这些预定义字符是：单引号（'）、双引号（"）和反斜线（\）。例如，程序 sql.php 如下。

```php
<?php
$name = "";
if(isset($_POST["name"])){
    $name = $_POST["name"];
    $sql = "select * from users where name='$name'";
    echo $sql;
}
?>
<form method="post" action="">

用户名：<input type="text" name="name" value="<?php echo $name;?>">

<input type="submit" value="查询">
</form>
```

打开浏览器后，在文本框中输入"admin"用户名后单击"查询"按钮，该程序的运行结果如图 12-5 所示。运行结果中"select * from users where name='admin'"是一条格式正确的 SQL 语句，该 SQL 语句可以直接复制到 MySQL 命令行窗口中运行。

但若在文本框中输入"admi'n"用户名后单击"查询"按钮，该程序的运行结果如图 12-6 所示。运行结果中，"select * from users where name='admi'n'"是一条格式错误的 SQL 语句，该 SQL 语句不可以在 MySQL 命令行窗口中运行。

图 12-5　正确的 SQL 语句

图 12-6　"错误"的 SQL 语句

为了构造一条格式正确的 SQL 语句，需要在预定义字符单引号（'）前加上反斜线（\）。将 sql.php 程序代码修改为如下代码（粗体字部分为代码改动部分，其他代码不变）。

```php
<?php
$name = "";
if(isset($_POST["name"])){
    $name = addslashes($_POST["name"]);
    $sql = "select * from users where name='$name'";
    echo $sql;
    $name = $_POST["name"];
}
?>
......
```

此时在文本框中输入"admi'n"用户名后单击"查询"按钮，程序 sql.php 的运行结果如图 12-7 所示，运行结果中，"select * from users where name='admi\'n'"是一条格式正确的 SQL 语句，该 SQL 语句可以直接复制到 MySQL 命令行窗口中运行。因此 addslashes( )函数的作用就是在$name 变量中的预定义字符前加上一个反斜线（\）以便构造一条正确的 SQL 语句。

addslashes( )函数适用场景：当 php.ini 配置文件的 magic_quotes_gpc 参数设为 Off 时，为了构造一条格式正确的 SQL 语句或者为了防止 SQL 注入，经常使用 addslashes()函数对 GET、POST或者 Cookie 中提交的字符串进行转义处理。

本书提供的 WampServer2.4 使用的 PHP 版本号为 5.4.16，该版本的 PHP 已经不再支持 magic_quotes_gpc 参数，即 magic_quotes_gpc 的值永远是 Off，不能设置为 On。

图 12-7　正确的 SQL 语句

（2）stripslashes()函数

语法格式：string stripslashes (string str)

函数功能：stripslashes()函数用于删除字符串 str 中的反斜线，经常用于删除由 addslashes()函数添加的反斜线。

例如，程序 stripslashes.php 如下。

```php
<?php
$name = "";
if(isset($_POST["name"])){
    $name = $_POST["name"];
    echo "你在 FORM 表单中输入的用户名是：";
    echo $name;
    echo "<br/>";
    echo "构造的 SQL 语句前，用户名需要使用 addslashes()函数转义。";
    echo "用户名转义后是：";
    $name = addslashes($name);
    echo $name;
    echo "<br/>";
    echo "用户名转义后，构造的 SQL 语句是格式正确的 SQL 语句：";
    $sql = "select * from users where name='$name'";
    echo $sql;
    echo "<br/>";
    echo "用户名转义后，需要使用 stripslashes()函数恢复原状，";
    echo "用户名恢复原状后是：";
    $name = stripslashes($name);
    echo $name;
    echo "<br/>";
}
?>
<form method="post" action="">
用户名：<input type="text" name="name" value="<?php echo $name;?>">
<input type="submit" value="查询">
</form>
```

打开浏览器访问 stripslashes.php 程序，在文本框中输入 "O'Neil" 用户名后单击 "查询" 按钮，程序 stripslashes.php 的运行结果如图 12-8 所示。

图 12-8　stripslashes 函数示例程序

addslashes() 函数和 stripslashes() 函数的用法总结如下。

由于 magic_quotes_gpc 的参数值为 Off，编程人员使用 POST、GET 或 Cookie 中的字符串进行数据库操作时，建议使用 addslashes() 函数对 POST、GET 或 Cookie 中的字符串进行转义处理。使用 addslashes() 函数转义处理后，如果需要恢复原状，需要使用 stripslashes() 函数去掉转义符号反斜线。

6. HTML 特殊字符处理函数 htmlspecialchars() 和 strip_tags()

（1）htmlspecialchars() 函数

在 HTML 和 XML 中内建了 5 个预定义实体，如表 12-3 所示，预定义实体用于表示 HTML 和 XML 文档中的特殊字符（注意这些预定义实体必须以 "&" 开始，以 ";" 结束），例如 HTML 或 XML 预处理器在处理 HTML 或 XML 文档时，将自动使用 ">" 代替 ">"，使用 "&" 代替 "&"，以此类推。

表 12-3　　　　　　　　　　　　HTML 和 XML 中 5 个预定义实体

预定义实体	对应的 HTML 或 XML 文档中的特殊字符
&lt;	<
&amp;	&
&gt;	>
&quot;	"
&#039;	'

htmlspecialchars() 函数的语法格式：string htmlspecialchars(string str,flags,character_set)

htmlspecialchars() 函数的功能：将 PHP 字符串 str 中的特殊字符（如<、&、"、>）转换成对应的预定义实体，以便 HTML 或 XML 解析器将预定义实体还原为对应的特殊字符。

　　htmlspecialchars() 函数的 flags 参数以及 character_set 参数都是可选参数。具体用法稍后讲解。

例如，程序 htmlspecialchars.php 如下。

```php
<?php
if(isset($_POST["name"])){
    $name = $_POST["name"];
    $sql = "select * from users where name='$name'";
```

```
        echo $sql;
    }
?>
<form method="post" action="">
用户名: <input type="text" name="name" value="<h1>admin</h1>">
<input type="submit" value="查询">
</form>
```

打开浏览器后，在文本框中输入"<h1>admin</h1>"后单击"查询"按钮，该程序将字符串 "select * from users where name='<h1>admin</h1>'"输出到浏览器，虽然这是一条正确的 SQL 语句，但 htmlspecialchars.php 程序的运行结果有可能违背了软件设计者的初衷，因为浏览器中并没有显示用户输入的数据"<h1>admin</h1>"，而是将 admin 作为大标题输出，如图 12-9 所示。将 htmlspecialchars.php 程序修改为如下代码（粗体字部分为代码改动部分，其他代码不变）。

```
<?php
if(isset($_POST["name"])){
    $name = $_POST["name"];
    $name = htmlspecialchars($name);
    $sql = "select * from users where name='$name'";
    echo $sql;
}
?>
……
```

再次在文本框中输入"<h1>admin</h1>"用户名并单击"查询"按钮后，程序的运行结果如图 12-10 所示。从运行结果可以看出，修改后的 PHP 程序将文本框中输入的数据按照原样进行输出，此时 htmlspecialchars.php 程序的运行结果对应的源文件如下。

```
select * from users where name='&lt;h1&gt;admin&lt;/h1&gt;'<form method="post" action="">
用户名: <input type="text" name="name" value="<h1>admin</h1>">
<input type="submit" value="查询">
</form>
```

图 12-9 "错误"的显示效果

图 12-10 htmlspecialchars 函数示例程序运行结果

htmlspecialchars()函数适用场景：当显示 GET 或 POST 提交的字符串数据时，为使 GET 或 POST 提交的字符串按照原样进行输出，先使用 htmlspecialchars()函数对 GET 或 POST 字符串数据处理，防止用户提交 HTML 代码或 JavaScript 代码破坏系统。

htmlspecialchars()函数的 flags 参数的功能就是指定需要转换的是双引号还是单引号。flags 参数取值如下，默认值为 ENT_COMPAT，表示不转换单引号，但转换双引号。

- ENT_COMPAT：默认值，表示不转换单引号，但转换双引号。

- ENT_QUOTES：表示转换双引号及单引号。
- ENT_NOQUOTES：表示不转换单引号也不转换双引号。

例如，程序 flags.php 如下。

```php
<?php
$str = "Tom\"s & O'Neil ";
echo htmlspecialchars($str, ENT_COMPAT);
echo "<br/>";
echo htmlspecialchars($str, ENT_QUOTES);
echo "<br/>";
echo htmlspecialchars($str, ENT_NOQUOTES);
?>
```

程序 flags.php 的运行结果如图 12-11 所示。打开运行结果的源文件，可以看到如图 12-12 所示的 HTML 代码。仔细分析 HTML 代码，读者可以更清楚地了解 flags 的功能。

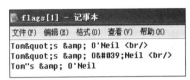

图 12-11　htmlspecialchars()函数 flags 参数的使用　　　　图 12-12　htmlspecialchars()函数 flags 参数的使用

htmlspecialchars()函数的 character_set 参数的功能就是指定转换过程中，htmlspecialchars()函数可以识别的字符集。character_set 参数取值如下，默认值为 UTF-8，表示转换过程中，识别 UTF-8 字符集。

- UTF-8：默认值。
- ISO-8859-1：西欧。
- KOI8-R：俄语。
- BIG5：繁体中文，主要在中国台湾地区使用。
- GB2312：简体中文，国家标准字符集。
- BIG5-HKSCS：带中国香港地区扩展的 Big5。
- Shift_JIS：日语。
- EUC-JP：日语。
- MacRoman：Mac 操作系统使用的字符集。

在 PHP5.4 之前的版本，无法被识别的字符集将被忽略并由 ISO-8859-1 替代（西欧编码，也叫 latin1 字符集）。自 PHP5.4 版本起，无法被识别的字符集将被忽略并由 UTF-8 替代。而这个变化是非常大的。例如，character_set.php 程序如下。

```php
<?php
$str = "不同的 PHP 版本，htmlspecialchars()函数的使用方法不一样的！ ";
echo htmlspecialchars($str);//第一条 echo 语句
echo "<br/>";//第二条 echo 语句
echo htmlspecialchars($str,ENT_QUOTES,"GB2312");//第三条 echo 语句
?>
```

由于笔者当前 PHP 版本为 5.4.16，运行 character_set.php 程序时，第一条 echo 语句将输出空字符串。character_set.php 程序的运行结果如图 12-13 所示。

需要读者注意的是，目前 htmlspecialchars()函数的 character_set 参数暂时不支持 GBK 参数值。

（2）strip_tags()函数

strip_tags()函数的语法格式：string strip_tags (string str)

strip_tags()函数的功能：剔除字符串 str 中的 HTML、XML、JavaScript 以及 PHP 的标签。例如，程序 strip_tags.php 如下。

```php
<?php
if(isset($_POST["name"])){
    $name = $_POST["name"];
    $name = strip_tags($name);
    $sql = "select * from users where name='$name'";
    echo $sql;
}
?>
<form method="post" action="">
用户名: <input type="text" name="name" value="<h1>admin</h1>">
<input type="submit" value="查询">
</form>
```

在文本框中输入"<h1>admin</h1>"用户名时，程序的运行结果如图 12-14 所示。从运行结果可以看出，strip_tags()函数负责将文本框中输入的"<h1>"以及"</h1>"标签进行过滤，此时 strip_tags.php 程序的运行结果对应的源文件如下。

```
select * from users where name='admin'<form method="post" action="">
用户名: <input type="text" name="name" value="<h1>admin</h1>">
<input type="submit" value="查询">
</form>
```

图 12-13　htmlspecialchars()函数 character_set 参数的使用

图 12-14　strip_tags 函数示例程序运行结果

7. 字符串格式化函数

PHP 提供了两个字符串格式化函数：sprintf()函数和 printf()函数。

（1）sprintf()函数

语法格式：string sprintf(string format, arg1, arg2, …, argn)

函数功能：sprintf()函数返回字符串 format 格式化后的字符串。字符串参数 format 中包含 n 个转换格式，如表 12-4 所示，每个转换格式以百分号（%）开始；arg1，arg2…，argn 的参数值替换参数 format 中对应的转换格式，即 arg1 的值替换参数 format 中第一个转换格式，依此类推，arg$n$ 的值替换参数 format 中第 n 个转换格式。

表 12-4　　　　　　　　　　sprintf()函数和 printf()函数使用的转换格式

转 换 格 式	说　　　明
%	打印百分比符号，不转换
b	转换成二进制数
c	转换成对应的 ASCII 字符
d	转换成十进制数
e	可续计数法（比如 1.5e+3）
f	转换成浮点数
o	转换成八进制数
s	转换成字符串
u	转换成无符号十进制数
x	转换成小写十六进制数
X	转换成大写十六进制数

例如，程序 sprintf1.php 如下，该程序的运行结果如图 12-15 所示。

```php
<?php
$arg = "123.0";
$txt =
sprintf("%b<br/>%c<br/>%d<br/>%e<br/>%f<br/>%o<br/>%s<br/>%u<br/>%x<br/>%X
<br/>",$arg,$arg,$arg,$arg,$arg,$arg,$arg,$arg,$arg,$arg);
echo $txt;
?>
```

图 12-15　sprintf 函数示例程序运行结果

程序 sprintf1.php 也可以修改为如下代码（粗体字部分为代码改动部分）。

```php
<?php
$arg = "123.0";
$txt =
sprintf("%1\$b<br/>%1\$c<br/>%1\$d<br/>%1\$e<br/>%1\$f<br/>%1\$o<br/>%1\$s<br/>%1\$u
<br/>%1\$x<br/>%1\$X<br/>",$arg);
echo $txt;
?>
```

修改后的 sprintf1.php 程序说明：百分号（%）与转换格式之间可以使用占位符，占位符必须由数字和"\$"组成。此时程序 sprintf1.php 中"1\$"为占位符，表示使用第一个参数$arg 的值，并将该参数值格式化为二进制数、ASCII 字符等。

例如，程序 sprintf2.php 如下。

```php
<?php
$money1 = 68.75;
$money2 = 54.35;
$money = $money1 + $money2;//此时变量$money 值为数值 123.1
$formatted = sprintf ("%0.2f", $money);//变量$formatted 值为字符串"123.10"
echo $formatted;//输出：123.10
?>
```

程序 sprintf2.php 说明：百分号（%）与转换格式之间也可以指定小数点后的位数，0.2 表示转换后的浮点数中，小数点后保留两位（0.2 中的 0 可以省略不写）。

（2）printf() 函数

语法格式：int printf(string format, arg1,arg2,…,arg*n*)

函数功能：将字符串参数 format 格式化后的字符串值打印到浏览器页面上，该函数返回格式化后字符串的长度。例如程序 printf.php 如下。

```php
<?php
$money1 = 68.75;
$money2 = 54.35;
$money = $money1 + $money2;//此时变量$money 值为数值 123.1
$length = printf ("%1\$0.2f", $money);//输出：123.10
echo "<br/>";
echo $length;//输出：6
?>
```

12.2.2　字符串长度函数

字符串长度函数包括 strlen() 函数和 mb_strlen() 函数等函数。

1. strlen() 函数

语法格式：int strlen (string str)

函数功能：返回字符串 string 的字节长度。例如，程序 strlen.php 如下。

```php
<?php
$content = "admin 管理员";
echo strlen($content);//输出：11
?>
```

记事本文件默认使用 ANSI 编码，对于 ANSI 编码方式的 PHP 文件，一个英文字符占用一个字节长度，一个中文字符占用两个字节长度；如果将记事本文件的编码方式修改为 UTF-8 编码，对于 UTF-8 编码方式的 PHP 文件，一个英文字符占用一个字节长度，而一个中文字符则占用 3 个字节长度。因此若通过如下步骤将 strlen.php 程序的编码方式修改为 UTF-8 编码时，程序 strlen.php 的运行结果将会发生相应的改变。

（1）使用记事本打开程序 strlen.php。

（2）单击"文件"菜单，选择"另存为"选项，在编码下拉选择框中选择 UTF-8 编码方式。

（3）单击"保存"按钮后，使用浏览器重新访问程序 strlen.php，程序 strlen.php 的运行结果如图 12-16 所示。

图 12-16　UTF-8 编码方式

开发中文的网站时，采用统一且规范的文件编码方式是避免中文乱码问题出现的最基本的解决方案，建议 PHP 程序文件统一采用 ANSI 编码方式，并且 Windows 操作系统默认的编码方式为 ANSI 编码方式，本书涉及的程序文件，若不作说明，采用的是 ANSI 编码方式。

2. mb_strlen() 函数

语法格式：int mb_strlen (string str [, string encoding])

函数功能：和 strlen() 函数功能大致相同，区别是 mb_strlen() 函数可以设置 encoding 编码方式解析字符串 str。若将 encoding 的值设为 "GBK"，则使用中文编码方式解析字符串 str（将一个汉字按照两个字节进行解析）。

mb_strlen() 函数并不是 PHP 核心函数，使用前需要确保在 php.ini 中加载了 php_mbstring.dll，即确保 "extension=php_mbstring.dll" 这一行存在并且没有被注释掉（前面的 ";" 去掉），否则会出现未定义函数的问题。

例如，程序 mb_strlen.php 如下，该程序的运行结果如图 12-17 所示。

```php
<?php
$content = "admin管理员";
echo mb_strlen($content,"gbk");
?>
```

若将 mb_strlen.php 程序文件修改为 UTF-8 编码方式后，程序的运行结果会发生相应的改变，如图 12-18 所示。

图 12-17　mb_strlen 函数示例程序

图 12-18　UTF-8 编码方式

原因分析：程序文件最先使用 ANSI 编码方式（一个英文字符占用一个字节长度，一个中文字符占用两个字节长度），PHP 程序使用 GBK 编码方式解析 $content 字符串时，将英文字符按照一个字节进行解析，将汉字按照两个字节进行解析，因此解析出来的结果是 8 个长度。

当程序文件使用 UTF-8 编码方式时（一个英文字符占用一个字节长度，一个中文字符占用三个字节长度），PHP 程序使用 GBK 编码方式解析 $content 字符串时，依然将英文字符按照一个字节进行解析，将汉字按照两个字节进行解析，因此解析出来的结果是 10 个长度，如图 12-19 所示。

当 mb_strlen.php 程序文件修改为 UTF-8 编码方式时，如果将相应的 mb_strlen.php 程序也应该进行如下调整，此时程序 mb_strlen.php 的运行结果如图 12-18 所示。

```php
<?php
$content = "admin管理员";
echo mb_strlen($content,"UTF-8");
?>
```

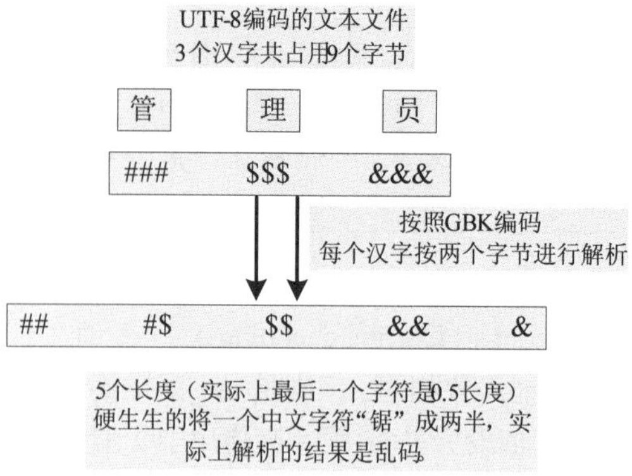

UTF-8编码的文本文件
3个汉字共占用9个字节

| 管 | 理 | 员 |

| ### | $$$ | &&& |

按照GBK编码
每个汉字按两个字节进行解析

| ## | #$ | $$ | && | & |

5个长度（实际上最后一个字符是0.5长度）
硬生生的将一个中文字符"锯"成两半，实
际上解析的结果是乱码

图 12-19　UTF-8 编码方式用 GBK 编码方式解析结果

从上面的例子可以看出，mb_strlen()函数的参数 encoding 的值为 GBK 时，mb_strlen()函数将字符串 str 中的每个中文字符按照两个字节的长度进行解析。mb_strlen()函数的参数 encoding 的值为 UTF-8 时，mb_strlen()函数将字符串 str 中的每个中文字符按照三个字节的长度进行解析。

修改 php.ini 配置文件，可以设置 mb_strlen()函数 encoding 参数的默认值。方法是：将 php.ini 配置文件中的参数";mbstring.internal_encoding = EUC-JP"修改为"mbstring.internal_encoding = GBK"，重启 Apache 服务器后，再使用 mb_strlen()函数时，mb_strlen()函数 encoding 参数的默认值为 GBK。

12.2.3　子字符串操作函数

子字符串操作函数包括：取出指定位置的子字符串函数、在字符串中查找指定子字符串的位置函数、取出字符串中指定子串的剩余字符串函数和计算子字符串出现的频率函数等。

1. 取出指定位置的子字符串

（1）substr()函数

语法格式：string substr (string str, int start [, int length])

函数功能：返回 str 字符串中位于 start 索引和 start+length 索引之间的子字符串。若没有指定 length 参数，则返回从 start 索引到 str 字符串末尾的子字符串。

start 和 length 的值为负数时，意味着按从右（-1）到左的顺序计算字符串索引。

例如程序 substr.php 如下。

```php
<?php
$string = 'abcdef';
echo substr($string,1);     //输出: bcdef
echo "<br/>";
echo substr($string,1,3);   //输出: bcd
echo "<br/>";
echo substr($string,0,4);   //输出: abcd
echo "<br/>";
echo substr($string,0,8);   //输出: abcdef
echo "<br/>";
echo substr($string,-1,1);  //输出: f
?>
```

例如，程序 substr_wrong.php 如下（注意：substr_wrong.php 文件的编码是 ANSI）。该程序在 IE 浏览器中的运行结果如图 12-20 所示，在 Firefox 浏览器中的运行结果如图 12-21 所示。

```php
<?php
$string = 'testing这是一个长字符串，仅显示其中一部分！';
echo substr($string,0,10);
echo "<br/>";
echo substr($string,0,11);
?>
```

图 12-20　substr 函数示例程序运行结果一　　　　图 12-21　substr 函数示例程序运行结果二

可以看到，使用 substr()函数从中文字符串中取子串时，有可能导致乱码问题的产生。使用 mb_substr()或 mb_strcut()函数可以解决从中文字符串中取子串时可能产生的乱码问题。

（2）mb_substr()函数。

语法格式：string mb_substr (string str, int start [, int length [, string encoding]])

函数功能：和 substr()函数功能大致相同，区别是 mb_substr()函数可以设置 encoding 编码方式解析字符串 str。例如程序 mb_substr.php，该程序在 IE 浏览器中的运行结果如图 12-22 所示（在 Firefox 浏览器的运行结果与在 IE 浏览器中的运行结果相同）。

图 12-22　mb_substr 函数示例程序运行结果

```php
<?php
$string = 'testing这是一个长字符串，仅显示其中一部分！';
echo mb_substr($string,0,10,"gbk");
echo "<br/>";
echo mb_substr($string,0,11,"gbk");
?>
```

如果将 php.ini 配置文件中 mbstring.internal_encoding 参数的值设置为 GBK，重启 Apache 服务后，将程序 mb_substr.php 的代码修改为如下代码，此时运行结果相同。

```php
<?php
$string = 'testing这是一个长字符串，仅显示其中一部分！';
echo mb_substr($string,0,10);
echo "<br/>";
echo mb_substr($string,0,11);
?>
```

从程序 mb_substr.php 的运行结果可以看出，mb_substr()函数的参数 encoding 的值为 GBK 时，mb_substr()函数将字符串 str 中的每个中文字符按照占用两个字节的长度进行解析，解析时多余的一个字节将舍去，从而避免中文乱码问题的产生。

（3）mb_strcut()函数。

语法格式：string mb_strcut (string str, int start [, int length [, string encoding]])

函数功能：和 mb_substr() 函数功能大致相同，区别是 mb_strcut() 函数将字符串中的每个字符按照 1 个字节长度解析，对于占用两个字节的中文汉字，截取时多余的一个字节将舍去，从而避免中文乱码问题的发生。例如，程序 mb_strcut.php 如下，该程序的运行结果如图 12-23 所示。

图 12-23　mb_strcut 函数示例程序

```php
<?php
$string = 'testing这是一个长字符串, 仅显示其中一部分! ';
echo mb_strcut($string,0,10,"gbk");
echo "<br/>";
echo mb_strcut($string,0,11,"gbk");
?>
```

mb_strcut() 函数默认编码方式为 GBK，如果 php.ini 配置文件中参数 mbstring.internal_encoding 的值设置为 GBK，重启 Apache 服务后，将程序 mb_strcut.php 的代码修改为如下代码，此时运行结果相同。

```php
<?php
$string = 'testing这是一个长字符串, 仅显示其中一部分! ';
echo mb_strcut($string,0,10);
echo "<br/>";
echo mb_strcut($string,0,11);
?>
```

mb_strcut() 函数适用场景：在新闻发布系统中，新闻列表中一般仅仅显示新闻的标题，并且为了提高页面的美观程度，新闻标题过长时只显示标题的前半部分内容。

2. 在字符串中查找指定子字符串的位置

（1）strpos() 函数

语法格式：int strpos(string str,string substr[,int offset])

函数功能：在字符串 str 中以区分大小写的方式查找字符串 substr 第一次出现的索引，若 substr 不在 str 中，则函数返回 FALSE。可选参数 offset 用于指定函数从 str 哪个位置开始查找。

（2）strrpos() 函数

语法格式：int strrpos(string str,string substr[,int offset])

函数功能：在字符串 str 中以区分大小写的方式查找字符串 substr 最后一次出现的位置，若 substr 不在 str 中，则函数返回 FALSE。可选参数 offset 用于指定函数从 str 哪个位置开始查找。

例如，程序 strpos.php 如下。

```php
<?php
$test = "testing这是一个长字符串, 仅显示其中一部分! ";
echo strpos($test, "一");//输出: 11
echo "<br/>";
echo strrpos($test, "一");//输出: 35
?>
```

（3）mb_strpos() 函数

语法格式：int mb_strpos(string str,string substr [, int offset [, string encoding]])

函数功能：和 strpos()函数功能大致相同，区别是 mb_strpos()函数可以设置用 encoding 编码方式解析字符串 str。

（4）mb_strrpos()函数

语法格式：int mb_strrpos(string str,string substr [, int offset [, string encoding]])

函数功能：和 strrpos()函数功能大致相同，区别是 mb_strrpos()函数可以设置 encoding 编码方式解析字符串 str。

例如，程序 mb_strpos.php 如下。

```php
<?php
$test = "testing 这是一个长字符串，仅显示其中一部分！ ";
echo mb_strpos($test, "一",0,"gbk");//输出: 9
echo "<br/>";
echo mb_strrpos($test, "一",0,"gbk");//输出: 21
?>
```

3. 取出字符串中指定子串的剩余字符串

（1）strstr()函数

语法格式：string strstr(string str,string substr)

函数功能:在字符串 str 中取出从 substr 字符串开始的剩余子串，若 string 字符串中没有 substr 子串，函数返回 FALSE。

该函数区分大小写，该函数的别名函数是 strchr()函数。

例如，程序 strstr.php 如下。

```php
<?php
$email = 'admin@sina.com';
$domain = strstr($email, '@sina');
echo $domain; //输出: @sina.com
?>
```

（2）stristr()函数

语法格式：string stristr(string str,string substr)

函数功能:在字符串 str 中取出从 substr 字符串开始的剩余子串，若 string 字符串中没有 substr 子串，函数返回 FALSE。

该函数不区分大小写。

例如，程序 stristr.php 如下。

```php
<?php
$email = 'admin@sina.com';
$domain = stristr($email, '@SINA');
echo $domain; //输出: @sina.com
?>
```

4. 计算子字符串出现的频率

（1）substr_count()函数

语法格式：int substr_count (string str, string substr)

函数功能：返回字符串 str 中出现子字符串 substr 的次数。例如，程序 substr_count.php 如下。

```php
<?php
$text = 'This is a test';
echo substr_count($text, 'is'); //输出: 2
?>
```

（2）mb_substr_count() 函数

语法格式：int mb_substr_count (string str, string substring [, string encoding])

函数功能：和 substr_count() 函数功能大致相同，区别是 mb_substr_count() 函数可以设置 encoding 编码方式解析字符串 str。例如，程序 mb_substr_count.php 如下。

```php
<?php
$text = 'testing这是一个长字符串，仅显示其中一部分！';
echo mb_substr_count($text, '一',"gbk"); //输出: 2
?>
```

12.2.4　字符串比较函数

字符串比较函数包括 strcmp() 函数和 strcasecmp() 函数等。

1. strcmp() 函数

语法格式：int strcmp (string str1, string str2)

函数功能：以区分大小写的方式比较字符串 str1 和字符串 str2。若两个字符串相等，函数返回 0；若字符串 str1 大于字符串 str2，函数返回大于 0 的整数；若字符串 str1 小于字符串 str2，函数返回小于 0 的整数。

注意：字符串比较函数中的参数若不是字符串数据类型，PHP 会将该参数自动转换为字符串数据类型再进行比较。例如如下程序 strcmp1.php 演示了 strcmp() 函数和 "= =" 比较字符串时的区别，该程序的运行结果如图 12-24 所示。

图 12-24　strcmp 函数示例程序运行结果

```php
<?php
$password1 = 11;
$password2 = "11a";
if(strcmp($password1,$password2)==0){
    echo "使用strcmp()函数比较两次输入的密码相等！";
}else{
    echo "使用strcmp()函数比较两次输入的密码不相等！";
}
echo "<br/>";
if($password1==$password2){
    echo "使用==比较两次输入的密码相等！";
}else{
    echo "使用==比较两次输入的密码不相等！";
}
?>
```

如下程序 strcmp2.php 演示了 strcmp() 函数和 "= = =" 比较字符串时的区别，该程序的运行结果如图 12-25 所示。

```php
<?php
$password1 = 11;
$password2 = "11";
if(strcmp($password1,$password2)==0){
    echo "使用 strcmp()函数比较两次输入的密码相等！";
}else{
    echo "使用 strcmp()函数比较两次输入的密码不相等！";
}
echo "<br/>";
if($password1===$password2){
    echo "使用===比较两次输入的密码相等！";
}else{
    echo "使用===比较两次输入的密码不相等！";
}
?>
```

2. strcasecmp()函数

语法格式：int strcmp (string str1, string str2)

函数功能：以不区分大小写的方式比较字符串 str1 和字符串 str2。若两个字符串相等，函数返回 0；若字符串 str1 大于字符串 str2，函数返回大于 0 的整数；若字符串 str1 小于字符串 str2，函数返回小于 0 的整数。例如，如下程序 strcasecmp.php 比较两个 Email 地址（不区分大小写），该程序的运行结果如图 12-26 所示。

```php
<?php
$email1 = "admin@163.com";
$email2 = "Admin@163.com";
if(strcasecmp($email1,$email2)==0){
    echo "两次输入的 Email 地址相等！";
}else{
    echo "两次输入的 Email 地址不相等！";
}
?>
```

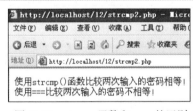

图 12-25　strcmp 函数和＝＝＝的区别

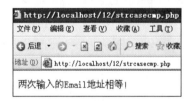

图 12-26　strcasecmp 函数示例程序

12.2.5　字符串连接和分割函数

字符串格连接和分割函数包括 implode()函数和 strtok()函数。

1. implode()函数

语法格式：string implode (string glue, array arr)

函数功能：使用字符串 glue 将数组 arr 中的元素连接成一个新字符串。implode()函数实现了 explode()函数相反的功能。例如，程序 implode.php 如下。

```php
<?php
$products = array('127','0','0','1');
$new_string = implode(".",$products);
```

```php
echo $new_string;//输出: 127.0.0.1
?>
```

2. strtok()函数

语法格式：string strtok (string str, string separator)

函数功能：使用字符串 separator 对字符串 str 进行一次分割，若要进行多次分割，需要连续调用该函数。

函数说明：在第一次调用 strtok()函数时，需指定 str 参数；在以后的调用过程中，不需要指定 str 参数字符串。

例如，程序 strtok.php 如下，该程序的运行结果如图 12-27 所示。

图 12-27 strtok 函数示例程序

```php
<?php
$string = "This is\tan example\nstring";
$tok = strtok($string, "\n \t");//使用 "\n 或空格或\t" 分割$string
while($tok){
    echo "Word=$tok<br/>";
    $tok = strtok("\n \t");//虽然没有指定$string 参数，继续使用 "\n 或空格或\t" 分割$string
}
?>
```

12.2.6 字符串替换函数

字符串替换函数包括 str_replace()函数函数、substr_replace()函数和 strtr()函数等。

1. str_replace()函数

语法格式：mixed str_replace(mixed search, mixed replacement, mixed str)

函数功能：以区分大小写的方式将字符串 str 中的 search 字符串替换成字符串 replacement。例如，如下程序 str_replace.php 将字符串"Hello world"中的字符串"o"变斜加粗，该程序的运行结果如图 12-28 所示。

图 12-28 str_replace 函数示例程序运行结果

```php
<?php
$string = "Hello world";
$occurrence = "o";
$replacement = "<i><b>o</b></i>";
$new_string = str_replace($occurrence,$replacement,$string);
echo $new_string;
?>
```

PHP 提供的 str_ireplace()函数功能与 str_replace()函数相同，只是 str_ireplace()函数不区分大小写。str_replace()函数适用场景：新闻发布系统中按关键字模糊查询新闻时，可以将新闻标题或新闻内容中所有查询关键字加粗显示以便醒目。

2. substr_replace()函数

语法格式：mixed substr_replace (mixed str, string replacement, int start [, int length])

函数功能：将字符串 str 中 start 位置和 start+length 位置之间的字符串替换成字符串 replacement，若没有指定 length 参数，则替换从 start 到 string 字符串末尾的字符串。

函数说明：start 和 length 的值为负数时，意味着按从右（从–1 开始）到左的顺序计算索引。

例如，程序 substr_replace.php 如下。

```php
<?php
$string = "abcdefghijklmnopqrstuvwxyz";
$replacement = ".....";
$new_string1 = substr_replace($string,$replacement,12);
echo $new_string1;//输出: abcdefghijkl.....
echo "<br/>";
$new_string2 = substr_replace($string,$replacement,-12);
echo $new_string2;//输出: abcdefghijklmn.....
?>
```

3. strtr()函数

语法格式：string strtr(string str,array replacements)

函数功能：将字符串 str 中的所有字符串转换为数组 replacements 中的相应值。例如，程序 strtr.php 如下，该程序的运行结果如图 12-29 所示，运行结果的源文件如图 12-30 所示。

```php
<?php
$replacements = array("<b>"=>"<strong><i>","</b>"=>"</strong></i>");
$html = "<b>I'm a teacher.</b>";
$new_html = strtr($html,$replacements);
echo $new_html;
?>
```

图 12-29　strtr 函数示例程序运行结果

图 12-30　源文件

12.2.7　URL 处理函数

URL 是一个特殊的字符串，PHP 提供了一些 URL 处理函数，主要包括：解析 URL 字符串函数、URL 转义处理函数和构造查询字符串函数。

1. 解析 URL 字符串函数

（1）parse_url()函数

语法格式：array parse_url (string url)

函数功能：解析 URL 字符串，以数组方式返回 URL 组成部分，包括协议名 scheme、主机名 host、端口号 port、用户名 user、密码 pass、路径 path、程序字符串 query 以及片段 fragment。

（2）parse_str()函数

语法格式：void parse_str (string query_string)

函数功能：将查询字符串 query_string 中所有的"参数名=参数值"解析为变量（参数名为变量名，值为参数值）。

例如，如下程序 url.php 演示了 parse_url()函数和 parse_str()函数的用法，该程序的运行结果如图 12-31 所示。

```php
<?php
$url = "http://nobody:secret@example.com:80/script.php?var1=value1&var2=value2# anchor";
$parse_url = parse_url($url);
```

```
var_dump($parse_url);
$query_string = $parse_url["query"];
parse_str($query_string);
echo "<br/>";
echo $var1;
echo "<br/>";
echo $var2;
?>
```

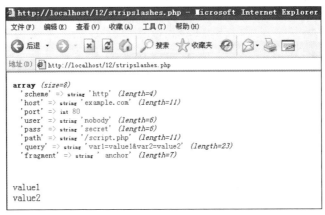

图 12-31　解析 URL 字符串

2. URL 转义处理函数

使用 GET 提交方式传递参数时，GET 提交方式是将"请求"数据以查询字符串（Query String）的方式附在 URL 之后"提交"数据的，"?"定义了查询字符串的开始，"="用于连接查询字符串中的"参数名"和"参数值"，"&"用于分隔查询字符串中的"参数名=参数值"，并且查询字符串中间不允许有空格字符存在，这 4 个字符是 GET 提交方式的特殊字符。另外还有"#""%""+"和"\"都是查询字符串的特殊字符，如表 12-5 表示。

表 12-5　　　　　　　　　　　　　　　URL 中的特殊字符

URL 中特殊字符	含　义	对应的转义字符（或序列）
#	用来标志特定的文档位置	%23
%	对 URL 中的特殊字符进行编码	%25
&	分隔 URL 中的"参数名=参数值"	%26
+	在 URL 中表示空格	%2B
\	表示目录路径	%2F
=	用于连接 URL 中的"参数名"和"参数值"	%3D
?	表示查询字符串的开始	%3F
空格字符	URL 中不允许空格字符的存在，除非使用对应的转义字符	+或%20

这些特殊字符在 URL 中有着特殊的含义，如果查询字符串中某个"参数值"中包含有 URL 特殊字符，使用 PHP 的 $_GET 数组取得"参数值"时将出现不可预知的结果。例如，程序 specialurl.php 如下。

```
<?php
if(isset($_GET["filename"])){
```

```
    $filename = $_GET["filename"];
    echo $filename;
    echo "<br/>";
}
?>
<a href="?filename=<?php echo
'a?b%c+d\e&f=g#h .doc'?>">下载文件</a>
```

"下载文件"超链接的查询字符串中包含了所有的特殊字符，单击了该超链接后程序 specialurl.php 的运行结果如图 12-32 所示。

图 12-32　URL 转义处理

从程序 specialurl.php 的运行结果可以看出以下两点。

① 如果查询字符串中存在特殊字符，使用 PHP 的$_GET 数组有可能无法正常获取"参数值"。

② 程序 specialurl.php 运行后的浏览器地址栏中，只有空格字符发生了转义（被转义为%20）。

如果将程序 specialurl.php 中查询字符串中的所有特殊字符替换成对应的转义字符（或序列），程序 specialurl.php 修改为如下代码（粗体字部分为代码改动部分）。

```
<?php
if(isset($_GET["filename"])){
    $filename = $_GET["filename"];
    echo $filename;
    echo "<br/>";
}
?>
<a href="?filename=<?php echo
'a%3Fb%25c%2Bd%2Fe%26f%3Dg%23h%20.doc'?>">下载文件</a>
```

此时单击 specialurl.php 页面的超链接后，程序 specialurl.php 的运行结果如图 12-33 所示。

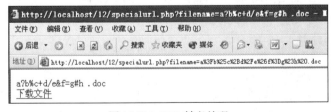

图 12-33　URL 转义处理

从修改后的 specialurl.php 程序的运行结果可以看出，如果查询字符串中"参数值"中包含了特殊字符，需要将特殊字符"转义"为字符序列，以便使用$_GET 数组正常解析"参数值"。PHP 提供的 URL 转义处理函数 urlencode()和 rawurlencode()可以将查询字符串中的特殊字符"转义"为对应的转义字符（或序列）。

（1）urlencode()函数

语法格式：string urlencode (string str)

函数功能：将查询字符串 str 中的特殊字符转义。

urlencode()函数使用场景：使用 GET 提交方式提交数据时，经常使用该函数将查询字符串的特殊字符转义。

如下程序 urlencode.php 的功能是下载文件名为"div+css%D6%D0　%CE%C4.doc"（文件名中有两个空格）的 Word 文档，单击程序 urlencode.php 运行结果中的"下载文件"超链接后，urlencode.php 程序的运行结果如图 12-34 所示。

```php
<?php
if(isset($_GET["filename"])){
    $filename = $_GET["filename"];
    echo $filename;
    echo "<br/>";
}
?>
<a href="?filename=<?php echo 'div+css%D6%D0  %CE%C4.doc';?>">下载文件</a>
```

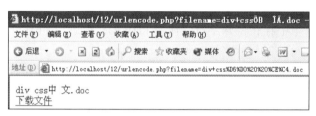

图 12-34　URL 转义处理

此时下载的文件名不再是"div+css%D6%D0　%CE%C4.doc"，而变成了"div css 中　文.doc"，由于 Web 服务器中存在的是"div+css%D6%D0　%CE%C4.doc"文件，而"div css 中　文.doc"文件不存在，从而导致文件下载失败。该程序模拟了新闻发布系统中文件下载功能的一处 bug，关于该 bug 的具体描述，读者可参看新闻发布系统软件测试章节的内容。细心的读者可能发现，程序 urlencode.php 运行后的浏览器地址栏中的地址变为"http://localhost/12/ urlencode.php?filename=div+css%D6%D0%20%20%CE%C4.doc"，即将文件名"div+css%D6%D0　%CE%C4.doc"中的每个空格解析为"%20"。

为了避免产生 bug，需要借助 urlencode()函数将查询字符串"参数值"进行"转义"以便 PHP 的$_GET 数组能够得到文件下载功能的正确文件名。将程序 urlencode.php 修改为如下代码（粗体字部分为代码改动部分）。

```php
<?php
if(isset($_GET["filename"])){
    $filename = $_GET["filename"];
    echo $filename;
    echo "<br/>";
}
?>
<a href="?filename=<?php echo urlencode('div+css%D6%D0  %CE%C4.doc');?>">下载文件</a>
```

此时单击程序 urlencode.php 运行结果中的"下载文件"超链接后，urlencode.php 程序的运行结果如图 12-35 所示，程序 urlencode.php 的查询字符串通过 urlencode()函数"转义"，确保了文件下载的成功。

图 12-35　urlencode 函数示例程序运行结果

细心的读者可能发现，程序 urlencode.php 运行后的浏览器地址栏中的地址变为"http://localhost/12/urlencode.php?filename=div%2Bcss%25D6%25D0++%25CE%25C4.doc"，其中原因请读者自己分析。

（2）urldecode()函数

语法格式：void urldecode (string str)

函数功能：用于将 urlencode() 函数"编码"后的字符串 str "解码"。

由于浏览器会自动将 urldecode()函数转义后的字符串进行 urldecode()处理，因此一般不使用 urldecode()函数，除非字符串 str 做了两次 urlencode()处理。

（3）rawurlencode()函数

语法格式：string rawurlencode(string str)

函数功能：和 urlencode()函数功能大致相同。

如下程序 rawurlencode.php 演示了 rawurlencode()函数和 urlencode()函数之间的区别。

```php
<?php
if(isset($_GET["filename"])){
    $filename = $_GET["filename"];
    echo $filename;
    echo "<br/>";
}
?>
<a href="?filename=<?php echo rawurlencode('div+css%D6%D0  %CE%C4.doc');?>">下载文件</a>
```

单击程序 rawurlencode.php 运行结果中的"下载文件"超链接后，rawurlencode.php 程序的运行结果如图 12-36 所示。

图 12-36　rawurlencode 函数示例程序运行结果

程序 rawurlencode.php 与程序 urlencode.php 的运行结果不同之处在于：程序 urlencode.php 运行结果浏览器地址栏中的地址为"http://localhost/12/urlencode.php?filename=div%2Bcss%25D6%25D0++%25CE%25C4.doc"，程序 rawurlencode.php 运行结果浏览器地址栏中的地址为

"http://localhost/12/rawurlencode. php?filename=div%2Bcss%25D6%25D0%20%20%25CE%25C4.doc"。

通过比较两个程序运行结果地址栏中的地址可以看出，使用 urlencode()函数时，该函数将空格字符转义为 "+" 字符；使用 rawurlencode ()函数时，该函数将空格字符转义为 "%20" 字符序列。

（4）rawurldecode ()函数

语法格式：void rawurldecode (string str)

函数功能：用于将 rawurlencode() 函数 "编码" 后的字符串 str "解码"。

由于浏览器会自动将 rawurlencode() 函数转义后的字符串进行 rawurldecode()处理，因此一般不使用 rawurldecode ()函数，除非字符串 str 做了两次 rawurlencode ()处理。

3. 构造查询字符串 http_build_query()函数

语法格式：string http_build_query (array formdata [, string prefix])

函数功能：将数组 formdata 转换成查询字符串，查询字符串中的 "参数名" 来自于数组元素的 "键名"，查询字符串中的 "参数值" 来自于数组元素中的 "值"。字符串 prefix 用于指定查询字符串中数字键的前缀。例如，程序 http_build_query.php 如下。

```php
<?php
$data = array('foo', 'bar', 'baz', 'boom', 'cow' => 'milk', 'php' =>'hypertext processor');
echo http_build_query($data);
echo "<br/>";
echo http_build_query($data, 'myvar_');
?>
```

程序 http_build_query.php 的运行结果如图 12-37 所示。

图 12-37　http_build_query 函数示例程序运行结果

12.2.8　其他常用的字符串函数

1. strrev()函数

语法格式：string strrev(string str)

函数功能：将英文字符串 str 颠倒过来。例如，程序 strrev1.php 如下。

```php
<?php
echo strrev("Hello world!"); // 输出"!dlrow olleH"
?>
```

strrev()函数不能将中文字符串颠倒过来，否则有可能出现乱码问题。例如，程序 strrev2.php 如下，运行结果如图 12-38 所示。

```php
<?php
echo strrev("你好，世界! ");
?>
```

若要将中文字符串颠倒过来，可以参考如下程序 strrev_right.php。

```php
<?php
$str = "你好，世界！";
$len = mb_strlen("$str");
$new_string = "";
for ($i=$len;$i>=0;$i--){
    $new_string .= mb_substr($str,$i,1,'gbk');
}
echo $new_string;
?>
```

程序 strrev_right.php 中使用了 mb_strlen()函数、mb_substr()函数，并结合 for 循环演示了颠倒中文字符串的方法。程序 strrev_right.php 的运行结果如图 12-39 所示。

图 12-38　不能将中文字符串颠倒过来

图 12-39　将中文字符串颠倒过来

2. str_repeat()函数

语法格式：string str_repeat(string str, int times)

函数功能：重复字符串 str 指定的 times 次数。例如，程序 str_repeat.php 如下。

```php
<?php
echo str_repeat("+#", 10);//输出：+#+#+#+#+#+#+#+#+#+#
?>
```

3. mb_convert_encoding()函数

语法格式：string mb_convert_encoding (string str, string to_encoding [, mixed from_encoding])

函数功能：将字符串 str 从 from_encoding 编码方式转换成 to_encoding。

例如，如下程序 gbk_to_utf.php 将字符串"你是我的好朋友"从 GBK 编码转换成 UTF-8 编码。

```php
<?php
header("content-Type: text/html; charset=utf-8");
echo mb_convert_encoding("你是我的好朋友", "UTF-8", "GBK");
?>
```

总结：使用 PHP 提供的字符串函数对字符串进行处理时，为避免出现乱码问题，应该尽量做到：PHP 文件的编码方式与字符串解析时的编码方式相同。将字符串显示在浏览器页面上时，应该尽量做到：字符串解析时的编码方式与浏览器显示文字时的编码方式相同。

12.3　新闻发布系统中的字符串处理函数的应用

目前新闻发布系统还存在一些 bug，某些 bug 可能导致系统隐患，通过使用字符串处理函数可以根除某些 bug。

12.3.1　删除模糊查询中关键字两边的空格

将 news_list.php 程序中的两处代码片段：

```
$keyword = $_GET["keyword"];
```

修改为：

```
$keyword = trim($_GET["keyword"]);
```

即可删除模糊查询过程中关键字两边的空格。

12.3.2　修改文件下载功能的代码

若管理员用户发布一条新闻，并且该新闻存在一个"a+b.txt"文件名的附件，普通用户单击"a+b.txt"超链接下载该文件时，将提示用户"文件不存在或已删除"信息。而事实上"a+b.txt"文件名的附件确实存在，产生这个 bug 的原因是文件名中存在了某些 URL 特殊字符，使用 PHP 的$_GET 数组读取数据时，这些特殊字符将被转义，从而导致文件下载失败，解决办法是将超链接中的查询字符串用 urlencode()处理。

将 news_detail.php 程序中的代码片段：

```
<tr><td width="80">附件: </td><td><a href="download.php?attachment=<?php echo $news
['attachment'];?>"><?php echo $news['attachment'];?></a></td></tr>
```

修改为：

```
<tr><td width="80">附件: </td><td><a href="download.php?attachment=<?php echo urlencode
($news['attachment']);?>"><?php echo $news['attachment'];?></a></td></tr>
```

12.3.3　修改发表评论功能的代码

最新版本的 PHP 中，php.ini 配置文件中的 magic_quotes_gpc 选项只能设置为 Off，当浏览器用户发表的新闻评论内容中包含预定义字符时(如单引号)，review_save.php 程序将构造一条格式错误的 SQL 语句，导致新闻评论添加失败。为了解决这个 bug，需要使用 addslashes()函数在预定义字符前添加反斜线（\）。将 review_save.php 程序中的代码片段：

```
$content = $_POST["content"];
```

修改为：

```
$content = addslashes($_POST["content"]);
```

如果浏览器用户发表的新闻评论内容中包含特殊字符序列(如JavaScript 代码或HTML 代码)，review_list.php 程序显示所有新闻评论的具体内容时，有可能导致系统隐患。例如，图 12-40 中评论的内容是一条 JavaScript 代码，并且该 JavaScript 代码中还包含预定义字符单引号，当管理员用户使用 review_list.php 页面浏览新闻所有评论具体内容时，将导致页面重定向到百度首页，管理员无法对该页的评论信息进行管理。为了解决这个 bug，需要使用 htmlspecialchars()函数过滤评论的内容。为了解决上述两处 bug，将 review_save.php 程序中的代码片段：

```
$content = $_POST["content"];
```

修改为：

```
$content = htmlspecialchars(addslashes($_POST["content"]));
```

图 12-40　发布评论

12.3.4　优化新闻列表显示功能的代码

在新闻标题列表显示页面 news_list.php 中，如果某些新闻标题过长，某些新闻标题过短，这将导致新闻标题列表显示页面不规整。解决这个问题的方法是将过长的新闻标题截取一定长度作为新闻的新标题。将 news_list.php 程序中的代码片段：

```
    <a href="news_detail.php?news_id=<?php echo $row['news_id']?>"><?php echo $row
['title']?></a>
```

修改为：

```
    <a href="news_detail.php?news_id=<?php echo $row['news_id']?>"><?php echo mb_strcut
($row['title'],0,40,"gbk")?></a>
```

12.3.5　模糊查询时关键字以加粗倾斜格式显示

新闻发布系统中按照关键字进行模糊查询时，可以将新闻详细信息中的关键字加粗倾斜显示以便醒目。将 news_list.php 程序中的代码片段：

```
        <a href="news_detail.php?news_id=<?php echo $row['news_id']?>"><?php echo mb_strcut
($row['title'],0,40,"gbk")?></a>
```

修改为：

```
        <a href="news_detail.php?keyword=<?php echo $keyword?>&news_id=<?php echo $row
['news_id']?>"><?php echo mb_strcut($row['title'],0,40,"gbk")?></a>
```

此时单击新闻标题的超链接后，news_list.php 页面将向 news_detail.php 页面传递包含有关键字 keyword 的查询字符串。news_detail.php 接收到关键字后，将新闻标题以及新闻内容中的关键字使用加粗倾斜格式显示，修改后的 news_detail.php 代码如下（粗体字部分为代码改动部分，其他代码不变）。

```
……
mysql_free_result($result_user);
```

```php
mysql_free_result($result_category);
mysql_free_result($result_news);
mysql_free_result($result_review);
//关键字加粗斜体显示
$title = $news['title'];
$content = $news['content'];
if(isset($_GET["keyword"])){
    $keyword = $_GET["keyword"];
    $replacement = "<b><i>".$keyword."</b></i>";
    $title = str_replace($keyword,$replacement,$title);
    $content = str_replace($keyword,$replacement,$content);
}
//显示新闻详细信息
?>
<table>
<tr><td width="80">标题: </td><td><?php echo $title;?></td></tr>
<tr><td width="80">内容: </td><td><?php echo $content;?></td></tr>
<tr><td width="80"> 附 件 : </td><td><a href="download.php?attachment=<?php echo
$news['attachment'];?>"><?php echo $news['attachment'];?></a></td></tr>
……
```

12.3.6　优化分页函数代码

前面章节中制作的分页函数 page()，语法格式为：

string page(int $total_records, int $page_size, int $page_current,string $url,string $keyword)

其中参数$url 的功能是为"分页导航条"提供超链接的"目的地址"。如果$url 参数自身带有查询字符串（如 index.php?url=review/review_list.php），此时构造"分页导航条"时，超链接的"目的地址"的正确格式应该为：

```
index.php?url=review/review_list.php&page_current=1。
```

但实际上，page()函数中构造的"分页导航条"中超链接的"目的地址"格式变成了：

```
index.php?url=review/review_list.php?page_current=1。
```

显然 page()函数构造的查询字符串的格式出现了错误，有必要修改 page()函数的代码。将 page.php 页面的代码修改为如下代码（粗体字部分为代码的改动部分）。

```php
<?php
function page($total_records,$page_size,$page_current,$url,$keyword){
    $total_pages = ceil($total_records/$page_size);
    $page_previous = ($page_current<=1)?1:$page_current-1;
    $page_next = ($page_current>=$total_pages)?$total_pages:$page_current+1;
    $page_start = ($page_current-5>0)?$page_current-5:0;
    $page_end = ($page_start+10<$total_pages)?$page_start+10:$total_pages;
    $page_start = $page_end-10;
    if($page_start<0) $page_start = 0;
    //判断$url 中是否存在查询字符串
    $parse_url = parse_url($url);
    if(empty($parse_url["query"])){
        $url = $url.'?';//若不存在，在$url 后添加?
    }else{
        $url = $url.'&'; //若存在，在$url 后添加&
    }
    if(empty($keyword)){
```

```
        $navigator = "<a href=".$url."page_current=$page_previous>上一页</a> ";
        for($i=$page_start;$i<$page_end;$i++){
            $j = $i+1;
            $navigator = $navigator."<a href='".$url."page_current=$j'>$j</a> ";
        }
        $navigator = $navigator."<a href=".$url."page_current=$page_next>下一页</a>";
        $navigator.= "<br/>共".$total_records."条记录, 共".$total_pages."页, 当前是第
".$page_current."页";
    }else{
        $keyword = $_GET["keyword"];
        $navigator = "<a href=".$url."keyword=$keyword&page_current=$page_previous>
上一页</a> ";
        for($i=$page_start;$i<$page_end;$i++){
            $j = $i+1;
            $navigator = $navigator."<a href='".$url."keyword=$keyword&page_current
=$j'>$j</a> ";
        }
        $navigator = $navigator."<a href=".$url."keyword=$keyword&page_current=
$page_next>下一页</a>";
        $navigator.= "<br/>共".$total_records."条记录, 共".$total_pages."页, 当前是第
".$page_current."页";
    }
    echo $navigator;
}
?>
```

至此新闻发布系统的功能日益完善。不过需要注意的是, 修改后的 news_detail.php 代码还存在一个 bug, 当新闻的内容中包含有 HTML 代码, 而搜索的关键字中也包含 HTML 代码时, 有可能出现意想不到的结果, 请读者根据本章的知识修改该 bug。

习　　题

一、选择题

1. 下面的 PHP 代码运行结果是什么? (　　　)

```php
<?php
$array = '0123456789ABCDEFG';
$s = '';
for ($i = 1; $i < 50; $i++) {
    $s .= $array[rand(0,strlen ( $array) - 1)];
}
echo $s;
?>
```

  A. 50 个随机字符组成的字符串

  B. 49 个相同字符组成的字符串, 因为没有初始化随机数生成器

  C. 49 个随机字符组成的字符串

  D. 什么都没有, 因为$array 不是数组

  E. 49 个字母 "G" 组成的字符串

2. 下面的代码运行结果是什么？（　　　）

```php
<?php
$A = "PHPlinux";
$B = "PHPLinux";
$C = strstr($A,"L");
$D = stristr($B,"l");
echo $C ." is ". $D;
?>
```

    A．PHP is Linux　　　B．is Linux　　　　C．PHP is inux　　　D．PHP is

3. 下面的代码运行结果是什么？（　　　）

```php
<?php
$first = "This course is very easy !";
$second = explode(" ",$first);
$first = implode(",", $second);
echo $first;
?>
```

    A．This,course,is,very,easy,!　　　　　　B．This course is very easy !

    C．This course is very easy !,　　　　　　D．提示错误

4. 下面的代码将如何影响$s 字符串？（多选）（　　　）

```php
<?php
$s = '<p>Hello</p>';
$ss = htmlentities ($s);
echo $s;
?>
```

    A．尖括号<>会被转换成 HTML 标记，因此字符串将变长

    B．没有变化

    C．在浏览器上打印该字符串时，尖括号是可见的

    D．在浏览器上打印该字符串时，尖括号及其内容将被识别为 HTML 标签，因此不可见

    E．由于调用了 htmlentities()，字符串会被销毁

5. 如何把数组存储在 Cookie 里？（　　　）

    A．给 Cookie 名添加一对方括号[]　　　B．使用 implode 函数

    C．不可能，因为有容量限制　　　　　　D．使用 serialize 函数

    E．给 Cookie 名添加 ARRAY 关键词

6. 下面的代码运行结果是什么？（　　　）

```php
<?php
$nextWeek = time() + (7 * 24 * 60 * 60);
echo 'Now:      '. date('Y-m-d') ."n";
echo 'Next Week: '. date('Y-m-d', $nextWeek) ."n";
?>
```

    A．得到今天的日期（月-日）

    B．得到今天（年-月-日）与下周的日期（年-月-日）

    C．得到现在的时间（小时-分-秒）

    D．得到现在到下周的时间间隔

7. 考虑如下代码，标记处应该添加哪条 PHP 语句才能让脚本输出字符串"php"？（　　　）

```php
<?php
$alpha = 'abcdefghijklmnopqrstuvwxyz';
$letters = array(15, 7, 15);
foreach( $letters as $val) {
        /* 这里应该加入什么 */
}
?>
```

A. echo chr($val);   B. echo asc($val);

C. echo substr($alpha, $val, 2);   D. echo $alpha{$val};

E. echo $alpha{$val+1};

8. 以下哪一项不能把字符串$s1 和$s2 组成一个字符串？（   ）

A. $s1 + $s2   B. "{$s1}{$s2}"   C. $s1.$s2

D. implode('', array($s1,$s2))   E. 以上都可以

9. 变量$email 的值是字符串"user@example.com"，以下哪项能把字符串转化成"example.com"？（   ）

A. substr($email, strpos($email, "@"));   B. strstr($email, "@");

C. strchr($email, "@");   D. substr($email, strpos($email, "@")+1);

E. strrpos($email, "@");

10. 给定一个用逗号分隔一组值的字符串，以下哪个函数能在仅调用一次的情况下就把每个独立的值放入一个新创建的数组？（   ）

A. strstr()   B. 不可能只调用一次就完成

C. extract()   D. explode()   E. strtok()

11. 要比较两个字符串，以下哪种方法最万能？（   ）

A. 用 strpos 函数   B. 用= =操作符   C. 用 strcasecmp()   D. 用 strcmp()

12. 下面的代码运行结果是什么？（   ）

```php
<?php
  $s = '12345';
  $s[$s[1]] = '2';
echo $s;
?>
```

A. 12345   B. 12245   C. 2234

D. 11345   E. Array

13. 以下哪个比较将返回 true？（多选）（   ）

A. '1top' == '1'   B. 'top' == 0   C. 'top' === 0

D. 'a' == a   E. 123 == '123'

14. 在 PHP 中，单引号和双引号所包围的字符串有什么区别？（多选）（   ）

A. 单引号速度快，双引号速度慢

B. 双引号速度快，单引号速度慢

C. 两者没有速度差别

D. 双引号解析其中以$开头的变量，而单引号不解析

15. 哪个函数能不区分大小写地对两个字符串进行二进制比对？

A. strcmp()   B. stricmp()   C. strcasecmp()

D. stristr()　　　　　E. 以上都不能

16. 以下哪些函数能把字符串里存储的二进制数据转化成十六进制？（多选）（　　　）

A. encode_hex()　B. pack()　　　　C. hex2bin()

D. bin2hex()　　　E. printf()

17. 以下脚本输出什么？

```php
<?php
  $x = 'apple';
echo substr_replace ( $x, 'x', 1, 2);
?>
```

A. x　　　　　　　B. axle　　　　　C. axxle

D. applex　　　　E. xapple

二、填空题

1. _____函数能把换行符转换成 HTML 标签
。

2. _____函数能用来确保一个字符串的字符数总是大于一个指定值。

3. PHP 中能把 UTF-8 转换成 GBK 的函数是_____。

4. PHP 中分割字符串成数组的函数是_____，连接数组成字符串的是_____。

5. rawurlencode 和 urlencode 函数的区别是_____。

6. PHP 中过滤 HTML 标签的函数是_____，字符串转义函数是_____。

7. 根据本章的学习，取出$a（$a = 'abcdef'）中的第一个字母可以使用_____或者_____。

8. 在 PHP 中，heredoc 是一种特殊的字符串，它的结束标志必须_____。

三、问答题

1. 请写一个函数，实现以下功能：

① 字符串 "open_door" 转换成 "OpenDoor"；② "make_by_id" 转换成 "MakeById"。

2. 如何实现字符串翻转？

3. 如何实现中文字符串截取无乱码？

4. 写一个函数，尽可能高效地从一个标准 URL 里取出文件的扩展名。（例如 "http://www.sina.com.cn/abc/de/fg.php?id=1" 需要取出 php 或.php）

5. 写出至少两个函数，取文件名的后缀（例如文件'/as/image/bc.jpg'得到 jpg 或者.jpg ）。

6. 编写程序实现下述功能。

计算两个文件的相对路径（例如$a = '/a/b/c/d/e.php';，$b = '/a/b/12/34/c.php';，计算出$b 相对于$a 的相对路径应该是 ../../c/d ）。

第13章
新闻发布系统的页面美工

本章讲解新闻发布系统页面美工的相关知识，详细讲解在线编辑器 FCKeditor 的使用，重点讲解使用 DIV + CSS 实现网页布局和样式的方法以及如何将动态 PHP 页面代码嵌入到静态网页布局中，本章还会牵涉一些 JavaScript 的知识。通过本章的学习，读者可以制作一个美观大方的新闻发布系统。

13.1　JavaScript 脚本语言

JavaScript 是一种增加网页交互性的脚本语言，JavaScript 代码既可以包含在 HTML 页面内部，也可以驻留在外部文件中。使用 JavaScript 可以实现新闻发布系统的如下 4 个功能。

- 删除新闻信息前弹出用户确定对话框。
- 提供新闻编辑的撤销功能。
- 设置首页功能。
- 实现 sidebar 层和 mainbody 层的高度自适应功能。

1. 删除新闻信息前弹出用户确定对话框

将 news_list.php 程序中的代码片段：

```
<td>
    <a href="news_delete.php?news_id=<?php echo $row['news_id']?>">删除</a>
</td>
```

修改为（粗体字部分为代码改动部分）：

```
<td>
    <a href="news_delete.php?news_id=<?php echo $row['news_id']?>" onclick="return
confirm('确定删除吗？');">删除</a>
</td>
```

此时单击 news_list.php 页面中的"删除"超链接时，将弹出如图 13-1 所示的确认对话框，只有单击对话框中的"确定"按钮才会执行新闻的删除操作。

2. 提供新闻编辑的撤销功能

将 news_edit.php 程序中的代码片段（粗体字部分为代码改动部分）：

图 13-1　确认对话框

```
<input type="hidden" name="news_id" value="<?php echo $news_id?>">
<input type="submit" value="修改">
</form>
```

修改为：

```
<input type="hidden" name="news_id" value="<?php echo $news_id?>">
<input type="submit" value="修改">
<input type="button" value="取消" onclick="window.history.back();">
</form>
```

此时单击 news_edit.php 新闻编辑页面中的"取消"按钮后，将撤销新闻的编辑操作。

13.2　FCKeditor 在线编辑器

FCKeditor 是目前最优秀的所见即所得的在线编辑器，FCKeditor 具有功能强大、配置容易、跨浏览器、支持多种编程语言、开源等优点。这里以 FCKeditor_2.6.6 版本为例，结合新闻发布系统讲解 FCKeditor 的使用方法。

13.2.1　FCKeditor 使用前的准备工作

为方便读者学习，本书提供了 FCKeditor_2.6.6.zip 的下载地址。成功下载 FCKeditor_2.6.6.zip 后，安装 FCKeditor 的方法较为简单，只需将 FCKeditor_2.6.6.zip 压缩文件解压到新闻发布系统的根目录 news 下即可，如图 13-2 所示。FCKeditor 目录结构如图 13-3 所示。

"fckeditor"目录下存在如图 13-3 所示的子目录及文件，其中"_samples"目录提供了 FCKeditor 的示例程序，"editor"目录定义了 FCKeditor 在线编辑器的 CSS 样式表、皮肤文件、图片以及文件管理程序等文件。fckeditor_php5.php 文件是 PHP 程序员实例化 FCKeditor 的类文件，fckconfig.js 是 FCKeditor 工具栏集合的配置文件，这两个文件对于 PHP 程序员而言至关重要。

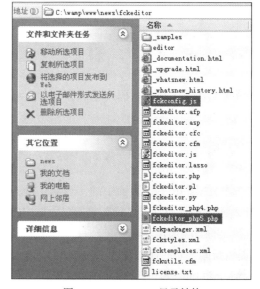

图 13-2　FCKeditor 解压目录　　　　　　　　图 13-3　FCKeditor 目录结构

13.2.2　FCKeditor 类的成员变量和成员方法

fckeditor_php5.php 程序中定义了一个 FCKeditor 类，该类主要为 PHP 程序员提供了 7 个成员变量和 3 个成员方法。

1. FCKeditor 类中的成员变量

public $InstanceName：定义了在线编辑器的名称（如 content），该成员变量需要和 FCKeditor 类的构造方法一起使用才有意义。例如代码 "$oFCKeditor = new FCKeditor('content')" 构造了一个名称为 content 的在线编辑器，该在线编辑器的实例名为$oFCKeditor。在线编辑器的名称（content）类似于多行文本框表单控件 textarea 的名称；通过实例名（$oFCKeditor）可以访问 FCKeditor 实例中的其他成员变量，并可以调用 FCKeditor 类中的成员方法。

public $BasePath：定义了 FCKeditor 的根目录，FCKeditor 的根目录实际上是 fckeditor_php5.php 文件和 fckconfig.js 文件所在的目录。例如$oFCKeditor->BasePath = 'fckeditor/'。

public $Width：定义了在线编辑器实例的宽度（单位像素），例如$oFCKeditor->Width = 550。

public $Height：定义了在线编辑器实例的高度（单位像素），例如$oFCKeditor->Height = 350。

public $Value：定义了在线编辑器的内容，一般对应于多行文本框表单控件 textarea 的值。例如代码$oFCKeditor->Value = "请在此输入新闻的内容！"。

public $ToolbarSet：定义了在线编辑器实例的工具栏集合。默认情况下 FCKeditor 提供了 Default 和 Basic 工具栏集合，工具栏集合类似于 Word 窗口中的格式工具栏与常用工具栏。例如$oFCKeditor->ToolbarSet = "Default"或$oFCKeditor->ToolbarSet = "Basic"。

public $Config 定义了在线编辑器的额外配置，$Config 是一个数组，数组中的 "键" 来自于 fckconfig.js 文件中的 "属性名"。例如$oFCKeditor->Config['EnterMode'] = 'br'。

2. FCKeditor 类中的成员方法

public function _ _construct($instanceName)：FCKeditor 类的构造方法。需要和 FCKeditor 类的成员变量$InstanceName 一起使用才有意义。

public function CreateHtml()：返回某个在线编辑器实例的 HTML 代码。例如$fckeditor = $oFCKeditor->CreateHtml() ;。

public function Create()：在网页上显示某个在线编辑器实例的 HTML 代码，例如$oFCKeditor->Create() ;。

13.2.3　FCKeditor 的高级配置

fckconfig.js 为编程人员提供了配置 FCKeditor 高级功能的简单接口。使用记事本打开 fckconfig.js 文件后，通过修改该 Javascript 文件的配置选项，程序员可以轻松构造一个充满个性的在线编辑器，下面列出了一些常用的配置选项。

1. 修改语言配置

```
FCKConfig.AutoDetectLanguage = true ;        //浏览器自动检测语言
FCKConfig.DefaultLanguage = 'en' ;           //默认语言为英文
```

可以修改为：

```
FCKConfig.AutoDetectLanguage = false ;       //关闭浏览器自动检测语言
FCKConfig.DefaultLanguage = 'zh-cn' ;        //默认语言为简体中文
```

"fckeditor/editor/lang/" 目录下有对应的语言脚本文件。

2. 修改皮肤配置

```
FCKConfig.SkinPath = FCKConfig.BasePath + 'skins/defult/' ;//默认皮肤
```

可以修改为：

```
FCKConfig.SkinPath = FCKConfig.BasePath + 'skins/office2003/' ; //Office 2003样式的皮肤
```

说明如下。

（1）在 fckconfig.js 文件中 FCKConfig.BasePath 的默认值为 "fckeditor/editor/" 目录。

（2）"editor/skins" 目录中定义了在线编辑器的皮肤文件，包括 default（默认的灰色面板的编辑器）、Office2003（模仿 Office 2003 工具栏的编辑器）和 silver（银色面板的编辑器）。

3. 添加中文字体

```
FCKConfig.FontNames = 'Arial;Comic Sans MS;Courier New;Tahoma;Times New Roman;Verdana' ;
```

可以修改为：

```
FCKConfig.FontNames = '宋体;黑体;隶书;楷体_GB2312;Arial;Times New Roman;Verdana' ;
```

新添加的字体应该存在于浏览器主机所在的操作系统中（"C:\WINDOWS\Fonts" 目录下定义了该操作系统支持的字体）。

4. 设置回车键模式

```
FCKConfig.EnterMode = 'p';              //在线编辑器中的回车对应p标签(即开始新的段落)
FCKConfig.ShiftEnterMode = 'br';        //Shift+回车键对应br标签
```

可以修改为：

```
FCKConfig.EnterMode = 'br';             //回车键对应br标签（即换行操作）
FCKConfig.ShiftEnterMode = 'p';         //Shift+回车键对应p标签
```

5. 设置工具栏展开

```
FCKConfig.ToolbarStartExpanded = true ;     //载入在线编辑器的时候展开工具按钮
FCKConfig.ToolbarStartExpanded = false ;    //载入在线编辑器的时候收缩工具按钮
```

6. 设置在线编辑器的文字颜色列表

```
FCKConfig.FontColors  = '000000,993300,333300,003300,003366,000080,333399,333333,
800000,FF6600,808000,808080,008080,0000FF,666699,808080,FF0000,FF9900,99CC00,339966,33
CCCC,3366FF,800080,999999,FF00FF,FFCC00,FFFF00,00FF00,00FFFF,00CCFF,993366,C0C0C0,FF99
CC,FFCC99,FFFF99,CCFFCC,CCFFFF,99CCFF,CC99FF,FFFFFF' ;
```

7. 设置在线编辑器的文字字号列表

```
FCKConfig.FontSizes  = 'smaller;larger;xx-small;x-small;small;medium;large;x-large;
xx-large' ;
```

可以修改为：

```
FCKConfig.FontSizes  = '9;10.5;12;14;16;18;20;22;24' ;
```

8. 设置工具栏集合 ToolbarSet

默认情况下，FCKeditor 提供了 Default 和 Basic 两个工具栏集合，分别定义在 fckconfig.js 数组 FCKConfig.ToolbarSets["Default"]和 FCKConfig.ToolbarSets["Basic"]中。可以从 Default 工具栏中删除部分工具栏按钮或者向 Basic 工具栏中增加工具栏按钮实现工具栏的定制。然后在 PHP 程序中，使用代码 "$oFCKeditor->ToolbarSet = "Basic";" 可以轻松地将 FCKeditor 在线编辑器的工具栏设置为 Basic 工具栏集合。

除此以外，还可以构造自定义的工具栏集合，例如，下面的代码定义了名字为 My 的工具栏集合。

```
FCKConfig.ToolbarSets["My"] = [
['Bold','Italic','-','OrderedList','UnorderedList','-','Link','Unlink','-','Image'
,'Flash','Table','Rule','Smiley']
 ] ;
```

使用代码 "$oFCKeditor->ToolbarSet = "My";" 可以轻松地将 FCKeditor 在线编辑器的工具栏设置为 "My" 工具栏集合。

9. 设置在线编辑器表情文件所在目录

```
FCKConfig.SmileyPath = FCKConfig.BasePath + 'images/smiley/msn/' ;//设置表情文件所在
目录为: fckeditor/editor/images/smiley/msn/
```

读者可以将自己收集的表情图片放在该目录下，以便在 FCKeditor 在线编辑器中显示。

10. 设置在线编辑器表情文件列表

在线编辑器表情文件列表定义在数组 FCKConfig.SmileyImages 中，读者可以将自己收集的表情图片名称放在表情文件列表中，以便在 FCKeditor 在线编辑器中显示。

11. 在线编辑器中表情按钮的其他设置

FCKConfig.SmileyColumns：设置表情图片分成几列显示。

FCKConfig.SmileyWindowWidth：用于设置表情窗口的宽度（单位像素）。

FCKConfig.SmileyWindowHeight：用于设置表情窗口的高度（单位像素）。

13.2.4　FCKeditor 在新闻发布系统中的应用

在 PHP 页面中创建一个 FCKeditor 在线编辑器的步骤是：首先载入 FCKeditor 类文件，然后创建一个 FCKeditor 实例，接着设置 FCKeditor 实例的根目录以及 FCKeditor 实例其他成员变量的值，最后显示在线编辑器的 HTML 代码。

以新闻添加页面 news_add.php 代码为例，将 news_add.php 程序中的代码片段：

```
<textarea cols="60" rows="16" name="content"></textarea>
```

修改为如下代码。

```php
<?php
include("fckeditor/fckeditor.php");        // 载入 FCKeditor 类文件
$oFCKeditor = new FCKeditor('content');    // 创建名称为 content 在线编辑器，实例名为
$oFCKeditor
$oFCKeditor->BasePath = 'fckeditor/';      // 设置 FCKeditor 实例的根目录
$oFCKeditor->Width = 550;                  // 设置 FCKeditor 实例的宽度
$oFCKeditor->Height = 350;                 // 设置 FCKeditor 实例的高度
$oFCKeditor->Value = "请在此输入新闻的内容! ";  // 设置 FCKeditor 实例的内容
$oFCKeditor->ToolbarSet = "Default";       // 设置 FCKeditor 实例的工具栏集合
```

```
$oFCKeditor->Config['EnterMode'] = 'br';        // 设置 FCKeditor 实例的额外配置
$oFCKeditor->Create() ;                         // 显示在线编辑器的 HTML 代码
?>
```

管理员用户成功登录新闻发布系统后，news_add.php 页面的运行结果如图 13-4 所示。

图 13-4　FCKeditor 在新闻发布系统中的应用

　　如果读者使用 PHP5.4 之前的版本，news_add.php 页面在线编辑器的内容会自动填入默认值"请在此输入新闻的内容！"。但如果读者使用 PHP5.4 及以后的版本，news_add.php 页面在线编辑器的内容为空。解决办法是：打开 fckeditor_php5.php 程序，修改该程序中 CreateHtml() 函数的代码。具体原因请读者参看字符串处理章节 htmlspecialchars()函数的使用。

```
$HtmlValue = htmlspecialchars( $this->Value ) ;
```

替换成如下代码段：

```
if(phpversion()<5.4){
        $HtmlValue = htmlspecialchars( $this->Value ) ;
}else{
        $HtmlValue = htmlspecialchars($this->Value,ENT_QUOTES,'GB2312');
}
```

使用同样的方法将新闻编辑页面程序 news_edit.php 中的代码片段：

```
<textarea cols="60" rows="16" name="content"><?php echo $news['content']?></textarea>
```

修改为如下代码。

```
<?php
include("fckeditor/fckeditor.php");             // 载入 FCKeditor 类文件
$oFCKeditor = new FCKeditor('content');         // 创建 content 在线编辑器,实例名为$oFCKeditor
$oFCKeditor->BasePath = 'fckeditor/';           // 设置 FCKeditor 实例的根目录
```

```
$oFCKeditor->Width = 550;              // 设置 FCKeditor 实例的宽度
$oFCKeditor->Height = 350;             // 设置 FCKeditor 实例的高度
$oFCKeditor->Value = $news['content']; // 设置 FCKeditor 实例的内容
$oFCKeditor->ToolbarSet = "Default";   // 设置 FCKeditor 实例的工具栏集合
$oFCKeditor->Config['EnterMode'] = 'br'; // 设置 FCKeditor 实例的额外配置
$oFCKeditor->Create() ;                // 显示在线编辑器的 HTML 代码
?>
```

至此新闻发布系统中有关新闻管理功能的在线编辑功能已经全部实现。

13.2.5　FCKeditor 的文件管理

FCKeditor 在线编辑器内置了有关文件管理功能的程序，这些程序存放在 "editor/filemanager/" 目录下，FCKeditor 提供了文件浏览和快速文件上传两种文件管理功能。

"文件浏览" 为浏览器用户提供了 3 种功能：浏览服务器已存在的多媒体文件、在编辑器中浏览多媒体文件以及上传本地多媒体文件至服务器。

"快速文件上传" 为浏览器用户提供了快速上传本地文件至服务器的功能，是 "文件浏览" 功能的子集。

1. "文件浏览" 功能的设置

所谓 "文件浏览" 功能是指，浏览器用户可以远程浏览服务器的文件。在 fckconfig.js 找到下面 3 条语句。

```
FCKConfig.LinkBrowser = true ;
FCKConfig.ImageBrowser = true ;
FCKConfig.FlashBrowser = true ;
```

将 LinkBrowser、ImageBrowser 和 FlashBrowser 设置为 true，意味着开启了 FCKeditor 的 "文件浏览" 功能，浏览器用户可以通过 FCKeditor 浏览服务器端的多媒体文件。开启 "文件浏览功能" 体现在如图 13-5 所示的 "浏览服务器" 按钮可以显示出来。

要想实现 "文件浏览" 功能，还需对 fckconfig.js 文件进行如下配置（配置 "文件浏览" 功能使用的动态语言种类）。

```
var _FileBrowserLanguage  = 'php' ;
```

除此以外，还需打开 "editor\filemanager\connectors\php" 目录中的 config.php 文件，找到如下两行 PHP 代码。其中第二行 PHP 代码表示浏览器用户可以远程浏览服务器 "/news/userfiles/" 目录的文件。当然，读者需要首先在 news 目录下新建 "userfiles" 目录。

```
$Config['Enabled'] = false ;//将 false 改为 true，即允许上传
$Config['UserFilesPath'] = '/userfiles/' ;//定义上传目录，对于新闻发布系统可将其改为
/news/userfiles/目录
```

考虑到新闻发布系统的安全性，建议关闭 "文件浏览功能"，将 LinkBrowser、ImageBrowser 和 FlashBrowser 一律设置为 false，此时 FCKeditor 的 "浏览服务器" 按钮被隐藏，如图 13-6 所示。

2. "快速文件上传" 功能的设置

在 fckconfig.js 找到下面 3 条语句。

```
FCKConfig.LinkUpload = true ;
FCKConfig.ImageUpload = true ;
FCKConfig.FlashUpload = true ;
```

图 13-5 "文件浏览" 功能的设置（按钮显示）

图 13-6 "文件浏览" 功能的设置（按钮隐藏）

将 LinkUpload、ImageUpload 和 FlashUpload 设置为 true，意味着开启了 FCKeditor 的 "快速文件上传" 功能，浏览器用户可以通过 FCKeditor 快速上传本地文件到远程服务器（如图 13-7 所示）。若将其一律设置为 false 时，关闭了 FCKeditor "快速文件上传" 功能，此时 FCKeditor 在线编辑器的 "上传" 选项卡被隐藏，如图 13-8 所示。

图 13-7 "快速文件上传" 功能的设置
（"上传" 选项卡显示）

图 13-8 "快速文件上传" 功能的设置
（"上传" 选项卡隐藏）

要想实现 "快速文件上传" 功能，还需对 fckconfig.js 文件进行如下配置（配置 "快速文件上传" 功能使用的动态语言种类）。

```
var _QuickUploadLanguage = 'php' ;
```

除此以外，还需打开 "editor\filemanager\connectors\php" 目录中的 config.php 文件，找到如下两行 PHP 代码。

```
$Config['Enabled'] = false ;//将 false 改为 true，即允许上传
$Config['UserFilesPath'] = '/userfiles/' ;//定义上传目录，对于新闻发布系统可将其改为
/news/userfiles/目录
```

经过上面几个步骤的配置，可以轻松实现使用 FCKeditor 快速上传多媒体文件的功能。

3. 中文乱码问题的解决

上传多媒体文件时，如果文件名中包含了中文字符将出现乱码问题，无法在 FCKeditor 正常

预览。解决这个问题的办法为将所有上传文件的文件名重命名，方法如下。

打开"editor\filemanager\connectors\php"目录中的 io.php 文件，将函数名为 SanitizeFileName 的函数代码修改为如下代码。

```
function SanitizeFileName( $sNewFileName ){
    $arr = explode('.', $sNewFileName);
    $ext = array_pop($arr);
    $filename = date('Ymd_His_') . rand(1000, 9999) .'.' . $ext;
    return $filename;
}
```

SanitizeFileName()函数实现的功能是将多媒体的文件名$sNewFileName 重命名，新的文件名按照"日期_时间_随机数"的格式命名，既可防止修改后的文件名重名，又可防止新的文件名中出现中文字符。

4. 文件管理的高级配置

FCKeditor 还提供了文件管理的高级设置，其中包括设置允许上传文件的后缀名以及禁止上传文件的后缀名。读者可以在 fckconfig.js 文件和 config.php 文件中搜索"AllowedExtensions"和"DeniedExtensions"关键字进行文件管理的高级配置，这里不再赘述。

13.2.6　FCKeditor 瘦身

所有的配置完成后，为了提高用户体验，有必要删除一些"多余"的 FCKeditor 文件或目录，为 FCKeditor 瘦身，步骤如下。

1. 删除根目录下所有以"_"开头的临时文件及目录（例如"_samples"目录以及"editor"目录下的"_source"目录）；删除根目录下的其他文件，只保留 fckconfig.js、fckeditor.js、fckeditor.php、fckeditor_php4.php、fckeditor_php5.php（php5 的调用文件）、fckstyles.xml（样式）、fcktemplates.xml（模板文件）、fckpackager.xml 和"editor"目录。

2. "editor\lang"目录存放的是多语言配置文件，若只使用 en 和 zh-cn（简体中文），可以删除其他的语言配置文件。

3. "editor\skins"目录存放了皮肤文件，FCKeditor 提供了 3 种皮肤：default、office2003 和 silver，用户可以自行决定是否删除某种皮肤文件。注意，删除皮肤文件将影响到 fckconfig.js 配置文件中的 FCKConfig.SkinPath 选项。

4. "editor\filemanager\connectors"目录存放了 FCKeditor 所支持的 Web 动态脚本语言，可以只保留"php"目录。

13.3　新闻发布系统页面布局的实现

Web 系统除了拥有强大的功能外，还应拥有美观大方的界面，在所有界面中，首页是一个网站的第一页，也是最重要的一页，它是网站所有信息的归类缩影，很多知名门户网站 YAHOO、MSN、网易、新浪和主流的 Web2.0 网站，都有一个美观大方的首页。为了更快地加载页面，为了更好地提高页面设计效率，并在此基础上保持视觉的一致性，为了更好地被搜索引擎收录，很多大型网站使用 DIV+CSS 实现网页的布局。

13.3.1　DIV+CSS 概述

DIV 是一种为 HTML 文档内大块的内容提供结构和背景的元素，DIV 的起始标签和结束标签之间的所有内容都是用来构成这个块的。DIV 是一个块级元素，意味着它的内容自动地开始一个新行。每一个 DIV 块级元素都可以使用 id 属性进行标记。

CSS 是 Cascading Style Sheets（层叠样式表）的缩写，在标准网页设计中，CSS 负责网页内容的表现，即用于控制网页的外观，CSS 能够对网页中对象的位置排版进行像素级的精确控制。

使用 DIV+CSS 的方式布局整个网页，网页的内容放在 DIV 中，内容的显示效果由 CSS 进行控制，从而实现浏览器端页面的内容与表现形式的分离。这样不仅可使维护网站的外观变得更加容易，而且还可以使 HTML 文档代码更加简练，缩短浏览器的加载时间。下面以制作新闻发布系统的首页为例，详细讲解 DIV+CSS 实现页面布局的过程。

13.3.2　界面布局图

新闻发布系统首页的界面布局图如图 13-9 所示，该界面布局分为以下几个部分。

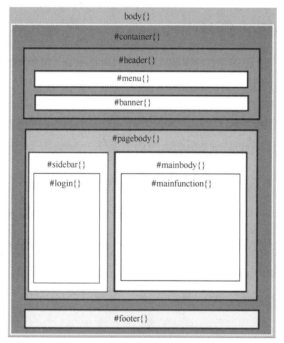

图 13-9　新闻发布系统首页的界面布局图

1. body 部分：对于任何 HTML 页面，页面内容显示在 body 中。

2. container 层：在 body 中定义一个 id 值为 container 的 DIV 层，作为显示整个首页的容器，并将 container 层划分为上（header 层）、中（pagebody 层）、下（footer 层）3 个部分。

3. 顶部 header 层：包含了上（menu 层）、下（banner 层）两个部分。

4. menu 层：定义了新闻发布系统需要显示的功能超链接，并将新闻发布系统的 LOGO（logo.gif 图片）作为背景。

5. banner 层：只定义了一张背景图片 banner.jpg。

6. 内容 pagebody 层：包含了左（sidebar 层）、右（mainbody 层）两个部分。

7. 侧边栏 sidebar 层：仅包含了 login 层，而 login 层提供了用户登录表单。

8. 主体 mainbody 层：仅包含了 mainfunction 层，mainfunction 层为整个页面提供了主功能显示区域。

9. 底部 footer 层：定义了新闻发布系统的版权等信息。

13.3.3　使用 DIV 实现页面布局

在"C:\wamp\www\news"目录下创建 index.php 文件，写入如下 HTML 代码，在\<body\>\</body\>标签对中写入 DIV 的嵌套结构实现上面的布局。

```
<html>
<head>
<title>
欢迎访问新闻发布系统!
</title>
<link rel="stylesheet" href="css/news.css" type="text/css">
</head>
<body>
<div id="container">
    <div id="header">
        <div id="menu">
        </div>
        <div id="banner">
        </div>
    </div>
    <div id="pagebody">
        <div id="sidebar">
            <div id="login">
            </div>
        </div>
        <div id="mainbody">
            <div id="mainfunction">
            </div>
        </div>
    </div>
    <div id="footer">
        <a href="">系统简介</a>
        <a href="">联系方法</a>
        <a href="">相关法律</a>
        <a href="">举报违法信息</a>
        <br><br>公司版权所有
    </div>
</div>
</body>
</html>
```

其中 index.php 页面中的代码片段：

```
<link rel="stylesheet" href="css/news.css" type="text/css">
```

负责将外部 CSS 样式表文件"导入"到 index.php 页面中。也可以将该代码片段修改为下面的代码片段完成相同的功能。

```
<style>
    <!--
    @import url(css/news.css);
    -->
</style>
```

13.3.4　准备图片素材

先准备一张 LOGO 图片，由于 LOGO 图片颜色较少，一般使用 GIF 格式的图片，这样能使页面载入的速度更快。本书准备的 LOGO 图片名称是 logo.gif，如图 13-10 所示（图像宽度为 800 像素，图像高度为 74 像素）。

图 13-10　新闻发布系统 LOGO

再准备一张 banner 图片，由于 banner 图片中颜色较多，如果使用 GIF 格式颜色会有太大的损失，这里使用了 JPEG 格式。本书准备的 banner 图片名称是 banner.jpg，如图 13-11 所示（图像宽度为 778 像素，图像高度为 177 像素）。

图 13-11　新闻发布系统 banner

将 logo.gif 和 banner.jpg 图片存放在 "C:\wamp\www\news\images" 目录下，如果 news 目录下没有 images 目录，需手动创建该目录。

13.3.5　CSS 热身

在 "C:\wamp\www\news\" 目录下创建 "css" 目录，并在 "css" 目录下创建 news.css 文件，并写入如下 CSS 代码。打开浏览器，在地址栏中输入 "http://localhost/news/"，可以看到首页的基本布局如图 13-12 所示。

```
body{
    font:12px "宋体";
    text-align:center;
    margin:0px;
    background-color:#FFF;
}
#container{
    width:800px;
    margin:0px auto;
```

```
}
#header{
    width:800px;
    margin:0px auto;
}
#menu{
    width:800px;
    height:74px;
    margin:0px auto;
    background:url("../images/logo.gif") no-repeat;
}
#banner{
    width:778px;
    height:177px;
    margin:0px auto;
    background:url('../images/banner.jpg') no-repeat;
}
#pagebody{
    width:778px;
    height:500px;
    margin:0px auto;
}
#sidebar{
    width:163px;
    height:500px;
    float:left;
    background-color:#BDBDBD;
}
#login{
    margin:10px 0px 0px 0px;
}
#mainbody{
    text-align:left;
    width:610px;
    height:500px;
    float:right;
    background-color:#D8D8D8;
}
#mainfunction{
    margin:10px 0px 0px 10px;
}
#footer{
    width:778px;
    height:40px;
    margin:0px auto;
    background-color:#FFCC00;
}
```

news.css 代码说明如下。

● font:12px "宋体"：设置对象内的字体大小为 12 像素，字体为宋体。这里使用了字体设置的缩写格式，完整的 CSS 代码是：font-size:12px;font-family: "宋体";。

● text-align:center：设置对象内的文字对齐方式为居中对齐。除此以外还可以将文字对齐方式设置为居左（left）和居右（right）。

图 13-12　首页的基本布局

- margin:0px：设置对象 1 的外边距为 0 像素，如图 13-13 所示。这里使用了外边距设置的缩写格式，完整的 CSS 代码是：margin-top:0px;margin-right:0px;margin-bottom:0px;margin-left:0px 或 margin:0px 0px 0px 0px;。分别设置了上边距、右边距、下边距、左边距为 0 像素。如果使用 auto 则表示自动调整外边距，例如 "margin:0px auto;"设置上下外边距为 0 像素，左右外边距为自动调整，即对象水平方向居中显示。

- padding 属性：设置对象 1 的内边距，依次为上边距、右边距、下边距、左边距，如图 13-13 所示，其属性值请参考 margin。padding 属性在 IE 浏览器和 Firefox 浏览器的表现不同，因此该属性应慎用。

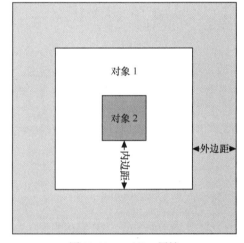

图 13-13　padding 属性

- background-color:#FFF：设置对象的背景色为白色，#FFF 颜色使用了缩写，完整的颜色格式是#FFFFFF。

- width:800px：设置对象的宽度为 800 像素。

　header 层的宽度由 menu 层的宽度决定，menu 层的宽度由 logo.gif 图片的宽度决定；pagebody 层和 footer 层的宽度设置为 banner.jpg 图片的宽度；sidebar 层宽度与 mainbody 层宽度之和小于 pagebody 层宽度。

- height:74px：设置对象的高度为 74 像素。

　header 层的高度是 menu 层高度与 banner 层高度之和；menu 层的高度由 logo.gif 图片的高度决定；banner 层的高度由 banner.jpg 图片的高度决定；sidebar 层的高度应该等于 mainbody 层的高度；pagebody 层的高度由 sidebar 层的高度（或 mainbody 层的高度）决定。

- background:url("../images/logo.gif") no-repeat：设置对象的背景图片为 logo.gif 图片并且不平铺。这里使用了背景设置的缩写格式（使用背景设置的缩写格式时，各属性值的位置可以任意）。
- background-color:#BDBDBD：设置背景颜色。

设置背景颜色时使用：background-color:transparent|color

参数值说明如下

- transparent：指定背景色透明。
- color：指定具体的背景颜色。

如果设置背景图片，可以使用：background-image:none|url(url)

参数值说明如下。

- none：指定无背景图片。
- url：使用绝对或相对地址指定背景图片。

如果设置背景图片的平铺方式，可以使用：background-repeat:repeat|no-repeat|repeat-x|repeat-y

参数值说明如下。

- repeat：指定背景图片纵向和横向平铺。
- no-repeat：指定背景图片不平铺。
- repeat-x：指定背景图片横向平铺。
- repeat-y：指定背景图片纵向平铺。

如果设置背景图片的是否固定，可以使用：background-attachment:scroll|fixed

参数值说明如下。

- scroll：指定背景图片随对象内容滚动。
- fixed：指定背景图片固定。

如果设置背景图片的位置，可以使用：background-position:position

参数值说明如下。

position：指定背景图片相对于对象的位置。该属性所包含的水平方向的值为 left（居左）、center（居中）、right（居右）或具体数值（百分比或像素值），垂直方向的值为 bottom（底部）、middle（中间）、top（顶部）和具体数值（百分比或像素值），水平方向的值与垂直方向的值用空格隔开。此属性的默认值为 "(0% 0%)"，表示背景图片位于对象的左上角。

- color:#666：设置对象内文本的颜色。
- align 属性：设定文本、图像和表格的对齐方式。
- float:left：设置一个页面元素相对于另一个页面元素的浮动，即控制页面元素之间的相对位置排列。float 所包含的值有 none（无浮动）、left（在左边浮动）和 right（在右边浮动），默认值为 none。float 属性与 align 属性的作用相似，只是 align 属性只能设定文本、图像和表格的对齐方式，而 float 却可以设置任何页面元素的对齐方式。由于 DIV 是一个块级元素，这意味着它的内容自动地开始一个新行，通过使用 float 属性可以设置 DIV 之间左右对齐。由于 pagebody 层的宽度为 778 像素，而 sidebar 层和 mainbody 层的宽度之和 163 像素+610 像素等于 773 像素，因此当 sidebar 层漂浮在 pagebody 层的左边（float:left;），mainbody 层漂浮在 pagebody 层的右边（float:right;）时，sidebar 和 mainbody 之间存在 5 像素的间隙。

13.3.6　header 层的实现

完成新闻发布系统首页布局之后，就可以实现各 DIV 层了。这里首先制作 header 层，具体步骤如下。

第一步　制作 menu 层

menu 层的制作步骤如下。

1. 将 index.php 页面中 id 等于 menu 的 DIV 层修改为下面的代码片段。

```
<div id="menu">
    <ul>
    <li><a href="">首页</a></li>
    <li class="menudiv"></li>
    <li><a href="">评论浏览</a></li>
    <li class="menudiv"></li>
    <li><a href="">分类浏览</a></li>
    <li class="menudiv"></li>
    <li><a href="">新闻发布</a></li>
    <li class="menudiv"></li>
    <li><a href="">添加分类</a></li>
    <li class="menudiv"></li>
    <li><a href="">设为首页</a></li>
    </ul>
</div>
```

说明如下。

（1）<ul></ul>与<li></li>结合起来使用的效果是在页面中以项目符号"•"以及项目列表的形式来显示信息。使用项目列表<li>实现菜单 menu，可以方便对菜单 menu 定制样式。

（2）<li class="menudiv"></li>代码的功能是向菜单项中间插入一些形如"|"分隔样式，具体实现方法稍后讲解。在 CSS 中设置该分隔样式时使用的语法为.menudiv{}。

2. 向 news.css 代码中写入下面的代码片段，设置 menu 层中项目符号以及项目列表的 CSS 样式。

```
#menu ul{
    list-style:none;
}
#menu ul li{
    float:left;
}
```

由于<ul>标签包含在 id="menu"的 DIV 层中，此时<ul>标签 CSS 的设置语法应该是#menu ul{}；如果<ul>标签包含在 class="menudiv"的 DIV 层中，此时<ul>标签 CSS 的设置语法应该是.menudiv ul{}。

<ul>标签的 CSS 样式 list-style:none：取消项目符号"•"的显示。

<li>标签的 CSS 样式 float:left：设置项目列表在同一行显示。

3. 在#menu ul li{}中加入下面的代码片段，使项目列表项之间产生 20 像素的距离（左：10 像素，右：10 像素）。

```
margin:0 10px;
```

4. 向#menu ul{}中加入下面的代码片段，将整个项目列表标签浮动到 menu 层的右边。

```
float:right;
```

5. 向#menu ul{}中加入下面的代码片段，设置<ul>项目列表的外边距。此时项目列表<ul>标签分别向下移动 25 像素、向左移动 10 像素。

```
margin:25px 10px 0px 0px;
```

6. 向 news.css 样式表中添加下面的代码片段，向项目列表项间添加一条竖线"|"，竖线的宽度为 2 像素，高度为 28 像素，背景颜色为灰色#999。

```
.menudiv{
    width:2px;
    height:28px;
    background:#999;
}
```

7. 由于项目列表项的文字位于竖线"|"的顶部，向#menu ul li{}中添加下面的代码片段，设置项目列表项中文本行的高度，这里将文本行的高度设置为与竖线同样的高度。

```
line-height:28px;
```

8. 在 news.css 样式表中添加下面的代码片段，修改项目列表项中超链接的样式。

```
#menu ul li a:link,#menu ul li a:visited{
    font-weight:bold;
    color:#666;
    text-decoration:none;
    background-color:#efefef;
}
#menu ul li a:hover{
    background:#666;
    color:#fff;
}
```

说明如下。

（1）font-weight 属性用于设置字体的加粗情况，属性值包括：normal（普通）、bold（加粗）、bolder（更粗）、lighter（更细）以及 100、200、300、400、500、600、700、800 和 900。其中 normal 相当于 400，bold 相当于 700。

（2）text-decoration 属性用于设置文字修饰效果，属性值包括：none（无修饰）、underline（下划线）、overline（上划线）、line-through（删除线）和 blink（闪烁）。

（3）在 CSS 样式中设置超链接的 CSS 样式时，a:link 用于设置超链接未被访问时的样式，a:visited 用于设置超链接被访问后的样式，a:hover 用于设置当鼠标指针悬停到超链接上时超链接的样式，a:active 用于设置按下鼠标时超链接的样式。

　　　设置超链接的 CSS 样式时，必须按 a:link、a:visited、a:hover 和 a:active 的顺序进行设置，否则可能出现预想不到的效果，记住它们的顺序是"LVHA"。

经过这些步骤的修改，完成了 header 层中 menu 层的 CSS 代码。

第二步　制作 banner 层

前面已经使用 CSS 代码设置了 banner 层的宽度、高度、背景图片和外边距，这里再向#banner{}的 CSS 代码中添加下面的代码片段，向 banner 层中添加一条宽度为 5 像素，颜色为浅黄色的下边框（使用 border-left、border-right 和 border-top 可以设置对象的左边框、右边框和上边框）。

```
border-bottom:5px solid #EFEF00;
```

由于 banner 层的下边框的宽度为 5 像素，需要将 banner 层的高度修改为 183 像素（177 像素 +5 像素），将 banner 层 "height:177px;" 修改为 "height:183px;"。此时 header 层的高度=74 像素（menu 层的高度）+ 183 像素（banner 层的高度）。

经过这些步骤的修改，完成了 header 层中 banner 层的 CSS 代码，此时首页的显示效果如图 13-14 所示。

图 13-14　新闻发布系统的 header 层

13.3.7　pagebody 层的实现

将#pagebody{}的 CSS 代码中的代码片段：

```
margin:0px auto;
```

修改为：

```
margin:5px auto;
```

使得 pagebody 层与 header 层和 footer 层的上下间隔为 5 像素。

向#sidebar{}和#mainbody{}的 CSS 代码中分别添加 CSS 代码片段：

```
overflow:hidden;
```

这样当 mainbody 层或 sidebar 层中的页面内容过长时，可将过长部分自动隐藏，防止了内容过长时，撑破页面布局。

经过这些步骤的修改，完成了 pagebody 层中 sidebar 层与 mainbody 层的 CSS 代码。

13.3.8　footer 层的实现

将#footer{}的 CSS 代码片段修改为如下代码。

```
#footer{
    width:778px;
    height:40px;
    margin:0px auto;
    background-color:#FFCC00;
    padding:20px 0px 0px 0px;
    font-weight:bolder;
}
```

上面的 CSS 代码增设了 footer 层的上内边距为 20 像素，字体为较粗显示。经过这些步骤的修改，完成了 footer 层的 CSS 代码。

向 news.css 代码中添加如下 CSS 代码，设置首页中超链接的 CSS 样式。

```
a:link,a:visited{
    text-decoration:none;
}
a:hover{
    background:#666;
    color:#fff;
}
```

通过以上步骤的修改，基本实现了新闻发布系统的首页布局。

13.4　新闻发布系统静态和动态页面的嵌入

在前面的章节中，已经使用 PHP 实现了新闻发布系统的全部功能模块，我们可以使用 index.php 作为桥梁将所有功能模块进行整合，即将 PHP 功能页面和静态页面（首页 index.php）融为一体。

13.4.1　将用户管理功能嵌入到 login 层

将用户管理功能嵌入到 login 层中，需要进行如下操作。

1. 将登录页面 login.php 嵌入到 index.php 页面中的 login 层中，将 index.php 程序中的 login 层代码修改为如下代码。

```
<div id="login">
    <br>
    <?php
    include_once("login.php");
    ?>
</div>
```

2. 将登录处理程序 login_process.php 中的 3 处代码：

```
header("Location:login.php?login_message=checknum_error");
header("Location:login.php?login_message=password_right");
header("Location:login.php?login_message=password_error");
```

修改为：

```
header("Location:index.php?login_message=checknum_error");
header("Location:index.php?login_message=password_right");
header("Location:index.php?login_message=password_error");
```

无论用户登录成功还是失败，都将页面重定向到首页 index.php 页面。

3. 将 logout.php 程序中的代码片段：

```
header("Location:login.php");
```

修改为：

```
header("Location:index.php");
```

经过这些步骤的修改，成功地将用户管理功能功能嵌入到 login 层中。

13.4.2　修改 menu 层代码

当浏览器用户单击了 index.php 页面中 menu 项目列表的某个超链接时，对应结果应该显示在 index.php 页面中的 mainfunction 层。

1. 将 index.php 程序中 menu 层的代码片段：

```
<div id="menu">
    <ul>
    <li><a href="">首页</a></li>
    <li class="menudiv"></li>
    <li><a href="">评论浏览</a></li>
    <li class="menudiv"></li>
    <li><a href="">分类浏览</a></li>
    <li class="menudiv"></li>
    <li><a href="">新闻发布</a></li>
    <li class="menudiv"></li>
    <li><a href="">添加分类</a></li>
    <li class="menudiv"></li>
    <li><a href="">设为首页</a></li>
    </ul>
</div>
```

修改为：

```
<div id="menu">
    <ul>
    <li><a href="index.php?url=news_list.php">首页</a></li>
    <li class="menudiv"></li>
    <li><a href="index.php?url=review_list.php">评论浏览</a></li>
    <li class="menudiv"></li>
    <li><a href="index.php?url=category_list.php">分类浏览</a></li>
    <li class="menudiv"></li>
    <li><a href="index.php?url=news_add.php">新闻发布</a></li>
    <li class="menudiv"></li>
    <li><a href="index.php?url=category_add.php">添加分类</a></li>
    <li class="menudiv"></li>
    <li><a href="">设为首页</a></li>
    </ul>
</div>
```

修改后的代码片段实现的功能是：当单击项目列表中的超链接时，会向 index.php 页面传递一个 url 查询字符串，mainfunction 层通过接收该 url 查询字符串来决定加载哪个功能模块。

2. 使用 JavaScript 实现"设置首页"功能。

将 index.php 程序中 menu 层中的代码片段：

```
<li><a href="">设为首页</a></li>
```

修改为：

```
<li><a href="" onclick="this.style.behavior='url(#default#homepage)';this.setHomePage
('http://<?php echo $_SERVER['HTTP_HOST']?>/news');">设为首页</a></li>
```

从而实现"设置首页"功能。

单击"设为首页"超链接后，将弹出如图 13-15 所示的对话框，提示浏览器用户是否将"http://127.0.0.1/news/"设为主页。

图 13-15　设置首页

设置首页功能目前仅对 IE 浏览器有效，而对 FireFox 浏览器无效，请读者自己通过百度或其他搜索引擎寻找其解决办法。

13.4.3　将主要功能嵌入到 mainfunction 层

当浏览器用户单击了 index.php 页面中 menu 菜单的某项目列表超链接时，对应结果应该显示在 index.php 页面的 mainfunction 层中，即将新闻发布系统的主要功能嵌入到 mainfunction 的 DIV 层中。可以通过如下步骤实现。

1.　将主要功能显示在 mainfunction 层

默认情况下，mainfunction 层仅显示新闻标题列表，只有当浏览器用户单击 menu 层中某项目列表超链接（例如新闻发布）时，mainfunction 层才加载超链接对应的功能模块，并显示对应结果。

（1）将 index.php 程序中 mainfunction 层的代码片段：

```
<div id="mainfunction">
</div>
```

修改为：

```
<div id="mainfunction">
    <br>
    <?php
        if(isset($_GET["url"])){
            $url = $_GET["url"];
        }else{
            $url = "news_list.php";
        }
        include_once($url);
    ?>
</div>
```

修改后的代码片段实现的功能是：mainbody 层默认情况下加载 news_list.php 程序；当浏览器用户单击了 menu 层中某项目列表超链接时，mainbody 层加载 url 查询字符串对应的页面程序。

（2）将 news_list.php 程序的代码片段：

```
include_once("functions/database.php");
include_once("functions/page.php");
include_once("functions/is_login.php");
session_start();
```

修改为：

```
include_once("functions/database.php");
include_once("functions/page.php");
include_once("functions/is_login.php");
if (!session_id()){//这里使用 session_id()判断是否已经开启了 Session
    session_start();
}
```

每个 HTTP 请求只能开启一次 Session，这里使用 session_id()判断是否已经开启了 Session。

2.　修改新闻标题列表的模糊查询功能代码

将 news_list.php 程序中的代码片段：

```
<form action="news_list.php" method="get">
```

修改为：

```
<form action="index.php?url=news_list.php" method="get">
```

3. 修改新闻编辑功能代码

管理员用户成功登录新闻发布系统后，可以单击"编辑"（或"删除"）超链接实现新闻在 mainfunction 层中的编辑（或删除）功能。将 news_list.php 程序中的代码片段：

```php
<?php
if(is_login()){
?>
<td>
    <a href="news_edit.php?news_id=<?php echo $row['news_id']?>">编辑</a>
</td>
<td>
    <a href="news_delete.php?news_id=<?php echo $row['news_id']?>" onclick="return
confirm('确定删除吗？');">删除</a>
</td>
<?php
}
?>
```

修改为：

```php
<?php
if(is_login()){
?>
<td>
    <a href="index.php?url=news_edit.php&news_id=<?php echo $row['news_id']?>">编辑</a>
</td>
<td>
    <a href="index.php?url=news_delete.php&news_id=<?php echo $row['news_id']?>"
onclick="return confirm('确定删除吗？');">删除</a>
</td>
<?php
}
?>
```

然后将 news_edit.php 程序中的代码片段：

```php
include_once("functions/is_login.php");
session_start();
```

修改为：

```php
include_once("functions/is_login.php");
if (!session_id()){//这里使用 session_id()判断是否已经开启了 Session
    session_start();
}
```

4. 修改新闻修改功能的代码

首先将 news_update.php 程序中的代码片段：

```php
include_once("functions/is_login.php");
session_start();
```

修改为：

```
include_once("functions/is_login.php");
if(!session_id()){//这里使用 session_id()判断是否已经开启了 Session
    session_start();
}
```

然后将 news_update.php 程序中的代码片段：

```
header("Location:news_list.php?message=$message");
```

修改为：

```
header("Location:index.php?url=news_list.php&message=$message");
```

经过上述步骤的修改，即可实现新闻的修改功能。

5. 修改新闻删除功能的代码

首先将 news_delete.php 程序中的代码片段：

```
include_once("functions/is_login.php");
session_start();
```

修改为：

```
include_once("functions/is_login.php");
if (!session_id()){//这里使用 session_id()判断是否已经开启了 Session
    session_start();
}
```

然后将 news_delete.php 程序中的代码片段：

```
header("Location:news_list.php?message=$message");
```

修改为：

```
header("Location:index.php?url=news_list.php&message=$message");
```

经过上述步骤的修改，即可实现新闻的删除功能。

6. 修改新闻详细信息的显示功能的代码

当浏览器用户单击新闻标题超链接时，可以在 index.php 页面的 mainfunction 层中显示新闻的详细信息。将 news_list.php 程序中的代码片段：

```
<a href="news_detail.php?keyword=<?php echo $keyword?>&news_id=<?php echo $row
['news_id']?>"><?php echo mb_strcut($row['title'],0,40,"gbk")?></a>
```

修改为：

```
    <a href="index.php?url=news_detail.php&keyword=<?php echo $keyword?>&news_id=
<?php echo $row['news_id']?>"><?php echo mb_strcut($row['title'],0,40,"gbk")?></a>
```

7. 修改评论功能的代码

当浏览器用户查看到新闻的详细信息后，可以在 index.php 页面的 mainfunction 层对该新闻进行评论。

将 review_save.php 程序中的代码片段：

```
header("Location:news_list.php?message=$message");
```

修改为：

```
header("Location:index.php?url=news_list.php&message=$message");
```

经过上述步骤的修改，即可实现新闻评论功能。

8. 实现评论的浏览功能

管理员用户可以在 index.php 页面的 mainfunction 层中查看所有评论信息。

首先将 review_list.php 程序中的代码片段：

```
include_once("functions/is_login.php");
session_start();
```

修改为：

```
include_once("functions/is_login.php");
if (!session_id()){//这里使用 session_id()判断是否已经开启了 Session
    session_start();
}
```

然后将 review_list.php 程序中的代码片段：

```
//打印分页导航条
$url = $_SERVER["PHP_SELF"];
page($total_records,$page_size,$page_current,$url,"");
```

修改为：

```
//打印分页导航条
$url = "index.php?url=review_list.php";
page($total_records,$page_size,$page_current,$url,"");
```

经过上述步骤的修改，管理员可以查看评论列表信息。

9. 修改评论删除和审核功能的代码

管理员用户可以在 index.php 页面的 mainfunction 层中删除和审核评论信息。实现评论删除的功能步骤如下。

将 review_delete.php 程序中的代码片段：

```
header("Location:review_list.php");
```

修改为：

```
header("Location:index.php?url=review_list.php");
```

经过上述步骤的修改，即可实现新闻评论删除功能。

实现评论审核的功能步骤如下。

只需将 review_verify.php 程序中的代码片段：

```
header("Location:review_list.php");
```

修改为：

```
header("Location:index.php?url=review_list.php");
```

经过上述步骤的修改，即可实现新闻评论审核功能。

10. 修改某条新闻的评论显示功能的代码

浏览器用户可以在 index.php 页面的 mainfunction 层中查看某条新闻的已经审核的评论信息。

将 news_detail.php 程序中的代码片段：

```
echo "<a href='review_news_list.php?news_id=".$news['news_id']."'> 共有 ".$count_review."条评论</a><br/>";
```

修改为：

```
echo "<a href='index.php?url=review_news_list.php&news_id=".$news['news_id']."'>共
有".$count_review."条评论</a><br/>";
```

经过上述步骤的修改，即可实现某条新闻的评论显示功能。

11．修改新闻发布功能的代码

管理员用户可以在 index.php 页面的 mainfunction 层中发布新闻信息。

首先将 news_add.php 程序中的代码片段：

```
include_once("functions/is_login.php");
session_start();
```

修改为：

```
include_once("functions/is_login.php");
if (!session_id()){//这里使用 session_id()判断是否已经开启了 Session
    session_start();
}
```

然后将 news_save.php 程序中的代码片段：

```
header("Location:news_list.php?message=$message");
```

修改为：

```
header("Location:index.php?url=news_list.php&message=$message");
```

经过上述步骤的修改，即可实现新闻发布功能。

经过上面所有步骤代码修改后，已经将动态 PHP 页面与首页静态页面融为一体。从上面代码的修改过程可以看出，大部分的代码修改仅仅局限于对路径的修改，并没有牵涉到任何功能性代码的修改，这主要得益于前面章节系统分析与系统设计细致入微。对于其他功能的代码实现，请读者参照本节的内容进行相应的修改。

13.4.4 sidebar 层和 mainbody 层的高度自适应功能

在 index.php 页面中，pagebody 层由 sidebar 层（左边）和 mainbody（右边）层组成，并且在 news.css 文件中将 sidebar 层和 mainbody 层的高度分别设置为 500 像素，并分别设置了 overflow 的属性值为 hidden，从而实现了 sidebar 层与 mainbody 层等高。由此却带来另一个 bug：当 mainbody 层中显示的内容过长时，"多余"的信息被隐藏，如图 13-16 所示，添加评论的按钮被隐藏，无法单击该按钮。

为了解除该 bug，这里可以使用 JavaScript 实现 sidebar 层和 mainbody 层高度自适应，从而保证过多的信息不被隐藏。实现步骤如下。

（1）在 index.php 程序的末尾添加如下 JavaScript 代码片段。

```
<script>
var sidebarHeight = document.getElementById("sidebar").clientHeight;
var mainbodyHeight = document.getElementById("mainbody").clientHeight;
if(sidebarHeight<500&&mainbodyHeight<500){
    document.getElementById("sidebar").style.height="500px";
    document.getElementById("mainbody").style.height="500px";
}else{
    if(sidebarHeight<mainbodyHeight){
```

```
        document.getElementById("sidebar").style.height=mainbodyHeight+"px";
    }else{


        document.getElementById("mainbody").style.height=sidebarHeight+"px";
    }
}
</script>
```

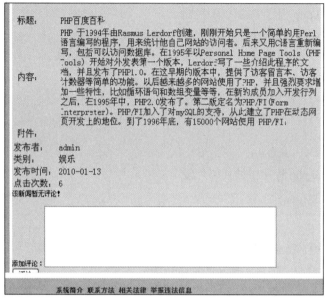

图 13-16　"多余"的信息被隐藏

该 JavaScript 代码段实现的功能是：sidebar 层（左边）和 mainbody（右边）层的高度以 sidebar 层（左边）和 mainbody（右边）层的最高高度为准；若最高高度小于 500 像素，则以 500 像素为准。

（2）删除 news.css 代码中#pagebody{}、# sidebar{}、# mainbody{}的高度 height 属性的设置，删除 news.css 代码中# sidebar{}、# mainbody{}的 overflow 属性的设置。

（3）向 index.php 代码中的 pagebody 层中增加一个匿名层 ，修改后的 pagebody 层代码如下。

```
    <div id="pagebody">
        <div id="sidebar">
            <div id="login">
                <br>
                <?php
                include_once("login.php");
                ?>
            </div>
        </div>
        <div id="mainbody">
            <div id="mainfunction">
                <br>
                <?php
                    if(isset($_GET["url"])){
                        $url = $_GET["url"];
```

```
            }else{
                $url = "news_list.php";
            }
            include_once($url);
        ?>
        </div>
    </div>
    <div style="clear:both;">
    </div>
</div>
```

添加 " " 代码的作用是：清除左、右所有的浮动。在这里添加
clear:both 是由于之前的 sidebar 层、mainbody 层设置了浮动，如果不清除则有可能会影响 footer
层位置的设定，导致 footer 层错位。

通过上述几个步骤的修改，实现了 sidebar 和 mainbody 的高度自适应功能。

13.4.5　防止图片太宽撑破 mainbody 层

为了防止 mainfunction 层中的图片太宽撑破 mainbody 层，在 news.css 代码中添加如下代码。

```
#mainfunction img{
    max-width:480px;
    width:expression(this.width > 480 ? "480px" : this.width);
}
```

该代码实现的功能为：设置 mainfunction 层中的图片宽度不能超过 480 像素，否则图片将缩
小到 480 像素。

习　　题

问答题

1. 如何利用 CSS 样式表定义已访问的超链接字体大小为 14pt，颜色为红色？

2. 如果 JavaScript 中网页后退的代码 history.back()效果和 history.go(-1)效果相同，JavaScript
中网页前进的代码是什么？

3. 在 FCKeditor 中自定义表情图片的步骤是什么？在 FCKeditor 中自定义字体大小的方法是
什么？在 FORM 表单中如何使用在线编辑器 FCKeditor？

4. 如何使用 JavaScript 实现位于同一行的两个 DIV 层等高？

5. 如何使用 JavaScript 防止图片太宽撑破某个 DIV 层？

6. JavaScript 表单弹出对话框的函数是什么？获得输入焦点的函数是什么？

7. JavaScript 的重定向函数是什么？怎样引入一个外部 JS 文件？

8. 如何在新闻发布系统首页 index.php 代码中添加功能：判断浏览器是否开启 Cookie？

参 考 文 献

[1] 孔祥盛. MySQL 数据库基础与实例教程. 北京：人民邮电出版社，2014.

[2] https://en.wikipedia.org/wiki/HTTP_persistent_connection.

[3] https://en.wikipedia.org/wiki/Stateless_protocol.

[4] Luke Welling, Laura Thomson. PHP 和 MySQL Web 开发（PHP and MySQL Web Development）.
     武欣，译. 北京：机械工业出版社，2009.

[5] Ed Lecky-Thompson, Steven D. Nowicki, Thomas Myer. PHP 6 高级编程（Professional PHP6）.
     刘志忠，杨明军，译. 北京：清华大学出版社，2010.

[6] 孔祥盛. PHP 编程基础与实例教程. 北京：人民邮电出版社，2011.

[7] 白尚旺，党伟超，等. PowerDesigner 软件工程技术. 北京：电子工业出版社，2004.

[8] 列旭松，陈文. PHP 核心技术与最佳实践. 北京：机械工业出版社，2012.

[9] Satzinger, John W. Systems Analysis And Design In A Changing World. South-Western College
     Publishing, 2011.

[10] Baron Schwartz, Peter Zaitsev, Vadim Tkachenko. 高性能 MySQL（High Performance MySQL）.
     宁海元，周振兴，彭立勋，翟卫祥，译. 北京：电子工业出版社，2013.

[11] 刘增杰，张少军. MySQL 5.5 从零开始学. 北京：清华大学出版社，2012.

[12] Charles A.Bell. 深入理解 MySQL（Expert MySQL）. 杨涛，王建桥，杨晓云，译. 北京：
     人民邮电出版社，2010.

[13] Robert Sheldon, Geoff Moes. Beginning MySQL. Wrox, 2005.

[14] Paul DuBois, Stefan Hinz, Carsten Pedersen. MySQL 5.0 Certification Study Guide. Que
     Corporation, 2005.

[15] http://dev.mysql.com/doc/refman/5.7/en/index.html.

[16] http://dev.mysql.com/doc/refman/5.6/en/index.html.

[17] Paul Dubois. MySQL. Cookbook. O'Reilly Media, 2006.

[18] Ben Forta. Mysql Crash Course. Sams Publishing, 2005.

[19] Guy Harrison, Steven Feuerstein. MySQL Stored Procedure Programming. O'Reilly Media, 2006.

[20] Russell J.T.Dyer. MySQL 核心技术手册（MySQL in a Nutshell）. 李红军，李冬梅，等，译. 北
     京：机械工业出版社，2009.

[21] Hugh E. Williams, Saied Tahaghoghi. Learning MySQL. O'Reilly Media, 2006.

[22] Charles Bell, Mats Kindahl, Lars Thalmann, Mark Callaghan. MySQL High Availability. O'Reilly
     Media, 2010.

[23] 王珊，萨师煊. 数据库系统概论. 北京：高等教育出版社，2006.

[24] Leszek A.Maciaszek. 需求分析与系统设计（Requirements Analysis and System Design）. 马素
     霞，王素琴，谢萍，等，译. 北京：机械工业出版社，2009.

[25] 杨宇. PHP 典型模块与项目实战大全. 北京：清华大学出版社，2012.